QITI CHUNHUA
HE
JIANCE JISHU

气体纯化和检测技术

荀其宁　主　编

齐贵亮　许　峰　副主编

化学工业出版社
·北京·

内 容 简 介

随着我国国民经济的快速发展，气体产品应用范围不断扩大，用量不断增加，新产品不断推出，纯度不断提高，市场需求不断扩大。虽然气体工业总产值在国民经济生产总值中所占的比例不算大，但它对近年来飞速发展的微电子、航空航天、生物工程、新型材料、精密冶金、环境科学等领域有重要影响，是不可缺少的原材料气或工艺气。正是由于各种新兴工业部门和现代科学技术的需要和推动，气体工业产品才在品种、质量和数量等方面取得令人瞩目的飞跃发展。

本书按主要气体产品分类，共五章，系统地介绍了各种常用气体和特种气体的物理和化学性质，生产、制备和分离纯化方法，产品标准和分析检测技术，应用领域及主要用途，包装和贮运，以及安全、卫生、环保等方面的知识。

本书可供从事气体产品生产、科研和设计的工程技术人员使用，也可供石油、化工、冶金、钢铁、机械、电子、玻璃、陶瓷、建材、建筑、食品加工、医药医疗、航天航空、生物工程、新型材料、环境科学等应用气体产品的领域科研及技术人员参考。

图书在版编目（CIP）数据

气体纯化和检测技术/荀其宁主编；齐贵亮，许峰
副主编. —北京：化学工业出版社，2023.2（2025.5重印）
ISBN 978-7-122-42774-8

Ⅰ.①气…　Ⅱ.①荀…②齐…③许…　Ⅲ.①气体-
提纯②气体-检测　Ⅳ.①O354

中国国家版本馆 CIP 数据核字（2023）第 041799 号

责任编辑：高宁　仇志刚　林洁　　　　　　　装帧设计：王晓宇
责任校对：边涛

出版发行：化学工业出版社（北京市东城区青年湖南街 13 号　邮政编码 100011）
印　　装：北京盛通数码印刷有限公司
787mm×1092mm　1/16　印张 23¼　字数 576 千字　2025 年 5 月北京第 1 版第 2 次印刷

购书咨询：010-64518888　　　　　　　　　售后服务：010-64518899
网　　址：http://www.cip.com.cn
凡购买本书，如有缺损质量问题，本社销售中心负责调换。

定　　价：168.00 元　　　　　　　　　　　　　　　版权所有　违者必究

编 委 会

韦树峰（中国太原卫星发射中心）

魏振涛（山东非金属材料研究所）

邢文芳（山东非金属材料研究所）

许　峰（山东非金属材料研究所）

苟其宁（山东非金属材料研究所）

于名讯（山东非金属材料研究所）

于娅楠（中国航空工业集团公司北京长城计量测试技术研究所）

张光友（航天系统部装备部装备保障队）

张文申（中国兵器工业集团第五三研究所）

张宣洪（山东非金属材料研究所）

赵　辉（山东非金属材料研究所）

朱天一（国防科技工业应用化学一级计量站）

前　言

　　高纯气体通常指利用现代提纯技术能达到的某个等级纯度的气体。对于不同类别的气体，纯度指标不同，例如对于氮、氢、氩、氦而言，通常指纯度等于或高于 99.999％ 的为高纯气体；而对于氧气，纯度为 99.99％ 即可称高纯氧；对于碳氢化合物，纯度为 99.99％ 的即可认为是高纯气体。高纯原料气体的质量对标准气体制备的准确性，起着至关重要的作用。原料气的不确定度是影响标准气体合成不确定度的极为重要因素，因此，没有高质量的高纯原料气，就根本制备不出高纯度的标准气体。

　　高纯气体应用领域极宽，在半导体工业，高纯氮、氢、氩、氦可作为运载气和保护气；高纯气体还可作为配制混合气的底气。高纯气体直接会影响产品的生产和质量，尤其是气体纯度对元器件性能、成品率有着决定性的影响。从超大规模集成电路到太阳能光伏、半导体照明、光纤，再到微机电产业，高纯气体都起到了重要作用。集成电路芯片制造厂由于工艺技术难度更高、生产过程更为复杂，因而所需的气体种类更多、品质要求更高、用量更大，也对气体纯化提出了更高的要求。

　　广大气体工作者为此进行了气体合成、净化、分析等系列工作，取得了骄人的成绩。标准气体在配制前后，都需要分析检测。近几年标准气体组分正由 10^{-6} 向 10^{-9} 发展。为了推广近年来气体纯化和检测技术方面的研究和技术成果，在广泛收集国内外资料的基础上，结合实际的研究和操作，组织编写了《气体纯化和检测技术》一书。全书共分为 5 章，系统地介绍了十余种常见气体的物化性质、制备原理、应用方向、气体包装技术，介绍了气体纯化的意义和纯化技术，列举了最新的高纯气体检测技术和仪器测试及安全使用要求，展示了近年来气体纯化和检测技术最新的研究成果。全书内容翔实，语言简练，数据实用性强，很多资料来源于作者经验总结，可作为气体研究工作者的参考用书。

　　本书参阅了近几年气体行业发表的论文以及行业内许多专家的著作，在此向文献的作者表示衷心的感谢。

　　因作者水平有限，书中难免有不足之处，敬请读者批评指正。

编者

2023 年 2 月

目　　录

第1章　常见气体种类

1.1　氮气

1.1.1　简介

氮气，化学式为 N_2，相对分子质量为 28.0164，常温常压下是一种无色、无味、无臭的气体。氮气占大气总量的 78.08%（体积分数），是空气的主要成分。在标准大气压下，冷却至 $-195.8℃$ 时，氮气变成无色液体，冷却至 $-209.8℃$ 时，液态氮变成雪状的固体。

自然界中稳定存在的氮同位素有两种，^{14}N 和 ^{15}N，相对丰度分别为 99.635% 和 0.365%。重同位素 ^{15}N 可以用来作为示踪剂。因为有些化学平衡可以自发地向一个方向微移动，所以在一定的化合物中能富集到一定数量的同位素，例如 ^{15}N 的化合物就可以用此方法富集：

$$^{15}NO(气)+H^{14}NO_3(液)\Longrightarrow{}^{14}NO(气)+H^{15}NO_3(液)$$

$$^{15}NH_3(气)+{}^{14}NH_4^+(液)\Longrightarrow{}^{14}NH_3(气)+{}^{15}NH_4^+(液)$$

上述反应方程式中，^{15}N 主要富集在 $^{15}NO_3^-$ 和 $^{15}NH_4^+$ 中，这是由于 ^{15}N 和 ^{14}N 质量上的差异引起了自由能的微小差异造成的，因此通过物理方法使这种交换平衡重复多次，可得到富集的 ^{15}N 化合物（$^{15}N>95\%$）。

氮原子的电子层结构为 $1s^2 2s^2 2p^3$，每个 N 原子含有 3 个未成对电子。氮分子的电子结构为三重键，其结构式可表示为 ［:N≡N:］ 或 ［N≡N］。由于 3 个未成对的 2p 电子的对称轴是相互垂直的，其中只能有一个可以沿着对称轴的方向，即头对头的方式耦合而构成 σ 键，其余两个只能沿着垂直于对称轴的方向，即以肩并肩的方式偶合而构成 π 键，因此三重键是由一个 σ 键和两个 π 键构成的。

1.1.2　物理性质

（1）主要物理性质

氮气的主要物理性质见表 1.1。

表 1.1　氮气的主要物理性质

分子式	N_2
相对分子质量	28.01
外观与性状	无色无味气体
溶解性	微溶于水、乙醇
气体密度(101.325kPa,21.1℃)/(kg/m³)	1.160
气体相对密度(101.325kPa,21.1℃)(空气密度为1)	0.967
液体密度(−180℃)/(g/cm³)	0.729
摩尔体积(标准状态)/(L/mol)	22.40

气体常数 R/[J/(mol·K)]		8.3093
熔点/℃		−209.8(63.15K)
沸点(101.325kPa)/℃		−195.6(77.35K)
饱和蒸气压(−173℃)/kPa		1026.42
临界温度/℃		−147.05(126.21K)
临界压力/MPa		3.3978
临界密度/(kg/m³)		313.22
临界体积/(cm³/mol)		90.1
临界压缩系数		0.292
熔化热/(kJ/mol)		0.72
汽化热/(kJ/mol)		5.58
气体比热容(25℃,0.101MPa)/[kJ/(kg·K)]	比定压热容 c_p	1.038
	比定容热容 c_V	0.741
	c_p/c_V	1.401
液体比热容(−183℃)/[kJ/(kg·K)]		2.13
固体比热容(−223℃)/[kJ/(kg·K)]		1.489
气体热导率(0.101MPa,300K)/[W/(m·K)]		0.2579
液体热导率(0.101MPa,70K))/[W/(m·K)]		1.4963
气体黏度(25℃,0.101MPa)/(μPa·s)		17.544
液体黏度(−150℃,0.101MPa)/(mPa·s)		0.038
液体表面张力(70K)/(N/m)		4.624×10^{-3}
液体膨胀系数(−180℃)/℃$^{-1}$		0.00753
折射率(20℃,0.101MPa)		1.00052

（2）溶解性

在常压下，氮气微溶于水中，可溶于多种有机溶剂。不同温度下，氮气在水中的溶解度见表 1.2，氮气在不同有机溶剂中的溶解度见表 1.3。

表 1.2　不同温度下氮气在水中的溶解度

温度/℃	α/(mL/mL 水)	q/(g/100g 水)	温度/℃	α/(mL/mL 水)	q/(g/100g 水)
0	0.02354	0.002942	20	0.01545	0.001901
1	0.02297	0.002869	21	0.01522	0.001869
2	0.02241	0.002798	22	0.01498	0.001838
3	0.02187	0.002730	23	0.01475	0.001809
4	0.02135	0.002663	24	0.01454	0.001780
5	0.02086	0.002600	25	0.01434	0.001751
6	0.02037	0.002537	26	0.01413	0.001724
7	0.01990	0.002477	27	0.01394	0.001698
8	0.01945	0.002419	28	0.01376	0.001672
9	0.01902	0.002365	29	0.01358	0.001647
10	0.01861	0.002312	30	0.01342	0.001624
11	0.01823	0.002263	35	0.01256	0.001501
12	0.01786	0.002216	40	0.01184	0.001391
13	0.01750	0.002170	45	0.01130	0.001300
14	0.01717	0.002126	50	0.01088	0.001216
15	0.01685	0.002085	60	0.01023	0.001052
16	0.01654	0.002045	70	0.00977	0.000851
17	0.01625	0.002006	80	0.00958	0.000660
18	0.01597	0.001970	90	0.00950	0.000380
19	0.01570	0.001935	100	0.00950	0.000000

注：α 为 Bunsen 吸收系数，即在标准状态（273.15K，101.325kPa）下，1mL 水中溶解的氮气体积（mL）；q 为在气体总压力（气体及水蒸气）为 101.325kPa 时，溶解于 100g 水中的氮气质量（g）。

表 1.3　不同温度下氮气在不同有机溶剂中的溶解度

溶剂	温度 t/℃	β/(mL/mL 溶剂)	溶剂	温度 t/℃	β/(mL/mL 溶剂)
丙酮	−25	0.0219[①]	苯	7.1	0.1063
	0	0.0239[①]		20	0.1162
	25	0.0266[①]		25	0.1339
甲醇	−25	0.0236[①]		40	0.1355
	0	0.0236[①]		60	0.1575
	25	0.0239[①]	乙醚	−77.7	0.2055
乙醇	−25	0.0213[①]		−60.6	0.2144
	0	0.0215[①]		−41.1	0.2286
	25	0.0217[①]		−20.5	0.2452
	50	0.0221[①]		0	0.2672
氯苯	−39.7	0.0695		20	0.2870
	−19.7	0.0778		25	0.2930
	0	0.0881	四氯化碳	−19.7	0.1256
	20	0.0994		0	0.1403
	25	0.1020		20	0.1573
	40.1	0.1116		25	0.1620
	60	0.1259		40.1	0.1754
	80.3	0.1399		60.1	0.1953
乙酸甲酯	−78.7	0.0900	己烷	25	0.2581
	−60.1	0.1032	庚烷	25	0.2225
	−40.6	0.1190		35	0.2324
	−20.3	0.1353	辛烷	25	0.1933
	0	0.1551	壬烷	25	0.1728
	20	0.1748	环己烷	25	0.1685
	25	0.1790	硝基甲烷	25	0.0910
	40.1	0.1957	二硫化碳	25	0.0889

① 质量分数。

注：β 为 Ostwald 溶解度系数，即气体分压为 101.325kPa，温度为 t（℃）时，1mL 溶剂溶解的氮气体积（mL）。

（3）热导率

表 1.4～表 1.6 分别列出了氮气和液氮在不同条件下的热导率。

表 1.4　氮气在 101.325kPa 下不同温度时的热导率

温度/K	热导率/[W/(m·K)]	温度/K	热导率/[W/(m·K)]
80	0.00744	240	0.0215
90	0.00849	250	0.0223
100	0.00940	260	0.0231
110	0.0103	270	0.0239
120	0.0112	280	0.0246
130	0.0121	290	0.0254
140	0.0130	300	0.0261
150	0.0139	350	0.0294
160	0.0147	400	0.0325
170	0.0156	450	0.0356
180	0.0165	500	0.0386
190	0.0173	600	0.0441
200	0.0181	700	0.0493
210	0.0190	800	0.0541
220	0.0198	900	0.0587
230	0.0207	1000	0.0631

表 1.5　氮气在不同温度及压力下的热导率

压力/MPa	不同温度下的热导率/[W/(m·K)]						
	288K	298K	323K	348K	373K	473K	573K
0.1013	0.0251	0.0264	0.0271	0.0294	0.0308	0.0369	0.0431
10.13	0.0283	0.0327	0.0329	0.0340	0.0319	0.0376	0.0434
20.26	0.0365	0.0409	0.0407	0.0407	0.0380	0.0412	0.0459
30.39	0.0435	0.0498	0.0481	0.0473	0.0440	0.0456	0.0495
40.52	0.0472	0.0576	0.0551	0.0538	0.0471	0.0481	0.0516

表 1.6　液氮在不同温度及压力下的热导率

温度/K	不同压力下的热导率/[W/(m·K)]					
	0.1013MPa	2.532MPa	3.394MPa	5.065MPa	7.598MPa	10.13MPa
90.4	0.0085	0.1273	0.1279	0.1305	0.1339	0.1372
126.0	0.0121	0.0193	0.0356	0.0586	0.0678	0.0758
132.6	0.0128	0.0186	0.0233	0.0385	0.0552	0.0678
138.8	0.0133	0.0184	0.0215	0.0307	—	—
145.8	0.0138	0.0178	0.0204	0.0280	0.0409	0.0515
170.6	0.016	0.0184	0.0197	0.0220	0.0269	0.0335

（4）蒸气压

不同温度时氮气的饱和蒸气压见表1.7。

表 1.7　不同温度时氮气的饱和蒸气压

温度/℃	饱和蒸气压/kPa	温度/℃	饱和蒸气压/kPa
−219.16(s)	1.333	−195.80	101.325
−216.63(s)	2.666	−189.2	202.650
−212.06(s)	7.998	−179.1	506.625
−209.66	13.332	−169.8	1013.250
−205.58	26.664	−157.6	2026.50
−200	59.85	−148.3	3039.750

注：(s) 表示固体。

1.1.3　化学性质

氮气是一种惰性气体，在常温、常压下，除金属锂等极少数元素外，氮几乎不与其他物质发生反应，但在高温、高压或有催化剂存在的特定条件下，氮比较活泼，可以和氢、氧、碳等非金属元素以及某些金属元素反应。在反应生成物中，氮的化合价有−3、+1、+2、+3、+4、+5，主要表现为−3价或+5价。

（1）氮与金属的反应

在常温下，锂可与氮直接反应，生成氮化锂：

$$6Li+N_2 \Longrightarrow 2Li_3N$$

在高温下氮气能与镁、钙、锶、钡等碱土金属元素反应，生成氮化物。例如，在加热条件下，氮气能与 Ca 发生以下反应：

$$N_2+3Ca \xrightarrow{\text{加热}} Ca_3N_2$$

镁在空气里燃烧，除生成氧化镁外，也能与氮气化合生成微量氮化镁。其反应式如下：

$$N_2 + 3Mg \xrightarrow{\text{燃烧}} Mg_3N_2$$

（2）氮与非金属的反应

在高温下，氮可以和氢、氧、碳等非金属元素元素反应。例如，在高温、高压和催化剂存在的条件下，氮气与氢气发生化合反应生成氨，这是工业合成氨的基础。

$$N_2 + 3H_2 \underset{\text{催化剂}}{\overset{\text{高温、高压}}{\rightleftharpoons}} 2NH_3$$

在高温（1200℃以上）或在高压放电条件下，氮与氧能直接化合生成无色的一氧化氮；氮与臭氧在高温下反应生成二氧化氮和少量氧化亚氮。

$$N_2 + O_2 \xrightarrow{\text{放电}} 2NO$$

一氧化氮与氧气迅速化合，生成红棕色的二氧化氮气体。

$$2NO + O_2 === 2NO_2$$

二氧化氮溶于水，生成硝酸。

$$3NO_2 + H_2O === 2HNO_3 + NO$$

氮与炽热的碳反应生成 CN_2。氮和碳、氢在温度高于 1900K 时能缓慢反应生成氢氰酸。

$$N_2 + 2C + H_2 \xrightarrow{>1900K} 2HCN$$

硼在白热的温度下与氮气反应，生成大分子化合物氮化硼；在高于 1473K 的温度下，硅与氮气反应，生成氮化硅。

$$2B + N_2 \xrightarrow{\text{白热}} 2BN$$

$$3Si + 2N_2 \xrightarrow{>1473K} Si_3N_4$$

（3）氮与化合物的反应

除上述金属元素和非金属元素外，在高温下，氮与一些化合物也能发生反应。例如，氮与碳化钙反应生成氰氨化钙（$CaCN_2$）；在 1000℃ 时，氮与硅化钙反应生成 $CaSiN_2$ 和 $Ca(SiN)_2$；氮与碳化铈或碳化铀在高温下反应生成 CeN 或 U_3N_4；氮与石墨和碳酸钠在 900℃ 反应生成氰化钠；氮与乙炔在 1500℃ 反应生成氰化氢等。

$$N_2 + CaC_2 \xrightarrow[1200℃]{\text{电炉}} CaCN_2 + C$$

气态氮通过低压辉光放电，形成一种非常活泼的氮，这种形态的氮称为活性氮。活性氮能与许多金属（Hg，As，Zn，Cd，Na）和非金属（P，S）反应生成氮化物。例如，在 100℃ 和 102.9kPa 放电时氮和硫反应生成一系列的硫化物的混合物；氮在无声放电时能与四氯化钛反应生成氯氮钛衍生物：

$$N_2 + 4TiCl_4 \xrightarrow{\text{放电}} 2TiNCl \cdot TiCl_4 + 3Cl_2$$

1.1.4　制备方法

1.1.4.1　实验室制备氮气

实验室中制取少量氮气可采用化学法。

（1）加热亚硝酸钠的饱和溶液与氯化铵的饱和溶液的混合物制备氮气

在圆底烧瓶中放亚硝酸钠晶体或饱和溶液，由分液漏斗滴入饱和氯化铵溶液，加热烧瓶到85℃左右，就有氮气产生。用排水集气法收集氮气或用橡皮球胆直接收集。此反应是放热反应，当反应开始时就应停止加热。化学反应方程式：

$$NaNO_2 + NH_4Cl \Longrightarrow NaCl + 2H_2O + N_2$$

（2）燃烧法

加压空气与可燃性气体按比例混合，进入燃烧室燃烧，生成CO_2、H_2O、少量的CO和H_2，氮不参与反应，除去杂质即可得到纯氮气。

（3）氨或亚硝酸胺热分解法

在600℃、101～1515kPa条件下，在镍催化剂存在下，氨逐渐分解为氮气与氢气的混合物，然后把混合气在燃烧室内燃烧并控制空气比例，其燃烧生成物通过除氧、干燥即得纯氮。化学反应方程式：

$$2NH_3 \xrightarrow[\text{Ni}]{\text{加热}} N_2 + 3H_2$$

加热亚硝酸胺浓溶液分解为氮气和水：

$$NH_4NO_2 \xrightarrow{\text{加热}} N_2 + 2H_2O$$

（4）叠氮化钠热分解法

将重结晶的并经干燥处理的叠氮化钠（NaN_3）置于密闭的容器中，加热至300℃左右使其分解，可得到纯度较高的氮气。化学反应方程式：

$$2NaN_3 \xrightarrow{300℃} 2Na + 3N_2$$

（5）其他方法

将氨气通过加热的氧化铜，可以获得纯净的氮气，化学反应方程式：

$$2NH_3 + 3CuO \xrightarrow{\text{加热}} N_2 + 3Cu + 3H_2O$$

氨水与溴水反应制备氮气：

$$8NH_3 + 3Br_2 \Longrightarrow 6NH_4Br + N_2$$

重铬酸铵加热分解制备氮气：

$$(NH_4)_2Cr_2O_7 \xrightarrow{\text{加热}} Cr_2O_3 + 4H_2O + N_2$$

1.1.4.2 工业制备氮气

空气中含有约78.5％的氮气，是工业氮气取之不尽的源泉。工业上主要以空气为原料，采用低温精馏法从空气中分离回收氮气。

（1）深冷空分制氮法

深冷空分制氮是一种传统的制备氮气的方法，它以空气为原料，经过压缩、净化，再利用热交换使空气液化。液态空气中主要是液态氧气和液态氮气的混合物，利用液态氧气和液态氮气的沸点不同（在1个大气压下，液氧的沸点为－183℃，液氮的为－196℃），通过对液态空气的精馏，使液态氮气先气化从液态空气中分离出来。

深冷空分制氮法产气量大，氮气产品纯度高，无须再纯化便可直接应用于磁性材料，但工艺流程复杂、占地面积大，基建费用较高，设备一次性投资较多，运行成本较高，产气慢（12～24h），安装要求高、周期较长。深冷空分制氮装置宜应用于大规模工业制备氮气。

（2）变压吸附制氮法

变压吸附制氮法又称为分子筛空分制氮法。变压吸附（pressure swing adsorption，简称 PSA）气体分离技术是非低温气体分离技术的重要分支，是人们长期努力寻找比深冷空分制氮法更简单的空分方法的结果。20 世纪 70 年代初期，法国 Bergban-Forschung of Esen 公司研制成功碳分子筛，为 PSA 空分制氮工业化奠定了基础。

变压吸附制氮是以空气为原料，碳分子筛为吸附剂，利用变压吸附原理（加压吸附，减压解吸并使分子筛再生）和碳分子筛对空气中的氧和氮选择吸附的特性，在常温下使氮气和氧气分离制取氮气。

该方法工艺简单、占地面积小、自动化程度高、产气速度快（15～30min）、能耗低，产品纯度可在一定范围内根据用户需要进行调节，操作维护方便、运行成本较低、装置适应性较强，已成为中、小型氮气用户的首选方法。

（3）膜分制氮法

膜分制氮法也称为中空纤维膜分离法，是 20 世纪 80 年代国外迅速发展的一种新型制氮方法，虽然起步较晚，但发展很快。膜空分制氮的基本原理是以空气为原料，在一定压力条件下，利用氧、氮等不同性质的气体在膜内渗透速率不同，将氧气和氮气分离。空气分离制氮用的薄膜材料多为高分子聚合膜，这种薄膜对 N_2、O_2、CO_2、H_2O 具有不同的选择性渗透和扩散的特性。气体分子在压力的作用下，首先与膜的高压侧接触，然后通过吸附、扩散、脱溶、逸出等过程获得氮气，膜分离制氮流程如图 1.1 所示。

空压机→冷干器→过滤器→膜分器→氮纯化器→氮气

图 1.1　膜分离制氮流程

该方法流程简单、装置紧凑、操作简便、产气更快（≤3min）、能耗低、寿命长、运行稳定可靠、增容方便，但中空纤维膜对压缩空气清洁度要求更严，膜易老化而失效，难以修复，需要换新膜。这种制氮方法特别适宜于要求氮气纯度≤98％的中、小型氮气用户。

膜分离制备的氮气产品纯度一般为 95％～99.9％（体积分数，下同），露点低于 －60℃。为了制取更高纯度的氮气，需要进一步纯化，一般采用化学催化法脱氧，然后采用分子筛干燥，纯化后的氮气纯度可达 99.999％。

1.1.5　应用

随着科学技术的进步和经济建设的发展，氮气作为一种重要物质，应用越来越广泛，已经渗透到许多工业部门和日常生活领域。

（1）化学工业

氮气主要用于合成氨，在高压、高温和催化剂存在条件下，氮气与氢气发生反应生成氨。氮气也是合成纤维（锦纶、腈纶）、合成树脂、合成橡胶等的重要原料。氮是一种营养元素，可以用来制作化肥。例如：碳酸氢铵（NH_4HCO_3）、氯化铵（NH_4Cl）、硝酸铵（NH_4NO_3）等。氮气还可作为保护气体交换、清洗、密封、检漏和干法熄焦中的保护气以及催化剂再生、石油分馏、化纤生产等用气。

（2）电子工业

为锂电池、大规模集成电路、彩色显像管、LED 和 LCD 电视成像器件、光伏器件、触摸屏以及云计算、物联网等涉及的新型电子元件以及半导体元件的加工和生产提供氮源。

（3）金属加工

钢、铁、铜、铝制品淬火、退火、渗氮、氮碳共渗、软碳化等热处理的氮源，焊接、粉末冶金烧结、新材料开发和稀土永磁材料制造中的保护气体。

（4）冶金工业

用于连铸、连轧和钢退火的保护气体；转炉上下联合氮吹炼钢、转炉炼钢垫片、高炉炉顶垫片、高炉炼铁粉喷吹气体等。

（5）航天技术

火箭燃料助推器、发射台通风和安全保护气体、航天员控制气体、空间模拟室、燃料管道清洁气体等。

（6）医药行业

新药开发中的气体保护、中药（如人参）的充氮储存和保鲜；西药注射剂充氮；容器的储存和充氮；用于医疗材料等气动输送的气源；利用液氮的低温性质、不活泼性和无毒性，在动物精液、人体组织保存和外科手术等方面可作为理想的冷源。

（7）食品工业

粮食、水果、蔬菜等的充氮储存和保鲜；肉类、奶酪、糕点、芥末、茶叶和咖啡等的充氮新鲜包装；果汁和果酱等的充氮排氧保鲜；各种酒瓶的清洁等。

（8）3D 打印行业

主要用于 3D 打印中防止稀有金属粉末氧化，保证打印舱室里的无氧化操作，确保打印样品更光鲜亮丽。

（9）石油工业

储罐、容器、催化裂化塔、管道等的充氮和清洁；管道系统等的气动泄漏测试。

（10）分析检测行业

在气相色谱分析中，纯度高的氮气是常用的载气。氮气还可用于控制实验室的氧气水平、湿度和温度，并为高度敏感的程序和设备保持适当的气氛。此外，还有各种实验室设备需要氮气来净化。在科学仪器或科学实验中液氮是重要的冷源，比如 EDAX 能谱仪的单晶锂检测器，需要在液氮的温度下保存和使用。

^{15}N 主要用于示踪研究，特别是用于化学、生物学和固氮过程的机理研究方面。^{15}N 具有比一般氮低的热中子吸收截面，已应用于核反应堆中。

（11）与其他气体组成混合气

色谱及其他仪表校正标准混合气：N_2（Ar 体积分数为 0.001%～50%）；N_2（HCl 体积分数为 0.001%～7%）；N_2（H_2 体积分数为 3%～10%，CO 体积分数为 15%～40%，CO_2 体积分数为 20%～30%）。

大气污染排放控制标准混合气：N_2（SO_2 体积分数为 0.005%～0.4%）；N_2（CO 体积分数为 0.1%～12%，CO_2 体积分数为 1%～6%，C_3H_8 体积分数为 0.01%～0.2%）。

FID 燃烧气：N_2（H_2 体积分数为 40%）。

FID 鉴定器混合气：N_2（O_2 体积分数为 20%）。

电子工业混合气：N_2（H_2 体积分数为 0.01%～4%）。

成型保护及热处理混合气：N_2（H_2 体积分数为 5%～20%）；N_2（CO 体积分数为 1%，CH_4 体积分数为 2%～5%）；N_2（CO 体积分数为 25%，CO_2 体积分数为 0.5%～1%，CH_4 体积分数为 0.5%～1%，O_2 体积分数小于 0.2%）。

真空检漏混合气：N_2（He 体积分数为 0.5%～10%）。

化肥工业标准气：N_2（CO 体积分数为 0.001%～0.003%，CO_2 体积分数为 0.001%～0.003%）；N_2（CO 体积分数为 1%～5%，CH_4 体积分数为 1%～5%，H_2 体积分数为 40%～50%，O_2 体积分数小于 0.2%）；

石油化工标准气：N_2（CO 体积分数为 1%，CO_2 体积分数为 15%，O_2 体积分数为 5%～25%）。

地震检测混合气：N_2（CO 体积分数为 1%～2.5%，He 体积分数为 1%，H_2 体积分数为 0.1%～0.5%，Ar 体积分数为 1.5%）；N_2（He 体积分数为 0.1%，H_2 体积分数为 0.1%，Ar 体积分数为 0.1%，CO_2 体积分数为 20%～25%，CH_4 体积分数为 0.1%～1%）。

临床血液气体分析混合气：N_2（CO_2 体积分数为 3%～10%）；N_2（CO_2 体积分数为 21%～83%，O_2 体积分数为 4%～12%）。

无氧培养混合气：N_2（CO_2 体积分数为 5%，H_2 体积分数为 10%）。

地质勘探混合气：N_2（CO 体积分数为 1%～5%，CO_2 体积分数为 15%～20%，CH_4 体积分数为 1%～5%，He 体积分数为 0.1%，H_2 体积分数为 0.1%，Ar 体积分数为 0.1%）。

还原混合气：N_2（CO 体积分数为 30%）；N_2（H_2 体积分数为 1%～50%）；N_2（CO 体积分数为 26%，CO_2 体积分数为 14%）。

微量水标准混合气：N_2（H_2O 体积分数为 0.001%～0.01%）。

总之，氮在国计民生中的应用十分广泛，与人类的生活、生产活动和科学实验息息相关。

1.2　氧气

1.2.1　简介

氧元素位于元素周期表第Ⅵ族，原子序数为 8，相对原子质量为 16。氧气是氧元素最常见的单质形态，化学式为 O_2，相对分子质量为 32.00，常温常压下是一种无色、无味、无臭的气体。密度比空气略大，在标准状况（0℃和大气压强 101kPa）下氧气的密度为 1.429g/L。能溶于水，但溶解度很小，1L 水中能溶解约 30mL 氧气。在压强为 101kPa 时，氧气在约 −180℃时变为淡蓝色液体，在约 −218℃时变成雪花状的淡蓝色固体。氧气不可燃，可助燃，与其他可燃物按一定比例混合易发生爆炸。

氧气是双原子分子，每一个氧气分子由两个氧原子构成，两个氧原子形成共价键。基态 O_2 分子中并不存在双键，氧气分子里形成了两个三电子键，氧气的结构如图 1.2 所示。两个氧原子进行 sp 轨道杂化，一个单电子填充进 sp 杂化轨道，成 σ 键，另一个单电子填充进 p 轨道，成 π 键。氧气是奇电子分子，具有顺磁性。

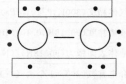

图 1.2　氧气的结构

氧的同位素已知的有 17 种，包括^{12}O 至^{28}O。在自然界中有^{16}O、^{17}O 和^{18}O 三种稳定的同位素，^{18}O 已用于有机反应的示踪过程。其他已知的同位素都带有放射性，其半衰期均少于 3min。

氧是地壳中最丰富、分布最广的元素，也是构成生物界与非生物界最重要的元素，在地壳中的含量为 48.6%。单质氧占大气总量的 20.94%（体积分数）。人类与动植物的生存依赖氧气。空气中的氧气虽然不断地用于呼吸、燃烧和其他氧化过程，但总量几乎不变，这主要是由于绿色植物在光合作用过程中，将二氧化碳与水合成碳水化合物时放出了氧气。

1.2.2 物理性质

（1）主要物理性质

氧气的主要物理性质见表 1.8。

表 1.8　氧气的主要物理性质

分子式		O$_2$
相对分子质量		31.9988
外观与性状		无色无味气体
溶解性		微溶于水
气体密度(标准状态)/(g/L)		1.429
气体相对密度(101.325kPa,21.1℃)(空气密度为1)		1.105
液体相对密度(一183℃)(水的密度为1)		1.14
摩尔体积(标准状态)/(L/mol)		22.39
气体常数 R/[J/(mol·K)]		8.31434
熔点/℃		一218.8(54.75K)
沸点(101.325kPa)/℃		一183.1(90.188K)
饱和蒸气压(一164℃)/kPa		506.62
临界温度/℃		一118.95(154.581K)
临界压力/MPa		5.043
临界密度/(kg/m^3)		436.14
熔化热/(kJ/mol)		0.44
汽化热/(kJ/mol)		6.82
摩尔热容(273.15K,0.101MPa)/[J/(mol·K)]	摩尔定压热容 $C_{p,m}$	29.33
	摩尔定容热容 $C_{V,m}$	20.96
	$C_{p,m}/C_{V,m}$	1.399
气体热导率(0.101MPa,273.15K)/[W/(m·K)]		24.31×10^{-3}
液体热导率(0.101MPa,90.18K)/[W/(m·K)]		0.1528
气体黏度(300K,0.101MPa)/Pa·s		20.75×10^{-6}
液体黏度(90.18K,0.101MPa)/Pa·s		186×10^{-6}
液体表面张力(90.18K)/(N/m)		13.2×10^{-3}
介电常数(20℃,1个大气压)		1.0004947
液氧介电常数(一193℃)		1.507
折射率(0℃,0.101MPa)		1.00027

（2）溶解性

氧气微溶于水和部分有机溶剂。20℃、100 体积的水只能溶解 3 体积的氧气。不同温度下氧气在水中的溶解性见表 1.9，氧气在不同有机溶剂中的溶解性见表 1.10。

表 1.9　不同温度下氧气在水中的溶解度

温度/℃	α/(mL/mL 水)	q/(g/100g 水)	温度/℃	α/(mL/mL 水)	q/(g/100g 水)
0	0.04889	0.006945	20	0.03102	0.004339
1	0.04758	0.006756	21	0.03044	0.004252
2	0.04633	0.006574	22	0.02988	0.004169
3	0.04512	0.006400	23	0.02934	0.004087
4	0.04397	0.006232	24	0.02881	0.004007
5	0.04287	0.006072	25	0.02831	0.003931
6	0.04180	0.005918	26	0.02783	0.003857
7	0.04080	0.005773	27	0.02736	0.003787
8	0.03983	0.005632	28	0.02691	0.003718
9	0.03891	0.005498	29	0.02649	0.003651
10	0.03802	0.005368	30	0.02608	0.003588
11	0.03718	0.005246	35	0.02440	0.003315
12	0.03637	0.005128	40	0.02306	0.003082
13	0.03559	0.005014	45	0.02187	0.002858
14	0.03486	0.004906	50	0.02090	0.002657
15	0.03415	0.004802	60	0.01946	0.002274
16	0.03348	0.004703	70	0.01833	0.001856
17	0.03283	0.004606	80	0.01761	0.001381
18	0.03220	0.004514	90	0.0172	0.00079
19	0.03161	0.004426	100	0.0170	0.00000

注：α 为 Bunsen 吸收系数，即在标准状态（273.15K，101.325kPa）下，1mL 水中溶解的氧气体积（mL）；q 为在气体总压力（气体及水蒸气）为 101.325kPa 时，溶解于 100g 水中的氧气质量（g）。

表 1.10　不同温度下氧气在不同有机溶剂中的溶解度

溶剂	温度 t/℃	β/(mL/mL 溶剂)	溶剂	温度 t/℃	β/(mL/mL 溶剂)
丙酮	−78	0.2147	乙酸甲酯	−78	0.1901
	−60	0.2175		−60	0.1987
	−41.3	0.2253		−40	0.2126
	−20	0.2385		−20	0.2288
	0	0.2550		0	0.2488
	10	0.2649		10	0.2583
	20	0.2736		22	0.2703
	25	0.2800		25	0.2730
	30	0.2846		30	0.2789
	40	0.2954		40	0.2877

溶剂	温度 t/℃	β/(mL/mL 溶剂)	溶剂	温度 t/℃	β/(mL/mL 溶剂)
四氯化碳	0	0.2865	氯苯	0	0.1748
	10	0.2926		10	0.1804
	20	0.2996		20	0.1863
	25	0.3020		25	0.1890
	30	0.3056		30	0.1915
	40	0.3124		40	0.1974
	50	0.3196		50	0.2031
	60	0.3246		60	0.2094
苯	10	0.2091		70	0.2163
	20	0.2186		80	0.2214
	25	0.2230	乙醚	0	0.4325
	28	0.2239		20	0.4511
	30	0.2281	甲苯	20	0.1280
	40	0.2371	环己醇	26	0.1935
	50	0.2483	二甲基甲酰胺	25	0.1090
	30	0.2576			

注：β 为 Ostwald 溶解度系数，即气体分压为 101.325kPa、温度为 t（℃）时，1mL 溶剂溶解的氧气体积（mL）。

（3）热导率

氧气在不同温度及压力下的热导率见表 1.11。

表 1.11 氧气在不同温度及压力下的热导率

温度/℃	不同压力下的热导率/[W/(m·K)]					
	0.1013MPa	2.0265MPa	4.053MPa	6.0795MPa	8.106MPa	10.13MPa
−200	0.0065	0.172	0.172	0.172	0.173	0.174
−180	0.0084	0.147	0.147	0.148	0.149	0.149
−160	0.0102	0.120	0.121	0.123	0.124	0.127
−140	0.0121	0.0154	0.0954	0.0977	0.100	0.101
−120	0.0140	0.0164	0.0223	0.0616	0.0663	0.0709
−100	0.0158	0.0176	0.0208	0.0270	0.0356	0.0357
−80	0.0177	0.0191	0.0214	0.0247	0.0290	0.0349
−60	0.0194	0.0207	0.0226	0.0249	0.0279	0.0316
−40	0.0212	0.0224	0.0238	0.0257	0.0283	0.0307
−20	0.0228	0.0238	0.0251	0.0266	0.0288	0.0309
0	0.0244	0.0254	0.0265	0.0279	0.0297	0.0314
20	0.0261	0.0270	0.0280	0.0293	0.0308	0.0324
40	0.0277	0.0286	0.0297	0.0308	0.0321	0.0335

（4）蒸气压

氧气在不同温度时的饱和蒸气压见表 1.12。

表 1.12　不同温度时氧气的饱和蒸气压

温度/℃	饱和蒸气压/kPa	温度/℃	饱和蒸气压/kPa
−210.65	1.333	−182.98	101.325
−207.52	2.666	−176.0	202.650
−201.77	7.998	−164.5	506.625
−198.70	13.332	−153.2	1013.250
−194.04	26.664	−140.0	2026.500
−193.15	29.997	−130.7	3039.750
−188.15	56.741	−124.1	4053.000

1.2.3　化学性质

氧气的化学性质比较活泼，除了稀有气体、活性小的金属元素如金、铂、银之外，大部分元素都能与氧气反应形成氧化物，一般而言，非金属氧化物的水溶液呈酸性，而碱金属或碱土金属氧化物则为碱性。此外，几乎所有的有机化合物，可在氧中剧烈燃烧生成二氧化碳与水。在化合物中氧的化合价通常是 −2 价，只有和氟化合时才呈 +2 价（OF_2），氧在碱金属过氧化物中呈 −1 价。氧气具有助燃性、氧化性。

（1）氧气与金属的反应

氧气能与第 I 族和第 II 族的金属起反应，氧与低相对原子质量金属锂、钠、钾、钙、镁等开始反应时需要高温，相反，与较大相对原子质量的铷、锶、铯、钡等金属在室温下就能自发地反应。氧和这些金属的电负性差值很大，因此生成的含氧化合物都是离子化合物，例如，锂与氧起反应生成氧化锂（Li_2O）。钠与氧起反应生成氧化钠还是过氧化钠须视条件而定，钠与干燥的氧在一起加热到 180℃ 时生成氧化钠（Na_2O），钠在氧气中燃烧生成过氧化钠（Na_2O_2）。

除第 I 和第 II 族金属外，氧与其他金属的反应均能在室温下缓慢地进行，如果温度升高，它们之间的反应有时也会进行得相当快。氧和这些金属之间的电负性的差值大约在 0.8～1.8 之间。在氧气和水蒸气共同作用下，铁在室温下能与氧缓慢地化合，得到的产物是三氧化二铁（Fe_2O_3），通常称为铁锈。铁在纯净的氧气中燃烧会发出耀眼的光芒，并会发出明亮的火星，生成四氧化三铁（Fe_3O_4）黑色固体。

氧气与部分金属或金属化合物的化学反应方程式如下：

$$O_2 + 4Na \xrightarrow[\text{空气不充足}]{180\sim200℃} 2Na_2O$$

$$O_2 + 2Na_2O \xrightarrow{300\sim400℃} 2Na_2O_2$$

$$O_2 + K \xrightarrow{\text{点燃}} KO_2$$

$$O_2 + 2K \xrightarrow{127℃\text{以下}} K_2O_2$$

$$O_2 + 2Be \xrightarrow{\text{点燃}} 2BeO$$

$$O_2 + 2Mg \xrightarrow{\text{点燃}} 2MgO$$

$$O_2 + 2Ba \xrightarrow{\text{加热}} 2BaO$$

$$O_2 + Ba \xrightarrow{\text{加热}} BaO_2$$

$$3O_2 + 4Al \xrightarrow{700℃} 2Al_2O_3$$

$$O_2 + 2Cu \xrightarrow{800℃} 2CuO$$

$$O_2 + 4Cu \xrightarrow{1000℃} 2Cu_2O$$

$$3O_2 + 2Cu_2S \xrightarrow{\text{加热}} 2Cu_2O + 2SO_2$$

$$3O_2 + 2CuS \xrightarrow{\text{高温}} 2CuO + 2SO_2$$

$$O_2 + 2Zn \xrightarrow{1000℃} 2ZnO$$

$$3O_2 + 2ZnS \xrightarrow{\text{加热}} 2ZnO + 2SO_2$$

$$2O_2 + ZnS \xrightarrow{700℃} ZnSO_4$$

$$O_2 + 2Hg \xrightarrow{\text{加热至沸}} 2HgO$$

$$O_2 + HgS \xrightarrow{\text{加热}} Hg + SO_2$$

$$3O_2 + 4Cr \xrightarrow{500℃\text{以上}} 2Cr_2O_3$$

$$2O_2 + 3Mn \xrightarrow{\text{加热}} Mn_3O_4$$

$$2O_2 + 3Fe \xrightarrow{\text{加热}} Fe_3O_4$$

$$O_2 + 4Fe(OH)_2 + 2H_2O \xrightarrow{} 4Fe(OH)_3$$

$$3O_2 + 4FeCl_3 \xrightarrow{\text{加热}} 2Fe_2O_3 + 6Cl_2$$

（2）氧气与非金属的反应

氧几乎能与一切非金属（稀有气体和卤素除外）直接发生反应。非金属与氧的反应通常都是在高温燃烧的条件下发生的。例如碳在氧气中剧烈燃烧，发出白光，放出热量，生成使石灰水变浑浊的二氧化碳气体。硫在空气中燃烧，发出微弱的淡蓝色火焰；在纯氧中燃烧得更旺，发出蓝紫色火焰，放出热量，生成有刺激性气味的二氧化硫气体。该气体能使澄清石灰水变浑浊，且能使酸性高锰酸钾溶液或品红溶液褪色，褪色的品红溶液加热后颜色又恢复为红色。磷在氧气中剧烈燃烧，发出明亮光辉，放出热量，产生大量白烟，生成一种白色固体五氧化二磷。氢气在氧气中安静地燃烧，产生淡蓝色的火焰，生成水并放出大量的热。

氧气与部分非金属的化学反应方程式如下：

$$C + O_2 \xrightarrow{\text{点燃}} CO_2$$

$$2C + O_2 \xrightarrow[\text{氧气不充足时}]{\text{点燃}} 2CO$$

$$S + O_2 \xrightarrow{\text{点燃}} SO_2$$

$$O_2 + 2SO_2 \xrightarrow[450℃]{V_2O_5} 2SO_3$$

$$4P + 5O_2 \xrightarrow{\text{点燃}} 2P_2O_5$$

$$2H_2 + O_2 \xrightarrow{\text{点燃}} 2H_2O$$

$$N_2 + O_2 \xrightarrow{\text{高温或放电}} 2NO$$

（3）氧气与有机物的反应

甲烷、乙烷、乙炔、甲醇、乙醇、苯等大多数有机化合物能在氧气中燃烧生成二氧化碳和水。氧气与部分有机化合物的化学反应方程式如下：

氧气与甲烷反应：

$$CH_4 + 2O_2 \xrightarrow{\text{点燃}} CO_2 + 2H_2O$$

氧气与乙烯反应：

$$C_2H_4 + 3O_2 \xrightarrow{\text{点燃}} 2CO_2 + 2H_2O$$

氧气与乙炔反应：

$$2C_2H_2 + 5O_2 \xrightarrow{\text{点燃}} 4CO_2 + 2H_2O$$

氧气与苯反应：

$$2C_6H_6 + 15O_2 \xrightarrow{\text{点燃}} 12CO_2 + 6H_2O$$

氧气与甲醇反应：

$$2CH_3OH + 3O_2 \xrightarrow{\text{点燃}} 2CO_2 + 4H_2O$$

氧气与乙醇反应：

$$CH_3CH_2OH + 3O_2 \xrightarrow{\text{点燃}} 2CO_2 + 3H_2O$$

氧气与氯仿反应：

$$2CHCl_3 + O_2 \longrightarrow 2COCl_2（\text{光气}） + 2HCl$$

1.2.4　制备方法

（1）实验室制氧法

① 高锰酸钾加热分解法　实验室一般采用高锰酸钾或氯酸钾加热分解法来制备氧气。高锰酸钾加热到 200℃就开始分解放出氧气。高锰酸钾分解只放出部分氧气，剩余的氧仍留在生成的化合物（锰酸钾和二氧化锰）里。其反应式如下：

$$2KMnO_4 \xrightarrow{\text{200℃以上}} K_2MnO_4 + MnO_2 + O_2$$

② 氯酸钾加热分解法　氯酸钾加热到 400℃左右，开始分解放出氧气，若加入少量的二氧化锰（催化剂），可使氯酸钾在 200℃就能迅速分解。其反应式如下：

$$2KClO_3 \xrightarrow[\text{加热}]{MnO_2} 2KCl + 3O_2$$

氯酸钾加热分解法制得的氧气中含有少量 Cl_2、O_3 和微量 ClO_2。

③ 过氧化氢溶液催化分解法　常用的催化剂主要为二氧化锰，三氧化二铁、氧化铜也可作为该反应的催化剂。其反应式如下：

$$2H_2O_2 \xrightarrow{MnO_2} 2H_2O + O_2$$

（2）工业制氧法

① 分离液态空气制氧法　空气中的主要成分是氧气和氮气。利用氧气和氮气的沸点不同，从空气中制备氧气称空气分离法。首先把空气预冷、净化（去除空气中的少量水分、二氧化碳、乙炔、碳氢化合物等气体和灰尘等杂质）、然后进行压缩、冷却，使之成为液态空气。利用氧和氮的沸点不同（液态氮的沸点为－196℃，液态氧的沸点为－183℃），在精馏塔中把液态空气多次蒸发和冷凝，将氧气和氮气分离开来，得到纯度可以达到99.6％（体积分数）的氧气和纯度可以达到99.9％的氮气（体积分数）。由空气分离装置产出的氧气，经过压缩机的压缩，最后将压缩氧气装入高压钢瓶贮存，或通过管道直接输送到工厂、车间使用。使用这种方法生产氧气，虽然需要大型的成套设备和严格的安全操作技术，但是产量高，而且所耗用的原料仅仅是不用买、不用运、不用仓库储存的空气，所以从1903年研制出第一台深冷空分制氧机以来，这种制氧方法一直得到最广泛的应用。

② 膜分离法　在一定压力下，让空气通过具有富集氧气功能的高分子聚合薄膜，可得到含氧量为25％～45％（体积分数）的富氧空气。利用这种膜进行多级分离，可以得到含氧量达到90％（体积分数）以上的富氧空气。

③ 吸附制氧法　又称为分子筛制氧法，利用氮分子大于氧分子的特性，使用特制的分子筛把空气中的氧分离出来。首先，用压缩机迫使干燥的空气通过分子筛进入抽成真空的吸附器中，空气中的氮分子即被分子筛所吸附，氧气进入吸附器内，当吸附器内的氧气达到一定量（压力达到一定程度）时，即可打开出氧阀门放出氧气。经过一段时间，分子筛吸附的氮逐渐增多，吸附能力减弱，产出的氧气纯度下降，需要用真空泵抽出吸附在分子筛上面的氮，然后重复上述过程。

④ 电解制氧法　把水放入电解槽中，加入氢氧化钠或氢氧化钾以提高水的电解度，然后通入直流电，水就分解为氧气和氢气，氧气由阳极放出，氢气由阴极放出，如图1.3所示。电解法制备的氧气纯度为99.995％～99.999％（体积分数），但该法耗电量大，成本高，不适用于大批量制备氧气。

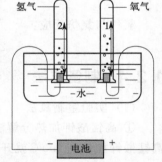

图1.3　电解水制氧法原理

（3）核潜艇中制氧气的方法

核潜艇里的氧气极其有限，不可能长期维持一百多人的需氧量，一旦封闭空气源头，即刻会威胁到生命，所以核潜艇上要备有补充或应急制氧设施，如氧气再生药板、氧烛和高压氧气瓶等。

氧气再生药板由一片片涂有过氧化钠的薄板组成，使用时产生化学反应，吸收二氧化碳，释放出氧气，反应式为 $2Na_2O_2 + 2CO_2 = 2Na_2CO_3 + O_2$。该反应在常温下进行，使氧气和二氧化碳形成循环（人消耗氧气，呼出二氧化碳，而此反应消耗二氧化碳，生成氧气），每箱药板可供40人使用1.5h左右。

氧烛是用亚氯酸钠等化学药品制成的应急制氧物品，危急时，点燃氧烛就可以放出纯氧，一根氧烛大约可供100人呼吸1h，美国早期弹道导弹核潜艇上装有200只，英国每个舱室带2只。

超氧化钾（KO_2）是一种黄色固体，它能与二氧化碳反应生成氧气，在潜水艇中用它做制氧剂，供人们呼吸用。它与二氧化碳反应的化学方程式为 $4KO_2 + 2CO_2 = 2K_2CO_3 + 3O_2$。

1.2.5　应用

氧气是一种非常有用的气体，它在冶金、化工、生化、医疗、航空、电子、军事、科研领域中都得到广泛的应用。

（1）冶金工业

在炼钢过程中吹入高纯度氧气，氧和碳及磷、硫、硅等发生氧化反应，不但可以降低钢的含碳量，还有利于清除磷、硫、硅等杂质。而且氧化过程中产生的热量足以维持炼钢过程所需的温度，因此，吹氧不但缩短了冶炼时间，同时提高了钢的质量。高炉炼铁时，提高鼓风中的氧浓度可以降焦比，提高产量。在有色金属冶炼中，吹入高纯度氧气也可以缩短冶炼时间，提高产量。

（2）化学工业

许多化学工艺过程利用空气中的氧作氧化剂与燃料或其他物质进行化学反应，但也可采用纯氧，其优点是反应快，反应气体的处理量大，尾气排放量小，回收率提高，环境污染减少。

在生产合成氨时，氧气主要用于原料气的氧化，例如，重油的高温裂化，以及煤粉的气化等，以强化工艺过程，提高化肥产量。

在硫酸和硝酸生产过程中用氧可以强化生产，降低总能耗和投资。

将四氯化钛在高温氧气中燃烧可以制取二氧化钛（钛白粉）。由于二氧化钛的颗粒大小、形状和表面活性与加入的氧量密切相关，因而，通过控制燃烧过程的加氧量，可提高二氧化钛的产量和质量。

氧气漂白是造纸工业中一种无公害纸浆制造工艺，不仅避免了用氯气漂白产生的大量污水，同时还提高了纸的白度稳定性。

以石油烃为原料，经分子筛脱蜡，在亲石油的微生物作用下，加氧发酵石油烃可以合成人造蛋白，其蛋白质含量高达 $50\% \sim 60\%$，作为饲料代替动植物蛋白饲养家畜、家禽和鱼类。

（3）国防工业

液态氧是现代火箭最好的助燃剂，运载火箭总载重量的三分之二以上是液态氧。在超音速飞机中也需要液氧作氧化剂，以液氧饱和可燃性多孔物质可制成液氧炸药。

（4）医疗保健

氧是人体进行新陈代谢的关键物质，是人体生命活动的第一需求。在医疗和生命维持中，氧的作用机理是维持动脉血液中氧的分压接近于正常水平，即 $13.3kPa$（$100mmHg$），因此吸入高浓度氧对严重贫血和其他相似失调病症是有效的。

高压氧舱疗法是让病人在空气或氧气压强超过 $100kPa$（通常为 $300kPa$）的氧舱内吸入医用氧，迅速改变人体缺氧状态，达到治病抢救的效果，目前高压氧舱治疗的病例有煤气中毒、触电和溺水急救、冠心病、脑血栓、急性脑缺氧、断肢再植、烧伤和植皮等。

在缺氧、低氧或无氧环境，例如：潜水作业、登山运动、高空飞行、宇宙航行、医疗抢救时，氧气呼吸器常用作急救措施之一，为抢救队和在救护车内所必备。

在现代麻醉中为避免气体麻醉剂的稀释作用，通常用氧作为混合气的稀释组分，确保气体混合物适当的供给量以支持生命。

（5）与其他气体组成混合气

电子工业混合气：O_2（HCl 体积分数为 1％～10％）；临床血液气体分析混合气：O_2（CO_2 体积分数为 3％～11％）等。

（6）其他方面

氧气还可用于焊接切割，火焰硬化，火焰去锈，玻璃工艺，红宝石制造，石料和混凝土切割等。在玻璃熔炉、水泥窑和耐火材料窑中用氧可提高燃烧温度，加速熔融或反应，从而提高生产能力。增加养鱼池水中的含氧量，可使鱼类进食量提高，从而快速成长。

1.3 氢气

1.3.1 简介

氢是原子序数为 1 的化学元素，化学符号为 H，在元素周期表中位于第一位，相对原子质量为 1.00794，是最轻的元素，也是宇宙中含量最多的元素，大约占据宇宙质量的 75％。在地球上和地球大气中只存在极稀少的游离状态氢。在地壳里，如果按质量计算，氢只占总质量的 1％，如果按原子分数计算，则占 17％。氢在自然界中分布很广，水便是氢的"仓库"，氢在水中的质量分数为 11％；泥土中约有 1.5％的氢；石油、天然气、动植物体也含氢。在空气中，氢气含量不多，约占总体积的千万分之五。在整个宇宙中，按原子分数来说，氢是含量最多的元素。

氢原子具有独特的电子构型 $1s^1$，所以它既可能获得一个电子成为 H^-（具有氦电子构型 $1s^2$），也可能失去一个电子变成质子 H^+。氢气是一种双原子气体分子，由两个氢原子通过共用一对电子构成，化学式 H_2，相对分子质量为 2.01588。常温常压下氢气是一种无色无味的气体，极易燃烧且难溶于水。氢气的密度为 0.089 g/L（101.325kPa，0℃），只有空气的 1/14，是世界上已知的密度最小的气体。在一个标准大气压下，在温度为 -252.87℃时，氢气可转变成无色的液体；在温度为 -259.1℃时，变成雪状固体。氢气的爆炸极限为 4.0％～74.2％（氢气的体积占混合气总体积比）。

氢是唯一的其同位素有不同的名称的元素。氢在自然界中存在的同位素有氕（^1H，H）、氘（^2H，重氢，D）、氚（^3H，超重氢，T）。以人工方法合成的同位素有 ^4H、^5H、^6H、^7H。

氕的原子核只有一个质子，丰度达 99.98％，是构造最简单的原子。

氘为氢的一种稳定形态同位素，也被称为重氢，元素符号一般为 ^2H 或 D。它的原子核由一颗质子和一颗中子组成，其相对原子质量为普通氢的二倍，用于核反应，并在化学和生物学的研究工作中作示踪原子。

氚，也称为超重氢，元素符号为 T 或 ^3H。它的原子核由一颗质子和两颗中子所组成，并带有放射性，会发生 β 衰变，其半衰期为 12.43 年。主要用于热核反应。

1.3.2 物理性质

（1）氢气的主要物理性质

氢气的主要物理性质见表 1.13。

表 1.13 氢气的主要物理性质

分子式		H_2
相对分子质量		2.01588
外观与性状		无色无臭气体
气体密度(101.325kPa,0℃)/(g/L)		0.089882
气体相对密度(101.325kPa,25℃)(空气密度为1)		0.0695
液体密度(101.325kPa,−252.766℃)/(kg/m³)		70.973
溶解性		不溶于水,微溶于乙醇、乙醚
摩尔体积(标准状态)/(L/mol)		22.42
气体常数 R/[J/(mol·K)]		8.31594
熔点(101.325kPa)/℃		−259.2(13.947K)
沸点(101.325kPa)/℃		−252.8(20.38K)
临界温度/℃		−239.97(33.18K)
临界压力/MPa		1.313
临界密度/(kg/m³)		31.0
临界体积/(L/mol)		0.0650
熔化热/(kJ/mol)		0.05868
汽化热/(kJ/mol)		0.44936
蒸气压/kPa	16K	21
	24K	260
	32K	1100
气体比热容/[kJ/(kg·K)]	比定压热容 c_p(101.325kPa,0℃)	14.190
	比定容热容 c_V(101.325kPa,0℃)	10.080
	c_p/c_V(101.325kPa,26.8℃)	1.405
气体热导率(101.325kPa,0℃)/[W/(m·K)]		0.1289
液体热导率(101.325kPa,−252.8℃))/[W/(m·K)]		1264
气体黏度(25℃,101.325kPa)/(μPa·s)		8.86
液体黏度(21.0K,101.325kPa)/(μPa·s)		12.84
液体表面张力(液-气界面,−252.8℃))/(N/m)		$2.80×10^{-3}$
折射率(25℃,101.325kPa)		1.000132
介电常数(20℃,101.325kPa)		1.0002538
液氢介电常数(24.4K)		1.228
在空气中可燃范围(20℃,101.325kPa)/%(体积分数)		4.0~74.5
在空气中最低燃点(101.325kPa)/℃		570
在氧气中可燃范围(20℃,101.325kPa)/%(体积分数)		4.0~94
在氧气中最低自燃点(101.325kPa)/℃		560

（2）溶解性

在常压下，氢气在水中的溶解度很小，在 0℃、101.325kPa 时，每 100ml 的水仅能溶解 2.1ml 的氢气。不同温度下，氢气在水中和部分有机溶剂中的溶解度分别列于表 1.14 和表 1.15。

表 1.14　不同温度下氢气在水中的溶解度

温度/℃	α/(mL/mL 水)	q/(g/100g 水)	温度/℃	α/(mL/mL 水)	q/(g/100g 水)
0	0.02148	0.0001922	20	0.01819	0.0001603
1	0.02126	0.0001901	21	0.01805	0.0001588
2	0.02105	0.0001881	22	0.01792	0.0001575
3	0.02084	0.0001862	23	0.01779	0.0001561
4	0.02064	0.0001843	24	0.01766	0.0001548
5	0.02044	0.0001824	25	0.01754	0.0001535
6	0.02025	0.0001806	26	0.01742	0.0001522
7	0.02007	0.0001789	27	0.01731	0.0001509
8	0.01989	0.0001772	28	0.01720	0.0001496
9	0.01972	0.0001756	29	0.01709	0.0001484
10	0.01955	0.0001740	30	0.01699	0.0001474
11	0.01940	0.0001725	35	0.01666	0.0001425
12	0.01925	0.0001710	40	0.01644	0.0001384
13	0.01911	0.0001696	45	0.01424	0.0001341
14	0.01897	0.0001682	50	0.01608	0.0001287
15	0.01883	0.0001668	60	0.01600	0.0001178
16	0.01869	0.0001654	70	0.0160	0.000102
17	0.01856	0.0001641	80	0.0160	0.000079
18	0.01844	0.0001628	90	0.0160	0.000046
19	0.01831	0.0001616	100	0.0160	0.000000

注：α 为 Bunsen 吸收系数，即在标准状态（273.15K，101.325kPa）下，1mL 水中溶解的氢气体积（mL）；q 为在气体总压力（气体及水蒸气）为 101.325kPa 时，溶解于 100g 水中的氢气质量（g）。

表 1.15　不同温度下氢气在不同有机溶剂中的溶解度

溶剂	温度/℃	α/(mL/mL 溶剂)	溶剂	温度/℃	α/(mL/mL 溶剂)
丙酮	−81.9	0.0390	乙酸乙酯	0.5	0.0708
	−60.7	0.0484		10.0	0.0724
	−40.6	0.0585		21.0	0.0761
	−20.9	0.0669		30.0	0.0808
	0.0	0.0783		39.8	0.0803
	20.9	0.0899	乙酸甲酯	−78.5	0.0350
	40.0	0.0986		−60.3	0.0434
乙醇	0.6	0.0718		−40.1	0.0524
	10.0	0.0737		−20.1	0.0624
	20.3	0.0769		0.0	0.0730
	25.0	0.0784		20.9	0.0827
	30.0	0.0802		40.9	0.0914
	40.0	0.0840	乙醚	0.0	0.1115
	50.0	0.0864		5.0	0.1129
苯	7.0	0.0570		10.0	0.1153
	22.9	0.0645		15.0	0.1193
	41.3	0.0733	四氯化碳	0.0	0.0650
	62.8	0.0854		20.9	0.0737
氯仿	1.0	0.0563		38.8	0.0812
	10.0	0.0576		59.0	0.0922
	18.7	0.0584			
	25.5	0.0614			

注：α 为 Bunsen 吸收系数，即在标准状态（273.15K，101.325kPa）下，1mL 水中溶解的氢气体积（mL）。

（3）热导率

由于氢原子最小，具有很高的扩散能力，在空间扩散速度很快，可通过很小的空隙，所以氢气有很高的导热能力。在 101.325kPa 下，不同温度时氢气的热导率见表 1.16。

表 1.16 在 101.325kPa 下不同温度时氢气的热导率

温度/K	热导率/[W/(m·K)]	温度/K	热导率/[W/(m·K)]
10	0.00741	210	0.1344
20	0.0155	220	0.1398
30	0.0229	230	0.1453
40	0.0298	240	0.1507
50	0.0362	250	0.1562
60	0.0423	260	0.1616
70	0.0481	270	0.1666
80	0.0544	280	0.1721
90	0.0603	290	0.1771
100	0.0666	300	0.1817
110	0.0729	350	0.2033
120	0.0791	400	0.2212
130	0.0854	450	0.2389
140	0.0921	500	0.2564
150	0.0980	600	0.2910
160	0.1042	700	0.3250
170	0.1105	800	0.3600
180	0.1168	900	0.3940
190	0.1227	1000	0.4280
200	0.1281		

（4）蒸气压

氢气在不同温度时的饱和蒸气压见表 1.17。

表 1.17 不同温度下氢气的饱和蒸气压

温度/℃	蒸气压/kPa	温度/℃	蒸气压/kPa
−263.3(S)	0.133	−256.3	26.664
−261.9(S)	0.665	−254.5	53.328
−261.3(S)	1.333	−252.5	101.325
−260.4(S)	2.333	−250.2	202.650
−258.9	7.998	−246.0	506.625
−257.9	13.332	−241.8	1013.250

注：（S）表示固体。

（5）黏度

不同压力及温度下氢气的黏度见表 1.18。

表 1.18 不同压力及温度下氢气的黏度

压力/MPa	不同温度下的黏度 $\mu \times 10^6$/(Pa·s)						
	288.15K	298.25K	323.15K	373.15K	423.15K	473.15K	523K
0.101	8.66	8.66	9.345	10.30	11.25	12.10	12.95
5.062	8.75	8.95	9.43	10.40	11.30	12.15	13.00
10.132	8.85	9.05	9.52	10.50	11.40	12.20	13.05
20.265	9.10	9.31	9.77	10.70	11.55	12.35	13.15
30.398	9.43	9.60	10.05	10.90	11.75	12.50	13.30
40.530	9.75	9.94	10.65	11.15	11.95	12.65	13.40
50.662	10.10	10.30	—	11.40	12.15	12.83	13.55
60.795	10.50	—	—	11.65	12.35	13.00	13.70
81.060	11.20	—	—	12.20	12.80	13.35	14.00

（6）压缩系数

不同压力及温度下氢气的压缩系数见表 1.19，不同温度及压力下液态氢的压缩系数见表 1.20。

表 1.19 不同压力及温度下氢气的压缩系数

压力/MPa	不同温度下的压缩系数$[Z=PV/(RT)]$										
	33.25K	65.25K	90.15K	123.15K	173.15K	203.15K	223.15K	248.15K	273.15K	293.15K	323.15K
0.1013		0.9963	0.9990	1.0000	1.0002	1.0985	1.0001	1.0000	1.0000	1.0000	1.0000
1.0133		0.9662	0.9935	1.0026	1.0060	1.1051	1.0061	1.0059	1.0057	1.0055	1.0051
2.0265	0.2350	0.9373	0.9893	1.0072	1.0130	1.1126	1.0130	1.0113	1.0120	1.0114	1.0109
3.0398	0.3196	0.9138	0.9878	1.0123	1.0200	1.1202	1.0120	1.0190	1.0183	1.0175	1.0166
4.0530	0.4888	0.8975	0.9884	1.0183	1.0274	1.1280	1.0269	1.0257	1.0247	1.0236	1.0223
5.0663	0.5890	0.8900	0.9911	1.0254	1.0352	1.1358	1.0340	1.0323	1.0309	1.0297	1.0280
6.0795	—	0.8904	0.9966	1.0332	1.0432	1.1437	1.0412	1.0392	1.0376	1.0358	1.0338
8.1060	—	0.9155	1.0138	1.0513	1.0601	1.1601	1.0561	1.0531	1.0507	1.0482	1.0452
10.133		0.9632	1.0405	1.0733	1.0781	1.1770	1.0716	1.0677	1.0639	1.0611	1.0574
20.265	—	—	—	—	—	1.2654	1.1520	1.1429	1.1336	1.1243	1.1160
30.398	—	—	—	—	—	1.3596	1.2378	1.2211	1.2045	1.1926	1.1762

表 1.20 不同温度及压力下液态氢的压缩系数

温度/K	不同压力下的压缩系数$[Z=PV/(RT)]$							
	1.0133MPa	2.0265MPa	3.0398MPa	4.0530MPa	6.0795MPa	8.1060MPa	10.133MPa	12.159MPa
16.0	0.2022	0.3999	0.5941	0.7851	1.159	—	—	—
17.0	0.1923	0.3798	0.5637	0.7444	1.097	1.444	1.787	—
18.0	0.1835	0.3624	0.5370	0.7087	1.044	1.371	1.695	2.002
19.0	0.1760	0.3471	0.5140	0.6773	0.9960	1.308	1.612	1.906
20.0	0.1693	0.3337	0.4936	0.6498	0.9542	1.250	1.539	1.821

温度/K	不同压力下的压缩系数[$Z = PV/(RT)$]							
	1.0133MPa	2.0265MPa	3.0398MPa	4.0530MPa	6.0795MPa	8.1060MPa	10.133MPa	12.159MPa
21.0	0.1636	0.3218	0.4756	0.6256	0.9168	1.199	1.474	1.746
22.0	0.1587	0.3113	0.4595	0.6036	0.8838	1.154	1.416	1.676
23.0	0.1545	0.3023	0.4456	0.5850	0.8552	1.114	1.366	1.615
24.0	0.1510	0.2944	0.4332	0.5685	0.8290	1.079	1.321	1.559
25.0	0.1480	0.2880	0.4229	0.5538	0.8052	1.046	1.280	1.509
26.0	0.1457	0.2828	0.4137	0.5403	0.7841	1.017	1.243	1.464
27.0	0.1440	0.2782	0.4057	0.5286	0.7645	0.9908	1.210	1.421
28.0	0.1431	0.2744	0.3988	0.5185	0.7471	0.9666	1.179	1.382
29.0	0.1437	0.2718	0.3932	0.5095	0.7317	0.9450	1.151	1.347
30.0	0.1456	0.2708	0.3890	0.5026	0.7185	0.9255	1.124	1.316
31.0	0.1498	0.2712	0.3864	0.4969	0.7069	0.9076	1.101	1.287
32.0	—	0.2732	0.3848	0.4919	0.6965	0.8912	1.079	1.261
33.0	—	0.2781	0.3845	0.4876	0.6869	0.8757	1.058	1.235

1.3.3　化学性质

由于 H—H 键的键能较大，在常温下，氢气的性质很稳定，除氢与氯可在光照条件下反应，及氢与氟在冷暗处反应外，其余反应均在较高温度下才能进行。在较高温度（尤其存在催化剂时）下，氢很活泼，能燃烧，并能与许多金属、非金属发生反应。氢气在催化剂的存在下能与大部分有机物进行加成反应。氢气与电负性大的元素反应显示还原性，与活泼金属单质常显示氧化性。氢的化合价为 1。

（1）氢与金属的反应

因为氢原子核外只有一个电子，所以氢可与活泼金属，如钠、锂、钙、镁、钡等反应，生成氢化物。反应过程中，氢获得一个电子，呈负一价。反应式如下：

$$H_2 + 2Na \xrightarrow{600℃} 2NaH$$

$$H_2 + 2Li \xrightarrow{440℃} 2LiH$$

$$H_2 + Ca \xrightarrow{400℃} CaH_2$$

氢气具有还原性，在高温条件下，氢能将许多金属氧化物还原为金属单质。反应式如下：

$$H_2 + CuO \xrightarrow{高温} Cu + H_2O$$

$$4H_2 + Fe_3O_4 \xrightarrow{高温} 3Fe + 4H_2O$$

$$H_2 + MnO_2 \xrightarrow{1200℃} MnO + H_2O$$

$$H_2 + PbO \xrightarrow{185℃以上} Pb + H_2O$$

在高温时，氢能将金属氯化物中的氯夺取出来，使金属还原。反应式如下：

$$PdCl_2 + H_2 \longrightarrow Pd + 2HCl$$

$$TiCl_4 + 2H_2 \xrightarrow{\text{加热}} Ti + 4HCl$$

其中，氢气还原氯化钯水溶液的反应可用作氢的灵敏检验反应。

（2）氢与非金属的反应

氢能与多种非金属（如氧、氯、硫等）反应，均失去一个电子，而呈现正一价。反应式如下：

$$H_2 + F_2 \xrightarrow{\text{冷暗处}} 2HF \qquad \text{（爆炸性化合）}$$

$$H_2 + Cl_2 \xrightarrow{\text{强光或点燃}} 2HCl \qquad \text{（爆炸性化合）}$$

$$H_2 + Br_2 \xrightarrow{\text{加热}} 2HBr \qquad \text{（稳定）}$$

$$H_2 + I_2 \xrightarrow{\text{加热}} 2HI \qquad \text{（反应可逆）}$$

$$H_2 + S \xrightarrow{300℃} H_2S$$

$$2H_2 + O_2 \xrightarrow{600℃\text{以上}} 2H_2O$$

$$N_2 + 3H_2 \xrightarrow{\text{高温,高压,催化剂}} 2NH_3$$

$$CO_2 + 3H_2 \xrightarrow{\text{高温,催化剂}} CH_3OH + H_2O$$

$$CO_2 + 4H_2 \xrightarrow{\text{高温,高压}} CH_4 + 2H_2O$$

在高温时，氢能将非金属氯化物中的氯夺取出来，使非金属还原。反应式如下：

$$SiCl_4 + 2H_2 \xrightarrow{1150\sim1250℃} Si + 4HCl$$

$$SiHCl_3 + H_2 \xrightarrow{1110\sim1220℃} Si + 3HCl$$

（3）氢与有机物的反应

在催化作用下，烯烃与氢可顺利加成。如丙烯与氢气在催化剂的存在下生成丙烷：

$$CH_3CH{=\!=}CH_2 + H_2 \xrightarrow{\triangle,Pt} CH_3CH_2CH_3$$

炔烃在用铂、钯等催化氢化时，通常得到烷烃。如乙炔在铂的存在下与氢气反应生成乙烷：

$$HC{\equiv}CH + 2H_2 \xrightarrow{\triangle,Pt} CH_3CH_3$$

但在特殊催化剂如 Lindlar 催化剂（用醋酸铅或喹啉处理过的金属钯）作用下，炔烃与氢气反应可以制得烯烃。如乙炔与氢气在催化下生成乙烯：

$$HC{\equiv}CH + H_2 \xrightarrow{\triangle,\text{Lindlar 催化剂}} CH_2{=\!=}CH_2$$

苯在镍的存在下与氢气加热，能与氢发生加成反应，生成环己烷。

羰基化合物能被氢气还原。如，醛或酮经催化氢化可分别还原为伯醇或仲醇。

$$RHC\!=\!\!O+H_2 \xrightarrow{Ni} RCH_2OH$$

$$R(C\!=\!\!O)R'+H_2 \xrightarrow{Ni} RCH(R')OH$$

氢气在催化剂存在下能将酰胺还原成胺，如乙酰胺在催化下与氢气反应生成乙胺：

$$CH_3CONH_2+2H_2 \xrightarrow{催化剂} CH_3CH_2NH_2+H_2O$$

硝基可以被氢气还原为氨基，如硝基苯在钯碳催化剂下能被氢气还原为氨基苯：

$$C_6H_5NO_2+3H_2 \xrightarrow{钯碳催化剂} C_6H_5NH_2+2H_2O$$

1.3.4　制备方法

（1）实验室制备氢气

实验室里所需的少量氢气，可以采用下述几种方法制备：

① 活泼金属与水反应　所用金属为钠或钠汞齐，最好是钙，也可使用镁与热水反应。反应式如下：

$$Ca+2H_2O\!=\!\!=\!\!Ca(OH)_2+H_2$$

② 金属与酸反应　利用金属活性比氢强的金属单质与酸反应，置换出氢元素。例如，采用金属锌与稀硫酸反应制取氢气，并生成硫酸锌。反应式如下：

$$Zn+H_2SO_4\!=\!\!=\!\!ZnSO_4+H_2$$

这样制取的氢气纯度不高，含有磷化氢、砷化氢或硫化氢等有毒气体，再通过 $KMnO_4$ 与 KOH 混合溶液的作用除去杂质，可得到较纯净的氢气。

也可用镁或铁与盐酸反应制取氢气，除生成氢气外，同时生成另一种物质氯化镁或氯化亚铁。反应式如下：

$$Mg+2HCl\!=\!\!=\!\!MgCl_2+H_2$$

$$Fe+2HCl\!=\!\!=\!\!FeCl_2+H_2$$

③ 金属同强碱反应　可用铝与氢氧化钠溶液作用，反应生成偏铝酸钠（$NaAlO_2$）和氢气。反应式如下：

$$2Al+2NaOH+2H_2O\!=\!\!=\!\!2NaAlO_2+3H_2$$

④ 金属氢化物同水反应　可用 LiH、CaH_2、$LiAlH_4$ 与控制量的水反应，此法制取的氢气纯度较高，但成本高。反应式如下：

$$LiH+H_2O\!=\!\!=\!\!LiOH+H_2$$

$$CaH_2+2H_2O\!=\!\!=\!\!Ca(OH)_2+2H_2$$

$$LiAlH_4+4H_2O\!=\!\!=\!\!LiOH+Al(OH)_3+4H_2$$

（2）工业制备氢气

① 电解水法　水电解制氢是一种较为方便的制取氢气的方法。由于水本身导电性能很差，所以一般要在水中加入 15% 的 KOH（$NaOH$）的水溶液作为电解液。在充满电解液的电解槽中通入直流电，以镍作为阳极，铁作为阴极，两极之间放置石棉隔膜，水分子在电极上发生电化学反应，在阳极上析出氧气，在阴极上析出氢气。反应式如下：

总反应式　　　　　　　$$2H_2O \xrightarrow{电解} 2H_2+O_2$$

阴极上　　　　　　　　$$2H^++2e^-\!=\!\!=\!\!H_2$$

阳极上 $$2OH^- - 2e^- \Longrightarrow O_2 + H_2O$$

电解水制氢技术主要有碱性水电解（alkaline electrolyzer，AE）制氢技术、质子交换膜水电解（proton exchange membrane electrolyzer，PEME）制氢技术和固体氧化物水电解（solid oxide electrolyzer，SOE）制氢技术。

目前，PEME 制氢技术的瓶颈在于设备成本较高、寿命较低，且实际的电解效率还远低于理论效率（其制氢效率潜力有望超出 AE 制氢技术），因此欧美发达国家正重点开展技术攻关以突破技术瓶颈，实现 PEME 制氢技术的更大发展。SOE 制氢技术采用水蒸气电解，高温环境下工作，理论能效最高，但该技术尚处于实验室研发阶段。目前，美国、日本、韩国和欧洲均将电解水制氢技术视为未来的主流发展方向，聚焦 AE 制氢技术规模化和 PEME 制氢技术产业化。

我国在电解水技术领域呈现出以 AE 制氢为主、PEME 制氢技术为辅的工业应用状态。其中我国 AE 制氢设备量全球占有率排名第一，随着可再生能源技术的发展，电解水制氢有望成为未来主流制氢方式，碱性电解水制氢技术逐步向大容量方向发展。但我国在电解水制氢技术方面与国外先进水平仍有一定差距。

在 AE 制氢技术方面，重点开发高活性、长寿命析氢析氧催化电极，新型高气阻、低电阻、环保型隔膜；开展碱性水电解槽流场模拟，优化电解槽流场结构设计；并基于基础技术研究成果，开展零极距碱性电解槽设计。针对可再生能源制氢的需求，开发模块化并联的大规模电解制氢系统及其控制技术，开展快速变载工况的高效制氢技术研究，开发大规模可再生能源制氢调度、控制技术，以及开发高压碱性水电解制氢设备等。

在 PEME 制氢技术方面，重点开发高性能纳米级催化剂，低贵金属担载量、高耐久的膜电极组件，高孔隙率、低电阻集流体，提升国产质子交换膜性能，并在突破核心技术和零部件的基础上，加快相关技术的产业化应用。

PEME 设备集成方面，开展质子交换膜电解槽功能组件的建模及流场模拟，开发新型结构的零极距质子交换膜电解槽，开发高一致性质子交换膜电解槽组装技术等。开展 MW 级 PEME 制氢系统的集成设计，研究高功率密度下制氢设备的气、热管理技术。开发 PEME 制氢设备寿命快速测评技术，建立设备寿命数据库。

② 电解氯化钠水溶液法　按比例将食盐（NaCl）加入水中，以氯化钠水溶液作为电解液，当电解液通电后，就发生电解反应（电解原理与电解水相同）。反应式如下：

总反应式 $$2NaCl + 2H_2O \xrightarrow{电解} 2NaOH + H_2 + Cl_2$$

阴极上 $$2H^+ + 2e^- \Longrightarrow H_2$$

阳极上 $$2Cl^- - 2e^- \Longrightarrow Cl_2$$

③ 氨分解法　在氨分解炉中，在一定温度和催化剂（Ni 或 Fe）作用下，使氨分解获得氢气。其分解反应式如下：

$$2NH_3 \xrightarrow[加热]{催化剂} N_2 + 3H_2$$

该方法制备的氢气中含有不同程度的 H_2O、CO、O_2、N_2 等杂质，仅适用于某些对氢气质量要求不高的领域。

④ 水煤气法　以无烟煤、天然气（甲烷 CH_4）、石油或焦炭为原料，与水蒸气在高温时反应，可得到氢气和一氧化碳的混合物，这种混合物称为水煤气。其化学反应式如下：

$$C + H_2O \xrightarrow{\text{高温}} CO + H_2$$

$$CH_4 + H_2O \xrightarrow{\text{高温}} CO + 3H_2$$

水煤气经净化后再与水蒸气混合，并通过过氧化铁（加热呈红色）的催化作用，一氧化碳还原水蒸气，转化成二氧化碳和氢气，然后在加热条件下，水洗除去二氧化碳，再通过含氨乙酸亚铜的溶液除去残存的 CO 而获得较纯的氢气。其化学反应式如下：

$$CO + H_2O \xrightarrow{\text{高温,催化剂}} CO_2 + H_2$$

这种方法制氢成本低，产量大，在合成氨厂应用较多。

1.3.5　应用

氢气的应用领域很广，其中，用量最大的是作为一种重要的石油化工原料，用于生产合成氨、甲醇以及石油炼制过程的加氢反应。此外，在电子工业、冶金工业、食品加工、浮法玻璃、精细有机合成、航空航天工业等领域也有应用。

（1）石油化工

在化学工业中，氢气是合成氨、甲醇等的主要原料之一；在炼油工业中，氢气被广泛用于对石脑油、粗柴油、燃料油、重油的脱硫、石油炼制、催化裂化以及不饱和烃等的加氢精制以提高油品的质量。此外，尼龙、农药、油脂和精细化学品加工中都需要氢气生产相应产品。

（2）电子工业

在电子工业中，氢气主要用作保护气体。电子材料、半导体材料和器件、集成电路及电真空器件生产中，都需要高纯氢做还原气、携带气和保护气。

（3）冶金工业

有色金属如钨、钼、钛等生产和加工中，使用氢作还原剂和保护气。在硅钢片、磁性材料和磁性合金生产中，也需要高纯氢气作保护气，以提高磁性和稳定性。在精密合金退火、粉末冶金生产以及薄板和带钢轧制中常用氢—氮作为保护气。

（4）油脂工业

将液态油氢化为固态或半固态的脂肪，生产人造奶油或肥皂工业用的硬化油，可稳定贮存，并能抵抗细菌的生长，提高油的黏度。

（5）轻工业

石英玻璃、人造宝石、浮法玻璃生产中，都使用氢气作为燃烧气或保护气。

（6）航天工业

在航天工业中，氢是重要的燃料。由于氢气良好的燃烧性能以及环保法规要求的日益严格，氢气潜在的需求巨大。氢能燃料电池能够保证陆用、水用、航天及铁路交通工具足够的行驶里程，且比传统汽油、柴油内燃机车更环保。

（7）农业

氢气在农业生产上的应用前景十分广阔。

种子萌发：氢气可以促进冬黑麦种子的萌发速率，氢水处理可以促进苜蓿等植物种子的萌发。

花期调控：玫瑰等植物经氢水处理后可以改变花期的现象。

提高抗逆性：氢水可提高水稻、拟南芥以及苜蓿等植物的抗盐碱、干旱等逆境的能力。

提高病虫害抗性：氢气可以调节许多植物激素受体蛋白基因的表达，其中就包含与抗病虫害相关的植物激素水杨酸和茉莉酸。使用氢水浇灌、喷灌的农作物可提高农作物的病虫害抗性。

提高农产品品质：使用氢水浇灌的农作物，更加香甜可口。

减少化肥的使用：由于氢气可调节植物激素如生长素、细胞分裂素等的作用，氢水处理往往可以促进植物的生长，从而可以减少化肥的使用。

农作物产品保鲜：由于氢气的抗氧化特性，使用氢气或氢气与其他气体的混合气体有助于农作物产品的保鲜。

（8）与其他气体组成混合气

氢与其他气体组成混合气有不同的用途，例如：

① 色谱及仪表校正标准混合气 H_2（Ar 0.01%～50%）；

② 成型保护及热处理混合气 H_2（CO 25%，CO_2 0.1%～0.5%，CH_4 0.5%～1.0%，O_2 小于 0.2%，N_2 10%）；

③ 化肥工业标准气 H_2（CO 1%～15%，CO_2 10%～20%，CH_4 1%～10%，N_2 1%～10%）；

④ 还原混合气 H_2（CO 40%～50%）。

1.4 一氧化碳

1.4.1 简介

一氧化碳是由一个 C 原子和一个 O 原子结合成的异核双原子分子，分子形状为直线形。一氧化碳的化学式为 CO，相对分子质量为 28.0101，通常状况下是无色、无臭、无味的气体，熔点为 −205℃，沸点为 −191.5℃，难溶于水（20℃时在水中的溶解度为 0.002838g），不易液化和固化。一氧化碳既有还原性又有氧化性，可产生氧化反应、燃烧反应、歧化反应等。同时具有毒性，当吸入浓度较高时，可使人产生不同程度的中毒症状，危害人体的脑、心、肝、肺等组织，甚至导致电击样死亡，人体吸入的最低致死浓度为 5000μL/L。

1.4.2 物理性质

（1）一氧化碳的主要物理性质

一氧化碳的主要物理性质见表 1.21。

表 1.21 一氧化碳的主要物理性质

分子式	CO
相对分子质量	28.0101
外观与性状	无色无味气体
溶解性	微溶于水
气体密度(0℃,101.325kPa)/(g/L)	1.2504
气体相对密度(101.325kPa,21.1℃)(空气密度为1)	0.967
液体密度(−191.5℃,101.325kPa)/(g/L)	789
摩尔体积(0℃,101.325kPa)/(L/mol)	22.40
闪点/℃	<−50
熔点/℃	−205(68.15K)
沸点(101.325kPa)/℃	−191.5(81.63K)

饱和蒸气压/kPa	−203.43℃	20
	−180℃	305
	140℃	3500
三相点(15.3kPa)/℃		−205.1
临界温度/℃		−140.24(132.91K)
临界压力/MPa		3.4987
临界密度/(g/cm³)		0.301
临界摩尔体积/(L/mol)		0.0900
熔化热/(kJ/mol)		0.8373
汽化热/(kJ/mol)		6.042
气体比热容(20℃,0.101MPa)/[kJ/(kg·K)]	比定压热容 c_p	1.0393
	比定容热容 c_V	0.7443
液体比热容(−183℃)/[kJ/(kg·K)]		2.13
固体比热容(−223℃)/[kJ/(kg·K)]		1.489
气体热导率(20℃,0.101MPa)/[mW/(m·K)]		23.15
液体热导率(0.101MPa,80K))/[mW/(m·K)]		142.8
气体黏度(273K,0.101MPa)/μPa·s		16.62
液体表面张力(−100℃)/(N/m)		0.0098
折射率(273K,0.101MPa,λ=546.1nm)		1.0003364
介电常数(298K,0.101MPa)		1.000634
在空气中可燃范围(20℃,101.325kPa)/%		12.5~74
在空气中的最低燃点(101.325kPa)/℃		630

（2）溶解性

一氧化碳微溶于水，可溶解于某些有机溶剂中。在通常状况下，1 体积的水仅能溶解约 0.02 体积的一氧化碳，随着温度的升高，其溶解度减小。不同温度下，一氧化碳在水中的溶解度见表 1.22，一氧化碳在部分有机溶剂中的溶解度见表 1.23。

表 1.22　不同温度下一氧化碳在水中的溶解度

温度/℃	α/(mL/mL 水)	q/(g/100g 水)	温度/℃	α/(mL/mL 水)	q/(g/100g 水)
0	0.03537	0.004397	20	0.02319	0.002838
1	0.03455	0.004293	21	0.02281	0.002789
2	0.03375	0.004191	22	0.02244	0.002739
3	0.03297	0.004092	23	0.02208	0.002691
4	0.03222	0.003996	24	0.02174	0.002646
5	0.03149	0.003903	25	0.02142	0.002603
6	0.03078	0.003813	26	0.02110	0.002560
7	0.03009	0.003725	27	0.02080	0.002519
8	0.02942	0.003640	28	0.02051	0.002479
9	0.02878	0.003559	29	0.02024	0.002442
10	0.02816	0.003479	30	0.01998	0.002405
11	0.02757	0.003405	35	0.01877	0.002231
12	0.02701	0.003332	40	0.01775	0.002075
13	0.02646	0.003261	45	0.01690	0.001933
14	0.02593	0.003194	50	0.01615	0.001797
15	0.02543	0.003130	60	0.01488	0.001522
16	0.02494	0.003066	70	0.01440	0.001276
17	0.02448	0.003007	80	0.01430	0.000980
18	0.02402	0.002947	90	0.01420	0.00057
19	0.02360	0.002891	100	0.01410	0.00000

注：α 为 Bunsen 吸收系数，即在标准状态（273.15K，101.325kPa）下，1mL 水中溶解的氮气体积（mL）；q 为在气体总压力（气体及水蒸气）为 101.325kPa 时，溶解于 100g 水中的氮气质量（g）。

表 1.23　不同温度下一氧化碳在部分有机溶剂中的溶解性

溶剂	温度/℃	β/(mL/mL 溶剂)	溶剂	温度/℃	β/(mL/mL 溶剂)
丙酮	−79.8	0.1917	乙酸	20.0	0.1689
	−59.7	0.1961		25.0	0.1714
	−40.3	0.2053	四氯化碳	−19.0	0.1837
	−20.5	0.2178		0.0	0.1977
	0.0	0.2336		20.0	0.2142
	20.0	0.2538		40.1	0.2314
	40.0	0.2732		60.1	0.2528
甲醇	20.0	0.224	二硫化碳	25.0	0.184
	35.0	0.230	苯	12.0	0.1702
	50.0	0.248		20.0	0.1771
乙醇	20.0	0.200		25.0	0.184
	35.0	0.207		40.0	0.1972
	50.0	0.216		60.3	0.2201

注：β 为 Ostwald 溶解度系数，即气体分压为 101.325kPa，温度为 T（℃）时，1mL 溶剂溶解的氮气体积（mL）。

（3）热导率

不同温度条件下，一氧化碳和液体一氧化碳的热导率分别见表 1.24 和表 1.25。

表 1.24　一氧化碳在 101.325kPa、不同温度下的热导率

温度/K	热导率/[mW/(m·K)]	温度/K	热导率/[mW/(m·K)]
82.15	6.908	273.15	22.605～23.57
91.65	7.725	280.65	21.35

表 1.25　不同温度下液体一氧化碳的热导率

温度/K	热导率/[mW/(m·K)]	温度/K	热导率/[mW/(m·K)]
78.45	148.63	102.85	99.65
90.45	120.58	112.45	87.92

（4）蒸气压

一氧化碳在不同温度时的饱和蒸气压见表 1.26。

表 1.26　一氧化碳在不同温度时的饱和蒸气压

温度/℃	饱和蒸气压/kPa	温度/K	饱和蒸气压/kPa
−222.0	0.133	−195.15	65.652
−217.2	0.665	−194.15	74.346
−215.0	1.333	−193.15	83.924
−212.8	2.666	−192.15	94.425
−208.1	7.998	−191.15	105.939
−204.15	17.924	−190.15	118.526
203.15	21.093	−189.15	132.255
−202.15	24.694	−188.15	147.205
−201.15	28.767	−187.15	163.454
−200.15	33.353	−186.15	181.086
−199.15	38.499	−185.15	200.191
−198.15	44.252	−180.15	312.0
−197.15	50.660	−178.15	369.0
−196.15	57.775	−177.15	400.2

温度/℃	饱和蒸气压/kPa	温度/K	饱和蒸气压/kPa
−176.15	433.3	−157.15	1511.7
−175.15	468.3	−156.15	1597.2
−174.15	505.4	−155.15	1686.0
−173.15	544.5	−154.15	1778.4
−172.15	585.9	−153.15	1874.4
−171.15	629.3	−152.15	1974.1
−170.15	675.2	−151.15	2077.7
−169.15	723.4	−150.15	2185.1
−168.15	774.0	−149.15	2296.7
−167.15	827.1	−148.15	2412.4
−166.15	882.8	−147.15	2532.6
−165.15	941.1	−146.15	2657.3
−164.15	1002.2	−145.15	2786.7
−163.15	1066.0	−144.15	2921.1
−162.15	1132.7	−143.15	3060.5
−161.15	1202.3	−142.15	3205.3
−160.15	1275.0	−141.15	3355.8
−159.15	1350.7	−140.15	3512.0
−158.15	1429.6		

（5）压缩系数

一氧化碳在不同温度与压力下的压缩系数见表 1.27。

表 1.27　一氧化碳在不同温度与压力下的压缩系数

压力 /MPa	不同温度下的压缩系数 $Z[Z=PV/(RT)]$					
	203.15K	223.15K	248.15K	273.15K	298.15K	323.15K
0.101	0.9986	0.9991	0.9997	1.0000	1.0003	1.0005
1.013	0.9782	0.9867	0.9934	0.9960	0.9972	1.0000
2.026	0.9567	0.9728	0.9863	0.9912	0.9948	0.9997
3.040	0.9345	0.9597	0.9791	0.9868	0.9927	0.9991
4.053	0.9132	0.9462	0.9723	0.9825	0.9913	0.9992
5.066	0.8923	0.9330	0.9651	0.9780	0.9907	0.9996
6.080	0.8733	0.9217	0.9590	0.9755	0.9904	1.0010
8.106	0.8436	0.9003	0.9488	0.9718	0.9913	1.0053
10.132	0.8265	0.8892	0.9458	0.9725	0.9941	1.0105
12.160	0.8215	0.8862	0.9455	0.9763	1.0002	1.0179
14.186	0.8258	0.8899	0.9496	0.9832	1.0086	1.0261
16.212	0.8410	0.9003	0.9593	0.9935	1.0192	1.0359
18.238	0.8647	0.9162	0.9748	1.0125	1.0311	1.0481
20.265	0.8916	0.9371	0.9931	1.0200	1.0458	1.0618
25.331	0.9744	1.0043	1.0480	1.0665	1.0888	1.1007
30.398	1.0696	1.0860	1.1103	1.1211	1.1368	1.1429

（6）黏度

一氧化碳在不同条件下的黏度分别见表 1.28～表 1.30。

表 1.28　一氧化碳在 101.25kPa、不同温度下的黏度

温度/℃	动力黏度 μ/(10^{-6}Pa·s)	温度/℃	动力黏度 μ/(10^{-6}Pa·s)
−191.6	5.65	100	20.76
−150	8.68	150	22.71
−120	10.30	200	24.52
−110	10.90	300	27.88
−100	11.30	400	30.90
−75	12.75	500	33.70
−50	14.00	600	36.30
−25	15.28	700	38.70
0	16.62	800	41.00
20	17.49	900	43.30
25	17.66	1000	45.30
50	18.72		

表 1.29　一氧化碳在不同压力及温度下的动力黏度

压力/MPa	不同温度下的动力黏度/(μPa·s)						
	273.15K	298.15K	323.15K	373.15K	423.15K	473.15K	523.15K
0.101	16.60	17.65	18.70	20.75	22.70	24.50	26.25
2.026	16.90	17.95	19.00	21.05	22.90	24.70	26.45
5.066	17.50	18.60	19.45	21.45	23.20	25.00	26.70
10.132	18.95	19.90	20.50	22.25	23.85	25.60	27.15
15.199	20.80	21.40	21.75	23.20	24.65	26.20	27.65
20.265	23.00	23.05	23.15	24.30	25.50	26.90	28.15
40.53	31.75	30.65	29.85	29.50	29.55	29.95	30.35
60.795	40.15	38.25	36.60	34.80	33.75	33.40	—
81.06	48.25	45.50	43.00	40.10	37.70	36.90	—

表 1.30　不同温度下液体一氧化碳的黏度

温度/K	动力黏度 η/(10^{-6}Pa·s)	温度/K	动力黏度 η/(10^{-6}Pa·s)
68.55	287	82.8	165
72.0	244	90.1	146
75.2	203	99.6	116
77.8	186	111.6	100
80.9	170	129.6	66

1.4.3　化学性质

一氧化碳分子是不饱和的亚稳态分子。在常温下，一氧化碳不与酸、碱等反应，但与空气混合能形成爆炸性混合物，遇明火、高温能引起燃烧、爆炸，属于易燃、易爆气体。因一氧化碳分子中碳元素的化合价是+2，能被氧化成+4 价，具有还原性；且又能被还原为低价态，具有氧化性。

（1）氧化反应（燃烧反应）

一氧化碳能够在空气中或氧气中燃烧，生成二氧化碳，燃烧时发出蓝色的火焰，放出大

量的热。

$$2CO + O_2 \xrightarrow{\text{点燃}} 2CO_2$$

当 CO 和氧按化学计量混合,在明火中将发生爆炸反应。为了控制反应速度,应在有催化剂存在的情况下进行反应。采用铂和钯催化剂,在温度为 50℃、空速 $500 \sim 1000 h^{-1}$ 条件下,CO 的氧化反应可以十分有效地进行。这种催化剂可以用于汽车尾气的催化转化。

(2) 歧化反应(分解反应)

在 $400 \sim 600℃$ 下,当一氧化碳活性吸附在铁、钴或镍催化剂表面时,CO 会自氧化还原,生成碳和二氧化碳:

$$2CO \rightleftharpoons CO_2 + C$$

该反应为可逆放热反应。降低温度和增加压力均有利于正向反应平衡。在温度低于 400℃ 和无催化剂存在的情况下,反应十分缓慢。尽管如此,歧化反应对保持大气中一氧化碳的低浓度平衡、抑制人为排放造成的 CO 在大气中的积聚仍然是有利的。在大气压力和 25℃ 时,CO 的反应平衡浓度为 2×10^{-10}。

(3) 变换反应

CO 变换反应是合成氨工业中非常重要的反应。在一定条件下,一氧化碳和水蒸气等摩尔反应生成氢气和二氧化碳:$CO + H_2O \longrightarrow H_2 + CO_2$。

此反应主要用来生产氢或生产具有较高 H_2/CO 比的合成气。反应为可逆放热反应,降低温度有利于平衡向生成氢的方向移动,但平衡不受压力变化的影响。

在工业装置中,早期的一氧化碳变换反应通常分两段进行,即高(中)温变换和低温变换。高(中)温变换用铁系作催化剂,典型水蒸气和一氧化碳比为 3 左右,在温度为 $300 \sim 500℃$、空速为 $2000 \sim 4000 h^{-1}$ 的条件下,高温变换炉出口一氧化碳含量为 $2\% \sim 5\%$;低温变换用高活性铜锌催化剂,在温度为 $180 \sim 280℃$、空速为 $2000 \sim 4000 h^{-1}$ 的条件下,低温变换炉出口一氧化碳含量为 $0.2\% \sim 0.5\%$。

(4) 加氢反应

在不同的反应条件和催化剂作用下,一氧化碳加氢可合成多种有机化合物,如合成甲醇、费托(Fischer-Tropsch)法合成烃(费托合成)、合成甲烷(甲烷化反应)、合成乙二醇、合成聚亚甲基(polymethylene)等。

① 合成甲醇　选用铜-锌-铬催化剂,在温度为 $230 \sim 270℃$、压力为 $5 \sim 10MPa$、空速为 $20000 \sim 60000 h^{-1}$ 的条件下,一氧化碳和氢气反应生成甲醇:

$$CO + 2H_2 \longrightarrow CH_3OH$$

② 费托合成　一氧化碳和氢气的混合气体在催化剂(如铁钴催化剂)和适当条件(温度为 $190 \sim 350℃$、压力为 $0.7 \sim 20MPa$)下可以反应生成液态的烃或碳氢化合物。这一反应为非均相反应,反应产物是以直链烷烃和烯烃为主的混合物,可用以下反应通式表示:

$$nCO + 2nH_2 \longrightarrow \text{—(}CH_2)_n\text{—} + nH_2O$$

或
$$2nCO + nH_2 \longrightarrow \text{—(}CH_2)_n\text{—} + nCO_2$$

③ 甲烷化反应　以镍作催化剂,在温度为 $230 \sim 450℃$、压力为 $0.1 \sim 10MPa$、空速为 $500 \sim 25000 h^{-1}$ 的条件下,氢气与一氧化碳摩尔比不小于 3 时,可反应生成甲烷:

$$CO + 3H_2 \longrightarrow CH_4 + H_2O$$

这一反应为多相催化的气相反应，是费托合成烃的特例。

④ 合成乙二醇　以羰基铑络合物作催化剂，在温度为 150～300℃和极高压力（约 300MPa）下，氢气与一氧化碳（氢气与一氧化碳之比接近 1）反应转化为多元醇的选择性为 60%～70%。其中，以乙二醇（$HOCH_2CH_2OH$）为主：

$$2CO + 3H_2 \longrightarrow HOCH_2CH_2OH$$

该反应在液相溶液中进行，副产物有丙二醇、丙三醇、甲醇、乙酸甲酯以及少量的高级醇等。

⑤ 合成聚乙烯　以金属钌作催化剂，一氧化碳和氢气在有利于亚甲基（—CH_2—）合成的压力（100～200MPa）和温度（100～120℃）下，一氧化碳大部分与氢气反应生成聚乙烯 $[-(CH_2)_n]$：

$$nCO + 2nH_2 \longrightarrow -(CH_2)_n + nH_2O$$

由于该反应条件苛刻、生成聚乙烯的选择性低、时空产率不高等，此反应尚处于实验阶段。

（5）配位反应

一氧化碳可以和大部分过渡金属反应而生成羰络金属及其衍生物。如在常温、常压下，一氧化碳可直接与活性金属镍粉反应而生成无色液体四羰基合镍 $[Ni(CO)_4]$：

$$Ni + 4CO \xrightarrow[\text{1atm}]{\text{30℃}} Ni(CO)_4$$

在 200℃、200atm（1atm=101325Pa）下，一氧化碳可与铁粉生成五羰基铁 $[Fe(CO)_5]$：

$$Fe + 5CO \xrightarrow[\text{200atm}]{\text{200℃}} Fe(CO)_5$$

在更苛刻的条件下，一氧化碳能直接与钴、铑、钌、钼、钨反应，但产率低，没有实用价值。需要注意的是，金属的羰基化合物是易挥发的有毒固体或液体，且加热时立即分解成相应的金属和一氧化碳。基于这个反应，在冶金工业上，可提纯金属。

（6）与有机化合物反应

在一定条件下，CO 可以与多种烃和烃的衍生物反应。

① 与醇反应

a. 甲醇催化羰基化。一氧化碳与醇（脂肪醇或芳醇）反应可以制取羧酸，如甲醇催化羰基化反应制乙酸：

$$CO + CH_3OH =\!=\!= CH_3COOH$$

b. 强碱催化羰基化。以强碱（NaOH）为催化剂，在温度为 170～190℃、压力为 1～2MPa 的条件下，一氧化碳与甲醇反应生成甲酸甲酯：

$$CO + CH_3OH \xrightarrow{\text{强碱}} HCOOCH_3$$

c. 氧化羰基化。在温度为 90℃、压力约为 10MPa、有氧参反应与时，一氧化碳可以和甲醇反应生成碳酸二甲酯或草酸二甲酯：

$$2CO + 4CH_3OH + O_2 =\!=\!= 2(CH_3O)_2CO + 2H_2O$$

或
$$4CO + 4CH_3OH + O_2 =\!=\!= 2CH_3O(CO)_2OCH_3 + 2H_2O$$

若选用氯化亚铜作为催化剂，则生成碳酸酯；若选用氯化钯和氯化铜的混合物作为催化剂，则生成草酸酯。

d. 醇的同系化反应。一氧化碳和醇在有氢气存在的情况下反应，生成高一级的醇，即醇的同系化反应。如以羰基钴作催化剂，在温度为 200℃、压力为 30MPa 的条件下，一氧化碳和甲醇、氢气反应生成乙醇：

$$CO+CH_3OH+2H_2 \Longrightarrow CH_3CH_2OH+H_2O$$

② 与不饱和烃反应

a. 雷佩（Reppe）反应。又称为氢羧基化反应，即一氧化碳与不饱和烃、水的羰基化反应。如以钴或铑作催化剂，在温度为 175~195℃、压力为 3~7MPa 的条件下，一氧化碳与乙烯、水反应生成丙酸：

$$CO+H_2C{=}CH_2+H_2O \Longrightarrow CH_3CH_2COOH$$

b. 氢酯基化反应。一氧化碳与不饱和烃、醇的羰基化反应。如以羰络镍作催化剂，一氧化碳与乙炔、甲醇可以在接近常温、常压的条件下反应生成丙烯酸甲酯：

$$CO+HC{\equiv}CH+CH_3OH \Longrightarrow H_2C{=}CHCOOCH_3$$

c. 氧化羰基化。一氧化碳与不饱和烃、氧气反应生成羧酸或酯。如以氯化钯或氯化铑作催化剂，在温度为 110℃、压力为 10MPa 的条件下，一氧化碳与乙烯、氧气反应生成丙烯酸：

$$2CO+2H_2C{=}CH_2+O_2 \Longrightarrow 2H_2C{=}CHCOOH$$

③ 其他反应　除了上述与醇和不饱和烃反应外，一氧化碳还可以与醛、醚、酯、胺、卤代烃、芳香烃及其衍生物反应。如：

a. 以氢氟酸作催化剂，在温度为常温、压力为 7MPa 的条件下，一氧化碳与甲醛、水反应生成乙醇酸：

$$CO+HCHO+H_2O \Longrightarrow HOCH_2COOH$$

b. 以钯和铑的碘化物作催化剂，在温度为 135~160℃、压力为 30MPa 的条件下，一氧化碳和氢气的混合气体与乙酸甲酯反应生成 1,1-乙二醇二乙酸酯：

$$2CO+2CH_3COOCH_3+H_2 \Longrightarrow CH_3CH(OOCCH_3)_2+CH_3COOH$$

c. 以甲醇钠作催化剂，在温度为 60~130℃、压力为 0.5~0.9MPa 的条件下，一氧化碳与二甲胺在溶液中反应生成二甲基甲酰胺（DMF）：

$$CO+(CH_3)_2NH \Longrightarrow (CH_3)_2NCHO$$

d. 加特曼-科赫反应：在氯化亚铜和氯化铝的作用下，芳香烃可与一氧化碳和干燥的氯化氢反应而生成相应的芳香甲醛。如苯可与一氧化碳和干燥的氯化氢反应而生成苯甲醛：

$$\text{⬡} + CO + HCl \Longrightarrow \text{⬡}{-}CHO + HCl$$

（7）与金属氧化物反应

在高温下，一氧化碳能将许多金属氧化物还原成金属单质，如：

① 将黑色的氧化铜还原成红色的金属铜：

$$CuO+CO \xrightarrow{\text{加热}} Cu+CO_2$$

② 将氧化锌还原成金属锌：

$$CO+ZnO \xrightarrow{\triangle} Zn+CO_2$$

③ 在高温下将铁矿石中的氧化铁还原成金属铁：

$$Fe_2O_3+3CO \xrightarrow{\text{高温}} 2Fe+3CO_2$$

此外，一氧化碳能与 ZnO、$BaSO_4$、SO_2 等发生化学反应：

$$CO + ZnO \xrightarrow{\text{高温}} Zn + CO_2$$

$$4CO + BaSO_4 \xrightarrow{960 \sim 1000℃} BaS + 4CO_2$$

$$2CO + SO_2 \xrightarrow{500℃} S + 2CO_2$$

（8）与五氧化二碘

在 65～70℃ 温度下，一氧化碳能与五氧化二碘（I_2O_5）反应生成碘单质（I_2）：

$$5CO + 2I_2O_5 === I_2 + 5CO_2$$

根据此反应可定量鉴定一氧化碳。

（9）与氯气反应

以活性炭作催化剂，在正压力和 500K 温度下，等物质的量的一氧化碳和氯气混合，可以反应生成碳酰氯（俗称"光气"），是生产甲苯二异氰酸酯（TDI）的重要原料：

$$CO + Cl_2 === COCl_2$$

（10）与氯化钯反应

在常温下，一氧化碳可以将氯化钯溶液中的氯化钯（$PdCl_2$）还原成金属钯：

$$CO + PdCl_2 + H_2O === CO_2 + Pd + 2HCl$$

此反应常用来检测一氧化碳的存在。

1.4.4 制备方法

（1）实验室制备一氧化碳

① 木炭气化法制备一氧化碳　在密闭空间，放入大量木炭并通入少量的氧气后点燃，在氧气不足的情况下，可以生成一氧化碳气体。化学反应方程式：

$$2C + O_2 \xrightarrow{\text{加热}} 2CO$$

② 甲酸脱水法制备一氧化碳　将浓硫酸与甲酸共热，使甲酸脱水而分解，生成一氧化碳气体。该反应中浓硫酸是催化剂。化学反应方程式：

$$\underset{\text{（甲酸）}}{HCOOH} \longrightarrow H_2O + CO$$

③ 草酸脱水法制备一氧化碳　将浓硫酸与草酸共热，使甲酸脱水而分解，可以产生一氧化碳和二氧化碳的混合气体。将混合气体通入澄清石灰水除去二氧化碳。但是该方法在石灰水反应一段时间后，二氧化碳不容易清除干净，化学反应方程式：

$$\underset{\text{（草酸）}}{H_2C_2O_4} \longrightarrow H_2O + CO_2 + CO$$

④ 生石灰与盐酸反应制备一氧化碳　先用生石灰与盐酸反应制取二氧化碳，再将二氧化碳和木炭粉在高温下反应成 CO。化学反应方程式：

$$CaCO_3 + 2HCl === CaCl_2 + CO_2 + H_2O$$

$$CO_2 + C === 2CO$$

（2）工业制备一氧化碳

在工业上，以固体燃料（如煤或焦炭等）气化，在煤气发生炉内完成化学反应，产生一氧化碳。

若发生炉内鼓入的是空气，燃料里所含的碳与空气中的氧反应，生成二氧化碳。二氧化碳继续上升通过灼热的燃料层而被还原成一氧化碳。在放出的气体里，除一氧化碳外，还含有 N_2、少量的 CO_2 和其他物质，这种混合气叫发生炉煤气。

若发生炉内鼓入的是水蒸气，经过反应，生成一氧化碳和氢气。这种混合气叫水煤气。化学反应方程式：

$$C + H_2O \xrightarrow{\text{加热}} CO + H_2$$

上述反应产生的煤气，是含有一氧化碳的混合气，只能作为燃料气，不能直接用于半导体工业生产。将煤气精制提纯，除去 N_2、CO_2、H_2 和固体颗粒物等杂质，制备成高纯 CO，才能用于半导体器件的制造。

1.4.5　应用

（1）化学工业

在化学工业中，一氧化碳是合成一系列基本有机化工产品和中间体的重要原料。一氧化碳可以制取几乎所有的基础化学品，如氨、光气以及醇、酸、酐、酯、醛、醚、胺、烷烃和烯烃等。利用一氧化碳与过渡金属反应生成羰络金属或羰络金属衍生物的性质，可以制备有机化工生产所需的各类均相反应催化剂。此外，一氧化碳可在聚乙烯聚合反应中用作终止剂。

（2）冶金工业

在冶金工业中，利用羰络金属的热分解反应，一氧化碳可用于从原矿中提取高纯镍，也可以用来获取高纯粉末金属（如锌白颜料）、生产某些高纯金属膜（如钨膜和钼膜等）。同时，一氧化碳可用作精炼金属的还原剂，如在炼钢高炉中用于还原铁的氧化物；而在多晶态钻石膜的生产中，则可用一氧化碳（纯度≥99.99%）为化学气相沉积工艺过程提供碳源。此外，一氧化碳和氢气组成的混合物（合成气）可用于生产某些特殊的钢，如直接还原铁矿石生产海绵铁。

（3）其他方面

除了化学工业和冶金工业两方面的应用外，一氧化碳还可用作燃料，高纯一氧化碳则主要用作标准气体、一氧化碳激光器、环境监测及科学研究中。其中，一氧化碳标准气体可应用于石油化工工艺控制仪器的校准和检测、石油化工产品质量的控制、环境污染物检测、汽车尾气排放检测、矿井用报警器的校准、各种工厂尾气的检测、医疗仪器校验、电力系统变压器油质量检测、空分产品质量控制、交通安全检测仪器的校正、地质勘探与地震监测、冶金分析、燃气具实验与热值分析、化肥工业仪器仪表校准等。

此外，一氧化碳常用于鱼、肉、果蔬及袋装大米的保鲜，特别是生鱼片的保鲜，又因可以使肉制品色泽红润而被作为颜色固定剂。

1.5　二氧化碳

1.5.1　简介

二氧化碳俗名碳酸气，又称为碳酸酐，是一种无色气体，有酸味，毒性小，分子式为 CO_2，相对分子质量为 44.0095。二氧化碳的熔点为 $-56.57℃$（527kPa），沸点为

－78.47℃，密度比空气大，在标准状况下，其密度为 1.977g/L。二氧化碳溶于水，生成碳酸。在加压和冷却的条件下，二氧化碳能够变为无色的液体，继续降低温度，变为雪花状的固体。经压缩的二氧化碳固体称为干冰，在 1 标准大气压下，干冰在－78.47℃时能够直接变为 CO_2 气体。

1.5.2　物理性质

（1）主要物理性质

二氧化碳的主要物理性质见表 1.31。

表 1.31　二氧化碳的主要物理性质

分子式		CO_2
相对分子质量		44.01
外观与性状		无色气体
气体密度(0℃,101.325kPa)/(kg/m³)		1.977
气体相对密度(101.325kPa,21.1℃)(空气密度为1)		1.529
液体相对密度(－79℃,水的密度为1)		1.56
摩尔体积(0℃,101.325kPa)/(L/mol)		22.26
熔点(527kPa)/℃		－56.57
沸点(101.325kPa)/℃		－78.47
饱和蒸气压(－39℃)/MPa		1.01325
三相点温度(15.3kPa)/℃		－56.57
临界温度/℃		31.06
临界压力/MPa		7.382
临界密度/(g/cm³)		0.468
临界摩尔体积/(L/mol)		0.0957
熔化热/(kJ/mol)		8.33
汽化热(升华)/(kJ/mol)		5.23
气体比热容(20℃,0.101MPa)/[kJ/(kg·K)]	比定压热容 c_p	0.845
	比定容热容 c_V	0.651
气体热导率(0℃,0.101MPa)/[W/(m·K)]		52.75
气体黏度(0℃,0.101MPa)/(μPa·s)		13.8
表面张力(－25℃)/(mN/m)		9.13
折射率(12.5~24℃)		1.173~1.999
介电常数(20℃,0.101MPa)		1.000922

（2）溶解性

二氧化碳在水中有较强的溶解性，在通常情况下，1 体积的水能溶解 1 体积的二氧化碳，在加压情况下，二氧化碳在水中的溶解度增大，如汽水就是将二氧化碳加压溶解在水里而制成的。在不同温度下，二氧化碳在水中的溶解度见表 1.32，二氧化碳在部分有机溶剂中的溶解度见表 1.33。

表 1.32 不同温度下二氧化碳在水中的溶解度

温度/℃	α/(mL/mL 水)	q/(g/100g 水)	温度/℃	α/(mL/mL 水)	q/(g/100g 水)
0	1.713	0.3346	18	0.928	0.1789
1	1.646	0.3213	19	0.902	0.1737
2	1.584	0.3091	20	0.878	0.1688
3	1.527	0.2978	21	0.854	0.1640
4	1.473	0.2871	22	0.829	0.1590
5	1.424	0.2774	23	0.804	0.1540
6	1.377	0.2681	24	0.781	0.1493
7	1.331	0.2589	25	0.759	0.1449
8	1.282	0.2492	26	0.738	0.1406
9	1.237	0.2403	27	0.718	0.1366
10	1.194	0.2318	28	0.699	0.1327
11	1.154	0.2239	29	0.682	0.1292
12	1.117	0.2165	30	0.665	0.1257
13	1.083	0.2098	35	0.592	0.1105
14	1.050	0.2032	40	0.530	0.0973
15	1.019	0.1970	45	0.479	0.0860
16	0.985	0.1903	50	0.436	0.0761
17	0.956	0.1845	60	0.359	0.0576

注：α 为 Bunsen 吸收系数，即在标准状态（273.15K，101.325kPa）下，1mL 水中溶解的氮气体积（mL）；q 为在气体总压力（气体及水蒸气）为 101.325kPa 时，溶解于 100g 水中的氮气质量（g）。

表 1.33 不同温度下二氧化碳在部分有机溶剂中的溶解性

溶剂	温度/℃	β/(mL/mL 溶剂)	溶剂	温度/℃	β/(mL/mL 溶剂)
丙酮	20.0	6.921	四氯化碳	15.0	2.603
	25.0	6.295		20.0	2.502
乙醇	15.0	3.130		25.0	2.294
	20.0	2.923	苯	15.0	2.710
	25.0	2.706		20.0	2.540
甲醇	15.0	4.606		25.0	2.425
	20.0	4.205	乙酸	20.0	5.129
	25.0	3.837		25.0	4.679
二硫化碳	25.0	0.8699			

注：β 为 Ostwald 溶解度系数，即气体分压为 101.325kPa，温度为 T（℃）时，1mL 溶剂溶解的氮气体积（mL）。

（3）热导率

不同温度和压力条件下，二氧化碳的热导率分别见表 1.34 和表 1.35。

表 1.34 二氧化碳在 101.325kPa 下不同温度时的热导率

温度/K	热导率/[mW/(m·K)]
194.65	10.7
222.65	11.8
273.15	13.9~14.4

表 1.35 二氧化碳在不同温度及压力下的热导率

温度/K	不同压力下的热导率/[mW/(m·K)]						
	0.1013MPa	3.040MPa	5.066MPa	7.093MPa	10.132MPa	15.199MPa	20.265MPa
198.15	8.7	—	—	—	—	—	—
223.15	10.7	—	—	—	—	—	—
273.15	14.5	18.3	—	—	110.1	112.8	115.1
283.15	15.4	18.8	—	—	104.0	107.7	110.8
293.15	16.0	19.3	24.1	—	97.0	102.2	106.4
303.15	16.9	19.9	24.0	31.5	87.0	95.8	101.2
313.15	17.7	20.4	23.8	30.0	68.6	88.5	95.9
323.15	18.5	20.9	24.0	29.0	44.7	79.8	89.9
373.15	22.3	24.3	26.3	29.0	33.8	45.7	59.9
423.15	26.3	27.9	29.4	31.4	34.5	44.0	49.4
473.15	30.1	31.5	32.8	34.4	36.9	41.9	47.3
523.15	34.0	35.1	36.3	37.7	39.5	43.7	48.1
573.15	37.9	39.0	39.8	40.9	42.7	46.3	49.8

（4）蒸气压

二氧化碳在不同温度时的饱和蒸气压见表 1.36。

表 1.36 二氧化碳在不同温度时的饱和蒸气压

温度/℃	饱和蒸气压/kPa	温度/K	饱和蒸气压/kPa
−134.3(s)	0.133	−69.1	202.650
−124.4(s)	0.665	−56.7	506.625
−119.5(s)	1.333	−39.5	1013.250
−114.4(s)	2.666	−18.9	2026.50
−104.8(s)	7.998	−5.3	3039.750
−93.0(s)	26.664	5.9	4053.0
−85.7(s)	53.328	14.9	5066.250
−78.2(s)	101.325		

注：(s) 表示固体。

（5）压缩系数

二氧化碳在不同温度与压力下的压缩系数见表 1.37。

表 1.37 二氧化碳在不同温度与压力下的压缩系数

压力/MPa	不同温度下的压缩系数 $Z[Z=PV/(RT)]$					
	273.15K	293.15K	313.15K	333.15K	353.15K	373.15K
0.1013	1.0000	—	—	—	—	—
5.0662	0.1050	0.6336	0.7414	0.8068	0.8477	0.8832
7.5994	0.1530	0.1677	0.5408	0.6895	0.7642	0.8184
10.1325	0.2020	0.2130	0.2695	0.5420	0.6749	0.7540
12.666	0.2490	0.2590	0.2922	0.4182	0.5871	0.6932
15.199	0.2950	0.3038	0.3288	0.3976	0.526	0.6427
17.7319	0.3405	0.3471	0.3677	0.4145	0.5039	0.6090

压力/MPa	不同温度下的压缩系数 $Z[Z=PV/(RT)]$					
	273.15K	293.15K	313.15K	333.15K	353.15K	373.15K
20.2650	0.3850	0.3904	0.4078	0.4448	0.5105	0.5962
22.7981	0.4305	0.4337	0.4475	0.4776	0.5271	0.5984
25.3312	0.4740	0.4752	0.4867	0.5124	0.5519	0.6116
27.8644	0.5170	0.5167	0.5268	0.5473	0.5813	0.6295
30.3975	0.5595	0.5577	0.5657	0.5821	0.6110	0.6515
35.4638	0.6445	0.6383	0.6424	0.6543	0.6749	0.7038
40.5300	0.7280	0.7184	0.7179	0.7248	0.7394	0.7602
45.5962	0.8090	0.7967	0.7916	0.7945	0.8044	0.8191
50.6625	0.8905	0.8740	0.8635	0.8642	0.8694	0.8788

（6）黏度

二氧化碳在 101.25kPa 压力下不同温度时的黏度见表 1.38。

表 1.38　二氧化碳在 101.25kPa 压力下不同温度时的黏度

温度/K	动力黏度 $\mu/(10^{-6}\mathrm{Pa \cdot s})$	温度/K	动力黏度 $\mu/(10^{-6}\mathrm{Pa \cdot s})$
173.15	8.86	473.15	22.54
198.15	10.07	523.15	24.56
223.15	11.26	573.15	26.46
248.15	12.47	673.15	29.94
273.15	13.67	773.15	33.09
293.15	14.63	873.15	36.05
298.15	14.86	973.15	38.76
323.15	16.07	1073.15	41.40
348.15	17.16	1173.15	44.00
373.15	18.27	1273.15	46.58
423.15	20.45		

（7）在塑料薄膜中的透气量

干燥的二氧化碳能够透过塑料薄膜，20℃时干燥二氧化碳在部分塑料薄膜中的透气量见表 1.39。

表 1.39　20℃时干燥二氧化碳在部分塑料薄膜中的透气量

塑料薄膜	透气量/$[g/(m^2 \cdot 24h \cdot atm)]$	塑料薄膜	透气量/$[g/(m^2 \cdot 24h \cdot atm)]$
偏二氯乙烯-氯乙烯共聚物	0.1	软聚乙烯	10～40
低密度聚乙烯	70～80	醋酸纤维素	50
高密度聚乙烯	20～30	聚碳酸酯	1～7
聚丙烯	25～35	再生纤维素薄膜(玻璃纸)	0.5～5
聚苯乙烯	11000	聚对苯二甲酸乙二醇酯	0.2
未增塑聚氯乙烯	1～2	聚酰胺	0.1

1.5.3 化学性质

二氧化碳的化学性质不活泼，不燃烧，不助燃，低浓度时无毒性。二氧化碳属于酸性氧化物，是碳酸的酸酐，具有酸性氧化物的通性，其中碳元素的化合价为＋4 价，处于碳元素的最高价态，故二氧化碳具有氧化性而无还原性，但氧化性不强。在高温或有催化剂存在的情况下，CO_2 可以参加一些化学反应。

（1）酸性氧化物的通性

① 和水反应　二氧化碳可以溶于水并和水反应生成碳酸，而不稳定的碳酸容易分解成水和二氧化碳，化学反应方程式：

$$CO_2 + H_2O \Longrightarrow H_2CO_3$$

② 和碱性氧化物反应　一定条件下，二氧化碳能与碱性氧化物反应生成相应的盐，如：

$$CO_2 + CaO \Longrightarrow CaCO_3$$
$$CO_2 + Na_2O \Longrightarrow Na_2CO_3$$

③ 和碱反应

a. 与氢氧化钙反应　向澄清的石灰水中加入二氧化碳，会使石灰水变浑浊，生成碳酸钙沉淀（此反应常用于检验二氧化碳），化学反应方程式为：

$$CO_2 + Ca(OH)_2 \Longrightarrow CaCO_3 + H_2O$$

当二氧化碳过量时，生成碳酸氢钙：

$$2CO_2 + Ca(OH)_2 \Longrightarrow Ca(HCO_3)_2$$

由于碳酸氢钙溶解性大，长时间往已浑浊的石灰水中通入二氧化碳，可发现沉淀渐渐消失。

b. 与氢氧化钠反应　二氧化碳会使烧碱变质，相应的化学反应方程式为：

$$2NaOH + CO_2 \Longrightarrow Na_2CO_3 + H_2O$$

当二氧化碳过量时，生成碳酸氢钠：

$$NaOH + CO_2 \Longrightarrow NaHCO_3$$

（2）还原反应

在高温下，CO_2 可分解为 CO 和 O_2。反应为吸热的可逆反应。1200℃时 CO_2 的平衡分解率仅为 3.2%。加热到 1700℃以上，平衡分解率明显增大，到 2227℃时，约有 15.8%的 CO_2 分解。紫外光和高压放电均有助于 CO_2 的分解反应，但分解率都不会很高。

CO_2 还可以用其他方法还原。

① 碳单质还原　在高温条件下，二氧化碳能与碳单质反应生成一氧化碳，相应的化学反应方程式为：

$$C + CO_2 \xrightarrow{\text{高温}} 2CO$$

② 活泼金属单质还原　在点燃的条件下，镁、铝和钾等活泼金属能在二氧化碳中继续保持燃烧，反应生成金属氧化物，析出游离态碳。相应的化学反应方程式为：

$$2Mg + CO_2 \Longrightarrow 2MgO + C$$

③ 氢化还原　二氧化碳和氢气在催化剂的作用下会发生生成甲醇、一氧化碳和甲烷等的一系列反应，其中几种反应的化学反应方程式为：

$$CO_2 + H_2 \rightleftharpoons CO + H_2O$$

$$CO_2 + 4H_2 \rightleftharpoons CH_4 + 2H_2O$$

④ 烃类还原　在加热和催化剂作用下，CO_2 还可以被烃类还原，例如：

$$CO_2 + CH_4 \longrightarrow 2CO + 2H_2$$

⑤ 电化学还原　二氧化碳的电化学还原是一个利用电能将二氧化碳在电解池阴极还原，而将氢氧根离子在电解池阳极氧化为氧气的过程，由于还原二氧化碳需要的活化能较高，这个过程需要施加一定电压后才能实现，而在阴极发生的氢析出反应的程度随电压的增加而加大，会抑制二氧化碳的还原，故二氧化碳的高效还原需要有合适的催化剂，即二氧化碳的电化学还原是个电催化还原过程。该过程的机理：在初始阶段，二氧化碳被吸附在阴极催化剂表面，形成中间产物；然后电子在两个电极间电势差的作用下发生转移，转移数可能是 2、4、6、8、12，还原产物随电子转移数的不同而可能是一氧化碳、甲酸根、甲酸、甲烷、乙烷和乙烯等。由于是在水溶液中，也会发生析氢反应，从而产生氢气。

（3）与过氧化物反应

二氧化碳能与过氧化钠（Na_2O_2）反应生成碳酸钠（Na_2CO_3）和氧气（O_2），化学反应方程式：

$$2CO_2 + 2Na_2O_2 \Longrightarrow 2Na_2CO_3 + O_2$$

（4）有机合成反应

在高温（170～200℃）和高压（13.8～24.6MPa）下，CO_2 和氨反应，首先生成氨基甲酸铵，接着氨基甲酸铵失去一分子水生成尿素 $CO(NH_2)_2$，该反应广泛用于尿素及其衍生物的生产。

$$CO_2 + 2NH_3 \longrightarrow NH_2COONH_4$$

CO_2 在有机合成中的另一个重要反应是 Kolbe-Schmitt 反应，即苯酚钠的羧化反应，反应温度约 150℃，压力约 0.5MPa，反应生成水杨酸，广泛用于医药、染料和农药的生产。

在升温加压和有铜-锌催化剂存在时，用 CO_2、CO 和 H_2 的气态混合物可以合成甲醇，CO_2 和氢发生如下反应：

$$CO_2 + 3H_2 \longrightarrow CH_3OH + H_2O$$

在特定条件下，CO_2 与氢反应可以合成低级烃类；使环氧乙烷羧化可以制碳酸亚乙酯；通过另外一些特定反应还可以制羧酸、酯、内酯和吡喃酮等有机物。上述反应所需催化剂一般为钯、铑、镍等过渡金属的络合物。

（5）与格氏试剂反应

在酸性条件下，二氧化碳能和格氏试剂在无水乙醚中反应生成羧酸，相应的化学反应方程式为：

$$R{-}MgX + CO_2 \xrightarrow{\text{无水乙醚};H^+,H_2O} R{-}COOH$$

式中，R 表示脂肪烃基或芳香烃基，X 表示卤素。

（6）与环氧化合物的插入反应

二氧化碳可以和环氧化合物在电催化作用下可反应生成环状碳酸酯，相应的化学反应方程式为：

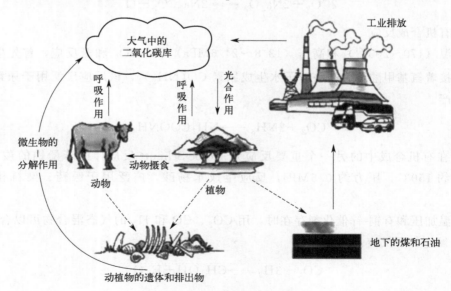

（7）置换反应（制取金刚石）

在 440℃（713.15K）和 800 个大气压（约 80MPa）的条件下，二氧化碳可与金属钠反应生成金刚石，相应的化学反应方程式为：

$$4Na + CO_2 =\!=\!= 2Na_2O + C$$

（8）生化反应

CO_2 在地球环境中起重要作用。在植物新陈代谢过程中，在光和叶绿素的作用下，利用空气中的 CO_2 与水反应合成糖等有机物，同时释放出氧气：

$$6CO_2 + 6H_2O \longrightarrow C_6H_{12}O_6 + 6O_2$$

在动物的呼吸循环中，发生上述反应的逆反应，即从大气中吸入氧气，与体内的糖反应，产生动物活动所需的热能，同时排出 CO_2 气体。碳循环示意图如图 1.4 所示。

图 1.4　碳循环示意图

1.5.4　制备方法

（1）实验室制备二氧化碳

① 大理石与稀盐酸反应制取　在实验室里，可用大理石或石灰石（主要成分是 $CaCO_3$）与稀盐酸的反应制备二氧化碳。反应方程式：

$$CaCO_3 + 2HCl == CaCl_2 + H_2O + CO_2$$

由于二氧化碳密度比空气大，能溶于水且能与水反应，故不能用排水法收集，一般采用向上排空气法收集于集气瓶中。用燃着的木条在集气瓶口（不能伸入瓶内）试验，如果火焰熄灭，表明二氧化碳已经充满了集气瓶。

注意事项：

a. 反应时挥发出的氯化氢（HCl）气体，可通过饱和碳酸氢钠（$NaHCO_3$）溶液除去。

b. 必要时可用装有浓硫酸的洗气瓶除去生成气体中水蒸气。

c. 不能用碳酸钙和浓盐酸反应，因为浓盐酸易挥发出大量氯化氢气体，使碳酸氢钠无法完全去除，制得的二氧化碳纯度会下降。

d. 不能用 Na_2CO_3（苏打）和 $NaHCO_3$（小苏打）代替 $CaCO_3$ 跟盐酸反应来制取二氧化碳，因为 Na_2CO_3 和 $NaHCO_3$ 跟盐酸反应的速度太快，产生的二氧化碳很快逸出，不易控制，也不便于操作。

e. 不能用稀硫酸代替盐酸，因为稀硫酸跟大理石（$CaCO_3$）反应会生成微溶入水的硫酸钙（$CaSO_4$）沉淀覆盖在大理石的表面上，阻碍了反应的继续进行，而使反应非常缓慢。

f. 不能用 $MgCO_3$（镁盐）代 $CaCO_3$（钙盐），因为虽然 $MgCO_3$ 跟盐酸与 $CaCO_3$ 跟盐酸反应相似，但由于 $MgCO_3$ 的来源较少，不如 $CaCO_3$ 廉价易得。

g. 不能用硝酸代替盐酸，因为硝酸见光易分解，若用硝酸代替盐酸，则制得的 CO_2 中就会有少量的 NO_2 和 O_2。此外，硝酸的价格较盐酸贵，故通常不用硝酸代替盐酸。

② 加热碳酸氢钠分解制取　将碳酸氢钠充分干燥后，装入硬质玻璃管中，在管口处装填玻璃棉后封闭，用抽气泵抽真空。然后，加热使碳酸氢钠分解。最初产生的二氧化碳可放掉。分解产生的气体需导入用冰冷却的导管中，使气体中的水蒸气冷凝下来，再将气体先后导入分别装有氯化钙和五氧化二磷的 U 形管中使其干燥。100℃时，碳酸氢钠的分解压力为 97.458kPa，120℃时为 166.652kPa。

③ 其他方法　小苏打（主要成分是碳酸氢钠）和白醋混合在一起时，发生复分解反应，放出二氧化碳气体，化学反应方程式：

$$NaHCO_3 + CH_3COOH == CH_3COONa + H_2O + CO_2$$

（2）工业制备二氧化碳

① 煅烧法　高温煅烧石灰石（或白云石）过程中产生的二氧化碳气，经水洗、除杂、压缩，制得气体二氧化碳：

$$CaCO_3 \xrightarrow{\text{高温}} CaO + CO_2$$

② 发酵气回收法　生产乙醇的发酵过程中产生的二氧化碳气体，经水洗、除杂、压缩，

制得二氧化碳气。

$$C_6H_{12}O_6 \Longrightarrow 2C_2H_5OH + 2CO_2$$

③ 副产气体回收法 氨、氢气、合成氨生产过程中往往有脱碳（即脱除气体混合物中二氧化碳）过程，混合气体中二氧化碳经加压吸收、减压加热解吸可获得高纯度的二氧化碳气。

④ 吸附膨胀法 一般以副产物二氧化碳为原料气，用吸附膨胀法从吸附相提取高纯二氧化碳，用低温泵收集产品；也可采用吸附精馏法制取，吸附精馏法采用硅胶、3A 分子筛和活性炭作吸附剂，脱除部分杂质，精馏后可制取高纯二氧化碳产品。

⑤ 炭窑法 由炭窑窑气和甲醇裂解所得气体精制而得二氧化碳。

1.5.5 应用

二氧化碳主要应用如下。

气态二氧化碳用于碳化软饮料、水处理工艺的 pH 控制、化学加工、食品保存、化学和食品加工过程的惰性保护、焊接气体、植物生长刺激剂，在铸造中用于硬化模和芯子及用于气动器件，还应用于杀菌气的稀释剂（即用氧化乙烯和二氧化碳的混合气作为杀菌、杀虫剂、熏蒸剂，广泛应用于医疗器具、包装材料、衣类、毛皮、被褥等的杀菌、骨粉消毒，以及仓库、工厂、文物、书籍的熏蒸）。

液体二氧化碳用作制冷剂，飞机、导弹和电子部件的低温试验，提高油井采收率，橡胶磨光以及控制化学反应，也可用作灭火剂。

固态二氧化碳广泛用于冷藏奶制品、肉类、冷冻食品和其他转运中易腐败的食品，在许多工业加工中作为冷冻剂，例如粉碎热敏材料、橡胶磨光、金属冷处理、机械零件的收缩装配、真空冷阱等。

高纯二氧化碳主要用于电子工业、医学研究及临床诊断、二氧化碳激光器、检测仪器的校正气及配制其他特种混合气，在聚乙烯聚合反应中则用作调节剂。

超临界状态的二氧化碳可以用作溶解非极性、非离子型和低相对分子质量化合物的溶剂，所以在均相反应中有广泛应用。

1.6 一氧化氮

1.6.1 简介

一氧化氮，是一种无机化合物，化学式为 NO，相对分子质量为 30.01，是一种氮氧化合物，氮的化合价为 +2。常温常压下一氧化氮为无色气体，微溶于水，溶于乙醇、二硫化碳。

一氧化氮为双原子分子，分子构型为直线形。一氧化氮中，氮与氧之间形成一个 σ 键、一个 2 电子 π 键与一个 3 电子 π 键。氮氧之间键级为 2.5，氮与氧各有一对孤对电子。液态一氧化氮是蓝色的，固体一氧化氮为无色雪花状。在低温下液态的一氧化氮是顺磁的，而固态的一氧化氮却是反磁的，说明在固态的一氧化氮中分子间发生了偶合作用。X 射线衍射和红外线光谱数据也证明，一氧化氮在液态和固态中发生了偶合作用。

1.6.2　物理性质

（1）主要物理性质

一氧化氮的主要物理性质见表1.40。

表 1.40　一氧化氮的主要物理性质

分子式	NO
相对分子质量	30.01
外观与性状	无色气体
气体密度(101.325kPa,0℃)/(g/L)	1.3405
相对密度(−151℃)(水密度为1)	1.27
相对蒸气密度(101.325kPa,25℃)(空气密度为1)	1.04
液体密度(101.325kPa,−150.2℃)/(kg/L)	1.269
溶解性	微溶于水,溶于乙醇、二硫化碳
摩尔体积(标准状态)/(L/mol)	22.391
液体摩尔体积/(cm^3/mol)	23.427
气体常数 R/[J/(mol·K)]	8.31685
熔点(21.9kPa)/℃	−163.64
沸点(101.325kPa)/℃	−151.77
饱和蒸气压(−94.8℃)/kPa	6079.2
临界温度/℃	−93
临界压力/MPa	6.59
临界密度/(g/cm^3)	0.52
熔化热/(kJ/mol)	2.30
汽化热/(kJ/mol)	13.8
气体比热容(101.325kPa,0℃)/[kJ/(kg·K)] 比定压热容 c_p	0.9990
比定容热容 c_V	0.7218
气体热导率(101.325kPa,0℃)/[W/(m·K)]	0.02373
气体黏度(0℃,101.325kPa)/(μPa·s)	17.80
液体表面张力(121.3K)/(N/m)	3.517
折射率(−90℃)	1.330

（2）溶解性

一氧化氮微溶于水、硫酸、硫酸亚铁溶液和二硫化碳溶液等，易溶于乙酸。一氧化氮在硫酸亚铁水溶液中，可以和硫酸亚铁发生络合作用，所以一氧化氮在其中的溶解度随溶液中的硫酸亚铁的物质的量浓度增大而增加。溶解了一氧化氮的硫酸亚铁水溶液加热至沸腾，一氧化氮和硫酸亚铁的络合物会发生分解，则会放出一氧化氮。放出一氧化氮的硫酸亚铁溶液经过冷却之后，可以重新吸收一氧化氮气体。不同温度下，一氧化氮在水中的溶解度见表1.41，一氧化氮气体在不同浓度的硫酸中的溶解度见表1.42，常压下一氧化氮在不同温度乙醇中的溶解度见表1.43。

表 1.41　不同温度下一氧化氮在水中的溶解度

温度/℃	α/(mL/mL 水)	q/(g/100g 水)	温度/℃	α/(mL/mL 水)	q/(g/100g 水)
0	0.07381	0.009833	20	0.04706	0.006173
1	0.07184	0.009564	21	0.04625	0.006059
2	0.06993	0.009305	22	0.04545	0.005947
3	0.06809	0.009057	23	0.04469	0.005838
4	0.06632	0.008816	24	0.04395	0.005733
5	0.06461	0.008584	25	0.04323	0.005630
6	0.06298	0.008361	26	0.04254	0.005530
7	0.06140	0.008147	27	0.04168	0.005435
8	0.05990	0.007943	28	0.04124	0.005324
9	0.05846	0.007747	29	0.04063	0.005252
10	0.05709	0.007560	30	0.04004	0.005166
11	0.05587	0.007393	35	0.03734	0.004757
12	0.05470	0.007233	40	0.03507	0.004394
13	0.05357	0.007078	45	0.03311	0.004059
14	0.05250	0.006930	50	0.03152	0.003758
15	0.05147	0.006788	60	0.02954	0.003237
16	0.05049	0.006652	70	0.02810	0.002668
17	0.04956	0.006524	80	0.02700	0.001984
18	0.04868	0.006400	90	0.0265	0.00113
19	0.04785	0.006283	100	0.0263	0.00000

注：α 为 Bunsen 吸收系数，即在标准状态（273.15K，101.325kPa）下，1mL 水中溶解的一氧化氮体积（cm^3）；q 为在气体总压力（气体及水蒸气）为 101.325kPa 时，溶解于 100g 水中的一氧化氮质量（g）。

表 1.42　一氧化氮气体在不同浓度的硫酸中的溶解度

硫酸质量分数/%	溶解度	硫酸质量分数/%	溶解度
0.98	0.0227	0.70	0.0113
0.90	0.0193	0.60	0.0118
0.80	0.0117	0.50	0.0120

注：溶解度为单位体积硫酸溶解一氧化氮气体的体积数（折合为 0℃、101.325kPa）。

表 1.43　常压下一氧化氮在不同温度乙醇中的溶解度

温度/℃	溶解度	温度/℃	溶解度
0	0.3160	15	0.2748
5	0.2998	20	0.2659
10	0.2861	24	0.2606

注：溶解度为单位体积乙醇溶解一氧化氮气体的体积数（折合为 0℃、101.325kPa）。

（3）饱和蒸气压

不同温度下一氧化氮的饱和蒸气压见表 1.44。

表 1.44　不同温度下一氧化氮的饱和蒸气压

温度/℃	饱和蒸气压/kPa	温度/℃	饱和蒸气压/kPa
−178.07(s)	1.333	−135.7	506.625
−174.86(s)	2.666	−127.3	1013.250
−169.29(s)	7.999	−116.8	2026.50
−166.48(s)	13.332	−109.0	3039.750
−162.23	26.664	−103.2	4053.000
−151.74	101.325	−99.0	5066.250
−145.1	202.650	−94.8	6079.500

注：（s）表示固体。

（4）压缩系数

不同温度及压力时一氧化氮的压缩系数见表 1.45。

表 1.45　不同温度及压力时一氧化氮的压缩系数

压力/MPa	不同温度时的压缩系数 $Z[Z=PV/(RT)]$			
	4.4℃	37.8℃	71.1℃	104.4℃
0	1.0000	1.0000	1.0000	1.0000
0.1013	0.9990	0.9994	0.9996	0.9997
0.1379	0.9987	0.9991	0.9994	0.9996
0.2758	0.9973	0.9981	0.9989	0.9994
0.4137	0.9959	0.9971	0.9983	0.9991
0.5516	0.9945	0.9961	0.9978	0.9987
0.6895	0.9929	0.9951	0.9972	0.9984
1.034	0.9889	0.9926	0.9958	0.9975
1.379	0.9849	0.9902	0.9945	0.9968
2.068	0.9768	0.9856	0.9919	0.9954
2.758	0.9691	0.9813	0.9894	0.9942
3.448	0.9618	0.9773	0.9870	0.9933
4.137	0.9550	0.9737	0.9847	0.9925
5.516	0.9424	0.9671	0.9808	0.9915
6.895	0.9309	0.9613	0.9780	0.9912
10.34	0.9036	0.9516	0.9750	0.9915
13.79	0.8831	0.9465	0.9749	0.9947
15.51	0.8755	0.9454	0.9759	0.9977
17.24	0.8689	0.9452	0.9776	1.0017

（5）热导率

常压下不同温度时一氧化氮的热导率见表 1.46。

表 1.46　常压下不同温度时一氧化氮的热导率

温度/K	热导率/[W/(m·K)]	温度/K	热导率/[W/(m·K)]
100	0.0090	450	0.0364
150	0.01345	500	0.0396
200	0.01776	600	0.0462
250	0.02188	700	0.0529
300	0.0259	800	0.0595
350	0.0296	900	0.0659
400	0.0331	1000	0.0723

（6）黏度

不同温度条件下，一氧化氮气体的黏度见表 1.47。

表 1.47　一氧化氮气体在不同温度时的黏度

温度/℃	黏度/(μPa·s)	温度/℃	黏度/(μPa·s)
0	18.00	400	34.00
20	18.99	500	37.00
25	19.20	600	40.10
50	20.35	700	42.75
100	22.72	800	45.35
150	24.75	900	47.80
200	26.82	1000	50.75
300	30.55		

1.6.3 化学性质

一氧化氮既不跟水、碱起反应，也不与酸发生反应，所以它是一种不成盐的氧化物。当温度高于520℃时，一氧化氮开始分解。高温时，一氧化氮具有氧化作用。

(1) 热分解反应

在温度高于520℃时，一氧化氮分解生成氧化亚氮和氧。

$$4NO \Longrightarrow 2N_2O + O_2$$

(2) 氧化反应

一氧化氮可以作为氧化剂，自身不燃烧但高温下可以助燃含碳的有机化合物、碳单质以及磷单质：

$$C + 2NO \Longrightarrow N_2 + CO_2$$
$$4P + 10NO \Longrightarrow 2P_2O_5 + 5N_2$$
$$CH_4 + 4NO \Longrightarrow CO_2 + 2H_2O + 2N_2$$

一氧化氮在常温时即可和氨缓慢发生反应，它们的混合物如遇电火花会发生爆炸，氢气和一氧化氮的混合物同样可为电火花所引爆。

$$6NO + 4NH_3 \Longrightarrow 6H_2O + 5N_2$$
$$2H_2 + 2NO \Longrightarrow 2H_2O + N_2$$

在一定温度范围内，一氧化氮可与氨自由基和氧气发生反应：

$$4NH_3 + 4NO + O_2 \Longrightarrow 4N_2 + 6H_2O$$

此反应是氮氧化合物废气治理技术中应用的非选择性催化还原法去除烟气中的 NO_x 的主要方式。该反应只有采用高达 $927 \sim 982℃$ 的温度时才能进行，当温度更高时，则氨优先和氧反应生成 NO 和 H_2O。

一氧化氮还可与二氧化硫反应生成三氧化硫和氮气：

$$2NO + 2SO_2 \Longrightarrow 2SO_3 + N_2$$

(3) 还原反应

一氧化氮能被亚砷酸钠还原为氧化亚氮：

$$2NO + Na_3AsO_3 \Longrightarrow N_2O + Na_3AsO_4$$

常温下，一氧化氮易与氧气反应，生成红棕色的二氧化氮：

$$2NO + O_2 \Longrightarrow 2NO_2$$

此反应为可逆的放热反应，在温度高于670℃时，一氧化氮氧化生成的二氧化氮完全分解，而低于140℃时则几乎完全转化为二氧化氮。该反应在氨氧化制硝酸过程中具有极重要意义。

一氧化氮与高锰酸钾水溶液在弱酸性条件反应时，可以被定量地转化为硝酸根离子：

$$NO + MnO_4^- \Longrightarrow NO_3^- + MnO_2$$

（4）歧化反应

室温下，一氧化氮在热力学上是不稳定的，液态一氧化氮或一氧化氮压缩气体会缓慢地发生歧化反应：

$$4NO \Longrightarrow N_2O_3 + N_2O$$

另外一氧化氮在碱性水溶液中也可发生歧化反应：

$$4NO + 2OH^- \Longrightarrow N_2O + 2NO_2^- + H_2O$$

所以在净化一氧化氮气体时，不宜使用浓碱水溶液洗涤，以避免生成氧化亚氮，使一氧化氮产品气体受到污染。

（5）与卤素反应

一氧化氮可与卤素（氟、氯和溴）反应生成亚硝酰卤：

$$2NO + X_2 \Longrightarrow 2NOX \ (X=F, Cl, Br)$$

液体亚硝酰氯（熔点为 $-64.5℃$，沸点为 $-6.4℃$，$-27℃$ 时介电常数为 225，10℃ 的电导率为 $2.7 \times 10^{-6} \Omega^{-1}$）是重要的非水溶剂体系的基础，在这种体系中 NO^+ 和 Cl^- 分别是酸和碱。该体系中亚硝酰氯按下式电离：

$$NOCl \Longrightarrow NO^+ + Cl^-$$

（6）与金属的反应

一氧化氮与金属的反应实际上是金属的氧化反应。加热的碱金属在一氧化氮中燃烧可生成相应的金属氧化物和亚硝酸盐。

$$3K + 3NO \Longrightarrow N_2 + K_2O + KNO_2$$

碱土金属钙和镁在 500℃ 时可以和一氧化氮反应生成相应的氧化物和氮化物，如：

$$5Ca + 2NO \Longrightarrow Ca_3N_2 + 2CaO$$

常温时一氧化氮和铜作用，可在铜表面形成一层氧化膜即不再继续反应，当温度高于 200℃ 时能将铜氧化为氧化亚铜：

$$2NO + 4Cu \Longrightarrow 2Cu_2O + N_2$$

通常，钴和镍在常温下不与一氧化氮发生反应，而铁会反应生成一层氧化物保护膜。但它们在加热至 200℃ 以上时，均能被一氧化氮氧化为相应的金属氧化物。银和汞以及铝暴露在一氧化氮中，即使加热到 500℃ 时仍无明显作用。

（7）配位反应

由于一氧化氮中有一个未成对电子，所以它易于发生配位反应。将一氧化氮气体通入钴、镍、铜和二价铁的盐酸或硫酸盐的水溶液中，一氧化氮即会和它们发生配位反应，如：

$$NO + FeCl_2 \Longrightarrow FeCl_2 \cdot NO$$
$$NO + CoCl_2 \Longrightarrow CoCl_2 \cdot NO$$

1.6.4　制备方法

（1）实验室制备一氧化氮

实验室中，通常采用金属铜和稀硝酸水溶液反应制备一氧化氮，该方法易于操作，反应条件简单安全，其反应方程式如下：

$$3Cu + 8HNO_3（稀）\Longrightarrow 3Cu(NO_3)_2 + 4H_2O + 2NO$$

该方法制备的一氧化氮可能含有一定量的二氧化氮和少量氮气。在硝酸浓度和反应温度较低时，反应生成的气体中氮气含量也较低。如用铜和稀硝酸在其凝固点之上进行反应，以维持溶液不凝固，反应生成的气体几乎为纯的一氧化氮。

实验室中，还可以用亚硝酸钠和稀硫酸在启普发生器中反应来制备一氧化氮。

$$3H_2SO_4 + 6NaNO_2 \Longrightarrow 3Na_2SO_4 + 2H_2O + 4NO + 2HNO_3$$

（2）工业制备一氧化氮

① 催化氧化法　在钯或铂催化剂的作用下，氨在氧气或空气中燃烧生成气体一氧化氮，反应温度控制在 200～250℃。

$$4NH_3 + 5O_2 \xrightarrow[\text{加热}]{\text{催化剂}} 4NO\uparrow + 6H_2O$$

此种方法的难点是铂丝昂贵，不易得到，且产物一氧化氮在氧气环境下可形成具有腐蚀性的二氧化氮，导致目标产物的纯度降低。生产中应尽量避免副反应，关键是选择性能良好的催化剂，控制反应温度、气体成分、气体流速等。反应生成的一氧化氮气体，先用浓硫酸或磷酸干燥以除去其中的水分，然后在低温下精馏可得到纯度较高的一氧化氮。该法的生产流程简图如图 1.5 所示。

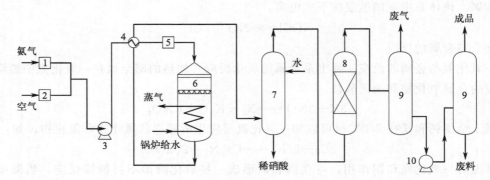

图 1.5　氨氧化法制一氧化氮生产流程简图

1，2，5—过滤器；3—混合鼓风机；4—混合气预热器；6—氧化炉；
7—冷却洗涤塔；8—干燥器；9—精馏塔；10—压缩机

② 酸解法　采用亚硝酸钠与稀硫酸反应制取一氧化氮，反应方程式如下：

$$3NaNO_2 + H_2SO_4 \Longrightarrow 2NO + Na_2SO_4 + NaNO_3 + H_2O$$

此方法反应条件相对简单，无需加热到高温。产物不引入其他气体杂质，且原材料价格较低，能够为工业化生产带来经济效益。

③ 合成法　在高温下，氮气与氧气的混合气通过电弧直接生成一氧化氮：

$$N_2 + O_2 \Longrightarrow 2NO$$

此方法在反应原理上虽然可行，但是氮气属于惰性气体且反应条件是放电，在现实生产中对设备要求高，局限性较大。

④ 热分解法　亚硝酸或亚硝酸盐加热到 330℃ 以上，分解得到一氧化氮和二氧化氮。

$$2HNO_2 \Longrightarrow NO + NO_2 + H_2O$$

但这种方法会产生副产物二氧化氮，而且硝酸盐与一氧化氮、二氧化氮混合存在爆炸风险。

1.6.5　应用

一氧化氮是制造硝酸的重要的中间产物，在硝酸生产中，一氧化氮被氧化为二氧化氮，再与水反应生成硝酸。

一氧化氮也可用于硝化生产工艺，它可与烯烃加成，生成二亚硝基化合物，后者可被氧化为硝基化合物，或重排为肟再被氧化为硝基化合物。

在半导体器件生产中，一氧化氮可作为一种等离子体气体应用。

一氧化氮在人体若干生理、病理过程中也起着十分重要的作用，可用于医学临床试验辅助诊断及治疗。

此外，一氧化氮还可用作人造丝的漂白剂及丙烯和二甲醚的安定剂、超临界溶剂、有机反应的稳定剂，在大气监测中用作标准混合气。

1.7　二氧化氮

1.7.1　简介

二氧化氮的分子式为 NO_2，相对分子质量为 46.01。在室温下二氧化氮是一种红棕色气体，有刺激性特殊臭味，有毒。在标准大气压下，二氧化氮的沸点为 21.2℃，在 -11.2℃ 时凝固成无色晶体，当温度高于 150℃ 时开始分解，到 650℃ 时完全分解为一氧化氮和氧气。二氧化氮在气相状态下有叠合作用，生成四氧化二氮，二氧化氮与四氧化二氮在一起呈平衡状态存在。二氧化氮溶于浓硝酸中而生成发烟硝酸，与水作用生成硝酸和一氧化氮，与碱作用生成硝酸盐，能与许多有机化合物起激烈反应。二氧化氮是大 π 键结构的典型分子。大 π 键含有四个电子，其中两个进入成键 π 轨道，两个进入非键轨道。二氧化氮分子为 V 形结构，键角 132°±2°，是极性分子。二氧化氮在臭氧的形成过程中起着重要作用。人为产生的二氧化氮主要来自高温燃烧过程的释放，比如机动车尾气、锅炉废气的排放等。二氧化氮的排放还是酸雨的成因之一。

1.7.2　物理性质

（1）主要物理性质

二氧化氮的主要物理性质见表 1.48。

表 1.48　二氧化氮的主要物理性质

分子式	NO_2
相对分子质量	46.01
外观与性状	红棕色气体，有刺激性特殊臭味
气体密度(101.325kPa,0℃)/(kg/m³)	3.30
气体相对密度(101.325kPa,20℃)(空气密度为1)	1.4494
溶解性	溶于水
摩尔体积(标准状态)/(L/mol)	22.390
液体摩尔体积/(cm³/mol)	31.663

气体常数 R/[J/(mol·K)]		8.31569
熔点(101.325kPa)/℃		−11.2
沸点(101.325kPa)/℃		21.3
临界温度/℃		158
临界压力/MPa		10.13
临界密度/(g/cm³)		0.55
熔化热/(kJ/kg)		139.33
汽化热/(kJ/mol)		56.16
蒸气压(22℃)/kPa		101.32
气体比热容(101.325kPa,25℃)/[kJ/(kg·K)]	比定压热容 c_p	0.7966
	比定容热容 c_V	0.6081
气体热导率(101.325kPa,0℃)/[W/(m·K)]		0.03882(N₂O₄)
气体黏度(273K,101.325kPa)/(μPa·s)		13.25(298.2K)
液体表面张力(293K)/(N/m)		26.56(N₂O₄)
折射率(20℃)		1.40

（2）溶解性

二氧化氮在冷水中溶解，并生成 HNO_3 和 NO。二氧化氮也溶解于碱、CS_2 和氯仿。不同温度时二氧化氮在水中的溶解度见 1.49。

表 1.49　不同温度时二氧化氮在水中的溶解度

温度/℃	溶解度(体积分数)	温度/℃	溶解度(体积分数)
0	0.074	30	0.040
10	0.057	40	0.035
15	0.051	50	0.031
20	0.047	60	0.029

（3）氧化亚铜吸附二氧化氮的吸附量

常温下二氧化氮可被氧化亚铜吸附，加热之后二氧化氮脱附，温度降低之后仍可吸附。在 40℃和不同压力下，二氧化氮在氧化亚铜上的吸附量见表 1.50。

表 1.50　40℃时不同压力下二氧化氮在氧化亚铜上的吸附量

压力/MPa	吸附量/(mL/g)	压力/MPa	吸附量/(mL/g)
0.0341	6.8	0.1162	23.8
0.0626	15.6	0.1364	25.9
0.0909	19.6	0.2293	24.5

（4）压缩系数

二氧化氮在不同温度及压力时的压缩系数见表 1.51。

表 1.51　二氧化氮在不同温度及压力时的压缩系数

温度/℃	压力/MPa	压缩系数	温度/℃	压力/MPa	压缩系数
21.1	0.1013	0.5662		1.0342	0.8246
37.8	0.1013	0.1379		1.3790	0.7869
	0.2068	0.6404	121.1	1.7238	0.7549
	0.6202	0.5939		2.0685	0.7110
54.4	0.1013	0.7276		2.7580	0.6475
	0.1379	0.6984		3.4475	0.5818
	0.2068	0.6586		0.1013	0.9885
	0.2758	0.6318		0.1379	0.9848
	0.3448	0.6120		0.2068	0.9771
	0.4137	0.5968		0.2758	0.9699
71.1	0.1013	0.8296		0.3448	0.9620
	0.1379	0.7999		0.4137	0.9542
	0.2068	0.7552		0.5516	0.9393
	0.2758	0.7217		0.6895	0.9249
	0.3448	0.6949	137.8	0.8619	0.9072
	0.4137	0.6729		1.0342	0.8898
	0.5516	0.6371		1.3790	0.8573
	0.6895	0.6089		1.7238	0.8310
87.8	0.1013	0.9129		2.0685	0.8005
	0.1379	0.8887		2.7580	0.7465
	0.2068	0.8510		3.4475	0.6965
	0.2758	0.8211		4.1370	0.6475
	0.3448	0.7923		5.5160	0.5400
	0.4137	0.7673		0.1013	0.9929
	0.5516	0.7249		0.1379	0.9902
	0.6895	0.6928		0.2068	0.9853
	0.8619	0.6599		0.2758	0.9804
	1.0342	0.6317		0.3448	0.9758
104.4	0.1013	0.9567		0.4137	0.9709
	0.1379	0.9422		0.5516	0.9617
	0.2068	0.9169		0.6895	0.9523
	0.2758	0.8936		0.8619	0.9409
	0.3448	0.8725	154.4	1.0342	0.9298
	0.4137	0.8546		1.3790	0.9081
	0.5516	0.8238		1.7238	0.8876
	0.6895	0.7972		2.0685	0.8680
	0.8619	0.7684		2.7580	0.8279
	1.0342	0.7425		3.4475	0.7885
	1.3790	0.6959		4.1370	0.7515
	1.7238	0.6528		5.5160	0.6755
	2.0685	0.6078		6.895	0.5935
121.1	0.1013	0.9784		8.6188	0.4615
	0.1379	0.9711		0.1013	0.9960
	0.2068	0.9569		0.1379	0.9941
	0.2758	0.9430		0.2068	0.9912
	0.3448	0.9293	171.1	0.2758	0.9881
	0.4137	0.9165		0.3448	0.9852
	0.5516	0.8922		0.4137	0.9823
	0.6895	0.8706		0.5516	0.9764
	0.8619	0.8464		0.6895	0.9708

续表

温度/℃	压力/MPa	压缩系数	温度/℃	压力/MPa	压缩系数
171.1	0.8619	0.9631	171.1	4.1370	0.8295
	1.0342	0.9559		5.5160	0.7733
	1.3790	0.9413		6.895	0.7155
	1.7238	0.9259		8.6188	0.6405
	2.0685	0.9138		10.3425	0.5595
	2.7580	0.8855		12.0662	0.4600
	3.4475	0.8575		13.79	0.3065

（5）黏度

二氧化氮在不同温度和压力下的黏度见表 1.52。

表 1.52　二氧化氮在不同温度和压力下的黏度

温度/℃	不同压力下的黏度/$(\mu Pa \cdot s)$				
	0.0507MPa	0.1013MPa	0.2027MPa	0.304MPa	0.5066MPa
25	13.55	13.25	—	—	—
30	14.0	13.63	—	—	—
40	14.97	14.45	14.0	—	—
50	15.98	15.35	14.78	14.50	—
60	16.98	16.33	15.75	15.43	—
70	17.81	17.30	16.72	16.38	15.83
80	18.53	18.24	17.75	17.35	16.81
90	19.18	19.08	18.67	18.36	17.88
100	19.79	19.79	19.53	19.30	18.90
110	20.33	20.39	20.23	19.97	19.74
120	20.83	20.94	20.82	20.71	20.47
130	21.28	21.43	21.40	21.32	21.14
140	21.73	21.88	21.93	21.87	21.75
150	22.18	22.35	22.44	22.35	22.29
160	22.64	22.82	22.91	22.81	22.77
170	23.09	23.27	22.30	23.26	23.23

1.7.3　化学性质

二氧化氮具有较强的氧化作用，能氧化许多金属和非金属，并与许多有机化合物发生激烈反应。

（1）自身的化合反应

二氧化氮加压时很容易聚合为四氧化二氮，通常情况下二氧化氮与四氧化二氮混合存在，构成一种平衡态混合物。

$$2NO_2 \Longleftrightarrow N_2O_4$$

当温度降低时，平衡向生成四氧化二氮的方向移动，当温度升高时，平衡向生成二氧化氮的方向移动。平衡浓度与温度的关系如表 1.53 所示。

表 1.53　NO_2 与 N_2O_4 的平衡浓度

温度/℃	状态	平衡浓度(体积分数)/%	
		NO_2	N_2O_4
−11.2	固态	0	100
−11.2	液态	0.01	99.99
21.15	液态	0.10	99.90
21.15	气态	15.90	84.10
135	气态	99.00	1.00

（2）热分解反应

当温度高于 423K 时，二氧化氮开始分解为一氧化氮和氧气：

$$2NO_2 \xrightarrow{>423K} 2NO + O_2$$

（3）氧化反应

二氧化氮有较强的氧化性，能与许多金属、非金属和低氧化态的化合物发生氧化反应。

① 和非金属反应　木炭在二氧化氮气体中可燃烧生成二氧化碳。

$$2C + 2NO_2 = 2CO_2 + N_2$$

除此之外，氢气、一氧化碳、二氧化硫、卤素等均可被二氧化氮氧化，反应生成相应物质的氧化物或高价氧化物，而二氧化氮本身则被还原。

$$7H_2 + 2NO_2 = 2NH_3 + 4H_2O$$
$$CO + NO_2 = CO_2 + NO$$
$$SO_2 + NO_2 = SO_3 + NO$$
$$X_2 + 2NO_2 = 2XNO_2 \quad (X = Cl, Br)$$

② 和金属反应　碱金属在常温下可与气体二氧化氮发生反应，反应放出大量的热进而引起燃烧。

$$K + 3NO_2 = KNO_2 + 2O_2 + N_2$$

常温时铜和汞可与二氧化氮发生缓慢氧化反应。

$$2Cu + NO_2 = Cu_2O + NO$$
$$2Hg + 3NO_2 = HgNO_2 + Hg(NO_2)_2$$

分散极细的银在常温下亦可与二氧化氮发生反应。

$$2Ag + NO_2 = Ag_2O + NO$$

铁、钴和镍在常温下基本上不与二氧化氮发生反应，但在加热条件下，例如，当温度分别高于 350℃ 和 250℃ 时，铁和镍均可被二氧化氮氧化。对于铝，即使加热到约 500℃ 的高温，也不会与二氧化氮发生氧化反应。

$$2Fe + 3NO_2 = Fe_2O_3 + 3NO$$
$$Ni + NO_2 = NiO + NO$$

在一定条件下，当二氧化氮叠合为四氧化二氮，处于较低温度以液态形式存在时，仍然可以作为金属的氧化剂，例如，可与金属钠、银、铜等反应生成相应金属的硝酸盐。

$$M + N_2O_4 = MNO_3 + NO \ (M = Na, Ag, Cu)$$

有些金属与液体四氧化二氮反应较缓慢，如果加入醚或乙酸乙酯，可以加速反应。这种反应生成的金属硝酸盐常常同四氧化二氮发生溶剂化作用，通过抽真空很容易将四氧化二氮除去，因此该反应适合于制备无水的金属硝酸盐。

（4）还原反应

二氧化氮与强氧化剂反应，形成更高价的氧化物，例如：

$$O_3 + 2NO_2 = N_2O_5 + O_2$$
$$3H_2O_2 + 2NO_2 = 2HNO_3 + 2H_2O + O_2$$
$$ClNO_2 + 2NO_2 = N_2O_5 + ClNO$$

（5）与水反应

用水吸收气体二氧化氮，则生成硝酸，工业上用此方法大规模生产硝酸。

$$3NO_2 + H_2O = 2HNO_3 + NO$$

若有足够的氧气存在时，生成物里的一氧化氮继续氧化，生成二氧化氮，因此二氧化氮溶于水而生成硝酸，其总的化学反应方程式为：

$$4NO_2 + O_2 + 2H_2O = 4HNO_3$$

（6）与碱溶液的反应

将二氧化氮通入碱溶液（如 NaOH）中，生成硝酸盐和亚硝酸盐，其反应式为：

$$2NO_2 + 2NaOH = NaNO_3 + NaNO_2 + H_2O$$

（7）与一氧化氮的反应

将等体积的二氧化氮与一氧化氮混合气体冷却到低温，可生成蓝色的三氧化二氮，将该混合气体溶于冰水，可生成亚硝酸。

$$NO_2 + NO + H_2O = 2HNO_2$$

1.7.4 制备方法

（1）实验室制备二氧化氮

① 硝酸铅加热分解法制备二氧化氮　实验室少量制备二氧化氮，一般可以通过硝酸铅加热分解法。

$$Pb(NO_3)_2 = PbO_2 + 2NO_2$$

用于制备二氧化氮的硝酸铅首先必须在 110～120℃干燥 15～20h。然后装入硬质石英玻璃管中。使氧气流缓慢通入管中，加热至有气体放出。生成的气体通过五氧化二磷干燥，用干冰冷冻的容器收集生成的二氧化氮气体。

② 铜与浓硝酸反应制取二氧化氮　利用铜与浓硝酸反应，即浓硝酸把铜氧化成氧化铜，而本身被还原为二氧化氮。反应生成的氧化铜与浓硝酸进一步反应获得硝酸铜，因此最终产品为二氧化氮和硝酸铜，气体产品经干燥提纯即可使用。

$$2HNO_3(浓) + Cu = CuO + 2NO_2 + H_2O$$
$$CuO + 2HNO_3(浓) = Cu(NO_3)_2 + H_2O$$

（2）工业制备二氧化氮

工业上二氧化氮一般是作为硝酸生产的中间产品，其生产方法主要有电弧法和氨氧化法。

① 电弧法　先由氮、氧混合气电弧法制取一氧化氮，接着将生成的一氧化氮气体进一步氧化得到二氧化氮。

$$N_2 + O_2 \Longrightarrow 2NO$$
$$2NO + O_2 \Longrightarrow 2NO_2$$

② 氨氧化法　用金属铂丝网作为催化剂，氨在氧或空气中燃烧首先生成一氧化氮，进一步氧化生成二氧化氮，总反应式为：

$$4NH_3 + 7O_2 \Longrightarrow 6H_2O + 4NO_2$$

反应生成的二氧化氮气体，先用浓硫酸或磷酸干燥以除去其中的水分，然后在 0℃ 左右将二氧化氮冷凝。如需纯度更高的产品，可再将液体二氧化氮进行精馏。

1.7.5　应用

二氧化氮是一种工业原料，用作制造硝酸、无水金属盐和硝基配位络合物。

二氧化氮作为催化剂，可用于炭黑的表面氧化后处理工艺。二氧化氮与空气混合，在 $200 \sim 300℃$ 流化床中氧化炭黑表面，可以增加炭黑表面酸性氧化物的浓度，以提高其黑度和光泽，改善油墨的流动性。

在造纸工业中，二氧化氮用作氧漂白前的预处理剂，可除去纸浆中一半以上的木素，因而可以大大减少后续漂白工序漂白剂的用量从而减少对环境的污染。另外，二氧化氮亦可用于工业水处理作杀菌消毒剂，面粉、油脂、食糖的精炼，皮革的脱毛等。

二氧化氮还可作为脂肪烃气相硝化及液相硝化的硝化剂。

除以上用途外，二氧化氮还可用在丙烯酸酯蒸馏过程中作阻聚剂，在火箭燃料中作为推进剂以及在半导体器件的制造中用于等离子体刻蚀工艺。

1.8　一氧化二氮

1.8.1　简介

一氧化二氮又称为氧化亚氮，俗称笑气，分子式为 N_2O，相对分子质量为 44.01，是一种无色气体，具有芳香气味，有窒息性，是活泼性最低的一种氮氧化合物。一氧化二氮可溶于乙醇、乙醚、浓硫酸，微溶于水，其水溶液为中性，和纯水的导电性相同。气体液化时转化为无色易流动的液体，固体则为无色雪花状。在一定条件下一氧化二氮能支持燃烧，但在室温下稳定，有轻微麻醉作用，并能致人发笑。一氧化二氮的分子是直线型结构。其中一个氮原子与另一个氮原子相连，而第二个氮原子又与氧原子相连。它可以被认为是 $N \equiv N^+ - O^-$ 和 $N^- = N^+ = O$ 的共振杂化体。

1.8.2　物理性质

（1）主要物理性质

一氧化二氮的主要物理性质见表 1.54。

表 1.54　一氧化二氮的主要物理性质

分子式	N_2O
相对分子质量	44.013
外观与性状	无色有甜味气体

气体密度(101.325kPa,0℃)/(kg/m³)	1.83
气体相对密度(101.325kPa,25℃)(空气密度为1)	1.530
液体密度(101.325kPa,−252.766℃)/(kg/L)	1.226
溶解性	微溶于水,溶于乙醇、乙醚、浓硫酸
摩尔体积(标准状态)/(L/mol)	22.43
液体摩尔体积/(cm³/mol)	36.002
气体常数 R/[J/(mol·K)]	8.31675
熔点(101.325kPa)/℃	−91
沸点(101.325kPa)/℃	−88
临界温度/℃	36.5
临界压力/MPa	7.28
临界密度/(g/cm³)	0.452
熔化热/(kJ/kg)	6.54
汽化热/(kJ/mol)	16.55
气体比热容(101.325kPa,0℃)/[kJ/(kg·K)]	比定压热容 c_p	0.8580
	比定容热容 c_V	0.6619
气体热导率(101.325kPa,0℃)/[W/(m·K)]	0.0151
气体黏度(273K,101.325kPa)/(μPa·s)	13.50
液体表面张力(293K)/(N/m)	1.75
折射率(0℃,589.6nm)	1.000505
介电常数(0℃,101.325kPa)	1.00113

（2）溶解性

不同温度下，一氧化二氮气体在水中的溶解度见表1.55，常压下，一氧化二氮在不同相对密度（d_4^{20}）硫酸中的溶解度见表1.56，常压和不同温度条件下，一氧化二氮在乙醇中的溶解度见表1.57，在20℃下，当溶剂表面一氧化二氮气体的分压为0.101MPa时，在单位体积不同溶剂中的溶解度见表1.58。

表1.55　不同温度下一氧化二氮气体在水中的溶解度

温度/℃	溶解度 α	温度/℃	溶解度 α
0	1.305	15	0.738
5	1.048	20	0.675
10	0.878	25	0.544

注：α为吸收系数，指在气体分压等于0.101MPa时，被单位体积水所吸收的一氧化二氮的体积数（已折合成标准状况）。

表1.56　常压下一氧化二氮在不同相对密度硫酸中的溶解度

硫酸相对密度[①]	溶解度[②]	硫酸相对密度[①]	溶解度[②]
1.84	0.757	1.45	0.416
1.80	0.660	1.25	0.330
1.70	0.391		

① 相对于4℃水的密度（以水的密度为1）；

② 溶解度为单位体积的硫酸溶解一氧化二氮的体积数。

表 1.57　常压和不同温度条件下一氧化二氮在乙醇中的溶解度

温度/℃	溶解度	温度/℃	溶解度
0	40.178	15	3.268
5	3.844	20	3.025
10	3.541	24	2.853

注：溶解度为单位体积乙醇溶解一氧化二氮的体积数。

表 1.58　一氧化二氮在单位体积不同溶剂中的溶解度（20℃，一氧化二氮气体分压为 0.101MPa）

溶剂	溶解度	溶剂	溶解度
水	0.67	丙酮	6.03
甲醇	3.32	醋酸	4.85
吡啶	3.58	苯甲醛	3.15
氯仿	5.60	苯胺	1.48
乙醇	2.99	溴乙烯	2.81
异戊醇	2.47	醋酸戊酯	5.14

注：溶解度为单位体积不同溶剂溶解一氧化二氮的体积数。

（3）热导率

常压下一氧化二氮在不同温度时的热导率见表 1.59，一氧化二氮在不同温度及压力下的热导率见表 1.60。

表 1.59　常压下一氧化二氮在不同温度时的热导率

温度/K	热导率/[W/(m·K)]	温度/K	热导率/[W/(m·K)]
200	0.00976	500	0.0341
250	0.01335	600	0.0418
300	0.01735	700	0.0492
350	0.0218	800	0.0566
400	0.0260	900	0.0638
450	0.0301	1000	0.0705

表 1.60　一氧化二氮在不同温度及压力下的热导率

压力/MPa	不同温度时的热导率/[W/(m·K)]					
	4.4℃	37.8℃	71.1℃	104.4℃	137.8℃	171.1℃
0.1014	0.015578	0.017896	0.020614	0.023331	0.026014	0.028697
1.379	0.016806	0.018658	0.021185	0.023712	0.026291	0.029008
2.758	0.018918	0.020060	0.021981	0.024370	0.026966	0.029562
4.137	0.101944	0.021825	0.023626	0.025426	0.027710	0.030185
5.516	0.103641	0.024854	0.025824	0.026654	0.028524	0.030860
6.895	0.105198	0.033491	0.028316	0.027780	0.029372	0.031570
10.3425	0.108695	0.073560	0.035672	0.032539	0.032522	0.033716
13.79	0.111897	0.082940	0.050211	0.038926	0.037022	0.036330

压力/MPa	不同温度时的热导率/[W/(m·K)]					
	4.4℃	37.8℃	71.1℃	104.4℃	137.8℃	171.1℃
17.2375	0.114874	0.088496	0.062569	0.045884	0.041886	0.039687
20.685	0.117730	0.092269	0.069630	0.052790	0.047182	0.043391
24.1325	0.120550	0.095095	0.074407	0.059297	0.052063	0.046853
27.58	0.123372	0.097583	0.07780	0.064472	0.056113	0.050124
31.0275	0.126158	0.099573	0.080292	0.067934	0.05970	0.053274
34.475	0.129084	0.101789	0.082386	0.071275	0.062499	0.056424

（4）饱和蒸气压

不同温度下一氧化二氮的饱和蒸气压见表1.61。

表 1.61　不同温度下一氧化二氮的饱和蒸气压

温度/℃	饱和蒸气压/kPa	温度/℃	饱和蒸气压/kPa
−129.07	1.333	−58.0	506.625
−123.92	2.666	−40.7	1013.250
−114.93	7.998	−18.8	2026.50
−110.36	13.332	−4.3	3039.750
−103.70	26.664	8.0	4053.000
−88.48	101.325	18.0	5066.250
−76.8	202.650	27.4	6079.500

（5）黏度

一氧化二氮在不同温度时的黏度见表1.62。

表 1.62　一氧化二氮在不同温度时的黏度

温度/℃	黏度/(μPa·s)	温度/℃	黏度/(μPa·s)
0	13.60	150	20.42
20	14.60	200	22.45
25	14.82	300	26.49
50	15.95	400	30.30
100	18.22	500	33.75

1.8.3　化学性质

（1）热分解反应

在室温下，一氧化二氮是很稳定的气体，不和臭氧、卤素、碱金属反应。它和氧混合加热至红热温度时，也不发生反应。当加热温度超过 650℃ 时，一氧化二氮热分解为氮和氧：

$$2N_2O \rightleftharpoons 2N_2 + O_2$$

（2）氧化反应

和二氧化氮、一氧化氮相似，一氧化二氮在一定条件下也可作为氧化剂，和许多金属和非金属均可发生反应。

① 与金属的反应　碱金属在它们的熔点温度下与一氧化二氮反应形成相应的硝酸盐、亚硝酸盐和氮气的混合物：

$$2M+5N_2O \Longrightarrow MNO_2+MNO_3+4N_2 \qquad (M=碱金属)$$

在一般较温和的条件下，一氧化二氮对金属几乎无任何腐蚀性。但在加热的情况下，一氧化二氮能与铜、铁、铝等金属发生反应：

$$2Fe+3N_2O \xrightarrow{\triangle} Fe_2O_3+3N_2$$

$$Cu+N_2O \xrightarrow{\triangle} CuO+N_2$$

$$2Al+3N_2O \xrightarrow{\triangle} Al_2O_3+3N_2$$

② 与非金属的反应　即使在室温下，一氧化二氮也能与强还原剂，如 PH_3、$SnCl_2$ 等发生剧烈反应：

$$3N_2O+2PH_3 \Longrightarrow 2P+3N_2+3H_2O$$

氢、一氧化碳、甲烷、乙烯、丙烯可在一氧化二氮中平稳地燃烧。但是它们和一氧化二氮的混合物可由电火花引起爆炸。

$$H_2+N_2O \Longrightarrow H_2O+N_2$$

$$CH_4+4N_2O \Longrightarrow CO_2+2H_2O+4N_2$$

$$CO+N_2O \Longrightarrow CO_2+N_2$$

不同压力下，氢、乙烯、丙烯在一氧化二氮中的燃点见表 1.63。

表 1.63　不同压力时氢、乙烯和丙烯在一氧化二氮中的燃点

压力/kPa	燃点/℃		
	氢	乙烯	丙烯
133.300	594	—	—
101.308	597	592	586
73.315	572	605	605
53.320	549	605	623
33.325	524	592	620
19.995	504	578	608
13.330	—	570	—

1.8.4　制备方法

（1）实验室制备一氧化二氮

① 硝酸铵热分解法　硝酸铵加热分解可得到一氧化二氮，先将硝酸铵在 150℃ 干燥，然后将其加热至 170～200℃，为防止氮和一氧化氮的产生，反应温度一定要控制在低于 250℃。加热时要注意使温度缓慢升高，因为该反应是放热反应，所以一次使用的硝酸铵量不宜过多，否则反应温度控制不好易发生爆炸。反应所用的硝酸铵要尽量避免含有氯离子。如果含有氯离子，则热分解反应产物中会含有大量的氮气。硝酸铵热分解反应方程式如下：

$$NH_4NO_3 \xrightarrow{\text{加热}} N_2O + 2H_2O$$

② 盐类反应法 在230℃时，用硫酸铵与硝酸钠反应制取一氧化二氮，其化学反应式如下：

$$(NH_4)_2SO_4 + 2NaNO_3 \xrightarrow{230℃} 2N_2O + Na_2SO_4 + 4H_2O$$

（2）工业制备一氧化二氮

工业规模生产一氧化二氮，通常采用两种方法，即硝酸铵热分解法和氨的催化氧化法。虽然有专利报道可以采用其他方法，例如，用高价金属氧化物（MnO_2 和 Bi_2O_3）氧化氨制备一氧化二氮；一氧化氮和羟胺在水溶液中，以活性炭负载的铂为催化剂反应可生成纯度较高的一氧化二氮等。但比较起来，前述两种方法技术成熟，流程简单，操作方便，且更为经济。

① 硝酸铵热分解法 硝酸铵热分解法制一氧化二氮流程如图1.6所示。在反应釜中将硝酸铵加热到230℃，使其分解为一氧化二氮和水，生成的气体经冷却后送入酸性干燥器脱去水分，再用精馏塔在低温（低于184K）下精馏，得到纯度较高的一氧化二氮，然后将其冷凝为液体进行分装。

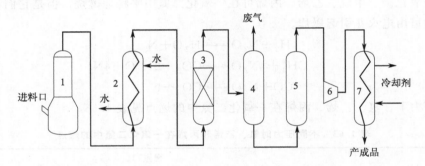

图1.6 硝酸铵热分解法制一氧化二氮流程简图

1—反应釜；2—冷却塔；3—干燥器；4—精馏塔；

5—缓冲罐；6—压缩机；7—冷凝塔

② 氨催化氧化法 与氨氧化法制二氧化氮和制一氧化氮相似，将氨气与氧气混合后在铂催化剂作用下反应，反应方程式如下：

$$2NH_3 + 2O_2 \xrightarrow{\quad\quad} N_2O + 3H_2O$$

反应中应注意控制温度与供氧量及气体流速，以免生成过多一氧化氮和二氧化氮。生成气体的纯化与硝酸铵热分解法基本相同，即经高压水洗后干燥，然后在精馏塔内进行低温精馏，最后冷却为液体分装。其生产流程如图1.7所示。

1.8.5 应用

一氧化二氮在化学、半导体、医疗、国防等领域具有广泛应用。在化学气相淀积（CVD）工艺中，用于制备掺杂二氧化硅膜；在半导体器件制造工艺中，用作平衡气或保护气；在火箭中用作氧化剂；和氧气混合可作为外科和牙科手术的麻醉剂；在食品浸没冷冻中用作冷冻气体和冷冻液体；一氧化二氮也可用作人造丝的漂白剂及丙烯和二甲醚的安定剂。

近年来，一氧化二氮还广泛用于压力包装领域，并在该领域中作为不同悬浮微粒产品的推进剂，尤其在食品工业中，如在美国，大量用作生奶油的泡沫喷射剂和食品的密封剂。

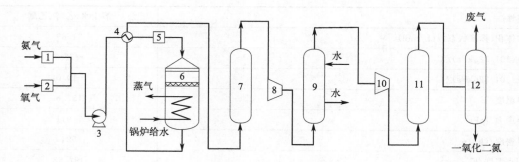

图 1.7　氨催化氧化法制一氧化二氮生产流程简图

1，2，5—过滤器；3—混合气鼓风机；4—混合气预热器；6—氧化炉；

7—缓冲罐；8，10—压缩机；9—高压洗涤塔；11—干燥器；12—精馏塔

1.9　二氧化硫

1.9.1　简介

二氧化硫又名亚硫酸酐，分子式为 SO_2，相对分子质量为 64.06，是最常见的硫氧化物，硫酸原料气的主要成分。二氧化硫在室温下为无色气体，有强烈辛辣刺激性气味，有毒，是大气主要污染物之一，主要排放源为以煤或石油为燃料的发电厂、有色金属冶炼厂和硫酸厂，火山爆发时也会喷出二氧化硫气体。气态二氧化硫加热到 2000℃ 不分解，不自燃也不助燃，与空气也不组成爆炸性混合物，易溶于甲醇和乙醇，可溶于硫酸、乙酸、氯仿和乙醚等。当温度低于零下 10℃ 时，二氧化硫液化为无色液体，液态二氧化硫是电的不良导体，当溶入一些盐后，电导率显著增大；液态二氧化硫微溶于水，在许多有机溶剂如丙酮、甲酸中溶解度很大，每体积可溶解数百体积二氧化硫。液体二氧化硫比较稳定，可作为非水溶剂和反应介质。2017 年 10 月 27 日，世界卫生组织国际癌症研究机构公布的致癌物清单初步整理参考，二氧化硫在 3 类致癌物清单中。

二氧化硫的分子结构为 V 形，硫原子的氧化态为 +4，被 5 个电子对包围着，因此可以描述为超价分子。从分子轨道理论的观点来看，可以认为这些价电子大部分都参与形成 S—O 键。二氧化硫是极性分子。

1.9.2　物理性质

（1）主要物理性质

二氧化硫的主要物理性质见表 1.64。

表 1.64　二氧化硫的主要物理性质

分子式	SO_2
相对分子质量	64.06
外观与性状	无色透明气体，有刺激性臭味
气体密度（101.325kPa，0℃）/（kg/m³）	2.9275

65

溶解性		溶于水、乙醇、乙醚
摩尔体积(标准状态)/(L/mol)		21.89
熔点(101.325kPa)/℃		−72.7
沸点(101.325kPa)/℃		−10.02
临界温度/℃		157.6
临界压力/MPa		7.911
临界密度/(kg/m³)		524
三相点温度/K		197.63
熔化热/(kJ/mol)		7.40
汽化热(−10.0℃)/(kJ/mol)		24.92
气体比热容(101.325kPa,25℃)/[kJ/(kg·℃)]	比定压热容 c_p	0.622
	比定容热容 c_V	0.485
气体热导率(101.325kPa,0℃)/[W/(m·K)]		0.0077
动力黏度(气体,273K,101.325kPa)/(μPa·s)		11.7
折射率(25℃,液体,589nm)		1.3396
介电常数(−16.5℃)		17.27

（2）溶解性

二氧化硫极易溶于水，20℃下1体积水可溶解36体积 SO_2。除水外，二氧化硫还能溶于甲醇、乙醇、丙酮、苯、四氯化碳等有机溶剂中。不同温度下二氧化硫在水中的溶解度见表1.65，在有机溶剂中的溶解度见表1.66。

表 1.65　不同温度下二氧化硫在水中的溶解度

温度/℃	k[1]/(mL/mL 水)	q[2]/(g/100g 水)	温度/℃	k[1]/(mL/mL 水)	q[2]/(g/100g 水)
0	79.789	22.83	17	43.939	12.59
1	77.210	22.09	18	42.360	12.14
2	74.691	21.37	19	40.838	11.70
3	72.230	20.66	20	39.374	11.28
4	69.828	19.98	21	37.970	10.88
5	67.485	19.31	22	36.617	10.50
6	65.200	18.65	23	35.302	10.12
7	62.973	18.02	24	34.026	9.76
8	60.805	17.40	25	32.786	9.41
9	58.697	16.80	26	31.584	9.06
10	56.647	16.21	27	30.422	8.73
11	54.655	15.64	28	29.314	8.42
12	52.723	15.09	29	28.210	8.10
13	50.849	14.56	30	27.161	7.80
14	49.033	14.04	35	22.489	6.47
15	47.276	13.54	40	18.766	5.41
16	45.578	13.05			

① 气体压力与水蒸气压力之和为101.325kPa 时，溶解于1mL 水中的气体体积（mL）；

② 气体压力与水蒸气压力之和为101.325kPa 时，溶解于100g 水中的气体质量（g）。

表 1.66　不同温度下二氧化硫在有机溶剂中的溶解度

溶剂	温度/℃	β[①]	溶剂	温度/℃	β[①]
丙酮	10	276.4	四氯化碳	10	30.96
	25	216.4		25	18.46
	40	171.3		40	12.52
甲醇	0.0	71.1[②]	苯	10	126.4
	17.8	44.0[②]		20	84.81
	26.0	31.7[②]		30	59.50
乙醇	0.0	53.5[②]		40	43.01
	13.2	32.8[②]		50	32.63
	26.0	24.4[②]			

① β 为 Ostwald 溶解度系数，即二氧化硫气体分压为 101.325kPa，温度为 T（℃）时，1 毫升溶剂溶解二氧化硫气体体积的毫升数；

② 单位为质量分数，%。

液体二氧化硫作为溶剂能溶解如胺、醚、醇、苯酚、有机酸、芳香烃等多种有机化合物，但不溶解饱和烃。无机化合物如溴、三氯化硼、二硫化碳、三氯化磷、磷酰氯、氯化碘以及各种亚硫酰氯化物都可以以任何比例与液态二氧化硫混合。碱金属卤化物在液态二氧化硫中的溶解度按 I^-、Br^-、Cl^- 的次序递减。金属氧化物、硫化物、硫酸盐等大多不溶于液态二氧化硫。

（3）饱和蒸气压

二氧化硫在不同温度下的饱和蒸气压见表 1.67。

表 1.67　二氧化硫在不同温度下的饱和蒸气压

温度/℃	饱和蒸气压/kPa	温度/℃	饱和蒸气压/kPa
−90	0.32	10	237.8
−80	1.03	15	286.0
−75.52	1.73	20	341.5
−70	2.76	25	405.0
−60	6.0	30	477.2
−50	12.0	35	559.1
−40	22.3	40	651.2
−30	39.3	50	869.7
−20	65.7	60	1139.9
−10.01	104.7	80	1851.2
0	160.6	100	2898

（4）密度

气态二氧化硫在不同温度下的密度见表 1.68。

表 1.68　不同温度下气态二氧化硫的密度

温度/℃	密度/(g/L)	温度/℃	密度/(g/L)
−10	3.0465	30	2.6237
−5	2.9853	35	2.5795
0	2.9267	40	2.5370
5	2.8707	50	2.4562
10	2.8171	60	2.3806
12	2.7963	70	2.3098
15	2.7658	100	2.1216
18	2.7360	150	1.8719
20	2.7165	200	1.6755
22	2.6973	250	1.5166
25	2.6692	300	1.3851

（5）热导率

在 101.325kPa 压力下，二氧化硫在不同温度下的热导率见表 1.69。

表 1.69 在 101.325kPa 压力下气体二氧化硫的热导率

温度/K	热导率/[W/(m·K)]	温度/K	热导率/[W/(m·K)]
250	0.00780	600	0.02560
273.15	0.00873	673.15	0.02617
300	0.00960	773.15	0.03070
373.15	0.01314	873.15	0.03350
400	0.0143	973.15	0.03745
473.15	0.01768	1073.15	0.04117
500	0.02000	1173.15	0.04536
573.15	0.02210		

（6）动力黏度

不同温度时气态二氧化硫的动力黏度见表 1.70。

表 1.70 不同温度时气态二氧化硫的动力黏度

温度/℃	黏度/(μPa·s)	温度/℃	黏度/(μPa·s)
−10	11.15	30	13.00
−5	11.38	35	13.22
0	11.62	40	13.45
5	11.86	50	13.89
10	12.09	60	14.33
12	12.18	70	14.76
15	12.32	100	16.06
18	12.46	150	18.22
20	12.55	200	20.46
22	12.64	250	22.93
25	12.77	300	25.56

（7）表面张力

不同温度时液态二氧化硫的表面张力见表 1.71。

表 1.71 不同温度时液态二氧化硫的表面张力

温度/℃	表面张力/(mN/m)	温度/℃	表面张力/(mN/m)
−20	30.68	20	22.73
−15	29.73	25	21.67
−10	28.59	30	20.73
−5	27.68	35	19.72
0	26.66	40	18.77
5	25.58	45	17.80
10	24.64	50	16.85
15	23.64		

1.9.3 化学性质

（1）还原性

通常情况下二氧化硫与空气混合不燃烧也不爆炸，但在较高温度及催化剂的作用下，二氧化硫能与空气、富氧空气中的氧反应生成三氧化硫，常用催化剂为 V_2O_5，反应温度为

$400 \sim 700℃$。

$$2SO_2 + O_2 \xrightarrow[\triangle]{催化剂} 2SO_3$$

除氧外，二氧化硫还可被其他强氧化剂（如 $KMnO_4$ 溶液、氯水、溴水、双氧水等）氧化为更高价的 SO_4^{2-}。SO_2 能使 $KMnO_4$ 溶液、氯水或溴水褪色，可用此法检验 SO_2。

$$5SO_2 + 2KMnO_4 + 2H_2O \Longrightarrow 2MnSO_4 + K_2SO_4 + 2H_2SO_4$$
$$SO_2 + Cl_2 + 2H_2O \Longrightarrow 2HCl + H_2SO_4$$
$$SO_2 + H_2O_2 \Longrightarrow H_2SO_4$$

在日光或催化剂（樟脑或活性炭）作用下，二氧化硫可以被氯氧化生成氯化硫酰：

$$SO_2 + Cl_2 \longrightarrow SO_2Cl_2$$

（2）氧化性

二氧化硫只有在强还原剂作用下才表现出氧化性。例如 $500℃$ 时，二氧化硫在铝矾土的催化作用下可被一氧化碳还原生成单质硫，而一氧化碳则被氧化为二氧化碳。

$$SO_2 + CO \Longrightarrow S + CO_2$$

以活性氧化铝为催化剂，二氧化硫被 H_2S 还原为单质硫：

$$SO_2 + 2H_2S \Longrightarrow 3S + 2H_2O$$

（3）与碱溶液的反应

由于二氧化硫是一种酸性气体，因此它很容易与碱溶液发生反应生成盐。用碱溶液吸收二氧化硫生成亚硫酸盐和亚硫酸氢盐。实验室用该反应来吸收二氧化硫，防止污染环境。

$$SO_2（少量）+ 2NaOH \Longrightarrow Na_2SO_3 + H_2O$$
$$SO_2（过量）+ NaOH \Longrightarrow NaHSO_3$$

（4）与碱性氧化物的反应

二氧化硫具有酸性氧化物的通性，可与碱性氧化物发生反应生成盐。

$$SO_2 + Na_2O \Longrightarrow Na_2SO_3$$
$$SO_2 + CaO \Longrightarrow CaSO_3$$

（5）漂白性

二氧化硫可以使品红溶液褪色，加热后颜色还原，因为二氧化硫的漂白原理是二氧化硫与被漂白物反应生成无色的不稳定的化合物，破坏了在品红中起发色作用的醌式结构，加热时，该化合物分解，恢复原来颜色，所以二氧化硫的漂白又叫暂时性漂白。工业上常用二氧化硫来漂白纸浆、毛、丝、草帽等。某些含硫化合物的漂白作用也被一些不法厂商非法用来加工食品，以使食品增白等。食用这类食品，对人体的肝、肾脏等有严重损伤，并有致癌作用。利用二氧化硫的漂白性可以检验二氧化硫的存在。

（6）与有机物的反应

在不太高的温度下二氧化硫与饱和烃不反应。在自由基引发或光作用下，二氧化硫、O_2 与链烷烃作用生成磺酸，称磺化氧化反应。

$$2C_nH_{2n+2} + 2SO_2 + O_2 \longrightarrow 2C_nH_{2n+1}SO_3H$$

二氧化硫和 Cl 同时与链烷烃反应生成磺酰氯，称氯磺化反应。反应产物是异构体的混合物。氯磺化反应用于制造氯磺化聚乙烯，为一种医用热塑性塑料。

$$C_nH_{2n+2} + SO_2 + Cl_2 \longrightarrow C_nH_{2n+1}SO_2Cl + HCl$$

在自由基催化下，SO_2 与链烯反应生成共聚物。

$$SO_2 + CH_3CH{=\!=}CH_2 \longrightarrow \underset{\substack{\\ }}{\left(\!\!\begin{array}{c} CH_3 \\ | \\ CH-CH_2-\overset{\displaystyle O}{\underset{\displaystyle O}{\overset{||}{\underset{||}{S}}}} \end{array}\!\!\right)_x}$$

该聚合物不稳定，可用作集成电路的光解涂料。某些链烯-二氧化硫共聚物由于允许 O_2 和 CO_2 通过而不致引起血液的凝结，可望用于生物医学。

二氧化硫与二烯烃发生 Diels-Alder 反应，把二氧化硫与丁烯生成的初始加成物硫烯通过加氢处理生成环丁砜，它既是一种对芳烃极具选择性的萃取剂，又是一种反应溶剂。二氧化硫与格利雅试剂反应生成亚磺酸盐。

$$2RMgCl + 2SO_2 \longrightarrow (RSO_2)_2Mg + MgCl_2$$

无机亚硫酸盐易于同醛或空间位阻较小的酮反应生成羟基磺酸盐。

$$R_2C{=\!=}O + NaHSO_3 \longrightarrow R_2\underset{\substack{|\\ SO_3Na}}{\overset{\substack{OH\\ |}}{C}}$$

1.9.4 制备方法

（1）实验室制备二氧化硫

实验室里一般利用铜跟浓硫酸或强酸跟亚硫酸盐反应来制取少量的二氧化硫。反应在通风柜中进行，用向上排空气法收集二氧化硫气体，以防止有毒的二氧化硫气体逸出。用玻璃棒蘸氨水放在瓶口，如果出现浓厚的白烟，表示二氧化硫已收集满。

用铜与浓硫酸加热反应得到二氧化硫的化学方程式：

$$Cu + 2H_2SO_4(浓) \xrightarrow{\text{加热}} CuSO_4 + SO_2 + 2H_2O$$

用亚硫酸钠与浓硫酸反应制取二氧化硫的化学方程式：

$$Na_2SO_3 + H_2SO_4(浓) =\!=\!= Na_2SO_4 + SO_2 + H_2O$$

尾气处理：通入氢氧化钠溶液。

$$2NaOH + SO_2 =\!=\!= Na_2SO_3 + H_2O$$

若需要量较大，纯度要求较高，可购买市售的瓶装液体二氧化硫提纯后使用。提纯时，用浓硫酸洗涤，五氧化二磷干燥，进行反复蒸馏，这样可以达到相当高的纯度。

（2）工业制备二氧化硫

① 气体二氧化硫

因原料不同，工业制备气体二氧化硫的方法有硫黄燃烧、焙烧硫铁矿或有色金属硫化矿、煅烧石膏或磷石膏、燃烧硫化氢气体、加热分解废硫酸或硫酸亚铁以及二氧化硫烟气和废气的回收等。

a. 硫铁矿或有色金属硫化矿焙烧 硫铁矿是以黄铁矿（FeS_2）为主的白铁矿（分子式也是 FeS_2）与磁硫铁矿（FeS_{n+1}）的总称。焙烧硫铁矿可制得含二氧化硫的气体。焙烧硫铁矿的主要设备是焙烧炉。工业使用过的焙烧炉有块状炉、机械炉、回转炉、悬浮炉，目前均采用沸腾炉焙烧。为保证二氧化硫气体质量，对原矿中有害杂质砷、氟等有相应限制。

硫铁矿焙烧的主要反应：

$$4FeS_2 + 11O_2 \longrightarrow 2Fe_2O_3 + 8SO_2$$

当氧过剩量不足时，其反应按下式进行：

$$3FeS_2 + 8O_2 \longrightarrow Fe_3O_4 + 6SO_2$$

沸腾焙烧温度控制在 850～950℃ 范围，通常炉气中含二氧化硫的体积分数为 10%～14%，炉渣含硫约 0.1%～0.5%。

经焙烧所得炉气含有粉尘和有害杂质。通常采用稀酸或水洗涤并冷却炉气以除去尘粒，使砷、硒冷凝为固相，一并被洗涤液带走。此间所形成的酸雾由电除尘清除。经洗涤的二氧化硫气体可用于制造硫酸或其他用途。在沸腾床操作中若使用 O_2 取代空气，可以制造高浓度二氧化硫。有色金属冶炼烟气二氧化硫含量因矿种与冶炼设备不同而异，若使用富氧可使二氧化硫的体积分数达到 13.5%。

b. 硫黄燃烧　将硫黄以液态输入焚硫炉燃烧即得二氧化硫，此法较硫铁矿焙烧容易，其反应式：

$$S + O_2 =\!=\!= SO_2$$

使用空气焚硫时，理论最高浓度为 21%（体积分数），实际操作可达 14%～20%（体积分数）。焚硫炉操作的关键是保证液态硫的充分雾化，并与空气均匀混合，以使硫能充分燃烧。

焚硫炉通常为卧式圆筒体，钢壳内衬耐火砖，内设挡板或在炉体设二次风分布管。炉子一端为液态硫与空气的入口，另一端为二氧化硫气体出口。

焚硫炉一般分为加压雾化喷射炉、空气雾化焚硫炉和旋转杯焚硫炉。加压雾化喷射炉适用于大型化生产装置，压力达 700kPa 的液态硫由喷嘴射入燃烧室，加压鼓入空气，使其能充分混合燃烧。空气雾化焚硫炉，燃烧室较小，但需更多动力与压缩空气，能生产高浓度〔17%～19%（体积）〕的二氧化硫气体，可用于生产液态二氧化硫。旋转杯焚硫炉适用于大型化生产，旋转杯使硫产生旋转运动，然后被环形空气流雾化。

c. 煅烧石膏　将石膏（或磷石膏）、焦炭和其他辅助材料装在回转窑中，在约 1400℃ 温度下煅烧，同时制得含 SO_2 的气体和水泥熟料，反应式：

$$2CaSO_4 + C =\!=\!= 2CaO + 2SO_2 + CO_2$$

出窑气体中 SO_2 浓度可达 7%～10%。此种工艺由于基建投资大、能耗高而受到限制，世界上只有少数国家采用。

d. 硫化氢燃烧　从天然气或石油中回收的大量 H_2S、由焦炉气或煤气化过程亦可回收一定量的 H_2S，将其燃烧可获得 SO_2 气体，SO_2 的浓度由原始气体中 H_2S 的浓度和空气用量决定。其反应式：

$$2H_2S + 3O_2 =\!=\!= 2SO_2 + 2H_2O$$

② 液体二氧化硫

生产液体二氧化硫时通常先制得纯二氧化硫气体，然后经压缩、冷冻将其液化。重要的工业生产方法如下。

a. 哈涅希-希洛特法　此法始创于 1884 年，以水作吸收剂，吸收二氧化硫后的溶液以蒸汽解吸，解吸气经冷凝、干燥后液化，即制得液体二氧化硫产品。现在该工艺已发展为加压水吸收法。

b. 氨-硫酸法　此法常用于一次转化的接触法硫酸厂中尾气二氧化硫的回收。以氨水为原始吸收剂，用硫酸分解吸收液，制得纯二氧化硫气体，将其液化。

c. 溶液吸收法　以无机或有机溶液吸收低浓度二氧化硫气体，然后将吸收液加热解吸、再生，制得纯二氧化硫。主要吸收剂有碳酸钠、柠檬酸钠、碱式硫酸铝、有机胺类等的溶液。

d. 直接冷凝法　以冷冻法从含二氧化硫的气体中将其部分冷凝分离，直接制得液体二氧化硫，未冷凝的二氧化硫返回硫酸生产系统。

e. 三氧化硫-硫黄法　使液体硫黄与三氧化硫在反应器中进行反应，制得纯二氧化硫气体，冷冻将其液化。

f. 发烟硫酸法　将约30%（质量）发烟硫酸泵入SO_3蒸发器，随即有SO_3放出。剩余的20%（质量）的发烟硫酸返回发烟硫酸塔。SO_3通入反应器中的液态硫中，产生的SO_2气体通过硫酸塔除去痕量SO_3，然后冷却、净化、压缩、冷凝，送入贮槽。产品液体SO_2纯度可达99.99%。其反应式：

$$2SO_3 + S \longrightarrow 3SO_2$$

该方法的工艺流程示意图如图1.8所示。

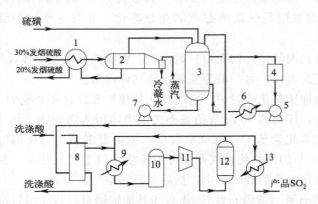

图1.8　发烟硫酸法制二氧化硫工艺流程简图

1—30%发烟硫酸换热器；2—SO_3蒸发器；3—反应器；4—冷却剂缓冲槽；5—冷却剂循环泵；

6—冷却剂换热器；7—淤渣和酸泵；8—洗涤塔；9—SO_2冷却器；10—气体净化器；

11—SO_2压缩机；12—脉动消除装置；13—冷凝器

1.9.5　应用

二氧化硫主要用于制造硫酸，也用于生产亚硫酸盐以及亚硫酸氢钠（和钾）、硫酰氯。二氧化硫可作为冷冻剂、熏蒸剂、防腐剂、漂白剂、去氯剂等，分别在不同的工业过程中使用。

（1）食品工业

在食品工业中二氧化硫广泛用作防腐剂、漂白剂和熏蒸剂。例如它被用于水果的防腐，对水果、糖和谷物、淀粉、纸浆、羊毛、丝等进行漂白和熏蒸害虫，用二氧化硫漂白茶叶，可防止去皮和切片时颜色变褐。制葡萄酒时，少量的二氧化硫可杀死细菌、霉菌和野酵母而不损伤发酵的酵母。葡萄酒瓶也用二氧化硫消毒。制麦芽过程用二氧化硫处理可防止啤酒中亚硝酸胺生成。在糖浆制造、糖精生产过程中，二氧化硫有漂白和抑制微生物生成双重效用。在制高粱糖糖浆时，二氧化硫生成$NaHSO_3$在酶催化异构化过程中抑制不希望生长的微生物。此外，在造船业中，也可以采用二氧化硫熏蒸和消毒船舶以防蛀。

（2）纺织工业

二氧化硫在纺织工业的漂白过程中，被用作去氯剂和酸性物质，以及用来制备干燥和印染过程中所需的硫酸氢钠。二氧化硫的另一个主要用途是用于制造供造纸和人造丝用的硫化浆液。另外，二氧化硫也被人们用于鞣制皮革。

（3）农业

在农业生产中，将二氧化硫加入灌溉用的水中，可以增加土壤中水的渗透力，酸化盐碱性地，提高土壤的谷物产量。

（4）水处理

作为去氯剂，二氧化硫也用于水处理过程，用以消毒和除去氯化后残留的有害的氯气，广泛用于饮用水、污水和工业废水处理。二氧化硫还可用于锅炉水处理的氧净化剂，使用钴催化剂，pH 在 8.5～10，可增快氧的还原速度。

（5）石油和化工业

二氧化硫和亚硫酸钠还可用在石油和其他化学工业过程。在埃德利娜（Edeleanu）工艺过程中二氧化硫用于精炼煤油和轻质润滑油。二氧化硫作为一种触媒和试剂被用在各种树脂和塑料的制造过程中。二氧化硫在邻二甲苯或萘氧化为邻苯二甲酸酐工艺中被用作助催化剂和催化改性剂。此外，二氧化硫又是糠基树脂快速固化催化剂。在线型烷基苯磺酸盐的磺化中，二氧化硫作为 SO_3 的溶剂而大量应用。

（6）冶金工业

在选矿时，二氧化硫和其他硫酸盐是硫化物矿的浮选抑制剂。二氧化硫还用于有色金属的冶炼过程，从含铜矿石浸取液中电解冶炼铜时，二氧化硫把 Fe^{3+} 还原为 Fe^{2+}，提高电流效率和铜阳极质量。二氧化硫可以从炼铜副产物亚硒酸中引发硒的沉淀。铸镁时二氧化硫用作一种惰性覆盖体。

（7）玻璃器皿制造

二氧化硫是玻璃器皿制造的表面碱中和剂，可改善瓶的表面摩擦硬度以制造供贮装血浆、药物和洗涤剂用的抗浸渍玻璃瓶。

（8）其他

纯二氧化硫还用于配制环保用标准气。少量的二氧化硫还可用于冷冻和空调工业。

1.10　氯气

1.10.1　简介

氯气是氯元素形成的一种单质，化学式为 Cl_2，相对分子质量为 70.906。常温常压下为黄绿色气体，具有强烈刺激性气味，具有窒息性，不易燃烧，密度比空气大。熔点为－101.00℃，沸点为－34.05℃。可溶于水和碱溶液，易溶于有机溶剂（如四氯化碳），难溶于饱和食盐水。易压缩，可液化为黄绿色的油状液氯。

氯气具有毒性，主要通过呼吸道侵入人体并溶解在黏膜所含的水分里，会对上呼吸道黏膜造成损害。氯气是氯碱工业的主要产品之一，能与有机物和无机物进行取代反应和加成反应生成多种氯化物，也可用作为强氧化剂。主要用于生产塑料（如 PVC）、合成纤维、染料、农药、消毒剂、漂白剂以及各种氯化物。

　　自然界中的氯多以 Cl⁻ 的形式存在于矿物或海水中，也有少数氯以游离态存在于大气层中，不过此时的氯气受紫外线经常会分解成两个氯原子（自由基），氯气也是破坏臭氧层的主要单质之一。氯有两个稳定的天然同位素 ^{35}Cl 和 ^{37}Cl，其天然丰度分别为 75.77％和 24.33％。

　　氯气被列入《危险化学品名录》，并按照《危险化学品安全管理条例》管控。

1.10.2　物理性质

　　（1）主要物理性质

　　氯气的主要物理性质见表 1.72。

表 1.72　氯气的主要物理性质

分子式		Cl_2
相对分子质量		70.906
外观与性状		黄绿色、有刺激性气味的气体
溶解性		在常温下 1 体积水可溶解 2 体积氯气
气体密度(20℃,0.101MPa)/(kg/m³)		3.214
气体相对密度(空气密度为1)		2.474
液体密度(−40℃)/(g/mL)		1.574
液体相对密度(20℃,0.101MPa,水密度为1)		1.41
摩尔体积(标准状态)/(L/mol)		22.06
气体常数 R/[J/(mol·K)]		8.3164
熔点(101kPa)/℃		−101.00
沸点(101kPa)/℃		−34.05
饱和蒸气压(−20℃)/MPa		0.6667
临界温度/℃		144.00
临界压力/MPa		7.711
临界密度/(kg/m³)		571.8
三相点温度/℃		−101.00
熔化热/(kJ/mol)		6.406
汽化热/(kJ/mol)		20.41
饱和蒸气压(20℃)/kPa		673
比热容(20℃,0.101MPa)/[J/(mol·K)]	比定压热容 c_p	34.734
	比定容热容 c_V	25.531
热导率(0.101MPa,0℃)/[mW/(m·K)]		7.211
气体动力黏度(0℃,0.101MPa)/(μPa·s)		13.0
折射率(气体,标准态)		1.000768
电阻率(20℃)/(Ω·m)		＞10
电负性		2.83
介电常数(液体,14℃)/(F/m)		1.91

　　（2）溶解性

　　氯气溶于水，在常温下 1 体积的水约溶解 2.5 体积的氯气，氯气的水溶液称为氯水。氯气也能溶于盐酸和盐水溶液，氯气在盐水中的溶解度随盐浓度和温度的升高而减少，在盐酸中的溶解度则随酸浓度的升高而增大。另外，许多含氯的化合物都是氯的良好溶剂。不同温度下氯气在水中的溶解度见表 1.73；氯在部分非水溶剂中的溶解度见表 1.74。

表 1.73　不同温度下氯气在水中的溶解度

温度/℃	$k^{①}$/(mL/mL 水)	$q^{②}$/(g/100g 水)	温度/℃	$k^{①}$/(mL/mL 水)	$q^{②}$/(g/100g 水)
10	3.148	0.9972	25	2.019	0.6413
11	3.047	0.9654	26	1.970	0.6259
12	2.950	0.9346	27	1.923	0.6112
13	2.856	0.9050	28	1.880	0.5975
14	2.767	0.8768	29	1.839	0.5847
15	2.680	0.8495	30	1.799	0.5723
16	2.597	0.8232	35	1.602	0.5104
17	2.517	0.7979	40	1.438	0.4590
18	2.440	0.7738	45	1.322	0.4228
19	2.368	0.7510	50	1.225	0.3925
20	2.299	0.7293	60	1.023	0.3295
21	2.238	0.7100	70	0.862	0.2793
22	2.180	0.6918	80	0.683	0.2227
13	2.123	0.6739	90	0.39	0.127
24	2.070	0.6572	100	0.00	0.000

①气体压力与水蒸气压力之和为 101.325kPa 时，溶解于 1mL 水中的气体体积（mL）；

②气体压力与水蒸气压力之和为 101.325kPa 时，溶解于 100g 水中的气体质量（g）。

表 1.74　不同温度下氯气在部分非水溶剂中的溶解度

溶剂	温度/℃	溶解度	溶剂	温度/℃	溶解度
硫酰氯	0	12.0/%（质量分数）	二氯化硫	0	58.5/%（质量分数）
磷酰氯	0	19.0/%（质量分数）	四氯化硅	0	15.6/%（质量分数）
四氯化钛	0	11.5/%（质量分数）	二甲基甲酰胺	0	123g/100mL
苯	10	24.7/%（质量分数）	氯仿	10	20.0/%（质量分数）
四氯化碳	20	17%（摩尔分数）	六氯丁二烯	20	22%（摩尔分数）

（3）饱和蒸气压

氯气在不同温度时的饱和蒸气压见表 1.75。

表 1.75　氯气在不同温度时的饱和蒸气压

温度/℃	蒸气压/kPa	温度/℃	蒸气压/kPa
−118.0	0.133	−16.9	202.650
−106.7	0.667	10.3	506.625
−101.2	1.333	35.6	1013.250
−93.55	2.666	65.0	2026.500
−79.43	7.998	84.8	3039.750
−71.93	13.332	101.6	4053.000
−60.60	26.664	115.2	5066.250
−34.05	101.325	127.1	6079.500

（4）热导率

氯气在不同温度时的热导率见表 1.76。

表 1.76　氯气在不同温度时的热导率

温度/K	热导率/[mW/(m·K)]	温度/K	热导率/[mW/(m·K)]
200	5.4	333	10.0
233	6.4	350	10.66
250	7.11	400	12.38
253	7.2	450	14.1
273	7.9	500	15.6
293	8.5	600	19.0
300	8.89	700	21.5
313	9.3		

（5）黏度

氯气在不同温度时的动力黏度见 1.77。

表 1.77　氯气在不同温度时的动力黏度

温度/℃	动力黏度/(μPa·s)	温度/℃	动力黏度/(μPa·s)
0	12.45	200	20.90
20	13.35	300	25.05
25	13.60	400	29.20
50	14.65	500	33.26
100	16.75	600	37.30
150	18.82		

1.10.3　化学性质

氯是一种化学性质很活泼的元素，化合价有 -1、$+3$、$+5$、$+7$，能与金属、非金属直接化合，也能跟许多化合物发生反应，但不能和氧、氮、稀有气体等少数元素直接化合。

（1）氯气与金属的反应

氯气具有强氧化性，能与所有金属发生化合反应，尤其在加热的情况下，很多金属可在氯气里燃烧，生成相应的氯化物。在潮湿的环境中氯的活性显著增加。氯与活泼金属，如碱金属、碱土金属以及某些镧系和锕系金属元素反应主要生成离子型的盐，其他金属氯化物在无水状态时，主要为共价化合物。常温下，干燥氯气或液氯不与铁反应，只能在加热情况下反应，所以可用钢瓶储存氯气（液氯）。

氯在金属的化合物里呈 -1 价。例如，铝、锑、锌、铁在加热条件下与氯气直接反应生成相应的氯化物：

$$2Al + 3Cl_2 = 2AlCl_3$$
$$Zn + Cl_2 = ZnCl_2$$
$$2Sb + 3Cl_2 = 2SbCl_3$$
$$2Sb + 5Cl_2 = 2SbCl_5$$
$$2Fe + 3Cl_2 = 2FeCl_3$$
$$Cu + Cl_2 = CuCl_2$$

碱金属和碱土金属在氯气中猛烈反应而燃烧，生成相应的氯化物：

$$2Na + Cl_2 = 2NaCl$$

$$Mg + Cl_2 \xrightarrow{\quad} MgCl_2$$
$$2K + Cl_2 \xrightarrow{\quad} 2KCl$$
$$Ca + Cl_2 \xrightarrow{\quad} CaCl_2$$

（2）氯气与非金属单质反应

① 氯气与氢气的反应　在常温下，氯气与氢气的化合反应很缓慢，但在点燃或光照条件下氯气与氢气迅速反应，生成氯化氢气体。氢气在氯气中燃烧时发出苍白色火焰。反应式如下：

$$H_2 + Cl_2 \xrightarrow{\text{点燃或光照}} 2HCl$$

② 氯气与磷的反应　点燃的磷在氯气中可继续燃烧，反应产生白色烟雾，生成三氯化磷或五氯化磷，氯与过量的磷作用生成三氯化磷，而过量的氯与磷作用生成五氯化磷。其反应式为：

$$2P + 3Cl_2 \xrightarrow{\text{Cl 不足时}} 2PCl_3$$
$$PCl_3 + Cl_2 \xrightarrow{\text{Cl 过量时}} PCl_5$$

③ 氯气与溴、碘的反应　氯气与溴、碘可直接化合，分别生成氯化溴和氯化碘。其反应式为：

$$Br_2 + Cl_2 \xrightarrow{\quad} 2BrCl$$
$$I_2 + Cl_2 \xrightarrow{\quad} 2ICl$$

④ 氯气与硫的反应　在一定条件下，氯气还可与 S、Si 等非金属直接化合，生成 S_2Cl_2，氯过量时可生成四氯化硫（SCl_4）。

$$2S + Cl_2 \xrightarrow{\text{点燃}} S_2Cl_2$$

（3）氯气与无机化合物反应

① 氯气与水的反应　氯气溶解于水，其水溶液称为氯水。溶解在水中的氯还能与水发生水解作用，生成盐酸和次氯酸，而次氯酸具有强氧化性，具有漂白性，同时也有消毒作用。该反应也是单质氯氧化与还原的歧化反应。其反应式：

$$Cl_2 + H_2O \xrightarrow{\quad} HCl + HClO$$

② 氯气与氨和氯化铵的反应　用氯气处理稀氨溶液可得到氯胺和氯化铵混合液，而过量的氯和浓氯化铵溶液作用可得到三氯化氮。其反应式为：

$$2NH_3 + Cl_2 \longrightarrow NH_2Cl + NH_4Cl$$
$$NH_4Cl + 3Cl_2 \longrightarrow NCl_3 + 4HCl$$

三氯化氮不稳定，遇水即分解为氨和次氯酸 HOCl，加热到沸点以上会发生爆炸。

③ 氯气与碱溶液的反应　氯与氢氧化钠溶液或氢氧化钙溶液反应，生成具有消毒作用的次氯酸盐和金属氯化物。其反应式为：

$$Cl_2 + 2NaOH \xrightarrow{\quad} NaCl + NaClO + H_2O$$
$$2Cl_2 + 2Ca(OH)_2 \xrightarrow{\quad} CaCl_2 + Ca(ClO)_2 + 2H_2O$$

④ 氯气与二硫化碳的反应　氯与二硫化碳反应生成四氯化碳，四氯化碳是重要的化工产品。其反应式为：

$$CS_2 + 2Cl_2 \longrightarrow CCl_4 + 2S$$

⑤ 氯气与二氧化钛的反应　在还原剂的存在下，氯与二氧化钛反应生成四氯化钛，后者是生产钛白粉的重要原料。

$$2C + TiO_2 + 2Cl_2 \longrightarrow TiCl_4 + 2CO$$

⑥ 氯气与非金属含氧化合物的反应　在一定条件下，氯气可以与一些非金属含氧化合物发生加成反应，例如，一氧化碳以活性炭作催化剂，与氯气反应生成光气。

$$CO + Cl_2 \longrightarrow COCl_2$$

氯气与干燥的二氧化硫在活性炭催化剂的作用下反应，或者在 0℃时，往液态二氧化硫中通入氯气，同时以樟脑、萜烯、酯类、醚等作催化剂进行反应，生成物均为硫酰氯。

$$Cl_2 + SO_2 \longrightarrow SO_2Cl_2$$

⑦ 氯气与砷烷、磷烷、硫化氢的反应　氯气与砷烷（AsH_3）、磷烷（PH_3）、硫化氢（H_2S）反应，分别生成相应的单质和氯化氢。

$$2AsH_3 + 3Cl_2 == 2As + 6HCl$$
$$2PH_3 + 3Cl_2 == 2P + 6HCl$$
$$H_2S + Cl_2 == S + 2HCl$$

（4）氯气与有机化合物反应

氯气能与多种含氢化合物发生反应。在日光或催化剂的作用下，氯与烷烃发生卤代反应。例如，甲烷与氯在比较缓和的条件下发生反应，调节氯和甲烷的比例，可以制取所需的甲烷氯化物。工业上通常采用甲烷和氯气在 350～500℃高温条件下进行甲烷的热氯化反应，以制取各种甲烷氯化物。其反应式为：

$$CH_4 + Cl_2 == CH_3Cl + HCl$$
$$CH_4 + 2Cl_2 == CH_2Cl_2 + 2HCl$$
$$CH_4 + 3Cl_2 == CHCl_3 + 3HCl$$
$$CH_4 + 4Cl_2 == CCl_4 + 4HCl$$

多碳烷烃与氯反应时，氯首先取代叔碳原子上的氢，伯碳原子上的氢最难取代。若为长链烷烃，当氢被取代到一定程度后，将发生碳链裂解反应。

氯气与松节油反应，生成发烟的氯化氢气体，而使碳游离出来，变为烟黑。

$$C_{10}H_{16} + 8Cl_2 == 16HCl + 10C$$

烯烃遇氯气可发生加成反应，使烯烃双键打开，两个氯原子加在相邻的碳原子上。如乙烯与氯气反应生成 1,2-二氯乙烷，它是制造氯乙烯的原料。

$$CH_2 == CH_2 + Cl_2 == CH_2ClCH_2Cl$$

苯在氯化铁的催化下与氯气反应生成氯苯和氯化氢，环丙烷在三氯化铁存在下与氯气反应，生成 1,3-二氯丙烷。

1.10.4　制备方法

（1）实验室制备氯气

实验室通常用氧化浓盐酸的方法来制取氯气。常用的氧化剂有 MnO_2、$KMnO_4$、$Ca(ClO)_2$ 等。用向上排空气法或者排饱和食盐水法收集。用饱和食盐水除去 HCl 气体，用浓硫酸除去水蒸气。用强碱溶液（如 NaOH 溶液）吸收尾气。实验装置如图 1.9 所示。

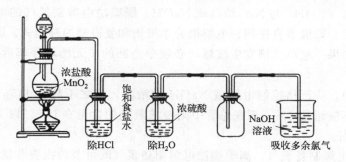

图 1.9　实验室制备氯气的装置

根据氧化剂不同，化学反应方程式分别如下：

$$4HCl（浓）+MnO_2 \xrightarrow{\quad} MnCl_2+Cl_2+2H_2O$$
$$16HCl+2KMnO_4 \xrightarrow{\quad} 2KCl+2MnCl_2+8H_2O+5Cl_2$$
$$4HCl+Ca(ClO)_2 \xrightarrow{\quad} CaCl_2+2H_2O+2Cl_2$$

验满方法：

① 将湿润的淀粉-KI 试纸靠近盛 Cl_2 瓶口，观察到试纸立即变蓝，则证明已集满。

② 将湿润的蓝色石蕊试纸靠近盛 Cl_2 瓶口，观察到试纸先变红后褪色，则证明已集满。

③ 实验室制备氯气时，常常根据氯气的颜色判断是否收集满。

（2）工业制备氯气

氯气的工业化生产是采用氯化钠（或氯化钾）水溶液电解法，以石墨或钛作为阳极，铁网作为阴极。电解的生成物为氯气、氢气和氢氧化钠（或氢氧化钾）。

$$2NaCl+2H_2O \xrightarrow{\text{电解}} 2NaOH+H_2+Cl_2$$

电解方法包括水银法、隔膜法和离子膜法三种，其中尤以离子膜法的能耗最低，对环境的污染最少且操作简单。

① 水银法电解制备氯气　水银法电解的工艺由盐水重饱和、沉淀和过滤工序，电解工序，淡盐水脱氯工序，解汞工序，氯气冷却、干燥和压缩输送工序，氢气冷却除汞工序和碱液冷却除汞工序等 7 个工序组成。水银法电解制氯气的关键设备为电解槽，而电解槽的结构分为电解室、解汞器和汞泵三部分。为了确保氢有较高的过电位，水银法电解是以汞或低浓度的钠汞齐为阴极。

电解槽槽电压一般为 3.95～4.25V，电流密度 10～13kA/m^2，进槽盐水浓度 310～315g/L，温度 50～60℃，出槽淡盐水浓度 270g/L，温度 70～85℃。正常情况下，应控制钠汞齐出槽浓度在 0.3% 以下。解汞反应应控制在较高温度下进行，且解汞水不宜用硬水，以避免解汞石墨填料结垢失效。定期用盐酸浸泡石墨颗粒可以恢复其活性。由于盐水中钙、镁、铁、铵和一些重金属杂质能促进电解室中发生解汞反应，使氯中的氢含量增加，一旦超过一定的限度，就可能引发剧烈的爆炸，因此必须严格控制有害杂质的含量。

② 隔膜法电解制备氯气　利用多孔渗透性材料做隔膜，使电解液以一定的速度从阳极室透过隔膜流向阴极，从而阻止 OH$^-$ 由阴极向阳极扩散，并防止阴极的产物 H_2 和 NaOH 同阳极的 Cl_2 混合并反应。隔膜法电解槽通常使用以 RuO_2-TiO_2 的二元或多元组分涂层的

金属作阳极，阴极材料一般为铁，电流通过时，Cl^- 在阳极放电生成氯气，H_2O 在阴极区生成 H_2 和 OH^-，而 OH^- 与 Na^+ 结合成 NaOH。隔膜法电解制氯气的电解槽通常是以石墨为隔膜材料，阴、阳极垂直排列。电解槽分单极槽和复极槽两种型式。其中，复极槽的总体性能优良，但如果一组单元槽发生故障，必须令全部的单元槽均停车后，方可进行检修，故不利于连续生产。

在实际操作中，应严格控制电解液 NaOH 的浓度，使之不超过 145g/L。在个别槽中，氯中氢气的含量不应超过 3%，而在总管中则要求氢气的含量在 0.5% 以下。电解槽的温度应控制在 95℃左右。

③ 离子膜法电解制备氯气　离子膜法电解制备氯气既可节约投资和能源，且出碱率高，同时又无石棉和水银的公害，因此，目前已受到越来越多的关注，且应用也越来越广泛。该方法用阳离子交换膜把阴极室和阳极室分开，离子膜只允许 Na^+ 从阳极室穿过膜进入阴极室，同时，向阴极室注入适量的水就可得到质量分数为 32%～35% 的 NaOH 溶液。

电解槽的操作温度一般控制在 80～90℃，阳极液中 NaCl 的离槽浓度应稳定在 190～210g/L，且不应低于 170g/L，如果太低，会使离子膜鼓泡分层。阴极液中 NaOH 的浓度应控制在 32%～33%（质量分数）之间，如长期超过 37%，则会造成电流效率的永久性下降。阴极室和阳极室之间的压力差受氢气和氯气压力频繁变化的影响，应能在规定的范围内自动调节压差，以避免离子膜同电极反复摩擦受到损伤。

因离子膜法电解制氯气对盐水的质量要求很高，尤其是钙、镁离子的含量必须在 2×10^{-10} 以下，所以必须对用于隔膜法和水银法的盐水（俗称一次盐水）进行二次精制。其方法是用烧结的碳素管或其他形式的过滤器和助滤剂 α-纤维素，将一次盐水中的固体悬浮物含量降到 $(0.1\sim1)\times10^{-6}$ 以下。再用螯合树脂把盐水中的钙和镁的总量降至 20×10^{-9} 以下。

1.10.5　应用

氯气是一种十分重要的工业气体，在工业生产，特别是化工生产中有着十分广泛的用途。但由于氯和一些含氯的有机化合物的散发对于自然环境和人类健康造成了一定的影响和危害，因此，目前含氯产品的生产和销售受到了不同程度的限制，从而影响了氯的使用范围和用量。

（1）化学工业

化学工业用于生产次氯酸钠、氯化铝、三氯化铁、漂白粉、溴素、三氯化磷等无机化工产品，还用于生产有机氯化物，如氯乙酸、环氧氯丙烷、一氯代苯等，也用于生产氯丁橡胶、塑料及增塑剂。日用化学工业用于生产合成洗涤剂原料烷基磺酸钠和烷基苯磺酸钠等。

（2）冶金工业

主要用于生产金属钛、镁等。

（3）电子工业

在电子工业中，高纯氯气主要用于电子工业干法刻蚀、光导纤维、晶体生长和热氧化。氯气还用于大规模集成电路、高温超导等技术领域。

（4）医药工业

氯气常用于制药，参与含氯有机化合物的合成。如马来酸氨氯地平片、N-(2-甲基-2,3-二氢-1-H-吲哚基)-3-氨磺酰基-4-氯-苯甲酰胺等。

（5）农药工业

用作生产高效杀虫剂、杀菌剂、除草剂、植物生长刺激剂的原料，如敌百虫、敌敌畏等。

（6）其他方面

用于啤酒厂的污水处理，自来水消毒，去除乙炔中的硫、磷杂质等。

1.11　氯化氢

1.11.1　简介

一个氯化氢分子是由一个氯原子和一个氢原子构成的，分子式为 HCl，相对分子质量36.461，熔点－114.2℃，沸点－85℃。氯化氢是一种无色非可燃性气体，具有刺激性气味，对上呼吸道有强刺激，对眼、皮肤、黏膜有腐蚀。氯化氢密度大于空气，遇潮湿的空气产生白雾，极易溶于水，其水溶液俗称盐酸，学名氢氯酸，具有强腐蚀性，易溶于乙醇和醚，也能溶于其他多种有机物。干燥氯化氢的化学性质很不活泼。氯化氢在空气中不燃烧，热稳定，到约1500℃才分解。碱金属和碱土金属在氯化氢中可燃烧，钠燃烧时发出亮黄色的火焰。氯化氢可与空气形成爆炸性混合物，遇氰化物产生剧毒氰化氢。

1.11.2　物理性质

（1）主要物理性质

氯化氢的主要物理性质见表1.78。

表 1.78　氯化氢的主要物理性质

分子式	HCl
相对分子质量	36.461
外观与性状	无色有刺激性气味的气体
溶解性	易溶于水
气体密度(0℃)/(kg/m³)	1.639
气体相对密度(空气密度为1)	1.267
液体密度(－36℃)/(g/mL)	1.194
摩尔体积(标准状态)/(L/mol)	22.24
熔点/℃	－114.22
熔化热/(kJ/mol)	1.9924
沸点/℃	－85.05
汽化热/(kJ/mol)	16.1421
饱和蒸气压(20℃)/kPa	4.2256
临界温度/℃	51.54
临界压力/MPa	8.316
临界密度/(kg/m³)	410
三相点温度/℃	－114.35
液体摩尔热容/[J/(mol·K)]	98.37
气体摩尔热容/[J/(mol·K)]	29.12
气体热导率/[W/(m·K)]	0.01456
气体黏度/(mPa·s)	0.014644
液体黏度/(mPa·s)	0.067
表面张力/(mN/m)	3.30
折射率(气体)	1.3287
介电常数(0℃)	1.0046

注：除另有注明外，表内各数据涉及的温度和压力均为25℃和0.101325MPa。

（2）溶解性

氯化氢极易溶于水，还可溶于醇、苯和醚等多种有机溶剂。在25℃和1大气压下，1体积水可溶解503体积的氯化氢气体。在0.101MPa压力下，不同温度时氯化氢在水中的溶解度见表1.79，在0.101MPa压力下，氯化氢在部分有机溶剂中的溶解度见表1.80。

表1.79 不同温度下氯化氢在水中的溶解度

温度/℃	溶解度(gHCl/g 溶液)/%	温度/℃	溶解度(gHCl/g 溶液)/%
−24	50.3	12	43.28
−21	49.6	14	42.83
−18.3	48.98	18	42.34
−15	48.27	20	42.02
−10	47.31	23	41.54
−5	46.4	30	40.22
0	45.15	40	38.68
4	44.36	50	37.34
10	44.04	60	35.94

表1.80 分压为0.101MPa时氯化氢在部分有机溶剂中的溶解度

溶剂	温度/℃	溶解度/(g/kg 溶剂)	溶剂	温度/℃	溶解度/(g/kg 溶剂)
甲醇	0	1092	甲苯	20	21.3
	20	877	四氯化碳	20	6.0
	40	688		50	3.9
乙醇	0	838	四氢呋喃	10	584
	10	756	异丙醚	10	349
	20	681	丁醚	10	250
	30	610	二氧杂环己烷	10	433
三氯甲烷	15	8.5	正十六烷	27	3.9
	25	6.9		102	2.2
苯	20	20		177	1.6
	40	12.5	正己烷	—	7.1

（3）饱和蒸气压

不同温度下氯化氢的饱和蒸气压见表1.81。

表1.81 不同温度下氯化氢的饱和蒸气压

温度/K	饱和蒸气压/kPa	温度/K	饱和蒸气压/kPa
122.35	0.1333	188.12	101.325
132.45	0.667	201.75	202.650
137.07	1.333	222.75	506.625
142.88	2.666	241.45	1013.250
149.35	5.333	264.35	2026.500
153.21	7.998	279.05	3039.750
158.56	13.332	290.95	4053.000
167.43	26.664	301.05	5066.250
177.85	53.330	309.35	6079.500

（4）密度

氯化氢气体在不同温度时的密度见表1.82。

表 1.82 不同温度下氯化氢气体的密度

温度/℃	密度/(kg/m³)	温度/℃	密度/(kg/m³)
−45.6	27.79	0	1.634
−16.7	11.81	21.1	1.522

（5）热导率

在不同温度时氯化氢的热导率见表 1.83。

表 1.83 不同温度时氯化氢的热导率

温度/K	热导率/[mW/(m·K)]	温度/K	热导率/[mW/(m·K)]
200	9.2	450	21.8
250	11.9	500	24.0
300	14.5	600	28.1
350	17.0	700	32.1
400	19.5		

（6）黏度

氯化氢在不同温度时的黏度见表 1.84。

表 1.84 氯化氢在不同温度时的黏度

温度/℃	动力黏度/(μPa·s)	温度/℃	动力黏度/(μPa·s)
0	13.20	100	18.30
20	14.25	150	20.70
25	14.50	200	23.02
50	15.80	300	27.55

1.11.3 化学性质

氯化氢是稳定的化合物，温度高于 1000℃ 时才开始分解。在干燥的状态下，它的化学性质不活泼，但混入极少量的水分后，其化学活泼性有明显的增加。

（1）与单质反应

与氟和氧等氧化剂作用可产生氯，其中与氟发生激烈反应生成氟化氢和氯气。与氧在高温和适当的催化剂（如氯化铜）的作用下发生反应生成水和氯。其反应式为：

$$2HCl + F_2 \longrightarrow 2HF + Cl_2$$

$$4HCl + O_2 \longrightarrow 2Cl_2 + 2H_2O$$

与大多数金属在较低温度时反应较慢，但在混入极少量的水或在较高温度的情况下，能反应生成氯化物和氢气。如与铁反应生成 $FeCl_2$ 和 H_2：

$$Fe + 2HCl \longrightarrow FeCl_2 + H_2$$

（2）与无机物反应

可与周期表中 VA 族元素的氢化物（NH_3、PH_3、AsH_3 等）发生反应，生成相应的氯化物，其中与氨可发生激烈的反应生成氯化铵白烟。还可与硅和锗的氢化物[$MH_4(M=Si$,Ge)]在三氯化铝催化剂作用下，生成用氯取代的硅烷和锗烷。

$$NH_3 + HCl \longrightarrow NH_4Cl$$

$$MH_4 + HCl \longrightarrow MH_3Cl + H_2$$

$$MH_3Cl + HCl \longrightarrow MH_2Cl_2 + H_2$$

可与一些金属氧化物在高温时反应生成氯化物和氧氯化物；与金属的氮化物、硼化物、硅化物、锗化物、碳化物和硫化物在 650℃ 以上的较高温度下，加快反应生成金属氯化物和相应的氢化物。

还可与三氧化硫反应，生成液状的氯磺酸，其反应式为：

$$HCl+SO_3 \longrightarrow HClSO_3$$

(3) 与有机物反应

可与大多数烯烃和炔烃在共轭双键时形成 1,2- 和 1,4- 加成反应。也可与脂肪族羟基发生氯代反应，其中与高碳醇反应时可用氯化锌为催化剂在液相进行，与低碳醇反应用液相或固相催化剂均可。其反应式为：

$$ROH+HCl \longrightarrow RCl+H_2O$$

1.11.4 制备方法

(1) 实验室制备氯化氢

实验室一般用固体氯化钠和浓硫酸反应制备氯化氢，实验装置如图 1.10 所示。

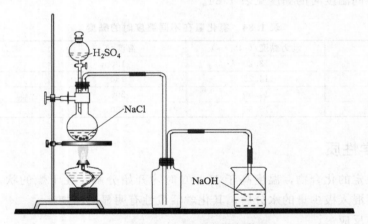

图 1.10 实验室制备氯化氢装置

在不加热或稍微加热条件下，氯化钠与浓硫酸反应，生成硫酸氢钠和氯化氢，然后在 500℃ 到 600℃ 的条件下，继续起反应而生成氯化氢和硫酸钠。

$$NaCl+H_2SO_4 \Longrightarrow NaHSO_4+HCl$$

$$NaHSO_4+NaCl \Longrightarrow Na_2SO_4+HCl$$

总的化学方程式可以表示如下：

$$2NaCl+H_2SO_4 \Longrightarrow Na_2SO_4+2HCl$$

因为氯化氢极易溶于水，又比空气重，可用排空气集气法收集。

(2) 工业制备氯化氢

工业生产氯化氢的方法有直接合成法、副产回收法、氯烃废料回收法等多种方法，其中尤以前两种方法最为普遍。

① 直接合成法

使氯和氢在强光照射、高温或催化剂的作用下，迅速发生剧烈反应，生成氯化氢。由于在这个反应中，一个光量子可使大量分子迅速化合，使链式反应的速度很快增加，因此，容易引发爆炸。其总反应式为：

$$H_2 + Cl_2 \xrightarrow{\text{点燃}} 2HCl$$

直接合成法又包括传统的合成方法和组合式合成法两种。

a. 传统的合成方法　由氢气和氯气在燃烧喷嘴处混合、合成炉内反应生成氯化氢、高温气体的冷却和干燥等四道工序组成，流程如图 1.11 所示。具体工艺过程是：将氢气和氯气分别引入合成炉，在燃烧喷嘴处混合并点火燃烧。反应生成的粗氯化氢气体经空气冷却器和石墨冷却器充分冷却后，先后进入干燥塔 1 和干燥塔 2，在较低温度下用浓硫酸进行干燥。由干燥塔 2 流出的气体尚夹带有少量酸雾，经分离器除去夹带杂质，就能获得干燥的氯化氢气体。

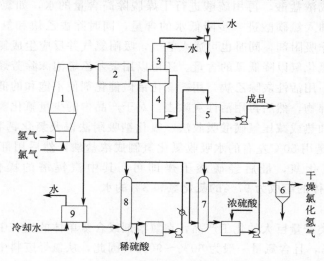

图 1.11　传统的盐酸制造及氯化氢干燥流程

1—合成炉；2—空气冷却器；3—尾气吸收器；4—降膜式吸收塔；
5—盐酸槽；6—分离器；7—干燥塔 2；8—干燥塔 1；9—石墨冷却器

b. 组合式合成方法　主要由氯化氢合成工序和氯气的回收工序组成，生产流程如图 1.12 所示。其具体的工艺过程是：在由燃烧喷嘴、燃烧室和膜式吸收塔做成一体的三合一炉内，令原料氢气和氯气由上往下燃烧，合成的氯化氢气体从下部的膜式吸收塔底部排出，含有少量氯的粗氯化氢气体由下部进入氯气吸收塔内，通过活性炭对氯的吸附从而得到纯度较高的氯化氢气体。

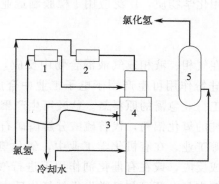

图 1.12　三合一炉制氯化氢生产流程

1—阻火器；2—阻火器；3—点火器；4—三合一炉；5—氯气吸收塔

② 副产回收法

此种方法制得的氯化氢大多是从生产各种有机化合物中的副产品中得到的，主要由粗氯化氢中主要产品的分离和提纯工序组成。具体的工艺过程是：a. 当回收的氯化氢中含有少量的残余氯烃或其他杂质而并不妨碍使用时，可将气态反应产物冷凝除去大部分液态有机物，而氯化氢则仍以气态存在。或在高压下，将全部气体液化，然后以分馏的方法进行分离，得到压力为 1～2MPa 较纯的氯化氢气体。也可采用水吸收法，即用水或 20% 左右的恒沸酸吸收氯化氢制得 30%～35% 的盐酸，同时除去大多数不溶或难溶于水的有机氯化物。b. 氯化氢的提纯包括分离后的氯化氢可直接用硫酸干燥除去氯乙酸等有机物和少量的水，或先用冷凝法冷凝成浓盐酸，再用硫酸进行干燥脱除高含量的水，如氯化氢的含水量要求低，也可在硫酸中加入氯磺酸进一步降低水的含量，同时除去乙炔和氯乙烯等不饱和化合物。也可用活性炭作吸附剂，同时也可通入氢气，吸附氯气并反应生成氯化氢，或用液体石蜡在高温下处理粗氯化氢以降低氯的含量。还可以用聚苯乙烯泡沫除芳烃化合物，用合成沸石除甲苯和氯硅烷，用活性炭除乙炔，用三氯化铝做催化剂使不饱和的低沸有机物与氯化氢反应生成饱和的高沸物，然后再用活性炭除去。对于产品中的少量氟化氢，可用低压蒸气加热的磷酸吸收法、加热或减压氟磺酸吸收法、氟化钠吸附法以及氯化钙吸附法等方法除去。c. 氯化氢的精制就是用 50℃ 左右的水吸收氯化氢制成浓盐酸，然后用部分汽提的方法解吸浓盐酸得到气体氯化氢，最后经硫酸干燥即可，其中汽提塔的操作压力为 0.101～0.202MPa，塔顶气体的组成为 97% 的氯化氢和 3% 的水。

③ 其他方法

由于氯烃是一类产量巨大的化工产品，在氯溶剂或含氯单体的生产中，其废料的数量往往多达主产品的 5%，且含氯量一般为 60%～90%，因此，从氯烃废料中回收氯化氢已成为国际上的研究与开发热点。目前国内石油化工企业的废液废气焚烧单元基本上基于 VCR 工艺（含氯废弃物焚烧技术），无需外加燃料，通过直接燃烧高含氯量的有机氯废料，达到同时生产相应数量氯化氢和蒸气的目的，用此法能以氯化氢的形式回收废料中 99% 以上的氯，其中，气态氯化氢是通过在专用塔中把 33% 的盐酸进行解吸得到的。此外，在高温高压下"氯解"含氯有机废料，使碳—碳键断裂，再用蒸馏法分离"氯解"产物，亦可生产氯化氢，并同时获得四氯化碳。

1.11.5 应用

氯化氢作为重要的工业用化学物质，广泛应用于橡胶制造业、制药业、有机和无机化学等领域。

（1）化学工业

无水氯化氢与三氧化硫在气相、液相或气液混合物中反应，生成广泛用于颜料、制药、塑料等行业中的氯磺酸，与硅粉作用可生产用于电子工业中合成多晶硅的主要原料三氯氢硅，与氧反应可制得石油化工行业急需的原料氯。盐酸可生产聚氯化铝这一无机高分子混凝剂，可与高岭土作用生成较纯的氧化铝粉，代替硫酸分解磷矿石制取磷酸和沉淀磷酸钙以用于医药、食品、饲料和肥料等工业。在有机化学工业中，氯化氢也是极为重要的基础原料，可与烯烃和炔烃发生液相加成反应，或在有催化剂作用下进行气相加成反应以制取氯乙烯、氯乙烷和氯丁二烯等重要化工产品。还可与烃类发生氧氯化反应生成二氯乙烷、氯苯、三氯乙烯和四氯化碳等氯烃产品。

（2）电子工业

氯化氢可用于硅外延生长、气相抛光、吸杂、刻蚀和洁净处理等工艺。

（3）其他工业

在钢铁工业，盐酸可对热轧后的钢材进行酸洗，除去其表面生成的氧化铁皮，便于下一道工序的进行；在石油工业，对由渗透率低的石灰岩组成的储油构造进行酸化，可扩大岩层裂缝，提高油的流动性和渗透率。

1.12　氟化氢

1.12.1　简介

氟化氢的分子式为 HF，相对分子质量为 20.008，熔点为 -83.37℃、沸点为 19.51℃，在标态下气体密度为 0.922kg/m^3。在常温常压下氟化氢是一种无色、有刺激性气味的有毒气体，易溶于水，与水无限互溶形成氢氟酸，氟化氢有吸湿性，在空气中吸湿后"发烟"，冷却后可得到无色流动性液体，进一步冷却则得到白色斜方结晶。由于氢键的作用，氟化氢气相中存在着强烈的缔合，造成氟化氢气体中不仅有单体还有分子团，因而其热力学性质大大地偏离理想气体的性质，同时也使得氟化氢的临界性质与其他卤化物的性质差别很大。氟化氢是氟化物中产量最大、最重要的品种，是有机氟系列产品中氟元素的主要来源。目前，由于环境保护的限制和技术的进步，氟化氢的需求量正呈现出下降的趋势。

1.12.2　物理性质

（1）主要物理性质

氟化氢的主要物理性质见表 1.85。

表 1.85　氟化氢的主要物理性质

分子式		HF
相对分子质量		20.008
外观与性状		无色有刺激性气味或液体
溶解性		易溶于水
气体密度(0℃)/(kg/m³)		0.922
气体相对密度(34℃,空气密度为1)		1.27
液体密度(20℃,103.453kPa)/(kg/m³)		968
液体相对密度(水密度为1)		1.15
熔点/℃		-83.37
熔化热/(kJ/mol)		3.934
沸点/℃		19.51
汽化热/(kJ/mol)		7.493
饱和蒸气压(2.5℃)/kPa		53.32
临界温度/℃		188.0
临界压力/MPa		6.485
临界密度/(kg/m³)		290
气体比热容(30℃,101.325kPa)/[kJ/(kg·K)]	比定压热容 c_p	40.3553
	比定容热容 c_V	2.383
	c_p/c_V	16.93
液体摩尔热容(16℃)/[J/(mol·K)]		50.6

气体摩尔热容(22℃)/[J/(mol·K)]	456
气体热导率/[W/(m·K)]	0.02298
气体黏度/(mPa·s)	0.011461
液体黏度/(mPa·s)	0.204
表面张力/(mN/m)	8.40
折射率(气体)	1.90
介电常数(0℃)	83.6

注：除另有注明外，表内各数据涉及的温度和压力均为25℃和0.101325MPa。

（2）溶解性

在0.101MPa压力下氟化氢在水中的溶解度见表1.86。

表1.86　0.101MPa压力下不同温度时氟化氢在水中的溶解度

温度/K	溶解度(摩尔分数)/%	温度/K	溶解度(摩尔分数)/%
272.25	0.78	231.65	57.5
263.35	8.09	204.85	67.5
250.15	15.65	197.75	69.8
231.75	21.6	182.05	76.2
213.15	26.5	172.45	78.6
203.05	27.6	162.35	88.3
210.45	30.7	179.55	93.9
224.25	37.1	186.25	97.4
237.85	50.0	190.25	100.0

（3）饱和蒸气压

不同温度下氟化氢的饱和蒸气压见表1.87。

表1.87　不同温度下氟化氢的饱和蒸气压

温度/℃	蒸气压/kPa	温度/K	蒸气压/kPa
−65.8	1.3	0.0	52.5
−45.0	5.3	2.5	53.3
−28.2	13.3	19.7	101.3
−20.0	21.5	30.0	155.0

（4）压缩系数

不同温度及压力下氟化氢的压缩系数见表1.88。

表1.88　不同温度及压力下氟化氢的压缩系数

温度/℃	不同压力下压缩系数						
	10kPa	50kPa	80kPa	100kPa	150kPa	200kPa	250kPa
15	0.9979	0.9897	0.9835	—	—	—	—
50	0.9986	0.9927	0.9884	0.9854	0.9780	0.9705	0.9628

（5）密度

液体氟化氢无色易挥发。在−74～4.2℃时，不同温度下液体氟化氢的密度见表1.89。氟化氢的冰点为−83.55℃，不同温度下结晶氟化氢的密度见表1.90。

表 1.89　不同温度下液体氟化氢的密度

温度/℃	密度/(g/cm³)	温度/℃	密度/(g/cm³)
−60	1.1231	0	1.0015
−30	1.0735	2.5	0.9546

表 1.90　不同温度下结晶氟化氢的密度

温度/℃	密度/(g/cm³)	温度/℃	密度/(g/cm³)
−273	1.77	−97.2	1.658
−191	1.749	−93.8	1.653

（6）介电常数

不同温度下液体氟化氢的介电常数见表 1.91。

表 1.91　不同温度下液体氟化氢的介电常数

温度/℃	介电常数	温度/℃	介电常数
−73	174.8	−27	110.6
−70	173.2	0	83.6
−42	134.2		

1.12.3　化学性质

由于氟化氢的键能在卤化氢中是最大的，因此，在所有卤化氢中，它是最稳定的化合物，即使在 1273K 的温度下也几乎不分解。氟化氢的化学反应性强，与许多化合物发生反应。其作为溶质（水溶液中）是弱酸，作为溶剂则是强酸，与无水硫酸相当，能与氧化物和氢氧化物反应生成水，与氯、溴、碘的金属化合物能发生取代反应。能与大多数金属反应，与有些金属（Fe、Al、Ni、Mg 等）反应会形成不溶于 HF 的氟化物保护膜；在有氧存在时，铜很快被 HF 腐蚀，但无氧化剂时，则不会反应；某些合金如蒙乃尔合金对 HF 有很好的抗腐蚀性，但不锈钢的抗腐蚀性很差，在温度不太高时，碳钢也具有足够的耐蚀能力。

（1）与单质反应

氟化氢可与除了金、铂、铅和铜等金属外的大多数金属发生反应，生成相应的氟化物并置换出氢原子。

（2）与无机物反应

由于氟化氢具有很大的化学活性，因此可与大多数金属的氧化物、氢氧化物等作用生成水和氟化物，如碱金属、碱土金属、银、铅、锌、汞以及铁等。与这些金属及其他元素（如锑和砷）的氯化物、溴化物、碘化物可发生剧烈作用，生成卤化氢。同氰化物作用放出氰化氢，同磷、钨、钼、硫等的氧化物作用生成氟代酸，和二氧化硅或硅酸盐发生反应，生成气态四氟化硅，部分反应式如下：

$$SiO_2 + 4HF \longrightarrow SiF_4 + 2H_2O$$
$$CaSiO_3 + 6HF \longrightarrow SiF_4 + CaF_2 + 3H_2O$$

（3）与有机物作用

无水氟化氢的质子有很强的给予能力，因而具有很强的催化活性，可以在有机化学的烷基化、异构化和聚合反应中作活性催化剂。

（4）和水的作用

氟化氢溶于水生成氢氟酸。氢卤酸的酸性依 HF—HCl—HBr—HI 的顺序递增，也就是说氢氟酸具有较弱的酸性。在很浓的氢氟酸溶液中，由于氢氟酸的二聚体 H_2F_2 的浓度增加，其电离度增大：

$$H_2F_2 \rightleftharpoons H^+ + HF_2^-$$

因而，随着浓度增加酸性逐渐增强。

此外，液态的氟化氢有较强的脱水能力，木材、纤维一旦与其接触立即碳化。但醇、醛、酮等有机化合物与之接触脱水后则形成聚合物，说明其脱水能力较硫酸和磷酸弱。

1.12.4　制备方法

因氟比较活泼，且成本高，因此工业化生产氟化氢不采用氟和氢的直接合成法，而是采用硫酸法，即用氟化钙（萤石）与浓硫酸反应制备氟化氢，反应式为：

$$CaF_2 + H_2SO_{4(浓)} \longrightarrow 2HF + CaSO_4$$

由于萤石中含有二氧化硅、碳酸钙、三氧化二铝、氧化铁等有害杂质，常伴随着副反应的发生，因此需再经过除尘、分馏、冷凝、洗涤等工序，方可得到较为纯净的氟化氢气体。硫酸法生产氟化氢的主要副反应有：

$$SiO_2 + 4HF \longrightarrow SiF_4 + 2H_2O$$

$$SiF_4 + 2HF \longrightarrow H_2SiF_6$$

$$CaCO_3 + H_2SO_4 \longrightarrow CaSO_4 + H_2O + CO_2$$

$$Fe_2O_3 + 3H_2SO_4 \longrightarrow Fe_2(SO_4)_3 + 3H_2O$$

氟化氢生产装置的主要设备包括外加热反应炉、除尘塔、分馏塔、洗涤塔、冷凝器等。图1.13为硫酸法无水氟化氢生产流程简图。具体工艺过程为：把质量比为1∶（1.2～1.3）的萤石与浓硫酸投入外加热反应炉中进行反应，生成含有少量水蒸气、二氧化硫、四氟化硅等杂质的氟化氢气体的混合物由反应炉前段排出，经除尘塔除去固

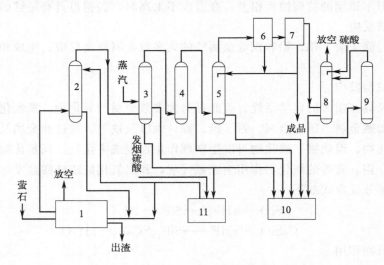

图1.13　硫酸法无水氟化氢生产流程

1—外加热反应炉；2—除尘塔；3—分馏塔；4—冷却塔1；5—洗涤塔1；6—冷凝器1；
7—冷凝器2；8—洗涤塔2；9—冷却塔2；10—硫酸收集罐；11—料酸罐

体粉尘颗粒后，再进入分馏塔内，除去大部分硫酸和水蒸气。此时要求分馏塔的塔釜温度应控制在 $100 \sim 110℃$ 的范围内，而塔顶温度应保持在 $35 \sim 40℃$ 范围内。由分馏塔出来的气体，经冷却塔除去残余的硫酸和水，然后进入洗涤塔 1，用冷凝器 1 分离出硫酸洗涤液以除去二氧化硫和四氟化硫等杂质。最后经冷凝器 2 进一步冷凝，使氟化氢气体液化，就可得到较为纯净的氟化氢。冷凝器 2 中未冷凝的杂质及少量氟化氢经二次酸洗后，被排出系统。冷却塔操作控制温度为塔釜 $30 \sim 40℃$，塔顶 $(19.6 \pm 0.5)℃$。洗涤塔 1 操作控制温度为塔釜 $20 \sim 23℃$，塔顶 $7 \sim 9℃$。

1.12.5　应用

氟化氢是基础化工产品，在化学工业、石化工业、电子工业等领域具有广泛的应用。

（1）化学工业

无水氟化氢是氟化学工业中的一种基本原料，目前是制造元素氟的唯一原料。氢氟酸主要用于制造无机氟化合物，其中尤以电解铝的氟化物和合成冰晶石用量最大。在有机化学工业中，利用氟化氢生产的有机氯氟烃，特别是甲烷和乙烷的卤代物被广泛用于制造制冷剂、气雾剂、清洗剂和发泡剂等产品，同时，无水氟化氢可作芳烃、脂肪族化合物烷基化制高辛烷值汽油的液态催化剂，也是氟塑料、氟橡胶、氟医药等所需的氟来源。氟化氢在分析化学、合成杀虫剂或杀菌剂中也被广泛使用。

（2）石化工业

作为芳烃、脂肪族化合物烷基化制高辛烷值汽油的液态催化剂。

（3）电子工业

无水氟化氢用于电解合成三氟化氮的原料、半导体制造工艺中的刻蚀剂等。

高纯或超高纯无水氟化氢或氢氟酸产品可满足半导体，光学和微电子工业的要求，可与硝酸、乙酸、氨水、双氧水配合使用，用于液晶干蚀刻等。

（4）其他工业

氢氟酸可用于不锈钢表面的清洗，以除去金属表面的氧化物，可用于去除金属铸件上的型砂，提炼铍、铀等特种金属。含水氟化氢（氢氟酸）通常用作雕刻玻璃及陶器的腐蚀剂，用于染料及石油钻井活动中。

1.13　硫化氢

1.13.1　简介

硫化氢是由硫和氢两种元素组成的化合物，分子式为 H_2S，相对分子质量为 34.076，熔点为 $-85.06℃$，沸点为 $-60.75℃$，是一种无色、易燃的酸性气体，浓度低时有臭鸡蛋气味，浓度极低时便有硫黄味，浓度高时反而没有气味（因为高浓度的硫化氢可以麻痹嗅觉神经）。硫化氢能溶于水，易溶于醇类、石油溶剂和原油。$0℃$ 时 1mol 水能溶解 2.6mol 左右的硫化氢。硫化氢是一种急性剧毒，吸入少量高浓度硫化氢可于短时间内致命。低浓度的硫化氢对眼、呼吸系统及中枢神经都有影响。硫化氢为易燃危化品，其密度略大于空气，与空气混合能形成爆炸性混合物，遇明火、高热能引起燃烧爆炸。硫化氢是一种重要的化学原料。但硫化氢也是大气的污染物，产生于煤、石油、天然气的燃烧及加工过程。在自然界，火山爆发喷出的气体、含硫黄及硫化氢的泉水、沼泽气、硫酸盐生物降解气以及在腐烂的有机质的周围空气里都含有硫化氢气体。

1.13.2 物理性质

（1）主要物理性质

硫化氢的主要物理性质见表1.92。

表1.92 硫化氢的主要物理性质

分子式	H_2S
相对分子质量	34.07994
外观与性状	常温下为无色气体，具有臭鸡蛋气味
溶解性	溶于水、乙醇、二硫化碳、甘油、汽油、煤油等
气体密度(0℃,0.101MPa)/(kg/m³)	1.539
气体相对密度(15℃,0.10133MPa)(空气密度为1)	1.189
液体密度(−60.75℃)/(kg/m³)	960
摩尔体积(0℃,0.101MPa)/(L/mol)	22.14
气体常数 R/[J/(mol·K)]	8.3152
熔点(0.101MPa)/℃	−85.06
沸点(0.101MPa)/℃	−60.75
燃点/℃	260
闪点/℃	−50
饱和蒸气压(25℃)/kPa	2026.5
临界温度/℃	100.4
临界压力/MPa	8.94
临界密度/(g/cm³)	0.31
熔化热/(kJ/mol)	2.38
汽化热/(kJ/mol)	18.674
三相点温度/℃	−85.65
三相点压力/kPa	27.46
比热容(20℃,0.101MPa)/[kJ/(kg·K)] 比定压热容 c_p	1.05855
比定容热容 c_V	0.80333
热导率(0℃,0.101MPa)/[W/(m·K)]	0.0131
动力黏度(0℃,0.101MPa)/(μPa·S)	11.79
折射率(标准状况)	1.000641
介电常数(0℃)	1.0040
自燃温度/℃	260
爆炸限(20℃空气中,体积分数)/%	4.3~46.0

（2）溶解性

硫化氢溶于水，在常温常压下，1 体积的水能够溶解 2.6 体积的硫化氢（浓度约为 0.1mol/L）。在 0℃和 101.325kPa 时，每 100mL 的水能溶解 437mL 的硫化氢。硫化氢的水溶液叫氢硫酸，是一种弱酸（$K_1=1.1×10^{-7}$，$K_2=1.3×10^{-13}$）。随着温度升高，硫化氢的溶解度减小。受热时硫化氢会从水溶液中逸出。不同温度时硫化氢在水中的溶解度见表1.93。

除水外，硫化氢易溶于二硫化碳和甲醇、乙醇、四氯化碳、环丁砜、碳酸丙烯酯、丙酮等有机溶剂，硫化氢在有机胺中溶解度极大，常压下20℃时硫化氢在 N-甲基吡咯啉中的溶解度为49mL/g。在非极性溶剂中硫化氢的溶解度较小。链烷醇胺常用作脱硫化氢的洗涤剂。硫化氢溶于胺生成的盐，受热时易分解，可用于硫的回收。表1.94～表1.97分别列出了硫化氢在甲醇、碳酸丙烯酯、一乙醇胺溶液中的溶解度。

液态的硫化氢作为溶剂，可溶解大量的无水 $AlCl_3$、$ZnCl_2$、$FeCl_3$、PCl_3、$SiCl_4$ 和 SO_2。液态硫化氢或加压下的硫化氢气体可以溶解大量的硫。介电常数很低的液态硫化氢对 NaCl 这样的离子型盐溶解度很小。

表 1.93　不同温度下硫化氢在水中的溶解度

温度/℃	α[①]/(mL/mL 水)	q[②]/(g/100g 水)	温度/K	α[①]/(mL/mL 水)	q[②]/(g/100g 水)
0	4.670	0.7066	20	2.582	0.3846
1	4.522	0.6839	21	2.517	0.3745
2	4.379	0.6619	22	2.456	0.3648
3	4.241	0.6407	23	2.396	0.3554
4	4.107	0.6201	24	2.338	0.3463
5	3.977	0.6001	25	2.282	0.3375
6	3.852	0.5809	26	2.229	0.3290
7	3.732	0.5624	27	2.177	0.3208
8	3.616	0.5446	28	2.128	0.3130
9	3.505	0.5276	29	2.081	0.3055
10	3.399	0.5112	30	2.037	0.2983
11	3.300	0.4960	35	1.831	0.2648
12	3.206	0.4814	40	1.660	0.2361
13	3.115	0.4674	45	1.516	0.2110
14	3.028	0.4540	60	1.392	0.1883
15	2.945	0.4441	60	1.190	0.1480
16	2.865	0.4287	70	1.022	0.1101
17	2.789	0.4169	80	0.917	0.0765
18	2.717	0.4056	90	0.84	0.041
19	2.647	0.3948	100	0.81	0.000

① α 为实验测量溶解于 1mL 水中的气体标准状态（0℃，101.325kPa）体积（mL）。
② q 为当气体压强与水蒸气压强之和为 101.325kPa 时，溶解于 100g 水中的气体质量（g）。

表 1.94　加压下硫化氢在甲醇中的溶解度

温度/℃	压力/MPa	溶解度(摩尔分数)	温度/℃	压力/MPa	溶解度(摩尔分数)
	0.203	0.092		0.446	0.403
	0.405	0.199		0.507	0.490
	0.608	0.329	−15	0.547	0.585
	0.760	0.453		0.588	0.662
0	0.811	0.484		0.648	1.000
	0.922	0.608		0.203	0.203
	0.993	0.743		0.253	0.290
	1.013	0.840		0.304	0.327
	1.034	1.000	−25	0.345	0.465
	0.203	0.165		0.405	0.582
−15	0.304	0.231		0.436	0.733
	0.345	0.298		0.456	1.000
	0.426	0.367			

表 1.95　常压下硫化氢在不同温度甲醇中的溶解度

硫化氢分压/kPa	不同温度时的溶解度/(cm^3/g)			
	0℃	−25.6℃	−50.0℃	−78.5℃
6.67	2.4	5.7	16.8	76.4
13.33	4.8	11.2	32.8	155.0

硫化氢分压/kPa	不同温度时的溶解度/(cm³/g)			
	0℃	−25.6℃	−50.0℃	−78.5℃
20.00	7.2	16.5	48.0	249.2
26.66	9.7	21.8	65.6	
40.00	14.8	33.0	99.6	
53.33	20.0	45.8	135.2	

表 1.96　硫化氢在碳酸丙烯酯中的溶解度

硫化氢分压/kPa(mmHg)	不同温度时的溶解度(体积分数)						
	−45℃	−30℃	−10℃	0℃	15℃	25℃	40℃
26.66(200)	32.0	16.0	7.4	5.5	3.6	2.9	2.0
53.33(400)	71.6	33.6	15.0	11.2	7.0	5.6	3.9
79.99(600)	122	56.5	23.2	16.7	10.4	8.3	5.6
101.3(760)	—	—	32.0	20.9	12.8	10.4	6.9

表 1.97　不同条件下硫化氢在不同浓度一乙醇胺溶液中的溶解度

温度/℃	硫化氢分压/kPa	不同一乙醇胺溶液浓度时的溶解度(摩尔分数)						
		0.6mol/L	1.0mol/L	1.5mol/L	2.0mol/L	3.0mol/L	4.0mol/L	5.0mol/L
25	93.33	1.148	1.086	1.050	1.033	1.011	0.998	0.991
	79.99	1.126	1.072	1.041	1.025	1.004	0.991	0.984
	66.66	1.101	1.058	1.032	1.016	0.996	0.980	0.971
	53.33	1.080	1.042	1.020	1.006	0.985	0.971	0.963
	40.00	1.053	1.022	1.002	0.990	0.970	0.955	0.945
	26.66	1.027	0.998	0.979	0.966	0.946	0.931	0.918
	13.33	0.986	0.956	0.934	0.919	0.893	0.870	0.852
	6.666	0.934	0.902	0.876	0.856	0.819	0.784	0.758
	3.333	0.866	0.833	0.802	0.777	0.730	0.687	0.643
45	93.33	1.124	1.051	1.011	0.988	0.958	0.940	0.927
	79.99	1.097	1.033	0.996	0.975	0.948	0.928	0.914
	66.66	1.070	1.012	0.980	0.960	0.934	0.913	0.890
	53.33	1.045	0.993	0.961	0.943	0.918	0.897	0.880
	40.00	1.011	0.967	0.939	0.921	0.891	0.869	0.850
	26.66	0.974	0.929	0.900	0.880	0.846	0.819	0.800
	13.33	0.908	0.864	0.826	0.795	0.748	0.714	0.684
	6.666	0.826	0.782	0.742	0.706	0.648	0.601	0.564
	3.333	0.731	0.686	0.631	0.601	0.533	0.487	0.453
60	93.33	1.083	1.040	0.998	0.968	0.934	0.909	0.891
	79.99	1.056	1.011	0.970	0.944	0.910	0.884	0.865
	66.66	1.027	0.984	0.945	0.916	0.880	0.858	0.837
	53.33	0.995	0.952	0.912	0.885	0.848	0.821	0.801
	40.00	0.960	0.916	0.876	0.847	0.810	0.778	0.753
	26.66	0.908	0.863	0.822	0.793	0.751	0.714	0.683
	13.33	0.811	0.757	0.708	0.674	0.624	0.581	—
	6.666	0.694	0.634	0.576	0.532	0.474	0.425	—
	3.333	0.551	0.490	0.433	0.388	0.331	0.291	—

（3）饱和蒸气压

在常温下，硫化氢具有较高的蒸气压。表 1.98 列出了 110～350K 温度范围内硫化氢的饱和蒸气压。

表 1.98 不同温度时硫化氢饱和蒸气压

温度/K	饱和蒸气压/kPa	温度/K	饱和蒸气压/kPa
110[①]	7.9×10^{-3}	212.97	101.325
120[①]	1.29×10^{-2}	220	145.3
130[①]	4.17×10^{-2}	227.25	202.650
140[①]	0.167	230	253.3
150[①]	0.613	240	379.97
156.75[①]	1.333	250	567.4
160[①]	1.91	260	780.2
163.13[①]	2.666	270	1013.25
170[①]	5.17	280	1317.2
174.6[①]	7.998	290	1671.9
180[①]	12.49	298.65	2026.5
187.5[①]	22.7	315.05	3039.75
190	27.32	328.95	4053.00
200	51.93	339.85	5066.25
210	89.51	349.45	6079.50

[①] 固态硫化氢。

（4）密度

当压力为 0.101325MPa 时，不同温度时硫化氢的密度见表 1.99。

表 1.99 0.101325MPa 压力下不同温度时硫化氢的密度

温度/℃	密度/(kg/m³)	温度/℃	密度/(kg/m³)
−80	996[①]	0	1.539
−75	988[①]	20	1.434
−70	980[①]	40	1.343
−65	972[①]	60	1.262
−60	963[①]	100	1.127

[①] 液态硫化氢。

（5）热导率

常压下、硫化氢在不同温度时的热导率见表 1.100。

表 1.100 不同温度下硫化氢的热导率

温度/K	热导率/[mW/(m·K)]	温度/K	热导率/[mW/(m·K)]
200	8.2	350	18.0
250	11.4	400	21.2
300	14.7		

（6）动力黏度

硫化氢在不同温度下的黏度见表 1.101。

表 1.101 不同温度下硫化氢的黏度

温度/℃	黏度/(μPa·s)	温度/℃	黏度/(μPa·s)
0	11.79	50	13.98
20	12.65	100	15.87
25	12.95	150	16.08

1.13.3 化学性质

硫化氢化学性质不稳定，点火时能在空气中燃烧，具有还原性。能使银、铜制品表面发黑。与许多金属离子作用，可生成不溶于水或酸的硫化物沉淀。它和许多非金属作用生成游离硫。

（1）分解反应

硫化氢在常温下稳定，当温度高达 1000℃ 时（即使有催化剂存在，反应温度也需 800℃左右）易发生分解反应：

$$2H_2S \rightleftharpoons 2H_2 + S_2$$

除热分解外，还可利用其他特殊能量如 X 射线、γ 射线、紫外线、微波、电场和光能等分解硫化氢。为提高反应速度，降低反应温度，可以使用金属（如镍）或金属硫化物（如 FeS、CoS、NiS、MoS_2、V_2S_3、WS 等）以及复合金属硫化物（如 Ni-Mo 的硫化物、Co-Mo 的硫化物等）作催化剂。

（2）氧化反应

硫化氢是一种较强的还原剂，可被多种氧化剂氧化。产物取决于氧化剂的用量和反应条件。

① 硫化氢与氧的反应　在空气充足的条件下，硫化氢可以完全燃烧并有淡蓝色火焰，同时会闻到二氧化硫的气味。硫化氢的燃烧反应生成二氧化硫和水，其反应方程式为：

$$2H_2S + 3O_2 \xrightarrow{\text{完全燃烧}} 2SO_2 + 2H_2O$$

如果硫化氢不能充分燃烧，则会游离出黄色的单质硫，并且氢和氧化合生成水。其反应方程式如下：

$$2H_2S + O_2 \xrightarrow{\text{不完全燃烧}} 2S + 2H_2O$$

硫化氢水溶液长时间放置于敞口容器中，水溶液会逐渐浑浊并有细粒状的单质硫析出。这是因为溶液中的硫化氢被空气中的氧缓慢氧化的缘故。

② 与其他氧化剂的反应　碘、氯、溴等氧化剂可以将硫化氢氧化成相应的酸并析出单质硫。其反应方程式为：

$$H_2S + I_2 \Longrightarrow 2HI + S$$
$$H_2S + Cl_2 \Longrightarrow 2HCl + S$$
$$H_2S + Br_2 \Longrightarrow 2HBr + S$$

硫化氢与 SO_2、H_2O_2 反应也会析出单质硫，其反应方程式为：

$$2H_2S + SO_2 \Longrightarrow 2H_2O + 3S$$
$$H_2S + H_2O_2 \Longrightarrow 2H_2O + S$$

（3）与酸的反应

在常温常压下，硫化氢能与酸进行反应。如硫化氢与硫酸、硝酸发生如下反应：

$$H_2S + H_2SO_4（浓）\Longrightarrow 2H_2O + SO_2 + S$$
$$H_2S + 3H_2SO_4（浓,过量）\Longrightarrow 4H_2O + 4SO_2$$
$$2H_2S + H_2SO_3 \Longrightarrow 3H_2O + 3S$$

$$3H_2S + 2HNO_3(稀) == 4H_2O + 2NO + 3S$$

$$H_2S + 2HNO_3(浓) == 2H_2O + 2NO_2 + S$$

$$H_2S + 8HNO_3(浓，过量) == 4H_2O + 8NO_2 + H_2SO_4$$

（4）与碱的反应

常温下硫化氢能与碱溶液发生中和反应，生成硫化物（或硫氢化物）和水，如与氢氧化钠反应：

$$H_2S + 2NaOH == Na_2S + 2H_2O$$

$$H_2S + NaOH == NaHS + H_2O$$

（5）与盐的反应

许多盐的溶液与氢硫酸反应，生成硫化物的沉淀。例如，硫化氢和碳酸钠、硝酸铅、硫酸镉、硫酸铜有以下反应：

$$H_2S + Na_2CO_3 == NaHS + NaHCO_3$$

$$Pb(NO_3)_2 + H_2S == 2HNO_3 + PbS（棕黑色沉淀）$$

$$CdSO_4 + H_2S == H_2SO_4 + CdS（黄色沉淀）$$

$$CuSO_4 + H_2S == H_2SO_4 + CuS$$

（6）与金属离子的反应

硫化氢能与银、铝、砷、金、铋、铜、镉、镍、铅、钯、铟、锑、锌、汞等金属离子反应，生成各种颜色的硫化物，这是阳离子定性分析方法的基础。

① 硫化氢与银离子的反应

在中性或碱性含银离子的溶液中通入硫化氢，银离子就变为黑色硫化银沉淀。该沉淀物可溶于热稀硝酸中，但不溶于氨水。其反应式为：

$$2Ag^+ + H_2S == Ag_2S + 2H^+$$

$$3Ag_2S + 8HNO_3 == 6AgNO_3 + 2NO + 3S + 4H_2O$$

② 硫化氢与铝离子的反应

在酸性低于 $0.03mol/L$ 盐酸的含铝离子的溶液中通入硫化氢，生成硫化铝，硫化铝水解产生氢氧化铝沉淀。其反应式为：

$$2AlCl_3 + 3H_2S \rightleftharpoons Al_2S_3 + 6HCl$$

$$Al_2S_3 + 6H_2O \rightleftharpoons 2Al(OH)_3 + 3H_2S$$

③ 硫化氢与金离子的反应

a. 金离子在冷酸性溶液中与硫化氢反应，生成黑色二硫化二金沉淀，该沉淀溶于王水。其反应式为：

$$3H_2S + 2AuCl_3 == Au_2S_2 + S + 6HCl$$

b. 在热酸性溶液中，金离子能被硫化氢还原析出。

$$3H_2S + 8AuCl_3 + 12H_2O == 8Au + 3H_2SO_4 + 24HCl$$

④ 硫化氢与镉离子的反应

镉离子在微酸性溶液中与硫化氢反应，生成黄色硫化镉沉淀。其反应式为：

$$H_2S + CdCl_2 \rightleftharpoons CdS + 2HCl$$

⑤ 硫化氢与铋离子的反应

铋离子与硫化氢反应，生成暗棕色的三硫化二铋沉淀，可溶于热稀硝酸和盐酸。其反应式为：

$$3H_2S + 2BiCl_3 \rlongequal Bi_2S_3 + 6HCl$$

⑥ 硫化氢与铜离子的反应

铜离子在中性、碱性或酸性溶液中与硫化氢反应，生成黑色的硫化铜沉淀。其反应式为：

$$H_2S + CuSO_4 \rlongequal CuS + H_2SO_4$$
$$H_2S + CuCl_2 \rlongequal CuS + 2HCl$$

⑦ 硫化氢与铟离子的反应

在含铟离子的微酸性溶液中通入硫化氢，铟离子与硫化氢反应，生成橙黄色硫化铟沉淀。其反应式为：

$$3H_2S + 2InCl_3 \rlongequal In_2S_3 + 6HCl$$

⑧ 硫化氢与铅离子的反应

在微酸性、中性和碱性溶液中，铅离子与硫化氢反应，生成黑色硫化铅沉淀。其反应式为：

$$H_2S + Pb(C_2H_3O_2)_2 \rlongequal PbS + 2HC_2H_3O_2$$
$$H_2S + PbCl_2 \rlongequal PbS + 2HCl$$

⑨ 硫化氢与锌离子的反应

锌离子在微酸性（0.02mol/L 盐酸）溶液中，与硫化氢反应，生成白色硫化锌沉淀。其反应式为：

$$H_2S + ZnCl_2 \rlongequal ZnS + 2HCl$$

⑩ 硫化氢与锑离子的反应

三价锑离子（Sb^{3+}）在酸性溶液中与硫化氢反应，生成橙色球结状三硫化锑沉淀。其反应式为：

$$3H_2S + 2SbCl_3 \rlongequal Sb_2S_3 + 6HCl$$

⑪ 硫化氢与砷离子的反应

三价砷离子（As^{3+}）在酸性溶液中与硫化氢反应，生成黄色球状三硫化砷沉淀。其反应式为：

$$3H_2S + 2AsCl_3 \rlongequal As_2S_3 + 6HCl$$

五价砷或砷酸盐与硫化氢反应，一部分还原为亚砷离子，再继续与硫化氢反应，生成三硫化砷沉淀；另一部分五价砷盐溶液与硫化氢反应，生成五硫化二砷沉淀。其反应式为：

$$H_2S + H_3AsO_4 + 3HCl \longrightarrow AsCl_3 + S + 4H_2O$$
$$3H_2S + 2AsCl_3 \rlongequal As_2S_3 + 6HCl$$
$$5H_2S + 2H_3AsO_4 \rlongequal As_2S_5 + 8H_2O$$

⑫ 硫化氢与汞离子的反应

汞离子与硫化氢反应的反应式为：

$$2H_2S + 3HgCl_2 \rlongequal Hg_3Cl_2S_2(红色沉淀) + 4HCl$$
$$H_2S + Hg_3Cl_2S_2 \rlongequal 3HgS(黑色沉淀) + 2HCl$$
$$H_2S + Hg_2(NO_3)_2 \rlongequal HgS + Hg + 2HNO_3$$

（7）与有机化合物的反应

硫化氢在自由基引发时和在酸催化剂作用下与链烯反应分别生成硫醇和硫化物。

反应式为：

$$H_2S+CH_3CH\!=\!CH_2 =\!=\!= CH_3CH_2CH_2SH$$

$$H_2S+CH_3CH\!=\!CH_2 =\!=\!= (CH_3)_2CHSH$$

自由基引发时，使用助催化剂如亚磷酸盐可增加转化率。链烯带有吸电子取代基时，用碱作催化剂并发生如下反应：

$$H_2S+CH_2\!=\!CHCOOR =\!=\!= HSCH_2CH_2COOR$$

$$H_2S+2CH_2\!=\!CHCOOR =\!=\!= S(CH_2CH_2COOR)_2$$

在酸催化下，硫化氢与醇反应生成硫醇，进一步与醇作用则生成硫醚，加热时通常用固体酸催化剂。

$$CH_3OH+H_2S \longrightarrow CH_3SH \xrightarrow{CH_3OH} CH_3SCH_3$$

硫化氢与氯代芳香化合物反应生成苯硫酚（主产物）和二芳基硫。

$$2H_2S+3C_6H_5Cl \longrightarrow 3HCl+C_6H_5SH+(C_6H_5)_2S$$

硫化氢与环氧衍生物反应生成 2-羟烷基硫醇和二(2-羟烷基)硫，此两个产品均已工业化生产。

$$H_2S+H_2C\overset{O}{\overbrace{}}CH_2 \longrightarrow HSCH_2CH_2OH$$

$$H_2S+2H_2C\overset{O}{\overbrace{}}CH_2 \longrightarrow S(CH_2CH_2OH)_2$$

在碱性催化剂作用下，硫化氢与氨基腈反应生成硫脲。

$$H_2S+H_2NC\!\equiv\!N \longrightarrow H_2N\overset{S}{\overset{\|}{C}}NH_2$$

1.13.4　制备方法

（1）实验室制备硫化氢

在实验室里，通常用启普发生器或类似的简易装置制备硫化氢。如用稀硫酸或稀盐酸与硫化亚铁、硫化钙或硫化锌反应制备硫化氢。采用向上排空气法或排饱和 NaHS 溶液法收集气体，尾气用浓 NaOH 或 CuSO_4 溶液吸收。

$$FeS+H_2SO_4（稀）=\!=\!= FeSO_4+H_2S$$

$$FeS+2HCl（稀）=\!=\!= FeCl_2+H_2S$$

（2）工业制备硫化氢

工业上生产硫化氢的方法主要有从含硫化氢的气体副产物中回收及直接生产两大类。

① 直接合成法

a. 氢气和硫直接合成硫化氢。

将氢气通入充填在反应器内温度为 250℃ 以上的液态硫中，使硫液与氢气直接反应生成硫化氢。该方法的特点是，在反应器上部，设置硫蒸气内部回流装置，反应生成的气体在内部回流装置中经换热冷却，使其中的硫蒸气液化回流，从而除去生成气中的大部分硫蒸气，剩余的硫蒸气在随后的加氢反应器中，通过进一步与氢气反应生成硫化氢除去。加氢反应器内，装有 Co-Mo 和 Ni-Mo 的氧化物或硫化物以及 Ni_3S_2 等加氢催化剂。反应器的温度最佳范围为 $250\sim600℃$（最好为 300℃以上），反应压力最佳范围为 0.03～3MPa（表压），最好为 0.3MPa（表压）以上。其反应式为：

$$H_2 + S \Longrightarrow H_2S$$

在 500℃左右，氢气和硫蒸气在铁铝氧石、硅铝酸盐或钼催化剂作用下反应，可制得硫化氢。由于反应是放热反应，因此必须控制反应器的温度，通常可以通过控制两者的反应量来实现，即氢量过剩而减少硫量。

也可以以硫黄、甲烷和水蒸气为原料生产硫化氢，即甲烷和硫黄反应先生成 CS^2，再水解后制得硫化氢。

b. 二硫化亚铁与氢气反应合成硫化氢。

在 900℃，用二硫化亚铁与氢气反应，可以获得硫化氢。其反应为：

$$FeS_2 + H_2 \xrightarrow{900℃} FeS + H_2S$$

反应生成的气体经冷却、过滤、精馏和液化等工序即制得液体硫化氢产品。

② 副产回收法

硫化氢是许多工业生产的副产物，如在石油与天然气工业中应用脱硫工艺脱除的硫化氢，生产 CS_2 产生的硫化氢等等。目前采用回收方式制硫化氢的工艺主要有两种。如果回收气中硫化氢含量较高，且不含二氧化硫，可直接通过精馏、干燥、液化等工艺制得液体硫化氢；如果回收气中硫化氢含量较低或含有较多的二氧化硫，则可通过克劳斯硫回收工艺或砷碱法等先制得单质硫，然后与氢气反应生成硫化氢。目前工业上使用的硫化氢绝大多数是副产品或从酸性天然气中获得的。

1.13.5 应用

（1）化学工业

在化学工业中硫化氢用于精制盐酸和硫酸（除去重金属离子）、制备元素硫等。另外，硫化氢还可用于制造多种无机硫化物诸如硫化钠、硫氢化钠等，进而用作制造染料、橡胶制品、杀虫剂、塑料助剂、皮革和药物的原料。硫化氢也是制造显像管荧光粉和无毒的红色颜料三硫化二铈的直接原料。硫化氢还可作为回收甲酚时的还原剂。

在分析化学中硫化氢用于分离和鉴定金属离子，也常作为一种试剂使用。

在有机合成中 H_2S 的重要用途是制取硫醇、二甲基亚砜等。

（2）半导体工业

在半导体工业中硫化氢作为砷化镓的 n 型掺杂剂，纯度在 99.6% 以上。还可作为等离子体工艺中的蚀刻气体。

（3）冶金工业

在冶金工业中 H_2S 用来从 Ni-Co 矿的浸取液中沉淀 CuS，从红土的硫酸浸取液中沉淀硫化镍和硫化钴。

（4）核工业

在核工业中用 H_2S-水双温交换法制取重水是当今最经济的重水工业生产方法之一。

1.14 甲烷

1.14.1 简介

甲烷是最简单的有机物，也是含碳量最小（含氢量最大）的烃，由一个碳和四个氢原子通过 sp^3 杂化的方式组成，因此甲烷分子的结构为正四面体结构，四个键的键长相同、键角相等，其分子式为 CH_4，相对分子质量为 16.043。在标准状态下甲烷是一无色无味气体。甲烷在自然界的分布很广，是天然气、沼气、坑气等的主要成分，俗称瓦斯。植物在没有空气的条件下腐烂以及一些复杂分子经过断裂最终会生成甲烷。甲烷主要是作为燃料及制造氢气、炭黑、一氧化碳、乙炔、氢氰酸及甲醛等物质的原料。

2018 年 4 月 2 日，美国能源部劳伦斯伯克利国家实验室的研究人员首次直接证明了甲烷导致地球表面温室效应不断增加。

1.14.2 物理性质

（1）主要物理性质

甲烷的主要物理性质见表 1.102。

表 1.102 甲烷的主要物理性质

分子式		CH_4
相对分子质量		16.043
外观与性状		常温下为无色无味气体
溶解性		难溶于水,溶于多种有机溶剂
气体密度(101.325kPa,0℃)/(kg/m³)		0.7167
气体相对密度(101.325kPa,0℃)(空气密度为1)		0.5548
液体相对密度(−164℃)(水密度为1)		0.42
摩尔体积(标准状态)/(L/mol)		22.38
熔点/℃		−182.5
熔化热/(kJ/mol)		0.938
沸点	温度/℃	−161.5
	汽化热/(kJ/mol)	8.180
	气体密度/(kg/m³)	1.8
	液体密度/(kg/m³)	426
饱和蒸气压(−168.8℃)/kPa		53.32
临界温度/℃		−82.6
临界压力/MPa		4.64
临界密度/(kg/m³)		160.4
临界体积/(L/mol)		0.0988
三相点	温度/K	90.6
	压力/kPa	11.65
	液体密度/(kg/m³)	450.7
比热容(101.32kPa,15.6℃)/[kJ/(kg·K)]	比定压热容 c_p	2.202
	比定容热容 c_V	1.675
热导率(101.32kPa 和 0℃)/[W/(m·K)]		0.030
黏度(101.32kPa,0℃)/(μPa·s)		10.3
表面张力(103K)/(mN/m)		15.8
介电常数(气体,0℃)		1.000944

燃烧热/(kJ/m³)	35877
闪点/℃	−188
引燃温度/℃	538
自燃温度(空气中,101.3kPa)/K	811
在空气中的爆炸极限(20℃)/10⁻²	5.3～14.0

（2）溶解性

甲烷是非极性分子，在常压下难溶于水，但能溶于多种有机溶剂。20℃时100mL水可溶解3.3cm³的甲烷，100mL乙醇可溶解47.1cm³的甲烷。10℃时100mL乙醚可溶解104cm³的甲烷。不同温度下甲烷在水中的溶解度见表1.103。

表1.103　不同温度下甲烷在水中的溶解度

温度/℃	$\alpha^①$/(mL/mL 水)	$q^②$/(g/100g 水)	温度/℃	$\alpha^①$/(mL/mL 水)	$q^②$/(g/100g 水)
0	0.05563	0.003959	20	0.03308	0.0023219
1	0.05401	0.003842	21	0.03243	0.002270
2	0.05244	0.003728	22	0.03180	0.002222
3	0.05093	0.003619	23	0.03119	0.002177
4	0.04946	0.003513	24	0.03061	0.002133
5	0.04805	0.003410	25	0.03006	0.002091
6	0.04669	0.003312	26	0.02952	0.002050
7	0.04539	0.003217	27	0.02901	0.002011
8	0.04413	0.003127	28	0.02852	0.001974
9	0.04293	0.003039	29	0.02806	0.001938
10	0.04177	0.002955	30	0.02762	0.001904
11	0.04072	0.002879	35	0.02546	0.001733
12	0.03970	0.002805	40	0.02369	0.001586
13	0.03872	0.002733	45	0.02238	0.001466
14	0.03779	0.002665	50	0.02134	0.001359
15	0.03690	0.002599	60	0.01954	0.001144
16	0.03606	0.002538	70	0.01825	0.000926
17	0.03525	0.002478	80	0.01770	0.000695
18	0.03448	0.002422	90	0.01735	0.00040
19	0.03376	0.002369	100	0.0170	0.0000

① α 为吸收系数，指气体压力为101.325kPa时，溶解于1mL水中的甲烷气体体积（mL）（已折合为标准状态：0℃，101.325kPa）。

② q 为当气体压强与水蒸气压强之和为101.325kPa时，溶解于100g水中的气体质量（g）。

（3）蒸气压

不同温度下甲烷的蒸气压见表1.104。

表1.104　不同温度下甲烷的蒸气压

温度/℃	蒸气压/kPa	温度/℃	蒸气压/kPa
−195.51(s)	1.333	−138.3	506.625
−191.77(s)	2.666	−124.8	1013.250
−185.06(s)	7.998	−108.5	2026.500
−175.55	26.664	−96.3	3039.750
−161.49	101.325	−86.3	4559.625
−152.3	202.650		

注：(s)表示固体。

（4）压缩系数

不同压力和温度下甲烷的压缩系数见表1.105。

表 1.105　不同压力和温度下甲烷的压缩系数

压力/MPa	不同温度时的压缩系数$[Z=PV/(RT)]$					
	203.15K	223.15K	248.15K	273.15K	298.15K	323.15K
0.1013	0.9963	0.9976	0.9989	1.0000	1.0006	1.0012
1.0133	0.9392	0.9529	0.9690	0.9785	0.9833	0.9958
2.0265	0.8703	0.9060	0.9349	0.9543	0.9554	0.9797
3.0398	0.7946	0.8557	0.9007	0.9303	0.9503	0.9646
4.053	0.7051	0.8014	0.8666	0.9065	0.9343	0.9538
5.0662	0.5950	0.7429	0.8314	0.8833	0.9193	0.9429
6.0795	0.4526	0.6795	0.7973	0.8611	0.9043	0.9315
8.106	0.3437	0.5636	0.7321	0.8192	0.8767	0.9134
10.132	0.3776	0.5004	0.6788	0.7853	0.8538	0.8990
12.159	0.4269	0.5012	0.6469	0.7604	0.8361	0.8874
14.186	0.4764	0.5268	0.6385	0.7457	0.8248	0.8798
16.212	0.5264	0.5632	0.6485	0.7425	0.8197	0.8763
18.238	0.5766	0.6027	0.6691	0.7482	0.8218	0.8768
20.265	0.6260	0.6450	0.6956	0.7631	0.8290	0.8822

（5）密度

不同温度下甲烷的密度见表 1.106。

表 1.106　不同温度下甲烷的密度

温度/K	密度/(g/cm^3)		温度/K	密度/(g/cm^3)	
	液体	蒸气		液体	蒸气
115	0.41925	0.00238	155	0.35022	0.01938
120	0.4119	0.0033	160	0.3391	0.02408
125	0.40432	0.00448	165	0.3269	0.03579
130	0.3964	0.0059	170	0.3132	0.03698
135	0.3881	0.00768	175	0.2975	0.0463
140	0.3795	0.00988	180	0.2782	0.0589
145	0.3703	0.01246	185	0.2510	0.0796
150	0.3606	0.0156			

（6）汽化热

甲烷的汽化热是恒定温度下，汽化单位质量的甲烷液体所需的热量。不同温度下甲烷的汽化热见表 1.107。

表 1.107　不同温度下甲烷的汽化热

温度/K	汽化热/(J/mol)	温度/K	汽化热/(J/mol)
100	8569	145	7201
105	8431	150	6987
110	8297	155	6745
115	8159	160	6468
120	8021	165	6150
125	7878	170	5782
130	7728	175	5339
135	7565	180	4774
140	7393	185	3904

（7）比定压热容

不同压力和温度下及不同状态甲烷的摩尔定压热容见表 1.108，定压比热容见表 1.109～表 1.110。

表 1.108　不同压力和温度下甲烷的摩尔定压热容

压力/MPa	不同温度下甲烷的摩尔定压热容 $C_{p,m}$/[J/(mol·K)]													
	130K	140K	150K	160K	170K	180K	190K	200K	220K	240K	260K	280K	300K	350K
0.1013	34.16	34.12	34.08	34.00	33.95	33.91	33.91	33.91	34.03	34.33	34.75	35.29	35.96	38.10
0.507		38.90	37.26	36.17	35.42	34.92	34.62	34.42	34.42	34.67	35.00	35.59	36.26	38.39
1.013			50.49	43.54	39.52	37.26	36.13	35.50	35.21	35.25	35.46	36.05	36.63	38.73
1.520				61.55	48.15	41.87	38.73	37.26	36.43	36.05	36.05	36.55	37.05	39.10
2.027					69.08	49.45	42.71	40.07	38.02	37.05	36.72	37.05	37.47	39.48
2.533						60.58	48.44	43.88	39.90	38.23	37.47	37.60	37.89	39.86
3.040						75.78	56.40	48.90	42.08	39.57	38.35	38.14	38.35	40.19
3.546							67.41	55.60	44.51	41.16	39.36	38.73	38.85	40.57
4.053							85.41	65.94	47.14	42.91	40.49	39.40	39.36	40.95
4.560									49.95	44.88	41.74	40.15	39.90	41.32
5.066									52.96	47.02	43.12	41.03	40.44	41.66
6.080									59.70	52.08	46.18	43.00	41.66	42.33
7.093									65.73	56.94	49.49	45.09	42.96	43.00
8.106									70.84	61.50	52.84	47.31	44.34	43.67
9.119									74.53	65.36	56.10	49.53	45.89	44.34
10.133									75.78	67.87	59.16	51.67	47.39	45.01
12.159									71.13	69.38	64.56	56.94	50.83	46.31
14.186									67.45	68.12	67.20	61.34	53.63	47.52
16.212									64.52	65.44	65.27	61.76	55.77	48.61
18.239									62.22	62.76	62.51	60.83	57.15	49.61
20.265									60.42	60.71	60.46	59.41	57.48	50.45
25.331									56.98	57.44	57.48	57.11	56.23	51.25
30.398									54.30	55.06	55.43	55.43	55.10	51.79

表 1.109　不同温度下液体甲烷的比定压热容

温度/℃	比定压热容 c_p/[J/(g·K)]	温度/℃	比定压热容 c_p/[J/(g·K)]
−177.7	3.341	−95.1	5.460
−162.2	3.450	−88.7	6.816
−123.6	3.860	−84.9	13.670

表 1.110　不同温度下固体甲烷的比定压热容

温度/℃	比定压热容 c_p/[J/(g·K)]	温度/℃	比定压热容 c_p/[J/(g·K)]
−262.8	0.249	−233.1	1.810
−255.2	1.062	−189.4	2.629

（8）热导率

在不同温度和压力条件下，甲烷的热导率见表 1.111～表 1.113。

表 1.111　甲烷在 101.325kPa 压力下不同温度时的热导率

温度/K	热导率/[mW/(m·K)]	温度/K	热导率/[mW/(m·K)]
91.55	9.412	199.8	20.1
110.9	8.79	227.6	23.9
144.3	13.0	255.4	27.2
172.1	17.2	283.2	31.0

表 1.112 甲烷在不同温度及压力下的热导率

温度/K	不同压力下的热导率/[mW/(m·K)]				
	0.098MPa	1.961MPa	4.903MPa	9.807MPa	14.710MPa
353.15	40.5	43.8	45.1	48.3	51.8
333.15	38.0	39.5	42.4	47.1	52.3
313.15	35.4	36.6	37.8	45.9	52.4
293.15	32.6	35.1	37.2	44.8	52.9
273.15	30.2	32.2	36.1	41.9	53.5
253.15	27.7	30.2	33.1	43.0	55.8
233.15	22.8	24.8	30.8	64.0	79.1
193.15	21.5	22.8	54.1	90.1	98.0
173.15	18.6	20.4	107.7	114	119.2
153.15	16.5	—	129.7	133.7	138.4
133.15	14.2	—	148.9	151.9	155.8
113.15	12.1	—	166.3	171.8	174.5

表 1.113 不同温度下液体甲烷的热导率

温度/K	热导率/[mW/(m·K)]	温度/K	热导率/[mW/(m·K)]
103.25	203.1	145.35	129.7
112.55	194.6	172.85	104.7

（9）黏度

在 0.101325MPa、不同温度条件下甲烷的黏度见表 1.114。

表 1.114 甲烷在 0.101325MPa 压力下不同温度时的黏度

温度/℃	动力黏度/(μPa·s)	温度/℃	动力黏度/(μPa·s)
−183.15	3.65	25	11.08
−173.15	4.03	50	11.85
−153.15	4.78	75	12.60
−133.15	5.60	100	13.32
−113.15	6.29	150	14.72
−93.15	7.03	200	16.04
−73.15	7.78	250	17.25
−53.15	8.50	300	18.50
−33.15	9.19	400	20.80
−13.15	9.86	500	22.68
0	10.28	600	24.65
20	10.92		

1.14.3 化学性质

通常情况下，甲烷的化学性质比较稳定，与高锰酸钾等强氧化剂不反应，与强酸、强碱也不反应。但是在特定条件下，甲烷也会发生某些反应。

（1）分解反应

在隔绝空气并加热至1000℃的条件下，甲烷分解生成炭黑和氢气。氢气是合成氨及汽油等工业的原料，炭黑是橡胶工业的原料。

$$CH_4 \xrightarrow{1000℃} C + 2H_2$$

（2）和水蒸气反应

甲烷与水蒸气的反应是工业上广泛使用的生产合成气的方法。在700～870℃温度下，以镍为催化剂，甲烷与水蒸气发生反应，生成一氧化碳和氢气。

$$CH_4 + H_2O \xrightarrow[800℃]{Ni} CO + 3H_2$$

（3）氧化反应

甲烷最基本的氧化反应就是燃烧，生成二氧化碳和水。

$$CH_4 + 2O_2 \xrightarrow{\quad} CO_2 + 2H_2O$$

甲烷可以在空气里安静地燃烧，但不助燃。甲烷在氧气（氧气过量，甲烷与氧气的物质的量比为1∶2）中燃烧，已发生爆炸性的强烈反应。

用活性氧化铝或白土为催化剂，在反应温度为675℃、压力为0.138～0.207MPa的条件下，甲烷可以被硫氧化为二硫化碳：

$$CH_4 + 4S \xrightarrow{\quad} CS_2 + 2H_2S$$

（4）卤化反应

在高温或光照或催化剂作用下，甲烷中的氢原子可以被卤素原子取代生成卤代烃。甲烷氯代首先得到氯甲烷，氯甲烷中的氢原子进一步与氯反应，逐步生成二氯甲烷、三氯甲烷和四氯化碳，甲烷氯化物在工业上具有广泛用途。如果控制氯的用量，用大量甲烷，主要得到氯甲烷；如用大量氯气，主要得到四氯化碳。工业上通过精馏，使混合物一一分开。

$$CH_4 + Cl_2 \xrightarrow{紫外光} CH_3Cl + HCl$$

$$CH_3Cl + Cl_2 \xrightarrow{紫外光} CH_2Cl_2 + HCl$$

$$CH_2Cl_2 + Cl_2 \xrightarrow{紫外光} CHCl_3 + HCl$$

$$CHCl_3 + Cl_2 \xrightarrow{紫外光} CCl_4 + HCl$$

甲烷和2摩尔的氯气在阳光直接照射下，发生爆炸式反应，并析出碳。其反应式为：

$$CH_4 + 2Cl_2 \xrightarrow{阳光} C + 4HCl$$

（5）形成甲烷水合物

甲烷可以形成笼状的水合物，甲烷被包裹在"笼"里。也就是我们常说的可燃冰。它是在一定条件（合适的温度、压力、气体饱和度、水的盐度、pH值等）下由水和天然气混合组成的类冰的、非化学计量的、笼形结晶化合物（碳的电负性较大，在高压下能吸引与之相近的氢原子形成氢键，构成笼状结构）。它可用 $mCH_4 \cdot nH_2O$ 来表示，m 代表水合物中的气体分子，n 为水合指数（即水分子数）。甲烷含量超过99%的天然气水合物又称为甲烷水合物。

1.14.4　制备方法

（1）实验室制备甲烷

在实验室里，可以用无水醋酸钠（CH_3COONa）和碱石灰（$NaOH$ 和 CaO 做干燥剂）加热制得甲烷，用排水法收集。其反应式为：

$$CH_3COONa + NaOH \xlongequal{\quad} Na_2CO_3 + CH_4$$

（2）工业制备甲烷

在工业上，主要是从天然气、炼焦气体和炼油厂的废气中分离回收甲烷。也可以人工制备甲烷，人工制备甲烷的方法主要有以下几种：

① 甲烷细菌分解法　将有机质放入沼气池中，控制好温度和湿度，甲烷菌迅速繁殖，将有机质分解成甲烷、二氧化碳、氢、硫化氢、一氧化碳等，其中甲烷占 $60\%\sim70\%$。经过低温液化，将甲烷提出，可制得廉价的甲烷。

② 合成法　在催化剂作用下，二氧化碳与氢反应，生成甲烷和氧，经分离、提纯，制得甲烷。其反应式为：

$$CO_2 + 2H_2 \xlongequal{\quad} CH_4 + O_2$$

将碳蒸气直接与氢反应，同样可制得高纯的甲烷。

1.14.5　应用

（1）用作燃料

甲烷是一种很重要的燃料，是天然气的主要成分，约占 87%，可以不经分离和提纯，直接提供民用和工业生产作燃料。随着对环境保护的重视，将甲烷压缩至 $10\sim20MPa$ 作为车用燃料逐步得到推广及应用。采用甲烷作车用燃料可以极大改善汽车尾气对环境的污染。

（2）用作化工原料

甲烷作为化工原料，可以用来生产乙炔、乙烯、氢气、合成氨、尿素、炭黑、甲醇、甲醛、二硫化碳、一氯甲烷、二氯甲烷、三氯甲烷、四氯化碳、硝基甲烷和氢氰酸等。

（3）其它应用

甲烷可用作热水器、燃气炉热值测试标准燃料，生产可燃气体报警器的标准气、校正气。在半导体器件生产中，甲烷是等离子体工艺中常用的一种气体，还可用作太阳能电池、非晶硅膜气相化学沉积的碳源。

1.15　丙烷

1.15.1　简介

丙烷又名二甲基甲烷和丙基氢化物，是一种三碳烷烃，化学式为 C_3H_8，结构式为 $CH_3—CH_2—CH_3$，C 原子以 sp^3 杂化轨道成键、分子为极性分子。常温常压下丙烷为无色无臭的易燃气体，微溶于水，溶于乙醇、乙醚，化学性质稳定，不易发生化学反应，常用作冷冻剂、内燃机燃料或有机合成原料。

1.15.2 物理性质

（1）主要物理性质

丙烷的主要物理性质见表1.115。

表1.115 丙烷的主要物理性质

分子式		$CH_3CH_2CH_3$
相对分子质量		44.0956
外观与性状		无色无味气体
溶解性		微溶于水，溶于乙醇、乙醚
气体密度(101.325kPa,0℃)/(kg/m³)		2.005
气体相对密度(101.325kPa,20℃)(空气密度为1)		1.55
摩尔体积(标准状态)/(L/mol)		21.99
熔点(101.325kPa)/℃		−187.6
熔化热/(kJ/kg)		79.97
沸点	温度/℃(101.325kPa)	−42.1
	汽化热/(kJ/kg)	426.05
	气体密度(99kPa)/(kg/m³)	2.325
	液体密度(101.325kPa)/(kg/m³)	582
饱和蒸气压(−55.6℃)/kPa		53.32
临界温度/℃		96.8
临界压力/kPa		4.26
临界液体密度/(kg/m³)		225
三相点	温度/℃	−187.68
	压力/kPa	$5.42×10^{-7}$
	液体密度/(kg/m³)	731.9
比热容(101.32kPa,15.6℃)/[kJ/(kg·K)]	比定压热容 c_p	1.624
	比定容热容 c_V	1.436
热导率(101.32kPa,0℃)/[W/(m·K)]		0.0150
黏度(101.32kPa,0℃)/(μPa·s)		7.5
表面张力(233K)/(mN/m)		15.15
燃烧热/(kJ/mol)		2217.8
闪点/℃		−104
引燃温度/℃		450
自燃温度(空气中,101.3kPa)/K		741
在空气中的爆炸极限(20℃)/10^{-2}		2.3~9.5

（2）溶解性

常压下，丙烷微溶于水，溶于多种有机溶剂。丙烷在部分溶剂中的溶解度见表1.116。

表1.116 丙烷在部分溶剂中的溶解度

溶剂	温度/℃	溶解度(体积分数)/%
水	17.8	6.5
无水乙醇	16.6	790
乙醚	16.6	926
氯仿	21.6	1299
苯	21.5	1452
松节油	17.7	1587

注：压力条件为水中100.391kPa，其他溶剂100.925kPa。

（3）饱和蒸气压

不同温度下丙烷的饱和蒸气压见表1.117。

表 1.117　不同温度下丙烷的饱和蒸气压

温度/K	饱和蒸气压/kPa	温度/K	饱和蒸气压/kPa
93.15	1.01×10^{-6}	228.15	92.0
103.15	3.47×10^{-5}	233.15	115.2
113.15	5.20×10^{-4}	238.15	142.5
123.15	4.53×10^{-3}	243.15	172.8
133.15	2.68×10^{-2}	248.15	208.4
143.15	0.12	253.15	250.4
153.15	0.40	258.15	298.5
163.15	1.16	263.15	351.8
168.15	1.93	268.15	414.8
173.15	3.04	273.15	483.9
178.15	4.56	278.15	563.5
183.15	6.69	283.15	655.0
188.15	9.63	288.15	754.1
193.15	13.48	293.15	861.1
198.15	18.64	298.15	980.4
203.15	25.23	303.15	1116.6
208.15	33.64	308.15	1262.5
213.15	44.08	313.15	1419.6
218.15	57.05	318.15	1596.9
223.15	73.06	323.15	1784.3

（4）压缩系数

不同压力和温度下丙烷的压缩系数见表 1.118。

表 1.118　不同压力和温度下丙烷的压缩系数

压力/MPa	不同温度时的压缩系数$[Z=PV/(RT)]$				
	310.93K	327.8K	344.27K	360.93K	377.6K
0.1013	0.9866	0.9885	0.9900	0.9913	0.9923
0.4053	0.9430	0.9520	0.9588	0.9641	0.9688
0.8106	0.8740	0.8972	0.9130	0.9261	0.9362
1.013	0.8348	0.8673	0.8890	0.9058	0.9195
2.027	0.072	—	0.740	0.791	0.825
3.040	0.107	—	—	0.632	0.714
4.053	0.142	—	—	—	0.564
5.066	0.177	—	—	0.197	—
6.080	0.212	—	—	0.229	0.250
8.106	0.279	—	—	0.291	0.302
10.133	0.345	—	—	0.353	0.362
12.159	0.411	—	—	0.413	0.422
14.186	0.477	—	—	0.473	0.480
16.212	0.541	0.534	0.534	0.531	0.535
18.239	0.604	0.595	0.589	0.588	0.589
20.265	0.667	0.654	0.647	0.644	0.643

（5）密度

不同温度下丙烷的密度见表 1.119。

表 1.119   不同温度下丙烷的密度

温度/K	密度/(g/cm³)		温度/K	密度/(g/cm³)	
	液体	蒸气		液体	蒸气
193	0.6240	0.000367	253	0.5555	0.005495
203	0.6134	0.000648	263	0.5430	0.007595
213	0.6025	0.001098	273	0.5300	0.01028
223	0.5910	0.001725	283	0.5160	0.01369
233	0.5793	0.002630	293	0.5015	0.01780
243	0.5680	0.003845	303	0.4860	0.02298

（6）汽化热

丙烷汽化热是恒定温度下，汽化单位质量的丙烷液体所需的热量。不同温度下丙烷的汽化热见表 1.120。

表 1.120   不同温度下丙烷的汽化热

温度/K	汽化热/(J/g)	温度/K	汽化热/(J/g)
243	410	273	375
253	399	283	362
263	387	293	349

（7）比定压热容

不同温度和压力下、不同状态的丙烷的摩尔定压热容见表 1.121，比定压热容见表 1.122、表 1.123。

表 1.121   不同压力和温度下丙烷的摩尔定压热容

压力/MPa	不同温度下丙烷的摩尔定压热容 $c_{p,m}$/[J/(mol·K)]									
	230K	240K	250K	260K	270K	280K	290K	300K	350K	400K
0.1013	99.23	62.80	64.47	66.57	68.66	70.34	72.01	74.11	84.16	94.20
0.2026	99.23	99.65	67.41	68.24	70.34	71.59	73.27	75.36	84.57	94.62
0.304	99.23	99.65	100.06	73.27	73.69	74.11	74.94	76.62	84.99	95.04
0.4053	99.23	99.65	100.06	100.90	80.39	77.88	77.04	77.87	85.83	95.46
0.5066	99.23	99.65	100.06	100.90	103.00	82.90	80.39	79.55	86.25	95.46
0.608	99.23	99.65	100.06	100.90	103.00	106.76	85.41	82.06	87.08	95.88
0.7093	99.23	99.65	100.06	100.90	102.58	106.34	92.53	87.08	87.50	96.30
0.8106	99.23	99.65	100.06	100.90	102.58	105.93	111.79	96.72	88.34	96.72
0.9120	99.23	99.65	100.06	100.90	102.58	105.93	111.37	113.46	88.76	97.13
1.0132	99.23	99.65	100.06	100.90	102.58	105.93	110.95	117.65	89.60	97.13
2.0265	99.23	99.65	100.06	100.90	102.16	105.09	109.69	115.56	107.60	101.32
3.0398	98.39	98.81	99.23	100.06	101.32	103.41	107.60	113.04	188.41	108.44
4.053	97.97	97.97	98.39	99.23	100.48	102.58	106.34	111.37	172.92	124.35
5.0662	97.55	97.55	97.97	98.81	100.06	102.16	105.93	110.53	162.45	—
6.0795	97.55	97.55	97.97	98.81	100.06	102.16	105.51	109.69	154.07	—
7.0928	—	—	—	—	—	101.74	105.09	109.28	147.38	—
9.106	—	—	—	—	—	101.74	105.09	109.28	141.93	—
9.1192	—	—	—	—	—	101.32	104.67	108.86	137.75	—
10.1325	—	—	—	—	—	101.32	104.67	108.86	134.82	167.05
15.1988	—	—	—	—	—	101.32	104.25	108.02	125.18	141.93
20.265	—	—	—	—	—	—	—	—	120.16	133.56
25.3312	—	—	—	—	—	—	—	—	117.23	128.53
30.3975	—	—	—	—	—	—	—	—	114.72	125.18

表 1.122 不同温度下液体丙烷的比定压热容

温度/K	比定压热容 c_p/[J/(g·K)]	温度/K	比定压热容 c_p/[J/(g·K)]
90.05	1.926	170.05	2.039
110.05	1.947	190.05	2.093
130.05	1.968	210.05	2.160
150.05	2.001	230.05	2.223

表 1.123 不同温度下固体丙烷的比定压热容

温度/K	比定压热容 c_p/[J/(g·K)]	温度/K	比定压热容 c_p/[J/(g·K)]
15.05	0.628	50.05	0.737
20.05	0.151	70.05	1.005
30.05	0.360		

（8）热导率

在 0.101325MPa 压力下不同温度时丙烷的热导率见表 1.124。

表 1.124 在 0.101325MPa 压力下不同温度时丙烷的热导率

温度/℃	热导率/[mW/(m·K)]	温度/℃	热导率/[mW/(m·K)]
4.44	7.18	104.44	12.26
37.78	8.71	137.78	14.34
71.11	10.43	171.11	16.51

（9）黏度

丙烷的黏度见表 1.125 和表 1.126。

表 1.125 在 0.101325MPa 压力下不同温度时丙烷的黏度

温度/K	动力黏度/(μPa·s)	温度/K	动力黏度/(μPa·s)
273.15	7.5	423.15	11.4
293.15	8.1	473.15	12.6
323.15	8.8	523.15	13.7
373.15	10.2	573.15	14.5

表 1.126 不同温度下液体丙烷的黏度

温度/K	动力黏度/(μPa·s)	温度/K	动力黏度/(μPa·s)
85.1	11540	133.2	980
88.1	8660	141.8	970
93.1	6090	144.4	740
96.8	4590	149.8	720
101.6	3580	160.0	560
106.7	2570	169.6	380
111.6	2100	175.8	410
119.4	1490		

1.15.3 化学性质

通常情况下，丙烷的化学性质稳定，不易发生化学反应。但是在特定条件下，丙烷也会发生某些反应。

同甲烷一样，丙烷可以在充足氧气下燃烧，生成水和二氧化碳。

$$C_3H_8+5O_2 \xrightarrow{\text{点燃}} 4H_2O+3CO_2$$

当氧气不充足时，生成水和一氧化碳。

$$2C_3H_8 + 7O_2(不足) \xrightarrow{点燃} 6CO + 8H_2O$$

在低温下容易与水生成固态水合物，引起天然气管道的堵塞。在较高温度下丙烷与过量氯气作用，生成四氯化碳和四氯乙烯 $Cl_2C=CCl_2$；在气相与硝酸作用，生成 1-硝基丙烷（$CH_3CH_2CH_2NO_2$）、2-硝基丙烷[$(CH_3)_2CHNO_2$]、硝基乙烷（$CH_3CH_2NO_2$）和硝基甲烷（CH_3NO_2）的混合物。

1.15.4　制备方法

丙烷的制备方法主要有以下 3 种。

① 在石油开采和炼制时，可作为石油气收集。石油馏分在裂化和催化裂化时，也有大量的丙烷生成。故与丙烷共存的杂质有甲烷、乙烷、丁烷、乙烯、丙烯以及低沸点硫化物、水分等。

② 精制时将石油经蒸馏和裂化等过程中生成的气体用油吸收，活性炭吸附，压缩和冷却使之液化等方法进行浓缩，再于低温或加压下分馏以分离丙烷。丙烯等不饱和成分可用浓硫酸除去或进行氢化。含硫化合物可用碱洗涤或用脱硫剂除去。水分用浓硫酸、乙二醇、固态干燥剂（如白土、氧化铝类）和金属钠等脱除，也可用共沸蒸馏的方法除去。丙烷的回收一般用蒸馏，也可用高沸点的烃类吸收或用吸附剂吸附的方法回收。

③ 以液化石油气为原料，在 0~5℃下冷凝，除去部分高沸点杂质后，进入吸附器中，先后除去原料气中的水、丙烯、乙烯、乙烷、正丁烷、异丁烷、正丁烯、异丁烯等烃类杂质，再进入冷凝器，将丙烷凝为液体，并与氮、氧等不凝气分离，即可。丙烷提取率可达 80% 以上。

1.15.5　应用

（1）丙烷的主要日常用途

丙烷常用作烧烤、便携式炉灶和机动车的燃料。丙烷通常被用来驱动火车、公交车、叉车和出租车，也被用来充当休旅车和露营时取暖和做饭的燃料。丙烷液是热气球的主要燃料。商用的丙烷燃料，或称液化石油气，是不纯的，在美国和加拿大，其主要成分是 90% 的丙烷外加最多 5% 的丁烷和丙烯以及臭味剂。这是美国和加拿大的国内标准，通常写作 HD-5 标准。需要注意的是，从甲烷（天然气）制备的液化石油气不包含丙烯，只有从原油精炼过程中得到的丙烷才含有。同样，在其他一些国家，比如墨西哥，丁烷的标准含量会相对较高一些。

（2）丙烷的工业用途

随着工业的发展，丙烷逐渐成为一种重要的石油化工原料，在石油化工中，丙烷可作为蒸汽裂化制备基础石化产品的给料；在某些火焰喷射器中充当燃料或加压气体；生产丙醇的原料；半导体工业中用来沉淀金刚砂。由于丙烷与丙烯之间存在着巨大的价格差，而且丙烷资源丰富，目前全球很多公司纷纷研究用丙烷作为原料生产丙烯和丙烯腈的工艺。

1.16　氩气

1.16.1　简介

氩位于周期表中的零族，原子序数为　　，电子排布为 $1s^2$。氦气为稀有气体，常温下是一

种极轻的无色、无臭、无味、无毒、不燃的单原子气体，化学式为 He，相对分子质量为
4.0026。在干燥空气中，氦的含量约为 5.24×10^{-6}（体积）。在某些温泉气和独居石矿砂
中，也含有微量氦。天然气中氦含量较高，根据不同气田，一般为 0.05%～2%，故可以从
天然气中提取氦气。氦气微溶于水，是所有气体中最难液化的气体，是不能在标准大气压下
固化的物质。液化后温度降至 2.174K 时，成为一种超流体，能沿容器壁向上流动，具有表
面张力很小、导热性很强、黏度极低等特殊性质。这种异常的液体叫作液氦Ⅱ，正常的液态
氦叫作液氦Ⅰ。利用液态氦可以得到接近绝对零度的低温。氦的化学性能稳定，进行低压放
电时显深黄色，一般状态下很难和其他物质发生反应。若遇高热，容器内压增大，有开裂和
爆炸的危险。

1.16.2　物理性质

（1）主要物理性质

氦有两个稳定同位素 ^{3}He 和 ^{4}He，其物理性能在许多方面差别很大。^{3}He 和 ^{4}He 的主要
物理性质见表 1.127。

表 1.127　氦气的主要物理性质

性质		^{3}He	^{4}He
原子序数		2	2
相对原子质量(^{12}C)		3.0160	4.0026
外观与性状		无色、无味、无臭气体	
溶解性		微溶于水	
密度/(kg/m³)	气体(在 101.32kPa,0℃)	0.1347	0.17850
	气体(沸点下)	23.64	16.89
	液体(沸点下)	58.9	125.0
气体相对密度(101.3kPa,21.1℃)		—	0.138
摩尔体积(标准状态)/(L/mol)		22.42	22.63
正常沸点/℃		−270.0	−268.9
汽化热(沸点下)/(J/mol)		25.48	81.7
临界温度/℃		−269.83	−267.95
临界压力/kPa		116.4	227.5
临界密度/(kg/m³)		41.3	69.64
临界体积/(L/mol)		—	0.0576
摩尔热容/[J/(mol·K)]	摩尔定压热容 $c_{p,m}$(气体,101.32kPa,25℃下)	20.78	20.78
	摩尔定容热容 $c_{V,m}$(饱和液体,在正常沸点)	16.74	18.12
气体热导率(101.32kPa,0℃)/[mW/(m·K)]		—	141.84
液体热导率(在正常沸点)/[mW/(m·K)]		21.3	31.4
气体黏度(101.32kPa,25℃)/(μPa·s)		—	19.85
液体黏度(在正常沸点)/(μPa·s)		1.61	3.0
介电常数	101.32kPa,25℃	—	1.0000639
	101.32kPa,20℃	—	1.0000650±4
液态表面张力(101.32kPa)/[N/cm]		—	9.6×10^{-7}

（2）溶解性

氦气微溶于水和有机溶剂。在 20℃、1 大气压时，氦气在水中的溶解度为 8.61mL/L。
不同温度下氦气在水中的溶解度见表 1.128。不同温度下氦气在部分有机溶剂中的溶解度表
见 1.129。

表 1.128　不同温度下氦气在水中的溶解度

温度/K	$A\times10^2$/(mL/L)	温度/K	$A\times10^2$/(mL/L)
273.15	0.98	313.15	0.841
283.15	0.911	333.15	0.902
293.15	0.86	343.15	0.942
303.15	0.839		

注：A 为不同温度下，当气体与水处于平衡状态，且气体自身的平衡压力为 101.325kPa 时，溶解于 1mL 水中的气体标准状态（273.15K，101.325kPa）体积（mL）；

表 1.129　不同温度下氦气在有机溶剂中的溶解度

溶剂	温度/℃	$\alpha\times10^2$/(mL/mL 溶剂)	溶剂	温度/℃	$\alpha\times10^2$/(mL/mL 溶剂)
丙酮	15	2.84	环己醇	25	1.00
	18	2.99		30	1.07
	20	3.09		37	1.19
	25	3.31	环己烷	15	2.20
甲醇	15	2.39		20	2.36
	20	3.13		25	2.52
	25	3.28		30	2.68
	30	3.58		37	2.93
	37	3.64	苯	15	1.65
乙醇	15	2.68		20	1.80
	20	2.81		25	1.97
	25	2.94		30	2.02
	30	2.99		37	2.21
	37	3.25			

注：α 为 Bunsen 吸收系数，即气体分压为 101.325kPa，温度为 t（℃）时，1 毫升溶剂中所溶解气体的体积（毫升）换算为 101.325kPa，0℃时的数值。

（3）饱和蒸气压

不同温度下氦气的饱和蒸气压见表 1.130。

表 1.130　不同温度下氦气的饱和蒸气压

温度/K	饱和蒸气压/kPa	温度/K	饱和蒸气压/kPa
2.25	6.05	3.75	63.2
2.5	10.4	4.0	82.1
2.75	16.4	4.25	104.0
3.0	24.4	4.5	127.5
3.25	34.5	4.75	153.6
3.5	47.1	5.0	190.1

（4）压缩系数

不同温度和压力下氦的压缩系数见表 1.131。

表 1.131　不同温度和压力下氦的压缩系数

温度/K	不同压力下氦的压缩系数$[Z=PV/(RT)]$					
	0kPa	101.325kPa	1013.25kPa	5066.25kPa	10132.5kPa	20265kPa
20.35	1.0000	1.0000	0.9986	1.1960	1.6188	—
65.15	0.9995	1.0016	1.0180	1.0999	1.2075	—
90.15	0.9996	1.0014	1.0144	1.0747	1.1562	—
123.15	0.9994	1.0008	1.0110	1.0576	1.1183	—
173.15	0.9995	1.0005	1.0080	1.0421	1.0860	—
203.15	—	—	—	—	1.0708	1.1415
223.15	0.9994	1.0002	1.0061	1.0324	1.0658	—
238.15	—	—	—	—	1.0608	1.1193
273.15	0.9995	1.0000	1.0047	1.0257	1.0523	1.1036
323.15	0.9995	0.9999	1.0038	1.0216	1.0437	1.0869

（5）密度

不同温度下氦气和液态氦的密度见表 1.132 和表 1.133。

表 1.132　不同温度下氦气的密度

温度/K	密度/(kg/m³)	温度/K	密度/(kg/m³)
2.25	0.134	3.75	9.75
2.5	1.70	4.00	12.80
2.75	2.55	4.25	16.60
3.00	3.65	4.50	21.52
3.25	5.25	4.75	28.0
3.5	7.20	5.00	41.2

表 1.133　液态氦在不同压力和温度下的密度

压力/MPa	温度/K	密度/(g/cm³)	压力/MPa	温度/K	密度/(g/cm³)
0.4053	4.2	0.13860	4.053	8.43	0.15939
	5.00	0.12474		9.43	0.15246
	5.49	0.11088		11.35	0.13860
	5.79	0.09702		13.30	0.12474
	5.99	0.08316		15.38	0.11088
	6.18	0.06930		17.83	0.09702
	6.46	0.05544		20.98	0.08316
	7.04	0.04158	6.080	3.99	0.19404
	8.58	0.02772		5.97	0.18711
	14.67	0.01386		7.55	0.18018
1.013	3.04	0.15939		8.96	0.17325
	4.11	0.15246		10.25	0.16632
	5.51	0.13860		11.48	0.15939
	6.44	0.12474		12.70	0.15246
	7.21	0.11088		15.17	0.13860
	7.90	0.09702		17.81	0.12474
	8.58	0.08316	8.106	4.71	0.20097
	9.46	0.06930		6.83	0.19404
	10.75	0.05544		8.59	0.18711
	13.05	0.04158		10.18	0.18018
	18.11	0.02772		11.66	0.17325
2.027	3.93	0.16632		13.09	0.16632
	5.12	0.15939		14.52	0.15939
	6.05	0.15246		15.95	0.15246
	7.51	0.13860		18.99	0.13860
	8.76	0.12472	10.13	4.86	0.20790
	9.97	0.11088		7.30	0.20097
	11.24	0.09702		9.27	0.19404
	12.74	0.08316		11.02	0.18711
	14.74	0.06930		12.68	0.18018
	17.82	0.05544		14.26	0.17325
4.053	4.6	0.18018		15.91	0.16632
	6.09	0.17325		17.54	0.15939
	7.33	0.16632		19.20	0.15246

（6）汽化热

汽化热是恒定温度下，汽化单位质量的液体所需的热量。表 1.134 列出了氦及其同位素在不同温度下的汽化热。

表 1.134　氦及其同位素在不同温度下的汽化热

He		³He		⁴He	
温度/K	汽化热/(J/mol)	温度/K	汽化热/(J/mol)	温度/K	汽化热/(J/mol)
2.25	93.3	0.54	30.8	1.5	90.04
2.5	94.77	0.8	35.2	1.8	88.20
2.75	95.65	1.0	38.1	2.0	93.39
3.00	95.8	1.4	43.18	2.2	91.21
3.25	95.27	1.8	46.11	2.4	88.20
3.5	93.93	2.2	46.23	2.6	93.39
3.75	91.84	2.6	44.81	2.8	94.06
4.00	88.91	3.0	33.0	3.0	94.39
4.25	85.19	3.2	24.7	3.2	94.22
4.50	78.87	4.2	20.7	3.4	93.55
4.75	65.81	4.5	18.3	3.6	92.0
		4.75	15.2	3.8	90.04
		5.0	7.95	4.0	87.0

（7）热导率

表 1.135 到表 1.141 分别列出了氦气及其同位素、液氦及其同位素、固氦的热导率。

表 1.135　在 0.101325MPa 压力下不同温度时氦的热导率

温度/K	热导率/[mW/(m·K)]	温度/K	热导率/[mW/(m·K)]
80	64.23	270	140.89
90	68.79	280	144.24
100	73.31	290	147.50
110	77.79	300	150.72
120	82.23	310	153.82
130	86.58	320	156.84
140	90.90	330	159.73
150	95.17	340	162.49
160	99.35	350	165.13
170	103.50	360	167.68
180	107.52	370	170.07
190	111.49	400	179.5
200	115.39	450	194.7
210	119.28	500	211.4
220	123.05	600	247.0
230	126.78	700	278.0
240	130.42	800	307.0
250	133.98	900	335.0
260	137.45	1000	363.0

表 1.136　在 43℃ 及不同压力下氦的热导率

压力/MPa	热导率/[mW/(m·K)]	压力/MPa	热导率/[mW/(m·K)]
0.1013	155.8	8.106	161.3
1.013	156.4	9.119	162.0
2.027	157.2	10.13	162.8
3.040	157.8	12.16	164.2
4.053	158.5	14.19	165.6
5.066	159.3	16.21	167.0
6.080	159.9	18.24	168.4
7.093	160.7	20.27	169.8

表 1.137　氦在低温下的热导率

温度/K	热导率/[mW/(m·K)]	压力/kPa	温度/K	热导率/[mW/(m·K)]	压力/kPa
1.5	3.14	0.5	17	23.78	1.3~101.3
2.0	3.89	0.5	18	24.49	1.3~101.3
2.5	4.90	0.5	19	25.25	1.3~101.3
3.0	6.03	0.5	20	26.00	1.3~101.3
3.5	7.24	0.5	20.4	26.29	1.3~101.3
4.0	8.46	0.5	21	26.71	1.3~101.3
4.26	9.00	0.5	76.3	61.13	1.3~101.3
15	22.27	1.3~101.3	89.4	69.08	1.3~101.3
16	23.03	1.3~101.3			

表 1.138　^{3}He、^{4}He 及 ^{3}He 与 ^{4}He 混合物的热导率

^{3}He		^{4}He		50％^{3}He＋50％^{4}He	
温度/K	热导率/[mW/(m·K)]	温度/K	热导率/[mW/(m·K)]	温度/K	热导率/[mW/(m·K)]
0.54	4.07	0.907	3.07	0.531	3.81
0.65	4.48	1.101	3.34	1.011	5.6
0.77	5.14	1.304	3.39	1.522	6.13
0.82	5.45	1.547	3.48	2.080	6.78
0.90	5.87	2.08	4.05	3.009	8.75
1.086	6.84	3.01	6.27	—	—
1.607	9.20	—	—	—	—
2.06	10.68	—	—	—	—
3.099	12.50	—	—	—	—

表 1.139　液态氦的热导率

温度/K	热导率/[mW/(m·K)]	温度/K	热导率/[mW/(m·K)]
2.3	18.1	3.0	21.4
2.4	18.5	3.5	23.8
2.6	19.5	4.0	26.2
2.8	20.5	4.2	27.1

表 1.140　液态 ^{3}He、^{4}He 的热导率

^{3}He		^{4}He	
温度/K	热导率/[mW/(m·K)]	温度/K	热导率/[mW/(m·K)]
0.3	6.70	2.4	18.84
0.5	7.95	2.8	19.68
1.0	10.05	3.2	20.93
1.5	12.14	3.6	23.86
2.0	13.82	4.0	28.05

表 1.141　固氦的热导率

密度/(kg/m³)	温度/K	热导率/[W/(cm·K)]	密度/(kg/m³)	温度/K	热导率/[W/(cm·K)]
218	1.25	0.22	262	3.08	0.065
	1.34	0.18		3.55	0.03
	1.37	0.170		4.05	0.01
	1.64	0.075		1.4	0.38
	1.87	0.03		1.68	0.74
262	1.39	0.32		1.95	1.05
	1.45	0.50		2.2	1.07
	1.70	0.63		2.35	1.04
	1.81	0.60	282	2.4	0.91
	2.00	0.465		2.6	0.70
	2.12	0.40		2.7	0.46
	2.42	0.24		3.25	0.165
	2.95	0.075		4.09	0.06

（8）黏度

表 1.142～表 1.146 分别列出了氦、液态氦的黏度。

表 1.142　氦气在不同温度时的黏度

温度/℃	动力黏度/(μPa·s)	温度/℃	动力黏度/(μPa·s)
−268.15	1.2	−70.0	15.64
−263.15	2.0	−60.9	15.87
−258.1	2.946	−50	16.40
−253.0	3.498	−22.8	17.88
−243.15	4.6	0	18.60
−220	6.40	20	19.52
−210	7.16	25	19.68
−200	7.90	40	20.41
−198.0	8.154	50	20.65
−190	8.62	60	21.27
−183.3	9.186	80	22.12
−180	9.30	100	22.95
−170	9.95	150	24.75
−160	10.55	200	26.88
−150	11.17	300	30.53
−140	11.76	400	34.00
−130	12.35	500	37.44
−120	12.90	600	40.70
−110	13.45	700	43.70
−102.6	13.92	800	46.60
−100	14.00	1000	52.40

表 1.143　不同温度下 ^{3}He 和 ^{4}He 的黏度

温度/K	动力黏度/(μPa·s)	
	^{3}He	^{4}He
1.3	0.707	0.343
1.5	0.836	0.382
2.0	1.024	0.488
2.5	1.126	0.610
3.0	1.196	0.741
3.5	1.249	0.878
4.0	1.292	1.020
14	2.50	2.79
15	2.605	2.89
16	2.71	2.99
17	2.82	3.105
18	2.93	3.225
19	3.04	3.35
20	3.155	3.48

表 1.144　不同温度下液态 He I 的黏度

温度/K	动力黏度/(μPa·s)	温度/K	动力黏度/(μPa·s)
2.2	2.5	3.2	3.3
2.4	3.0	3.4	3.2
2.6	3.2	3.8	3.1
2.8	3.3		

表 1.145　不同温度下液态 He Ⅱ 的黏度

温度/K	动力黏度/(μPa·s)	温度/K	动力黏度/(μPa·s)
1.10	2.68	1.70	1.30
1.20	1.75	1.80	1.30
1.30	1.52	1.90	1.34
1.40	1.41	2.00	1.49
1.50	1.35	2.10	1.86
1.60	1.32	2.18	2.60

表 1.146　不同温度下液体 ^{3}He 和 ^{4}He 的黏度

^{3}He		^{4}He	
温度/K	动力黏度/(μPa·s)	温度/K	动力黏度/(μPa·s)
0.14	21.5	2.2	2.55
0.20	13.0	2.4	3.00
0.30	7.7	2.6	3.21
0.400	5.71	2.8	3.28
0.500	4.74	3.0	3.30
0.600	4.22	3.2	3.27
0.700	3.87	3.4	3.25
0.800	3.65	3.6	3.20
0.900	3.46	3.8	3.15
1.000	3.30	4.0	3.07
1.200	2.92	4.20	3.57
1.400	2.64	4.40	3.50
1.600	2.49	4.60	3.41
1.800	2.37	4.80	3.23
2.000	2.27	5.00	3.01
2.200	2.19	5.1994（临界点）	2.40
2.400	2.12		
2.600	2.06		

（9）表面张力

不同温度下液态氦及其同位素的表面张力见表 1.147。

表 1.147　不同温度下液态氦及其同位素的表面张力

氦		^{3}He		^{4}He	
温度/K	表面张力/(mN/m)	温度/K	表面张力/(mN/m)	温度/K	表面张力/(mN/m)
2.5	0.264	0.35	0.152	1.0	0.345
3.0	0.215	0.6	0.152	1.4	0.34
3.5	0.164	0.75	0.150	2.0	0.31
4.0	0.115	1.0	0.144	2.19	0.29
4.2	0.093	1.5	0.116	2.5	0.27
4.5	0.064	2.0	0.088	3.0	0.22
5.0	0.0115	2.5	0.053	3.5	0.17
5.2	0.00	3.0	0.020	4.0	0.12
				4.2	0.09

1.16.3 化学性质

氦的化学性质稳定，一般状态下不与其他物质发生反应。至今未发现氦有任何真正意义的化合物存在。

1.16.4 制备方法

氦气的制备方法主要有以下几种。

（1）天然气分离提纯法

以含有氦的天然气为原料，采取分离提纯法，反复进行液化分馏，然后利用活性炭进行吸附提纯，得到99.99％的纯氦气。目前，工业上大量的氦气，主要是从天然气中制取，或从天然气为原料的工业中回收。

（2）空气分离法

以空气为原料，对空气加压降温液化，经过分离、精馏和提纯，可制取纯氦气。

（3）合成氨法

在合成氨中，从尾气中提取粗氦，经分离提纯可以得99.99％的纯氦气。

（4）铀矿石法

将含氦的铀矿石经过焙烧，分离出气体，再经过化学方法，除去水蒸气、氢气和二氧化碳等杂质提纯出氦气。

1.16.5 应用

氦气在宇航技术、核能反应堆、低温超导、红外探测、气相色谱、激光技术、特种金属冶炼、医学、潜水作业，以及填充气球、电子管和温度计等方面，均是不可缺少的一种气体。氦气可作为火箭液体燃料的压送剂和增压剂，大量用于导弹、宇宙飞船和超声速飞机上。在半导体工业和冶炼、焊接时，氦气可作为保护气体。氦气有优良的渗透性，用于核反应堆的冷却、火箭和核反应堆的一些管道及电子和电气装置等的检漏。氦气是具有理想气体性质的气体，是极低温度下蒸气压温度计的理想用气。氦气的质量密度、重量密度都低，且不易燃，可用来填充灯泡、霓虹灯管，也是理想的气球及飞艇用气。液体氦可获得接近热力学零度（$-273.15℃$）的低温，用于制造超导设备。氦的光谱线常用作划分分光器刻度的标准。氦气是惰性气体的一种，在血液中的溶解度较氮气低，因而其麻醉性低于氮气，所以常将氦气与氧气混合，作为潜水员的呼吸用气体。还可用于准分子激光器的混合气、化学气相淀积、光导纤维生产工艺、核磁共振扫描仪（MRI）中的起动和运行过程。

此外，氦与其他气体组成不同的混合气，而有不同的用途。例如：

① 色谱及其他仪表校正标准混合气：He（Ar0.0005％～50％）；He（$NH_3$0.01％～50％）。

② 核子计数混合气：He（C_4H_{10}的体积分数为1.3％）；He（异丁烷的体积分数为0.95％）；He（C_3H_8的体积分数为1.5％）。

③ 激光混合气：He（N_2的体积分数为13.3％，CO_2的体积分数为4.5％）。

④ FID燃烧气：He（H_2的体积分数为40％）。

⑤ 电子捕获混合气：He（H_2的体积分数为8.5％）。

⑥ 焊接保护混合气：He（Ar的体积分数为25％）。

⑦ 肺扩散研究混合气：He（O_2 的体积分数为 20%）。

⑧ 放射线测定混合气：He（正丁烷的体积分数 0.95%）；He（异丁烷的体积分数为 1.3%）；He（C_3H_8 的体积分数为 1.5%）。

⑨ 微量水标准混合气：He［H_2O 的含量为 （10～100）$\times 10^{-6}$］。

⑩ 电光源混合气：He（CO_2 的体积分数为 4% ～ 16%，N_2 的体积分数为 10%～20%）。

1.17　氩气

1.17.1　简介

氩位于周期表中的零族，原子序数为 18，电子排布为 $3s^2 3p^6$。氩是地球大气层中含量最高的一种稀有气体，在干燥空气中，氩的体积分数为 0.934%。氩气分子由单原子组成，是一种无色、无味的气体，相对分子质量为 39.944，微溶于水，溶于部分有机溶剂，常温下是压缩气体，不燃烧，无毒，无腐蚀性，但人体吸入易窒息。氩气的密度是空气的 1.4 倍，是氢气的 10 倍。氩气是一种惰性气体，在常温下与其他物质均不起化学反应，在高温下也不溶于液态金属，在焊接有色金属时更能显示其优越性。可用于灯泡充气和对不锈钢、镁、铝等的电弧焊接，即"氩弧焊"。

1.17.2　物理性质

（1）主要物理性质

氩气的主要物理性质见表 1.148。

表 1.148　氩气的主要物理性质

原子序数		18
化学式		Ar
相对原子质量(^{12}C)		39.948
外观与性状		无色、无味气体
溶解性		微溶于水
密度/(kg/m^3)	气体(在 101.32kPa,0℃)	1.7838
	气体(沸点下)	5.767
	液体(沸点下)	1393.9
气体相对密度(101.3kPa,21.1℃)(空气密度为1)		1.380
摩尔体积(标准状态)/(L/mol)		22.39
熔点/℃		−189.2
沸点/℃		−185.87
汽化热(沸点下)/(kJ/mol)		6.469
熔解热(三相点下)/(kJ/mol)		1.183
临界温度/℃		−122.29
临界压力/MPa		4.898
临界密度/(kg/m^3)		535.7
临界体积/(L/mol)		0.0771

三相点	温度/℃	−189.35
	压力/kPa	68.90
	气体密度/(kg/m^3)	1415
	固体密度/(kg/m^3)	1623
摩尔热容/[J/(mol·K)]	$C_{p,m}$(气体,101.32kPa,25℃)	20.85
	C_s(饱和液体,沸点下)	45.6
气体热导率(101.32kPa,0℃)/[mW/(m·K)]		16.94
液体热导率(沸点下)/[mW/(m·K)]		121.3
气体黏度(101.32kPa,25℃)/(μPa·s)		22.64
液体黏度(在标准沸点下)/(μPa·s)		275
介电常数	101.32kPa,25℃	1.0005085
	101.32kPa,20℃	1.0005172±4
液态表面张力(101.32kPa)/[N/cm]		1.10×10^{-6}

（2）溶解性

不同温度下氩气在水中的溶解度见表1.149。不同温度下氩气在部分有机溶剂中的溶解度见表1.150。

表 1.149　不同温度下氩气在水中的溶解度

温度/℃	α/(mL/mL 溶剂)	温度/K	α/(mL/mL 溶剂)
0	0.0528	40	0.0251
10	0.0413	60	0.0209
20	0.0337	80	0.0184
30	0.0288		

注：α 为不同温度下，溶解于1mL溶剂中的气体标准状态（0℃，101.325kPa）体积（mL）；

表 1.150　不同温度下氩气在部分有机溶剂中的溶解度

溶剂	温度/℃	$\alpha\times10^2$/(mL/mL 溶剂)	溶剂	温度/℃	$\alpha\times10^2$/(mL/mL 溶剂)
丙酮	15	27.1	环己醇	25	11.2
	18	27.1		30	11.3
	20	27.3		37	11.4
	25	27.4	环己烷	15	30.8
	30	27.6		20	30.6
	37	27.9		25	30.5
甲醇	15	25.3		30	30.4
	20	25.0		37	30.3
	25	24.7	苯		22.0
	30	24.3			22.1
	37	24.0			22.2
乙醇	15	24.3			22.2
	20	24.0			22.2
	25	23.9			22.2
	30	23.4			
	37	23.1			

注：α 为 Bunsen 吸收系数，即气体分压为101.325kPa，温度为 t（℃）时，1毫升溶剂中所溶解气体的体积（毫升）换算为101.325kPa，0℃时的数值。

（3）饱和蒸气压

不同温度下氩气的饱和蒸气压见表1.151。

表 1.151　不同温度下氩气的饱和蒸气压

温度/K	饱和蒸气压/kPa	温度/K	饱和蒸气压/kPa
28	6.48×10^{-9}	110	691.6
50	2.91×10^{-2}	111	737.8
55	0.1697	112	786.3
65	2.525	113	836.8
66	3.5	114	889.8
68	5.2	115	945.2
70	7.257	116	1003
72	11	117	1063.1
74	15.2	118	1125.9
76	22.0	119	1191.3
78	29.50	120	1259.3
80	40.7	121	1330.1
82	54.0	122	1403.7
83	61.7	123	1480.1
83.8	68.90(三相点)	124	1559.3
84	70.50	125	1641.6
85	79.176	126	1726.9
86	88.21	127	1815.2
87	98.578	128	1906.8
87.291	101.325(沸点)	129	2001.6
88	113.9	130	2099.7
89	126.3	131	2201.1
90	139.4	132	2306.0
91	153.7	133	2414.4
92	169.1	134	2526.3
93	185.6	135	2641.9
94	203.4	136	2761.3
95	222.3	137	2884.6
96	242.5	138	3011.8
97	264.1	139	3143.1
98	287.1	140	3278.6
99	311.5	141	3418.4
100	337.4	142	3562.7
101	364.9	143	3711.5
102	394.0	144	3865.2
103	424.7	145	4023.8
104	457.2	146	4187.7
105	491.4	147	4356.9
106	527.6	148	4531.7
107	565.6	150	4740
108	605.6	150.8	4890(临界点)
109	647.6		

（4）压缩系数

不同温度和压力下氩的压缩系数见表 1.152。

表 1.152　不同温度和压力下氩的压缩系数 $[Z=PV/(RT)]$

温度/K	压力/MPa	压缩系数	温度/K	压力/MPa	压缩系数
123.55	1.130	0.8448	186.10	1.639	0.9427
	1.296	0.8160		3.374	0.8755
133.53	1.215	0.8718		6.265	0.7572
	1.478	0.8387	215.43	1.811	0.9639
142.77	1.294	0.8921		2.556	0.9465
	2.316	0.7837		3.560	0.9256
	2.926	0.7100		4.682	0.9021
152.91	3.423	0.7285		6.290	0.8679
	4.510	0.5832	273.15	2.085	0.9856
	5.389	0.2803		3.199	0.9774
156.53	1.793	0.8839		5.053	0.9620
	3.109	0.7802		6.305	0.9526
	4.250	0.6642	293.54	2.207	0.9889
	5.112	0.5443		3.495	0.9847
	6.147	0.3195		5.026	0.9755
163.27	1.890	0.8966		6.252	0.9709
	3.194	0.8094			
	4.430	0.7117			
	5.559	0.6011			

（5）密度

不同温度下、不同状态氩的密度见表 1.153～表 1.155。

表 1.153　不同温度下液态氩和蒸气态氩的密度

温度/K	密度/(g/cm³)		温度/K	密度/(g/cm³)	
	液体	蒸气		液体	蒸气
83.81	1.416	0.00401(三相点)	120	1.1600	0.0590
87.29	1.392	0.005707	125	1.1160	0.0770
90	1.37396	0.0050	130	1.0651	0.1040
95	1.3420	0.0110	135	1.0090	0.1375
100	1.3070	0.0155	140	0.9800	0.1790
105	1.2740	0.0225	145	0.8450	0.2420
110	1.2380	0.0325	150	0.6600	0.3980
115	1.2000	0.0450	150.72	0.530(临界点)	

表 1.154　液氩（>99.95%）在不同压力及温度下的密度

压力/MPa	不同温度下的密度/(g/cm³)						
	96.73K	102.1K	108.4K	117.4K	126.5K	139.0K	149.2K
9.81	1.375	1.341	1.301	1.243	1.173	1.058	—
14.71	1.388	1.358	1.318	1.264	1.200	1.108	1.031
19.61	1.401	1.373	1.336	1.286	1.224	1.147	1.079
29.42	1.425	1.399	1.366	1.318	1.266	1.203	1.150
39.23	1.446	1.422	1.393	1.347	1.302	1.249	1.202
49.03	1.465	1.442	1.416	1.372	1.331	1.285	1.244

表 1.155　不同温度下固态氩的密度

温度/K	密度/(kg/m³)	温度/K	密度/(kg/m³)
20	1764	60	1689
30	1753	70	1664
40	1736	80	1636
50	1714		

（6）汽化热

不同温度下氩气的汽化热见表 1.156。

表 1.156　氩气在不同温度下的汽化热

温度/K	汽化热/(J/mol)	温度/K	汽化热/(J/mol)
90	6376	120	5071
95	6201	125	4757
100	6012	130	4393
105	5816	135	3933
110	5594	140	3326
115	5347	145	2657

（7）热导率

不同条件下氩、液态氩、固态氩的热导率分别见表 1.157～表 1.161。

表 1.157　0.101325MPa 压力下氩在不同温度时的热导率

温度/K	热导率/[mW/(m·K)]	温度/K	热导率/[mW/(m·K)]
90	5.924	370	21.055
100	6.464	380	21.499
110	7.189	390	21.943
120	7.813	400	22.370
130	8.436	410	22.814
140	9.027	420	23.241
150	9.617	430	23.658
160	10.207	440	24.078
170	10.798	450	24.505
180	11.371	460	24.916
190	11.949	470	25.326
200	12.523	480	25.736
210	13.063	490	26.130
220	13.624	500	26.523
230	14.164	510	26.917
240	14.704	520	27.310
250	15.215	530	27.704
260	15.721	540	28.081
270	16.266	550	28.458
280	16.772	560	28.834
290	17.266	570	29.215
300	17.744	580	29.576
310	18.234	590	29.936
320	18.711	600	30.296
330	19.184	700	33.758
340	19.661	800	36.995
350	20.139	900	40.013
360	20.599		

表 1.158　氩在不同温度及压力下的热导率

温度/℃	不同压力下的热导率/[mW/(m·K)]					
	0.0981MPa	9.81MPa	19.61MPa	29.42MPa	39.23MPa	49.03MPa
−90	12.0	28.6	46.9	54.9	60.9	67.0
−80	12.4	25.1	43.4	51.6	57.7	65.0
−60	13.5	22.7	37.4	46.9	53.1	58.7
−40	14.5	22.0	33.7	42.2	49.2	54.5
−20	15.5	21.6	31.2	39.7	45.9	51.1
0	16.5	22.0	29.9	37.6	43.5	48.4
20	17.4	22.7	29.1	35.9	41.5	46.1
40	18.4	22.8	28.7	34.9	40.1	44.7
60	19.4	23.3	28.7	34.3	39.1	43.5
80	20.2	23.8	28.7	33.8	38.6	42.8
100	21.2	24.5	29.0	33.6	38.1	42.1
120	22.1	25.1	29.3	33.6	37.8	41.6
140	22.9	25.8	29.7	33.8	37.7	41.4
160	23.8	26.5	30.4	34.0	37.7	41.3
180	24.8	27.2	30.6	34.2	37.7	41.1
200	25.6	28.0	31.2	34.7	37.9	41.1
220	26.3	28.7	31.7	35.0	38.1	41.2
240	27.4	29.5	32.4	35.5	38.5	41.4
260	28.3	30.4	33.0	36.1	38.8	41.5
280	29.1	31.1	33.6	36.5	39.2	41.9
300	29.9	31.7	34.3	37.0	39.5	42.0

表 1.159　氩在 41℃ 及不同压力下的热导率

压力/MPa	热导率/[mW/(m·K)]	压力/MPa	热导率/[mW/(m·K)]
0.1013	18.7	8.106	21.9
1.0133	19.3	9.1193	22.6
2.0265	19.7	10.133	23.1
3.0398	20.0	12.159	24.2
4.053	20.2	14.186	25.2
5.0663	20.5	16.212	26.3
6.0795	20.9	18.239	27.4
7.0928	21.3	20.265	28.6

表 1.160　不同温度下液态氩的热导率

温度/K	热导率/[mW/(m·K)]	温度/K	热导率/[mW/(m·K)]
87.3	121.8	137.7	62.38
90.0	120.2	141.6	57.78
97.8	111.0	143.1	56.94
112.0	94.2	147.0	54.43
122.4	76.83		

表 1.161　不同温度下固态氩的热导率

温度/K	热导率/[mW/(m·K)]	温度/K	热导率/[mW/(m·K)]
10	35	20	15
15	18	25	10

（8）黏度

不同条件下氩、液态氩的黏度分别见表 1.162～表 1.165。

表 1.162　氩在 0.101325MPa 压力下不同温度时的黏度

温度/K	动力黏度/(μPa·s)	温度/K	动力黏度/(μPa·s)
50	4.13	230	18.10
60	4.96	240	18.78
70	5.84	250	19.46
80	6.69	260	20.15
90	7.54	270	20.81
100	8.36	280	21.45
110	9.15	290	22.08
120	9.92	300	22.69
130	10.69	310	23.24
140	11.48	320	23.85
150	12.26	330	24.48
160	12.97	340	25.08
170	13.78	350	25.65
180	14.50	360	26.20
190	15.26	370	26.75
200	16.00	380	27.29
210	16.74	390	27.85
220	17.40	400	28.42

表 1.163　氩在不同温度及压力下的黏度

温度/K	不同压力下的黏度/(μPa·s)			
	0.1013MPa	5.066MPa	10.13MPa	15.20MPa
90	7.68	279.5	296.5	315.0
133	11.05	73.0	82.3	91.3
153	12.55	—	61.3	73.8
173	14.03	19.0	36.0	54.2
198	15.84	18.9	25.5	36.1
223	17.60	20.1	24.3	30.6
248	19.30	21.3	24.4	28.9
273	20.95	22.9	25.85	29.1

表 1.164　氩在不同压力及温度下的黏度

压力/MPa	不同温度下的黏度/(μPa·s)			
	0℃	25℃	50℃	75℃
0.1013	21	22.5	23.97	25.48
5.066	22.1	23.8	25.1	26.5
10.133	24.4	25.6	26.8	27.9
20.265	30.7	30.4	30.8	31.4
30.398	38.1	36.7	35.9	37.6
40.530	45.5	43.0	41.2	40.4
50.663	52.6	49.1	46.6	45.1
60.795	59.0	55.0	51.8	49.7

表 1.165 不同温度下液氩的黏度

温度/K	动力黏度/(μPa·s)	温度/K	动力黏度/(μPa·s)
83.783(三相点)	296	100	170
84	283	110	140
85	273	120	114
86	264	130	90
87	255	140	69
88	247	150	48
90	232	150.86(临界点)	40.5

（9）表面张力

不同温度下液体氩的表面张力见表 1.166。

表 1.166 不同温度下液体氩的表面张力

温度/K	表面张力/(mN/m)	温度/K	表面张力/(mN/m)
85	13.12	120	4.95
90	11.86	125	3.94
95	10.63	130	2.99
100	9.42	135	2.10
105	8.24	140	1.28
110	7.10	145	0.57
115	6.01		

1.17.3 化学性质

氩位于周期表中的零族，原子的最外层有 8 个电子，形成稳定结构，化学性质极不活泼。在通常情况下，氩气不与其他物质进行反应；但在特殊条件下，可形成水合物。

（1）氩与水的包合物

两种不同的分子互相结合组成一定的化合物，称为分子化合物。包合物是分子化合物中的一种。通常以大分子包容小分子，靠分子间的范德华力结合起来。包合物能否形成，主要决定于包容分子和被包容分子间的几何因素是否适合。根据主分子所构成的形状，包合物分为管状包合物和笼状包合物，迄今已确定氩、氪、氙等都可与水形成包合物。氩、氪、氙等基本上都是被包容在笼状分子内，即包容分子构成笼状晶格，氩、氪或氙分子充填其中。在低温和高压下，氩与水分子形成的包合物的分子式为 $Ar·5.75H_2O$，它的分解温度（1 大气压时）为 $-42.8℃$，解离压力（0℃时）为 105 个大气压。

（2）氩与水分子、有机分子形成的包合物

除氩的水分子包合物外，氩还能与水分子和有机物分子共同结合成包和物，其分子式为 $Or·2Ar·17H_2O$。式中，Or 为丙酮、二氯甲烷、三氯甲烷或四氯化碳。即 $(CH_3)_2CO·2Ar·17H_2O$，$CH_2Cl_2·2Ar·17H_2O$，$CHCl_3·2Ar·17H_2O$，$CCl_4·2Ar·17H_2O$。其中 $(CH_3)_2CO·2Ar·17H_2O$ 最不稳定，常压下，$-8℃$ 即分解。

（3）氩-氢醌包合物

在 4MPa（有水存在下）下，氩与氢醌（对苯二酚）可形成包合物，分子式为 $[C_6H_4(OH)_2]_3·0.8Ar$，包合物中所含氩的质量分数为 8.8%。氩-氢醌包合物一经形成，就比较稳定，在空气中放置数周，损失也不超过 10%。

（4）氩-苯酚包合物

氩与固态或熔化态的苯酚可生成包合物，分子式为 $C_6H_5(OH)_{12} \cdot 2.92Ar$。包合物的性质：①分解压力，0℃时为 33atm；25℃时为 136atm；40℃时为 335atm。②0～40℃的生成热为 $-9.85kcal/mol$（1kcal＝4.1868kJ）。

氩与苯二酚作用，生成的包合物为 $3C_6H_4(OH)_2 \cdot Ar$。包合物的性质：①生成热为 $-5.4kcal/mol$；②分解压力为 3.45atm。

1.17.4 制备方法

在干空气中氩的含量约为 0.934％，合成氨尾气中含氩 3％～8％，工业上一般从空气和合成氨尾气中提取氩。

（1）从空气中提取氩

随着大型全低压空分装置的建立，其副产品已成为生产氩气的主要来源。氩馏分（含 8％～12％Ar）是由空分装置的蒸馏塔上提取，其中含有氧和氮等组分，制氩流程有常规制氩和全精馏制氩两种，而纯氩的制取主要是脱除氩馏分中的氧、氮和氢等杂质。

（2）从合成氨尾气中提取氩

合成氨尾气由其弛放气和氨罐排放气组成，其组成为 60％～70％的 H_2、20％～25％的 N_2、3％～8％的 Ar、8％～12％的 CH_4 及约 3％的 NH_3。合成氨尾气提取氩有低温精馏法和冷凝蒸发法，典型流程有三塔提氩流程、两塔提氩流程及带热泵循环提氩装置三种，其生产工艺包括原料气净化、脱氢、脱甲烷和脱氮四步工序。

1.17.5 应用

氩气是工业上应用很广的稀有气体。它的性质十分不活泼，既不能燃烧，也不助燃。在焊接和冶金工业、电子工业、光源用电、分析检测等领域具有广泛应用。

（1）在焊接和冶金工业中的应用

① 焊接保护气　在飞机制造、造船、原子能工业和机械工业，对特殊金属（如铝、镁、铜及其合金、不锈钢等）进行焊接时，往往用氩作为焊接保护气，可以避免合金元素的烧损以及由此而产生的其他焊接缺陷，从而使焊接过程中的冶金反应变得简单而易于控制，以确保焊接的高质量。

② 冶金和金属加工工艺　在冶金和金属加工工艺中，氩及与其他气体的混合物在等离子体电弧装置中用作工作介质，可产生 50000K 以上温度的等离子体射流，用来切割金属和喷镀耐熔的合金及陶瓷。

（2）在电子工业中的应用

氦、氩混合气在电子元件封装等工艺过程所需的微件焊接中用作保护气。用氦、氩气体作半导体生产过程的运载气体，可以安全地将挥发性物质或气体混合物从发生源输送到扩散炉管或反应器的工作室。在半导体材料和器件生产，尤其是制造大规模集成电路，高纯氩气的应用占有重要地位。

（3）光源用气

高纯氩用于照明技术，填充日光灯、光电管、白炽灯、照明管等。

（4）检测用气

氩也可用于载气。特别是分析的样品中含有氢或分析高活性材料时，常用氩气作为载气。

第 2 章　气体纯化技术

2.1　气体的纯度及对产品质量的影响

2.1.1　气体的纯度及表示方法

由于气体分为单质气体、混合气体和化合物气体等，所以可将组成气体的物质（或元素）作为该气体成分。气体纯度的确定通常为检测除本气体成分外，所含其他物质的多少。例如：氮气的纯度，是通过检测除 N_2 外，含的 O_2、H_2、Ar、CO_2、CO、CH_4、H_2O、金属、尘埃等杂质的多少而得到结果。气体纯度的提法有多种，如普通纯、高纯气体、电子纯、特纯等，随着超大规模集成电路（VLSI）和特大规模集成电路（ULSI）的发展，又有 VLSI 和 ULSI 级超纯的超净气体。这些提法都不十分确切，只是粗略地讲了气体纯度的高低，没有真正说明气体纯度的大小。准确表示气体的纯度，主要有两种方法。即：

① 用百分数表示，如 99%、99.9%、99.99%、99.999%、99.9999%、99.99999%、99.999999%等。

② 用"N"表示，如 3N、3.5N、4N、4.8N、5N、7N、8N 等，N 数目与（1）中的"9"的个数相对应，小数点后的数表示不足"9"的数。如 3N（99.9%）、4N（99.99%）、5N（99.999%）、7N（99.99999%）、3.5N（99.95%）、4.8N（99.998%）等。

根据气体纯度的不同，通常将气体纯度分为纯气体（99.99%）、高纯（99.999%）和超纯气体（99.9999%）。例如 GB/T 8979—2008 纯氮、高纯氮、超纯氮纯度技术要求如表 2.1 所示，GB/T 14599—2008 纯氧、高纯氧、超纯氧纯度技术要求如表 2.2 所示，GB/T 4842—2017 纯氩、高纯氩纯度技术要求如表 2.3 所示，GB/T 4844—2011 纯氦、高纯氦、超纯氦纯度技术要求如表 2.4 所示。

表 2.1　纯氮、高纯氮和超纯氮技术要求

项目		指标		
		纯氮	高纯氮	超纯氮
氮气(N_2)纯度(体积分数)/($\times 10^{-2}$)	$\geqslant$	99.99	99.999	99.9999
氧气(O_2)含量(体积分数)/($\times 10^{-6}$)	$<$	50	3	0.1
氩气(Ar)含量(体积分数)/($\times 10^{-6}$)	$<$	—	—	2
氢气(H_2)含量(体积分数)/($\times 10^{-6}$)	$<$	15	1	0.1
一氧化碳(CO)含量(体积分数)/($\times 10^{-6}$)	$<$	5	1	0.1
二氧化碳(CO_2)含量(体积分数)/($\times 10^{-6}$)	$<$	10	1	0.1
甲烷(CH_4)含量(体积分数)/($\times 10^{-6}$)	$<$	5	1	0.1
水分(H_2O)含量(体积分数)/($\times 10^{-6}$)	$<$	15	3	0.5

表 2.2　纯氧、高纯氧和超纯氧技术要求

项目		指标		
		纯氧	高纯氧	超纯氧
氧气(O_2)纯度(体积分数)/($\times 10^{-2}$)	≥	99.995	99.999	99.9999
氢气(H_2)含量(体积分数)/($\times 10^{-6}$)	≤	1	0.5	0.1
氩气(Ar)含量(体积分数)/($\times 10^{-6}$)	≤	10	2	0.2
氮气(N_2)含量(体积分数)/($\times 10^{-6}$)	≤	20	5	0.1
二氧化碳(CO_2)含量(体积分数)/($\times 10^{-6}$)	≤	1	0.5	0.1
总烷含量(体积分数)/($\times 10^{-6}$)	≤	2	0.5	0.1
水分(H_2O)含量(体积分数)/($\times 10^{-6}$)	≤	3	2	0.5

表 2.3　纯氩、高纯氩技术要求

项目		指标	
		纯氩	高纯氩
氩气(Ar)纯度(体积分数)/($\times 10^{-2}$)	≥	99.99	99.999
氢气(H_2)含量(体积分数)/($\times 10^{-6}$)	≤	5	0.5
氧气(O_2)含量(体积分数)/($\times 10^{-6}$)	≤	10	1.5
氮气(N_2)含量(体积分数)/($\times 10^{-6}$)	≤	50	4
甲烷(CH_4)含量(体积分数)/($\times 10^{-6}$)	≤	5	0.4
一氧化碳(CO)含量(体积分数)/($\times 10^{-6}$)	≤	5	0.3
二氧化碳(CO_2)含量(体积分数)/($\times 10^{-6}$)	≤	10	0.3
水分(H_2)含量(体积分数)/($\times 10^{-6}$)	≤	15	3

表 2.4　纯氦、高纯氦、超纯氦技术要求

项目		指标			
		纯氦	高纯氦	超纯氦	
氦气(He)纯度(体积分数)/($\times 10^{-2}$)	≥	99.99	99.995	99.999	99.9999
氖气(Ne)含量(体积分数)/($\times 10^{-6}$)	≤	40	15	4	1
氢气(H_2)含量(体积分数)/($\times 10^{-6}$)	≤	7	3	1	0.1
氧气(O_2)+氩气()含量(体积分数)/($\times 10^{-6}$)	≤	5	3	1	0.1
氮气(N_2)含量(体积分数)/($\times 10^{-6}$)	≤	25	10	2	0.1
一氧化碳(CO)含量(体积分数)/($\times 10^{-6}$)	≤	1	1	0.5	0.1
二氧化碳(CO_2)含量(体积分数)/($\times 10^{-6}$)	≤	1	1	0.5	0.1
甲烷(CH_4)含量(体积分数)/($\times 10^{-6}$)	≤	1	1	0.5	0.1
水分(H_2)含量(体积分数)/($\times 10^{-6}$)	≤	20	10	3	0.2
总杂质含量(体积分数)/($\times 10^{-6}$)	≤	100	50	10	1

2.1.2　气体中的杂质

气体中常规杂质主要有无机和有机两大类，无机杂质主要有 H_2、O_2、N_2、Ar、CO、CO_2、H_2O 及含硫化合物等，有机杂质主要有 $C_1 \sim C_5$ 烷烃、甲醇、乙醇、乙醛等。按化学性质分类主要有氧化性杂质气体（如氧、二氧化碳、水）、还原性杂质气体（如氢、甲烷、一氧化碳）和不活泼性气体或惰性气体（如氮、氦、氖、氩、氪、氙）。特殊杂质主要有颗粒物、油分、金属离子、同位素物质污染物、亚稳态物质污染物等。杂质来源主要有原料污染、生产工艺副产物、工艺失效污染、环境带入（O_2、N_2、Ar、CO_2）、装置及管路带入等。

杂质颗粒物即所谓尘埃，它的化学成分很复杂，其存在形态有烟气（$0.01 \sim 1 \mu m$）、油烟（$0.5 \sim 1 \mu m$）、飞灰（$1 \sim 100 \mu m$）、粉尘（$1 \sim 1 \times 10^4 \mu m$）、雾滴（$50 \sim 5 \times 10^2 \mu m$）、喷雾

（10～$5\times10^3\mu m$）、滴（5×10^3～$5\times10^4\mu m$）、细沙（2×10～$2\times10^2\mu m$）、粗砂（2×10^2～$2\times10^3\mu m$）、沙粒（2×10^3～$1\times10^5\mu m$）。

2.1.3 集成电路对气体纯度的要求

气体的产品种类丰富，电子元器件在其生产过程中对气体产品存在多样化需求。例如集成电路制造需经过硅片制造、氧化、光刻、气相沉积、蚀刻、离子注入等工艺环节，且每一种气体应用在特定的工艺步骤中。此外，在显示面板、LED、太阳能电池片等器件的制造中的不同工艺环节均会用到多种电子气体。

电子气体是半导体工业用的气体统称。电子气体是发展集成电路、光电子、微电子，特别是超大规模集成电路、液晶显示器件、半导体发光器件和半导体材料制造过程中不可缺少的基础性支撑原材料，被称为电子工业的血液和粮食，它的纯度和洁净度直接影响到光电子、微电子元器件的质量、集成度、特定技术指标和成品率，并从根本上制约着电路和器件的精确性和准确性。分类见表 2.5、表 2.6。

表 2.5 电子气按成分分类

分类	气体名称
单质气体	Ar、H_2、O_2、O_3、He、N_2、Cl_2、F_2……
化合物气体	SiH_4、PH_3、AsH_3、B_2H_6、GeH_4、SiF_4、SF_6、HCl、H_2S、NH_3、GeH_4、H_2Se、$SiCl_4$、$SiHCl_3$、CF_4、CH_3F、C_2F_6、C_3F_8、C_5F_{12}……
混合物气体	① SiH_4+稀释气（Ar、He、H_2、N_2）；② PH_3+稀释气（Ar、He、H_2、N_2）； ③ AsH_3+稀释气（Ar、He、H_2、N_2）；④ B_2H_6+稀释气（Ar、He、H_2、N_2）； ⑤ HCl+稀释气（Ar、He、O_2、N_2）；⑥ H_2S+稀释气（Ar、He、H_2、N_2）； ⑦ NH_3+稀释气（Ar、He、H_2、N_2）；⑧ Cl_2+稀释气（Ar、He、N_2）； ⑨ CO+SF_6；⑩ H_2Se+稀释气（Ar、He、H_2、N_2）……

表 2.6 电子气按用途分类

分类	气体名称
晶体薄膜生长用气	SiH_4、SiH_2Cl_2、$SiHCl_3$、SiC_4、Si_2H_6、B_2H_6、BBr_3、BCl_3、AsH_3、PH_3、GeH_4、$SiCl_4$、$(CH_3)_3Al$、$(CH_3)_3As$、$(C_2H_5)_3As$、$(CH_3)_2Hg$、$(CH_3)_3P$、HCl、$(C_2H_5)_3P$、$SnCl_4$、$SbCl_3$、$AlCl_3$、$GeCl_4$、NH_3、$B(CH_3)_3$……
刻蚀用气	SiF_4、CF_4、C_2F_6、CHF_3、C_3F_8、$CClF_3$、O_2、O_3、C_2ClF_5、NF_3、SF_6、BCl_3、COS、$CFHCl_2$、HCl、HF、HBr、BBr_3……
注入和掺杂气	AsH_3、PH_3、GeH_4、B_2H_6、$AsCl_3$、AsF_3、PF_3、SiF_4、SF_6、H_2S、BF_3、BCl_3、H_2Se、SbH_3、$(CH_3)_2Te$、$(CH_3)_2Cd$、$(C_2H_5)_2Cd$、PCl_3、$(C_2H_5)_2Te$、$B(CH_3)_3$……
平衡和清洗	N_2、Ar、He、H_2、CO_2、N_2O、O_2……

在大规模集成电路芯片生产过程中，气体中的气、液（水）和固态杂质均构成对芯片质量的重要影响。一般要求气体中的颗粒粒径大小为电路设计的最小线宽的十分之一以下。颗粒污染还包括以下要求：例如铬板（chrome plate）等精密机加工件要求 $20\mu g/cm^2$；硬盘驱动器要求 $5\mu g/cm^2$；芯片要求 $1\mu g/cm^2$ 等。因此上述气体都要求纯度一般为 5N（99.999%），甚至 6N（99.9999%）或 7N（99.99999%）的超高纯度气体。

在砷化镓液相外延制备激光器件过程中，常用气体主要是氢气和砷烷，这两种气体中主要有害杂质是氧、碳的化合物，如水、氧、一氧化碳、二氧化碳、甲烷等。这些杂质均造成器件的退化和寿命的缩短。例如当这两种气体的氧含量小于 $0.03\mu mol/mol$ 和露点在小于 $-90℃$ 时，制造的器件寿命可以达到 $10^4 h$ 以上；当氧含量大于 $75\mu mol/mol$ 时，则形成多坑外延层；而当水含量大于 $10\times10^{-6}mol/mol$ 时，外延层形成"暗礁"造成晶格缺陷；如果氢中含氮大于 $1000\times10^{-6}mol/mol$，则外延层是针状结构。

电子特种气体是特种气体的一个重要分支，是集成电路（IC）、显示面板（LCD、OLED）、光伏能源、光纤光缆等电子工业生产中不可或缺的关键性原材料，广泛应用于薄膜、光刻、刻蚀、掺杂、气相沉积、扩散等工艺，其质量对电子元器件的性能有重要影响。电子特种气体在生产过程中涉及合成、纯化、混合气配制、充装、分析检测、气瓶处理等多项工艺技术，下游客户对产品质量要求较高。尤其是极大规模集成电路、新型显示面板等精密化程度非常高的应用领域，对特种气体的纯度、配比的精度、气体的储运都有着严格的要求。

① 气体纯度：特种气体要求超纯、超净。纯度每提升一个 N 以及粒子、金属杂质含量浓度每降低一个数量级都将带来工艺复杂度和难度的显著提升。例如，90nm 集成电路制造技术要求电子特气的纯度要在 5N～6N 以上，有害的气体杂质浓度需要控制在 10^{-9}；在更为先进的 28nm 及目前国际一线的 6～10nm 集成电路制程工艺中，电子特气的纯度要求更高，杂质浓度要求甚至达到 10^{-12} 级别。

② 配比的精度（混合气）：随着混合气中产品组分的增加、配制精度的上升，常要求气体供应商能够对多种 10^{-6} 乃至 10^{-9} 级浓度的气体组分进行精细操作，其配制过程的难度与复杂程度也显著增大。

③ 气体储运：保证气体在存储、运输、使用过程中不会被二次污染，对气瓶内部、内壁表面的处理涉及多项工艺，均依赖于长期的行业探索和研发；此外，对于某些具有高毒性或危险性的气体，需要使用负压气瓶储运，以减少危险气体泄漏风险。

2.2 气体纯化方法

2.2.1 气体纯化剂

（1）吸附剂

气体净化所常用的吸附剂主要有活性炭、硅胶、活性氧化铝、分子筛和吸附树脂等。

① 活性炭 活性炭是一种碳质吸附剂的总称，又称炭分子筛。品种非常多，几乎所有有机物都可以制成活性炭，如泥炭、煤、木材、果壳等。将原料在隔绝空气条件下加热到 600℃ 左右，使其热分解，得到的残炭再在 800℃ 以上高温下与空气、水蒸气和二氧化碳反应得到多孔的活性炭颗粒。用特殊工艺还可以制造成纤维状或毡状材料，这种纤维直径为 $10\mu m$，故外表面积特别大，达到 $2m^2/g$（粒状活性炭仅 $0.01m^2/g$），内扩散路程也短，是优质吸附材料。

活性炭的微观内部结构类似石墨平面微晶，其孔径尺寸为 15～20nm。微晶之间的周边含氧、氮或硫的基团相连。活性炭的主体是碳，极性弱，对烃类及其衍生物的吸附力强，活性炭应用于高纯气体中脱除有机气体，以及水中色素和防毒面具的吸附剂。用化学沉积法调整活性炭孔径的尺寸，可制成专用于空气分离的炭分子筛。

② 硅胶 硅胶的化学分子式是 $SiO_2 \cdot mH_2O$。用硅酸钠与无机酸反应生成硅酸 H_2SiO_3，其水合物在适宜条件（pH、温度）下会聚合、缩合而成硅氧四面体的多聚体。在水溶液中呈微小的胶团状存在，其孔径大小为 5~50nm。这种胶团经过足够时间会相互粘连而聚合成三维网状结构，其中包含着水和盐，这种体系称为凝胶。洗去胶团中的盐，再进行脱水，胶团间的距离缩小，互相粘连而成硅胶。硅胶实际上是二氧化硅微粒的堆积物。在制造过程中，控制胶团的尺寸和堆积的配位数，可以控制硅胶的孔容、孔径和表面积。硅胶的表面上保留着大约 5%（质量分数）的烃基，是硅胶的吸附活性中心。当温度到 200℃ 以上时，烃基失去。所以硅胶在 200℃ 以下活化。极性化合物如水、醇、醚、酮、酚、胺、吡啶等与烃基生成氢键，吸附力很强；极化率高的分子如芳香烃、不饱和烃等次之；饱和烃、环烷烃等只有色散力的作用，吸附力最弱。

硅胶的主要用途是脱除气体中的水，由于脱水深度浅，常用于高纯气体中前节脱水。它还可用于分离 C_1~C_4 烷烃，SO_2、H_2S、COS、SF_6 等硫的气态化合物的分离。硅胶还广泛应用于气相色谱中烷类气体的分离和碳氢化合物的分离。硅胶与其他吸附剂不同之处在于可以制造成有色硅胶而常用。干燥时为深蓝色，吸水时变为浅粉色。

③ 活性氧化铝 活性氧化铝的化学分子式是 $Al_2O_3 \cdot mH_2O$。用无机酸的铝盐与碱反应生成氢氧化铝的溶胶，然后再变成凝胶，凝胶中的微粒就是氢氧化铝的晶体，尺寸为 60~400nm。将凝胶灼烧使之脱水即成活性氧化铝。在制造过程中控制晶粒尺寸和堆积的配位数可以控制氧化铝的孔容、孔径和表面积，也可直接将铝土矿加热脱水制成天然活性氧化铝。活性氧化铝表面的活性中心是烃基和路易斯酸，极性强，其吸附特性和应用与硅胶类似。活性氧化铝广泛应用于气体中前节的脱水，也应用在气相色谱载体中。

④ 分子筛 分子筛是人工合成的硅铝酸盐，根据分子筛的来源，有自然形成的天然沸石分子筛和人工合成的分子筛两大类。合成分子筛又可分为以硅铝骨架为主的沸石分子筛和磷铝骨架为主的磷铝分子筛。沸石分子筛骨架引入非硅、铝元素，磷铝分子筛引入非磷、铝元素统称为杂原子（hetcroatom）分子筛，又叫类沸石（zcotypcs）分子筛。天然分子筛多达 40 多种，如辉沸石（stilbite）、钠沸石（natrolite）、菱沸石（chabazitc）、丝光沸石（mordenite）等。人工合成的沸石已经达到 200 多种。近代的分子筛发展经历了三个时期：20 世纪 60 年代的低、中硅铝比（$SiO_2/Al_2O_3 \leqslant 10$ 的 A 型、X 型、Y 型丝光沸石）；70 年代的 ZSM-5 高硅三维交叉直通道分子筛（$SiO_2/Al_2O_3 = 20$~∞）；80 年代发展的非硅、铝骨架的磷铝系列分子筛，这些分子筛的发现给人们以启示，其他非硅、铝元素只要条件合适，也可以形成沸石分子筛的结构。

⑤ 吸附树脂 上述几种吸附剂属于无机材料吸附剂，而吸附树脂属于有机高分子化合物。这是一种于 1935 年问世的新型有机吸附剂。1962 年美国罗姆哈斯公司首次在市场上推出吸附树脂。吸附树脂是由烯类单体聚合制备，通过改变聚合单体的组成和聚合方法可以制得不同结构的吸附材料，还可以进一步用功能基（氰基、砜基、酰基、氨基）制备各种功能基团的吸附材料，因而种类繁多，应用范围更广。与分子筛相比，它不仅具有利用孔径和离子交换机理，而且可以利用螯合、阴阳离子相互作用、化学键合、范德华引力和偶极-偶极相互作用，这些特点是分子筛等无机材料无法比拟的。树脂按极性大小分为非极性、中极性、极性和强极性等四种，表 2.7 是一些国内外代表性吸附树脂的性能指标。

表 2.7　一些国内外代表性吸附树脂的性能指标

分类	牌号	生产厂	结构	比表面积/(m²/g)	孔径/nm
非极性	Amberlite XAD-2	美国罗姆-哈斯公司	PS	330	9.0
	Amberlite XAD	美国罗姆-哈斯公司	PS	526	4.4
	Amberlite XAD	美国罗姆-哈斯公司	PS	750	5.0
	ADS-5	天津南开和成公司	PS	550	
	H-103	南开大学	PS	1000	
中极性	Amberlite XAD	美国罗姆-哈斯公司	—COOR	498	6.3
	Amberlite XAD	美国罗姆-哈斯公司	—COOR	450	8.0
	ADS-17	天津南开和成公司	—COOR	140	25.0
极性	Amberlite XAD	美国罗姆-哈斯公司	亚砜基	250	8.0
	Amberlite XAD	美国罗姆-哈斯公司	酰胺基	69	35.2
	ADS-16	天津南开和成公司	酰胺基		
	ADS-21	天津南开和成公司	—NHCONH	130	
强极性	Amberlite XAD	美国罗姆-哈斯公司	氧化氮类	170	21.0
	Amberlite XAD	美国罗姆-哈斯公司	氧化氮类	25	130.0
	ADS-17	天津南开和成公司	—NR$_n$	200	

吸附树脂一般制造成粒径为 0.3～1.0mm 的球粒，外观有白、黄、棕、黑等多种色泽，反映出在物理、化学结构方面的差异。它的特性在于多孔性，孔的结构、孔径、孔容及孔的表面积等，是影响其性能的关键因素，与其他吸附剂不同的是吸附树脂的孔结构及其各项指标在很大范围可以进行调整和变化。不过，直到现在吸附树脂的应用（在国内）除了高分子微球作为色谱吸附剂（高分子微球，GDX 系列）外，主要应用仅局限在水的提纯和废水处理上。而在气体的提纯和废气处理的文章却相对较少。

（2）催化剂

与吸附剂不同，催化剂属于化学吸附，一般含 Ni、Mn 和贵金属。化学吸附原则上是不可逆过程，但以下介绍的 105 和 401 催化剂通过活化后可再生。

105 催化剂（C-05）是含 0.03％钯的分子筛，又称钯 A 分子筛，呈颗粒状，粒度为 0.25～2.36mm。105 催化剂的性能除了与分子筛相似外，还能除去氢气中微量氧，其脱氧的深度达到 0.2μmol/mol 以下。105 催化剂与硫化物、氯化物、砷化物、一氧化碳及汞化物接触易中毒。与 105 催化剂类似，只是在分子筛上涂银的叫 201 催化剂。所以 201 催化剂又称银催化剂，其性能与 105 催化剂相类似，但是现在已经不生产了。

401 催化剂是 20 世纪 80 年代由中科院大连化学物理研究所研制的，401 催化剂的脱氧深度很高，由于分析方法所限制，最低曾测到 0.01μmol/mol。401 催化剂与 105、102 催化剂最大区别是应用在惰性气体氮、氩和氦气中的脱氧方面。传统的氮、氩和氦气中除微量氧必须在氮、氩和氦气中添加少量氢，这时钯和银起到催化作用，从而达到除去微量氧的目的。这种方法的结果是氮、氩和氦气中增加了氢气杂质（在电子工业所用氮、氩和氦气中氢气是无害的）。401 催化剂使用一段时间后，色泽由浅绿变黑（镍氧化由低价变高价），必须再生处理。

此外还有一种是 DH 型高效脱氢催化剂。

国内催化剂的研制基地以中科院大连化学物理研究所和普尔气体技术公司为主。

（3）吸气剂

铝、钛和锆金属或合金在高温下能与气态氧化物、碳化物、氮化物发生化学反应，因而能应用于除去惰性气体氩和氦中的 CO、CO_2、H_2O、N_2、H_2、CH_4 等杂质。吸气剂脱除惰性气体中 CO、CO_2、H_2O、N_2、H_2、CH_4 杂质含量可以低至 $0.1\mu mol/mol$ 以下。如国产锆铝 16（Al 16%＋Zr84%）合金，也可制造成 Zr_5Al_3、Zr_3Al_2 和 Zr_2Al 等多种合金。锆铝合金在高温 350～450℃时扩散速率最高，活性也就最好，吸气性能和容量最佳。意大利 SAES 公司研制的 ST101 锆铝合金，早期是专为氩离子气相色谱仪配套的惰性（氩）气体净化器，曾对惰性气体氦和氩气做过一系列实验，发现试验温度在 400～800℃为最佳。用作吸气剂的金属材料还包括 Al、V、Fe、Ni 等过渡元素合金。如意大利生产的牌号 ST707 产品，其成分是 Zr＝45%～75%、V＝20%～45%、Fe＝5%～35%（质量分数），试验了 9 种不同配方。用吸气剂纯化氩气，100℃条件下，经过分析测试，吸附后氧含量低于 $2\mu mol/mol$、水含量低于 $20\mu mol/mol$。吸附容量：氧＝6L/L；水＝5L/L。用吸气剂对氨纯化做试验，结果为：氧含量低于 $1\mu mol/mol$、水含量低于 $3\mu mol/mol$。早期的吸气剂主要用于电真空器件和微小真空容器的真空保持，目前的吸气剂已经成为电子气终端纯化装置的重要材料和部件。

（4）熔体合金

熔体合金包括 Ga-In-Al 三元合金和碱金属系统两类。国内有关 Ga-In-Al 三元合金已经发表有多篇文章和专利，金属镓的熔点是 29.78℃，而镓和铟以 75：25 比例（质量比）组成的合金，这种合金的最低共熔点 16℃。清洗干净的金属铝屑投入镓-铟熔体合金中，在高纯氮气气氛情况下，稍许加热二元合金并通氮气搅拌使铝得到充分溶解。用这种方法制得的三元熔体合金能脱除电子气体（硅烷、磷烷、砷烷、乙硼烷和锗烷）中的微量氧、水和二氧化碳等。其机理是铝在熔体中除去一层氧化铝膜，露出新鲜的金属铝，从而表现出非常活泼的性质，熔体中的活性零价铝对烷类气体中的氧、水和二氧化碳表现出非常大的亲和力。有文献表明用 Ga-In-Al 三元合金提纯硅烷、磷烷、砷烷、乙硼烷四种烷，经测试均获得满意的结果。Ga-In-Al 合金经过一定时间后，熔体内铝含量变少，可以通过清洗（用盐酸）重新得到 Ga-In 二元合金，该 Ga-In 二元合金必须经过严格清洗和干燥后才能重复使用。直接用金属镓也可以与铝生成合金，不过使用温度要高于镓的熔点。其效果与 Ga-In 合金一样。也可采用在 Ga-In 二元合金中不用铝，而加入钙、镁、锂的办法。

除了上述 Ga-In 熔体合金外，碱金属 Na、K、Rb、Cs 及其合金也有脱除氧、水和二氧化碳等功能，而且还能脱除氨中碳氢化合物杂质的功能，但碱金属作为烷类气体的纯化剂处理很不方便。

（5）钯合金管

钯合金管也称钯合金膜管（壁厚 0.11～0.15mm），用钯合金管提纯氢气是最有效的方法，用这种方法制造的氢气纯度能达到 99.9999999%（9N）。金属钯对氢具有高度选择性和渗透性，将氢气通入钯合金管，在钯的催化作用下，氢分子在钯合金膜表面被分解为氢原子，再进一步电离成氢离子。

由于氢离子半径比钯的晶格常数小，所以氢离子能够渗透钯合金膜。然后氢离子再与电子结合为氢分子。钯合金膜只允许氢气通过，而不让其他气体分子进入，起到过滤杂质的作用。钯常与银构成合金（Pd 77%，Ag 23%）形式制成钯管、钯膜用于钯扩散纯化器。当温度为 300～500℃时氢的扩散速率最大。对于使用钯扩散膜纯化的氢气要求初级纯度在 99.5%以上，氧的含量不得高于 0.2%，以防钯因氧与氢气的反应局部升温而使钯退火。氢气中还不能含 S、As、Hg、Cl_2 和油脂等杂质，上述杂质将使钯中毒。

钯材料又可以与膜分离技术结合，日本 NGKL 公司开发了一种高效率的膜分离组件，组件由多孔陶瓷管组成，外层为 $2\mu m$ 厚的钯-银合金层，在 400℃和 1.0MPa 条件下，随着气体的进入，氢气选择性地通过钯-银合金层陶瓷管，氢气纯度由 50% 提高到 99.5%。

（6）离子液体

离子液体是一种在室温条件下呈液态的离子化合物，又称低温熔融盐，一般由体积较大的有机阳离子和体积较小的无机或有机阴离子组成。离子液体具有可设计性，通过改变阴、阳离子的结构和种类即可设计出种类繁多、数量巨大、具有多种功能的离子液体。离子液体的高热稳定性、蒸气压极低、不易燃以及结构和性质精细可调的特性，使得它在有机合成、催化、电化学、生物转化和气体纯化等领域得到广泛的应用。

固定化离子液体应用于气体分离上，可在一定程度上解决因离子液体的黏度较大带来的传质效率低的问题。其应用方式是把离子液体分散在多孔载体（分子筛、活性炭、硅胶、氧化铝）上，以固态形式用于气体贮存、纯化和分离上。

气体在离子液体中溶解性能的影响因素较多。一般气体的溶解度随着温度的升高而减小，随着压力增加而增加；而对于氢气，其溶解度则随温度增高而增大。同一气体在不同离子液体中溶解度也不同，主要是由于离子液体与气体的相互作用不同，如物理吸附和化学吸附或者两种方式同时存在。通过对离子液体的设计，可以得到对气体溶解度大、吸附选择性高、传质扩散性能优良的离子液体。图 2.1 为三种常见离子液体化学结构式。

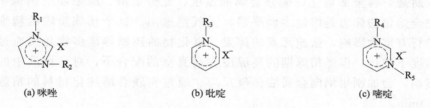

| (a) 咪唑 | (b) 吡啶 | (c) 嘧啶 |

图 2.1　三种离子液体

2.2.2　纯化材料制备及性能

纯化材料规模制备平台主要用于新型纯化材料的研发与应用，通过纯化材料规模制备平台研究其规模制备工艺技术，研究材料性能与微观结构及制备工艺参数的关系。纯化材料规模制备技术主要包括原料预处理技术、纯化合金熔炼过程控制、纯化材料浇铸技术及过程控制、纯化材料制备工艺实验及纯化材料性能测试等。

（1）原材料预处理技术

由于感应炉的精炼能力有限、工艺灵活性小、冶炼产品质量要求高等原因，使其对原材料的要求要比电弧炉严格，选用合格的原材料对控制感应炉的冶金质量是至关重要的。

对于原材料的基本要求是清洁、少锈蚀、无油污、干燥，尽可能除去杂质、水分等因素对于合金性能产生的负面影响。

为了提高熔化速度，应根据所用电源频率选用合适的料块尺寸，对于松散难感应的材料更是如此，所以对于原材料中大量的海绵钛，要使用液压机将松散的海绵钛压制成钛电极，以增加其感应熔炼效率。

对于块状的钒铁和铬，应将较大的块体破碎成稍小的块体，避免出现高熔点的金属难熔或熔化不彻底的现象。

由于原材料自身含有的水气将对合金质量产生重要的影响，所以要烘料除水汽，提高熔炼效率，降低熔炼过程中金属液发生氧化反应的可能性，保证合金质量。使用立式鼓风干燥烘箱，将海绵钛、海绵锆等在120℃下烘料4h，基本可去除材料中的水汽。

（2）纯化合金熔炼过程控制

合金熔炼过程是使炉料顺利熔化，在此基础上实现脱气、去除杂质元素。根据纯化材料高熔点的特点，熔炼过程大致分为三个阶段。

熔炼初期，在较高的真空度下，以较低功率加热炉料，直到炉料红热，表明即将开始熔化为止，此期间坩埚、炉料等温度逐渐升高，坩埚和炉料表面吸附的气体释放进入炉气被排出炉外，感应炉真空度会逐步下降。

熔炼中期是从坩埚底部炉料开始熔化起，到大约80%炉料熔化为止。熔炼中期应使炉料快速熔化，保持合理的熔化速度，维持金属液轻微的沸腾，同时要避免金属液喷溅并防止炉料"架桥"。而熔化速度与炉料状况、坩埚壁的厚度、加热功率等因素有关，很难定量给出统一的合理熔化速度，要根据生产实际条件和经验来控制。金属液在熔化后，炉料内含有的各种气氛的释放，使熔液产生沸腾现象，适当的沸腾有利于金属液排气、除杂质，但是剧烈的沸腾会造成喷溅，使合金成分误差加大，对其性能产生危害。同时熔化速度过快，喷溅的金属液会使上部未熔的炉料黏结在一起，促使"架桥"现象出现。

熔炼末期是炉料全部熔化、提升金属液温度、充分造渣、除杂质的精炼阶段。熔炼末期炉料完全熔化的标志是熔池表面平静，无气泡逸出。这个精炼阶段的精炼温度对物化反应的进行有重大影响，杂质元素的挥发、氧化物的还原等诸多物化反应过程都希望在较高的温度下进行，但是精炼期的高温度在高真空的配合下，对金属液中的氧含量会产生不利影响，会加剧坩埚向金属液供氧反应。通过实践总结纯化材料的精炼时间一般应控制在10min。

（3）纯化材料浇铸技术及过程控制

浇铸是将液态合金变成固态合金最常用的方法，锭模指将液态的合金注入锭模中使之凝固成锭。纯化材料浇铸锭模成型过程中，浇铸速度的大小、锭模的材质和形状、冷却强度等因素对合金质量的均产生影响。为防止高熔点纯化材料熔液烧损铸模，在铸模上附加石墨层以保护铸模。

对于浇铸速度，当浇铸速度过快时，会使金属液飞溅，可能造成合金成分不准确而破坏合金性能，同时也浪费了材料、增高生产成本。所以通过实验总结出比较合理的浇铸速度应控制在匀速浇铸1min。合金冷却速度快，可以抑制晶粒粗大和成分偏析，所以冷却水量控制在20m³/h。

浇铸过程中还需要注意的一点就是关于炉渣的控制，纯化材料制备过程中会有少量炉渣的出现，在浇铸时应避免炉渣随金属液流出坩埚。因为炉渣主要由杂质、难熔氧化物等组成，对合金吸氢性能起破坏作用。根据目前设备条件，抑制炉渣的办法主要是控制浇铸速度，不能过快。

（4）纯化材料制备工艺实验

北京有色金属研究总院开展了10炉Ti基纯化材料的制备工艺实验，每炉装炉量为8kg，出炉约7.5kg。归纳10炉生产实验的熔炼工艺，如表2.8所示。

表 2.8　Ti 基纯化材料熔炼工艺及结果

炉号	装炉量/kg	抽真空时间/min	洗炉充氩时间/min	烘炉时间/min	熔炼浇铸时间/min	冷却时间/min	出料清炉时间/min	熔炼周期/min	熔炼后出炉料均值/kg	吸氢量(质量分数)/%
1	8	30	5	35	20	180	35	313	7.56	2.518
2	8	30	5	35	20	180	35	313	7.42	2.528
3	8	30	5	35	20	180	35	313	7.62	2.544
4	8	30	5	35	20	180	35	313	7.60	2.453
5	8	30	5	35	20	180	35	313	7.58	2.556
6	8	30	5	35	18	180	35	310	7.66	2.489
7	8	30	5	35	18	180	35	310	7.50	2.467
8	8	30	5	35	18	180	35	310	7.48	2.450
9	8	30	5	34	18	180	35	310	7.54	2.533
10	8	30	5	35	18	180	35	310	7.58	2.355
均值	8	30	5	35	18	180	35	310	7.554	2.489

表 2.8 中，主要区别是在熔炼浇铸时前 5 炉和后 5 炉精炼时间上有所区别。从吸氢量结果来看，应该是适当延长精炼时间，使合金元素熔化更均匀，合金成分更准确。所以延长精炼时间制备的材料性能较好。

通过表 2.8 可知，纯化材料规模制备具体工艺主要由装炉、抽真空、洗炉、熔炼浇铸、冷却等工序组成，采用低功率加热烘烤预热、高功率加热熔化的工艺。具体实施办法就是在合金熔化之前，以固定的功率和时间加热，当合金开始熔化时，增大功率，但是还要保证功率不能过大，使合金尽量以略超过熔点的温度熔化。

采用以上熔炼工艺的目的有两点：一是为了防止金属熔体温度过高而和坩埚相互作用，产生氧化物和氮化物等，这既影响合金性能又影响坩埚的使用寿命；二是防止熔体温度过高，造成烧损，合金熔体在炉内熔融（高温）状态的时间要尽量缩短，否则难以控制其烧损量，浇铸的温度也应尽量低，否则会造成合金元素的二次烧损。

（5）纯化材料性能测试

将 10 炉 Ti 基纯化材料做分别作能谱测试，结果如表 2.9 所示。在工艺相对稳定的情况下制备了 10 炉材料，元素含量波动范围小于 5%，说明工艺具有较高的一致性。

表 2.9　Ti 基纯化材料成分测试

炉号	吸氢量(质量分数)/%	原子分数/%					质量分数/%				
		Ti	V	Cr	Fe	Zr	Ti	V	Cr	Fe	Zr
1	2.518	20.76	26.49	15.26	5.98	31.52	15.67	21.26	12.50	5.26	45.31
2	2.528	17.91	29.48	15.94	2.53	34.15	13.31	23.31	12.86	2.19	48.34
3	2.544	18.09	28.46	13.53	8.02	31.90	13.58	22.74	11.03	7.03	45.62
4	2.453	20.41	26.62	13.69	6.49	32.80	15.27	21.19	11.12	5.66	46.75
5	2.556	16.11	29.56	16.30	5.93	32.11	12.08	23.58	13.27	5.19	45.87
6	2.489	17.95	28.81	14.15	7.36	31.74	13.50	23.04	11.55	6.45	45.46
7	2.487	21.28	25.82	14.07	6.30	32.53	15.97	20.60	11.46	5.51	46.47
8	2.450	17.37	28.17	16.02	6.46	31.98	13.04	22.50	13.06	5.65	45.74
9	2.533	16.55	29.14	15.29	7.10	31.92	12.43	23.27	12.46	6.22	45.63
10	2.355	18.47	27.78	14.67	5.88	33.20	13.78	22.04	11.88	5.11	47.18

在 10 炉样品中，取 1 号、3 号、5 号、7 号、9 号样品进行了 XRD 定性物相测试。通过 XRD 结果（图 2.2）可知，该纯化材料主要以面心立方的 C15 相为主，还含有少量的密排六方的 C14 相。

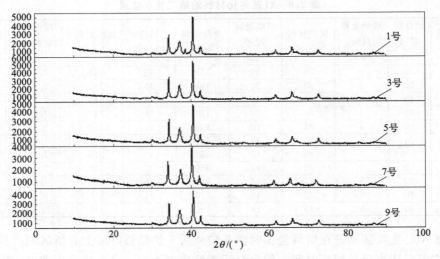

图 2.2　Ti 基纯化材料 XRD 结果

对 10 炉纯化材料合金按照炉号顺序测试其吸氢性能，测试结果表 2.8 所示。目前制备 Ti 基纯化材料的 30kg 级熔炼工艺基本稳定，可以连续稳定地制备吸氢量合格的材料。最低吸氢量（质量分数，下同）为 2.355%，最大吸氢量可达到 2.556%。精炼工艺延长 3min 的前 5 炉纯化材料，其吸氢量均值为 2.5198%，后 5 炉纯化材料的吸氢量均值为 2.4638%，10 炉材料的吸氢量均值为 2.4893%。可见，使用延长精炼时间的工艺可以制备出性能一致的 Ti 基纯化材料。说明规模熔炼制备的纯化材料的吸氢性能是达标的。不同批次合金吸氢容量均方差为 0.337，说明炉次间的批次稳定性也是比较好的。

吸附剂吸附容量测试采用 PCT 测试平台，所用气体分别为纯度 99.999% 的二氧化碳、纯度 99.95% 的甲烷。测试分子筛与活性炭对这两种气体的吸附性能。

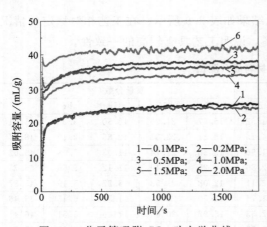

图 2.3　分子筛吸附 CO_2 动力学曲线

图 2.3 是分子筛对 CO_2 的吸附曲线，分子筛在吸附之前需在常温下抽真空 1h，确保材料脱附完全。测试的气体初始压力分别为 0.1MPa、0.2MPa、0.5MPa、1.0MPa、1.5MPa、2.0MPa。从图 2.3 中可以看出，分子筛吸附 CO_2 在最初的 30s 内吸附容量快速上升，随后吸附容量缓慢上升，大约 10min 后吸附达到饱和。分子筛对二氧化碳的吸附容量受气体压力影响较大，最大吸附容量介于 $20\sim40mL/g$，随着初始气体压力上升，最大吸附容量升高。

测试分子筛对 CH_4 的吸附性能，结果如图 2.4 所示。同样的，分子筛在吸附之前进行抽真空 1h，之后吸附测试的气体初始压力分别为 0.02MPa、0.04MPa、0.06MPa、0.08MPa、0.1MPa。从图中可以看出初始吸附速率很快，在 30s 内达到最大吸附容量，吸附容量总体较低，且与气体压力成正比关系。当初始气压为 0.1MPa 时最大吸附容量仅为 7mL/g，这与 CH_4 分子的非极性有关。

为了进行对比，测试活性炭对上述两种气体的吸附能力。对 CO_2 的吸附性能如图 2.5 所示。测试的气体初始压力分别为 0.5MPa、1.5MPa。从图中可以看出初始 30s 吸附速率很快，随后吸附速率降低，在约 10min 后达到最大吸附容量。吸附容量较分子筛高，吸附容量随着初始压力升高而升高，当初始气压为 1.5MPa 时最大吸附容量达到 96mL/g。

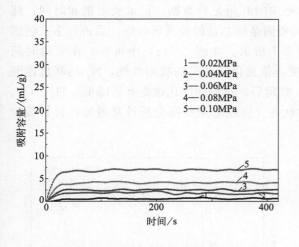

图 2.4　分子筛吸附 CH_4 动力学曲线

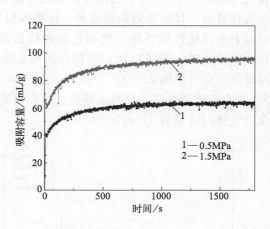

图 2.5　活性炭吸附 CO_2 动力学曲线

采用活性炭对 CH_4 进行吸附测试。测试的气体初始压力分别为 0.06MPa、0.1MPa。图 2.6 为活性炭对 CH_4 吸附曲线，可以看出初始 10s 吸附速率很快，随后吸附速率降低，在 10min 后达到最大吸附容量。吸附容量相比于分子筛较高，吸附容量随着初始压力升高而升高，变化趋势与分子筛相同。当初始气压为 0.1MPa 时最大吸附容量达到 11.5mL/g。

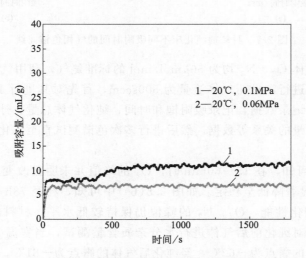

图 2.6　活性炭吸附 CH_4 动力学曲线

（6）吸附剂组合优化

确定气体中主要杂质为 H_2、O_2、N_2 和 H_2O 后，选用对应的纯化吸附材料装配纯化床，并对其进行充填配比、装填量和装填方式进行研究。采用脱氧剂对原料气体中的杂质 H_2 和 O_2 进行吸附，选用分子筛对原料气体中的杂质 N_2 和 H_2O 进行吸附，选用活性炭对原料气中的其他微量杂质气体和固体大颗粒进行吸附。通过计算待纯化气体中的杂质总量和各个纯化材料的纯化数据之间的关系，确定最佳纯化材料配比。

配置含有杂质气体 H_2、O_2、N_2 均为 $50\mu mol/mol$ 的标准氩气，利用气相色谱仪对脱氧剂纯化床的性能进行测试，气体流量为 500sccm（1sccm＝1mL/min，标准状态，下同），首先对其进行 10 次左右色谱分析至纯化数据稳定时开始记录数据，记录吸附饱和时间、纯化气体总量、计算吸附杂质总量、计算体积与吸附杂质总量的关系等数据。后进行多次色谱数据直至纯化性能下降，气相色谱曲线如图 2.7 所示。如图 2.7(a) 中可知，在吸附时间 15～60min 时，H_2 和 O_2 的峰值并未明显改变，依然保持较高的吸附性能，N_2 的峰值逐渐降低至稳定。如图 2.7(b) 中可知，在经 70h 吸附后，材料的纯化性能有所降低，H_2、O_2、N_2 的峰值逐渐升高，材料逐渐到达饱和吸附状态。根据记录数据分析计算得知，材料吸附杂质气体的容量为 315mL。

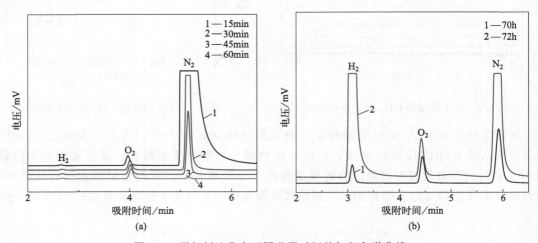

图 2.7　脱氧剂纯化床不同吸附时间的气相色谱曲线

配置含有杂质气体 O_2、N_2 均为 $50\mu mol/mol$ 的标准氩气，利用气相色谱仪和露点仪对分子筛纯化床的性能进行测试，气体流量为 500sccm，首先对其进行 10 次左右色谱分析至纯化数据稳定时开始记录数据，记录吸附饱和时间、纯化气体总量、计算吸附杂质总量、计算体积与吸附杂质总量的关系等数据。然后进行多次色谱测试直至纯化性能下降，气相色谱曲线如图 2.8 所示。

如图 2.8(a) 中可知，在 15～60min 时，O_2 的峰值并未明显改变，依然保持较高的吸附性能，N_2 的峰值显著降低至稳定。如图 2.8(b) 中可知，在经 78h 长时间的纯化后，材料依然保持良好的纯化性能，O_2、N_2 的峰值仍保持较低水平，材料仍未达到饱和吸附状态。同时采用露点仪对纯化前后气体进行水分杂质含量测试，当室温为 26℃时，露点仪数据显示经纯化前气体的露点为 $-62℃$，经纯化后气体的露点为 $-81℃$，且在 80h 后再对纯化后气体进行露点测试，其数值依然保持在 $-81℃$ 左右。说明此分子筛具有较好的水分吸附性能。

通过计算待纯化气体中的杂质总量和各个纯化材料的纯化数据之间的关系，确定最佳纯化材料配比和装填量，总装填量为 100mL，总质量约 82.2g，活性炭：分子筛：脱氧剂为 1：2：2，采用分层装填的方式进行装填。

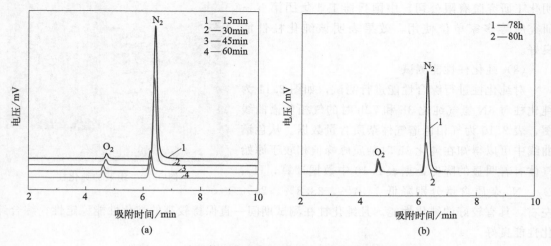

图 2.8　分子筛纯化床不同吸附时间的气相色谱曲线

（7）纯化柱结构设计与装配

内置于气瓶的可控气体流向纯化柱，它包括两通气瓶阀（1）、进出气管（2）、单向阀 A（3）、充气管（4）、旁通气管（5）、盲头回气管（6）、上端盖（7）、纯化柱体（8）、下端盖（9）、连接气管（10）、单向阀 B（11），进出气管（2）与两通气瓶阀（1）的底部焊接相连，并和单向阀 A（3）的导通端卡套相连，充气管（4）侧面设置有出气口 a（12），充气管（4）的顶部和底部分别与回气管的盲头端焊接相连和单向阀的出气端卡套相连，进出气管（2）和盲头回气管（6）的侧面都设置有旁通气孔 b（13）和 c（14），旁通气管（5）两端焊接在旁通气孔 b（13）和 c（14），上端盖（7）内部设置有环形槽 d（15）和环形槽内的微孔过滤片Ⅰ（16），上端盖（7）的上端和下端分别与回气管（6）和纯化柱体（8）的上端焊接相连，纯化柱体（8）内装有气体纯化材料（17，图中未标注），下端盖（9）内部设置有环形槽 e（18）和环形槽内的微孔过滤片Ⅱ（19），下端盖（9）的上端和下端分别与纯化柱体（8）的下端和连接气管（10）焊接相连，连接气管（10）与单向阀的出气口端卡套相连。纯化柱总体尺寸为高 70cm，除瓶阀部分外柱体最大直径为 $\varphi=19mm$，结构示意如图 2.9 所示。

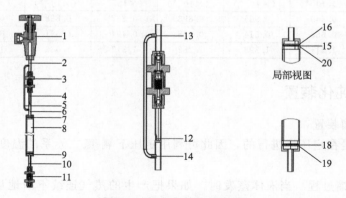

图 2.9　纯化柱结构示意图

有研工程技术研究院有限公司进行了该纯化柱的批量组装（图 2.10），且提供给中昊光明化工研究院有限公司、中国兵器工业集团第五三研究所等多家单位使用，效果表明该纯化柱性能良好。

（8）纯化柱性能测试

对纯化柱进行综合性能进行测试，如图 2.11 为纯化柱对 6N 氦气纯化 3h 和 72h 时的气相色谱曲线图，表 2.10 为气相色谱气体杂质含量数据。从色谱曲线中可以得知在纯化 3h 时杂质峰峰值相较于原始气体有着明显的降低，据表 2.10 中数据计算，H_2、O_2、N_2 杂质含量分别降低 14.4%、33.8%、24%

图 2.10　组装的纯化柱

左右，具有较好的纯化性能。且纯化柱在测试期间一直保持较高的纯化性能稳定性，综合纯化性能良好。

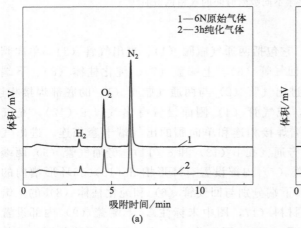
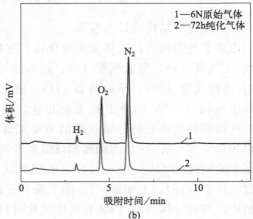

图 2.11　纯化柱气相色谱曲线

表 2.10　气相色谱气体杂质含量数据

气体	气瓶标定值 /($\times10^{-6}$)	3h测试数据 /($\times10^{-6}$)	6h测试数据 /($\times10^{-6}$)	9h测试数据 /($\times10^{-6}$)	12h测试数据 /($\times10^{-6}$)	24h测试数据 /($\times10^{-6}$)	48h测试数据 /($\times10^{-6}$)	72h测试数据 /($\times10^{-6}$)
H_2	0.991	0.849	0.905	0.893	0.882	0.838	0.820	0.823
O_2	0.997	0.660	0.514	0.478	0.494	0.591	0.660	0.649
N_2	1.99	1.511	1.398	1.282	1.317	1.536	1.619	1.688

2.2.3　气体纯化装置

（1）空气精馏装置

空气的精馏是在定压下进行的，因此可利用定压下氧-氮二元系的温度-浓度图来阐述空气精馏的原理。

① 空气的精馏过程　当液体蒸发时，如果把产生的蒸气连续不断地从容器中引出，这种蒸发过程称为部分蒸发，如图 2.12 所示。从部分蒸发和部分冷凝的特点可看出，两个过程可以分别得到高纯度的氧和高纯度的氮，但不能同时获得。部分蒸发需外界供给热量，部分冷凝则要向外界放出热量；部分蒸发不断地向外释放蒸气，如欲获得大量高纯度液氧，则

需要相应地补充液体；而部分冷凝则是连续地放出冷凝液，如欲获得大量高纯度气氮，则需要相应地补充气体。如果将部分冷凝和部分蒸发结合起来，则可相互补充，并同时获得高纯度的氧和氮。连续多次的部分蒸发和部分冷凝称为精馏过程。每经过一次部分冷凝和部分蒸发，气体中氮浓度就增加，液体中氧浓度也增加，这样经过多次，便可将空气中的氧和氮分离。

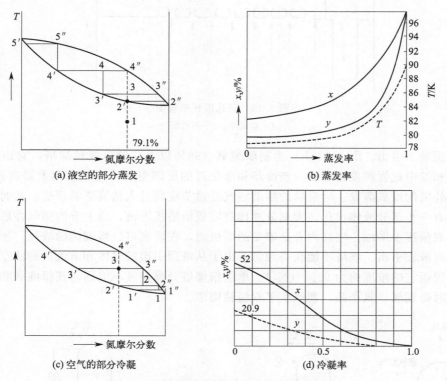

图 2.12　液空的部分蒸发和空气的部分冷凝

②　精馏塔　空气的精馏过程是在精馏塔中进行的，目前我国制氧机所用精馏塔中，上塔是填料塔，下塔是筛板塔。为方便说明，以筛板塔为例，如图 2.13 所示，在直立圆柱形筒内装有水平放置的筛孔板，温度较低的液体由上块塔板经溢流管流下来，温度较高的蒸气由塔板下方通过小孔向上流动，与筛孔板上液体相遇，进行热质交换，也就是部分蒸发和部分冷凝过程。连续经多块塔板后就能够完成精馏过程，从而得到所要求纯度的氧、氮产品。空气的精馏一般分为单级精馏和双级精馏，因而精馏塔也有单级精馏塔和双级精馏塔之分。

a. 单级精馏塔　单级精馏塔有两类：一类是制取高纯度液氮（或气氮）；另一类是制取高纯度液氧（或气氧）。图 2.14（a）为制取高纯度液氮（或气氮）的单级精馏塔，它由塔釜、塔板及筒壳、冷凝蒸发器三部分组成。压缩空气经换热器和净化系统除去杂质并冷却后进入塔的底部，并自下而上地穿过每块塔板，与塔板上的液体接触，进行热质交换。只要塔板数目足够多，在塔的顶部就能得到高纯度气氮，纯度为 99% 以上。该气氮在冷凝蒸发器内被冷却而变成液体，一部分作为液氮产品，由冷凝蒸发器引出；另一部分作为回流液，沿塔板自上而下流动。回流液与上升的蒸气进行热质交换，最后在塔底得到含氧较多的液体（称为富氧液空，或称釜液），其含氧量约 40%。釜液经节流阀进入冷凝蒸发器的蒸发侧，用来冷却冷凝侧的氮气，被加热而蒸发，变成富氧空气引出。如果需要获得气氮，则可从冷

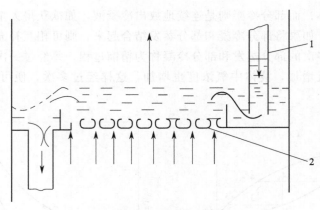

图 2.13　筛孔塔板示意图

1—溢流斗；2—筛孔板

凝蒸发器顶盖下引出。图 2.14（b）为制取纯氧（99％以上）的单级精馏塔，它由塔体及塔板、塔釜和釜中蛇管蒸发器组成。被冷却和净化过的压缩空气经过蛇管蒸发器时逐渐冷凝，同时将它外面的液氧蒸发。冷凝后的压缩空气经过节流阀进入精馏塔的顶端。此时，由于节流降压，有一小部分液体汽化，大部分液体自塔顶沿塔板下流，与上升的蒸气在塔板上充分接触，含氧量逐步增加。当塔内有足够多的塔板时，在塔底可以得到纯的液氧。所得产品氧可以气态或液态引出。该塔不能获得纯氮。由于从塔顶引出的气体和节流后的液空接近相平衡状态，因而它的浓度约为 93％（N_2）。单级精馏塔分离空气不能同时获得纯氧和纯氮，所以为了同时得到氧、氮产品，便产生了双级精馏塔。

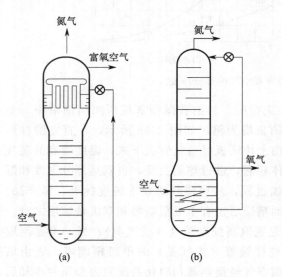

图 2.14　单级精馏塔

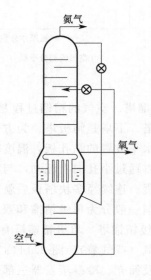

图 2.15　双级精馏塔

　　b. 双级精馏塔　图 2.15 为双级精馏塔示意图。它由上塔、下塔和冷凝蒸发器组成，上塔压力一般为 130～150kPa，下塔压力一般为 500～600kPa，但可以根据用户的需要，使上塔压力提高至 450～550kPa，下塔提高到 1100～1300kPa。

　　经过压缩、净化并冷却后的空气进入下塔底部，自下而上流过每块塔板，至下塔顶部便得到一定纯度的气氮。下塔塔板数越多，气氮纯度越高。氮进入冷凝蒸发器的冷凝侧时，被液氧冷却变成液氮，一部分作为下塔回流液沿塔板流下，至下塔塔釜便得到含氧 30％～40％ 的富氧液空；另一部分聚集在液氮槽中，经液氮节流阀送入上塔顶部作为上塔的回流液。

下塔塔釜中的液空经节流阀后送入上塔中部，沿塔板逐块流下，参加精馏过程。只要有足够多的塔板，在上塔的最下一块塔板上就可以得到纯度很高的液氧。液氧进入冷凝蒸发器的蒸发侧，被下塔的气氮加热蒸发。蒸发出来的气氧一部分作为产品引出，另一部分自下而上穿过每块塔板进行精馏。气体越往上升，其中氮浓度越高。

双级精馏塔可在上塔顶部和底部同时获得纯氮和纯氧，也可以在冷凝蒸发器的两侧分别取出液氧和液氮。

上塔又分两段：从液空进料口至上塔底部称为提馏段；从液空进料口至上塔顶部称为精馏段。冷凝蒸发器是连接上、下塔进行热量交换的设备，对下塔是冷凝器，对上塔是蒸发器。

图 2.16（a）所示为全低压空分装置双级精馏塔。全低压流程中的空气压力和下塔的压力相同，为 500～600kPa。装置运转时的冷损主要靠一部分压缩空气在透平膨胀机中膨胀产生的冷量来补偿。膨胀后的压力为 138～140kPa，低于下塔压力，这部分膨胀空气无法再进入下塔。如果不让其参加精馏，则氧的损失大，很不经济。因而从全低压流程的经济性来考虑，希望膨胀后的低压空气能参加精馏，它的压力在上塔工况范围内，故有可能进入上塔，同时上塔实际的气液比较精馏所需的气液比大，即上塔的精馏有潜力。1932 年拉赫曼发现了这一规律，并提出利用上塔精馏潜力的措施，可将适量（占空气量的 20％～25％）的膨胀空气直接送入上塔进行精馏，这称为拉赫曼原理。它的特点是 80％ 左右加工空气进下塔精馏，而 20％ 左右加工空气经膨胀后直接进入上塔。随着化肥工业的发展，不仅需要纯氧，而且需要纯度 99.99％ 的纯氮。为了提取纯氮，可在上塔顶部设置辅塔，用来进一步精馏一部分气氮，以便在上塔顶部得到纯氮。

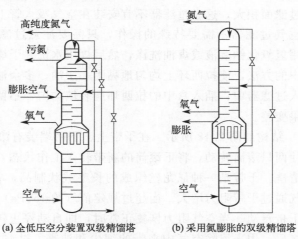

(a) 全低压空分装置双级精馏塔　　(b) 采用氮膨胀的双级精馏塔

图 2.16　双极精馏塔的不同应用方式

另一种利用上塔精馏潜力的措施是从下塔顶部或冷凝蒸发器顶盖下抽出氮气，复热后进入氮透平膨胀机，经膨胀并回收其冷量后，作为产品输出或者放空，如图 2.16（b）所示。由于从下塔引出氮气，使得冷凝蒸发器的冷凝量减少，因此送入上塔的液体馏分量也减少，上塔精馏段的气液比也就减小，精馏潜力同样得到了利用。

（2）空气净化装置

根据空气过滤精度的高低，气体过滤器分为粗过滤器、中效过滤器和高效过滤器。一般来说，粗过滤器主要用于除去粒径在 $5\mu m$ 以上的尘埃颗粒，容尘量大，阻力小，过滤效率差。中效过滤器用于除去粒径在 $1\mu m$ 左右的尘埃颗粒，容尘量和过滤效率中等。高效过滤器可除去粒径大于 $0.3\mu m$ 的尘埃颗粒，容尘量较小，阻力较大，但是过滤效率高。过滤除尘装置有内部过滤和表面过滤两种方式。

① 内部过滤的过滤装置　该装置是把松散的滤料填充在框架内，作为过滤层，对含尘气体进行净化。通常这种过滤采用干式法，但也有在滤料上涂黏性油的湿式法，滤料上涂以薄层黏性油可增加其除尘效果。采用湿式法时清除黏附的尘粒比较困难，所以当黏附的尘粒达到一定量时，要换上新的过滤材料。因此，这种方法主要用于净化含尘浓度低的气体。空压机常用的几种空气过滤器如下：

a. 拉西环过滤器　如图 2.17 所示，在钢制壳体内插入装有拉西环的盒，环上涂过滤油。如果进入过滤器的空气中的固体尘粒含量在 $20mg/m^3$ 以下，净化后空气中固体尘粒含量能低于 $1mg/m^3$。

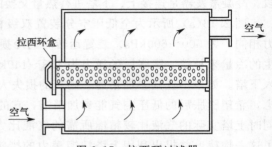

图 2.17　拉西环过滤器

过滤油黏度对过滤效率影响很大，过滤油应达到下列要求：恩氏黏度在 50℃ 时不低于 3.5，凝固点不高于 -20℃。特殊情况下，也可用变压器油代替。拉西环层高度通常为 $60\sim70mm$，每 $2000\sim4000m^3/h$ 的加工空气需要 $1m^2$ 的空气过滤器面积。过滤器开始时阻力是 $100\sim150Pa$，当阻力超过 392Pa 时应进行清洗。净化后空气中含尘量不超过 0.5mg/m^3，这种形式的过滤器用于小型空分装置，将其安装在空气吸入管上。由于过滤效率不高，当加工空气量大时，过滤面积大，这时过滤器不宜安装在空气吸入管上，应采用装有许多过滤盒的除尘室。这种空气过滤器不需要特殊的操作，只需要注意过滤的阻力。当装置停车时，应清洗插入盒，用氢氧化钠溶液或煤油洗涤，然后再用水洗并干燥，使用刷子涂刷或将插入盒沉没于油容器中的方法，使拉西环上均匀地黏附一层油，多余油在几小时内从插入盒内流出。重新将盒插入过滤器中；插入盒中的拉西环应装填均匀，不留自由空间，否则空气从空位通过，过滤效果变差。

b. 干带式过滤器　结构如图 2.18 所示。在干带上、下两端装有滚筒，当阻力超过设定值时，通过连锁装置使两只滚筒转动，将下滚筒的新带转入工作状态，脏带存入上滚筒，用完后卸下上滚筒进行清洗。干带是一种尼龙丝织成的长毛绒状制品，它由一个电动机带动。随着灰尘的积聚，空气通过干带阻力增大。当超过规定值（约 150Pa）时，带电接点的压差计将电动机接通，使干带转动。当空气阻力恢复正常时，即自动停止转动。这种过滤器通常串联于链带式过滤器之后，用来清除空气中夹带的细尘和油雾。过滤后空气中基本不含油。这种过滤器效率很高，对粒径大于 0.003mm 的灰尘，过滤效率为 100%，对粒径为 $0.0008\sim0.003mm$ 的灰尘，过滤效率为 97%。

c. 多孔陶瓷过滤器　多孔陶瓷的化学稳定性好，比表面积大，透气能力强，而且既耐高温，又耐低温，可以清洗再生，反复使用。但易损坏，抗震能力较差，有的还有"掉粉"现象，在滤料较厚时，阻力较大。多孔陶瓷的过滤能力和过滤效率取决于气孔的大小和气孔率。陶瓷管过滤器的结构如图 2.19 所示，此类陶瓷管过滤器的工作压力为 1000kPa，气体处理量为 $120m^3/h$。

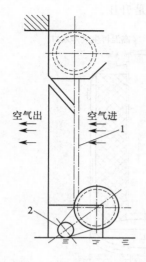

图 2.18　干带式过滤器

1—干带；2—电动机

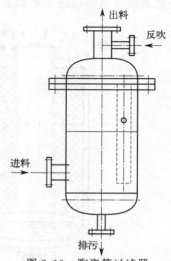

图 2.19　陶瓷管过滤器

　　② 表面过滤的过滤装置　用滤布或滤纸等较薄的滤料，将最初黏附在表面上的尘粒层（初层）作为过滤层，进行微粒的捕集。当黏附的尘粒达到一定量时，要进行清除。被清除的是集尘层，而初层大部分仍残留下来，初层形成之后，能捕集 $1\mu m$ 以下的微粒。

　　普通化学纤维布的网孔为 $20\sim50\mu m$。用这样的滤布，只要设计得当，就是 $0.1\mu m$ 的尘粒，也能获得接近 100% 的除尘效率。如采用织物滤布进行表面过滤，过滤速度一般取在 $0.3\sim10\text{cm/s}$ 范围内。越是微细的尘粒，越要取小值。

　　袋式过滤器是属于表面过滤方式的一种装置，是应用最广的过滤除尘装置。它是用除尘室内悬吊的许多滤袋来净化含尘气体。滤布、清灰机构、过滤速度等都会影响除尘性能。目前用于常温的滤布材质有棉、羊毛、维纶、涤纶等，用于高温（可达 523K）的有玻璃纤维，其平均寿命一般为 $1\sim2$ 年。滤袋的形状可做成各种各样，随除尘器的结构形式而定，目前常用的是圆袋形。但平板形滤袋排列紧凑，体积小，近来应用愈来愈多。

　　在袋式过滤器中，随着滤布上捕集的尘粒层变厚，压力损失逐渐增加，除尘效率逐渐下降。当压力损失达 1500Pa 左右时，要对捕集的尘粒层进行清灰。清灰机构有振动型、逆气流型、气环反吹型、脉冲喷吹型等，它们或者连续清灰，或者间歇操作。如在气环反吹型中，喷射压缩空气的隙缝气环沿圆筒形滤袋外侧上、下移动，把捕集的尘粒清除下来。在脉冲喷吹型中，其圆筒形滤袋的上端设置文丘里管，每隔一定时间按顺序从喷嘴喷出压缩空气，以清除捕集的尘粒。

　　图 2.20 所示为分子筛吸附器的吸附与再生过程。分子筛吸附器为圆柱形容器，内装 5A 球形分子筛，上、下进出口处设置过滤网，用来清除气流中的吸附剂细粒。吸附器外有冷却水套，用于冷却吸附器。分子筛纯化系统由两个吸附器、加热器（电加热器或蒸汽加热器）、阀门、管道和切换系统组成。被压缩的空气经预冷系统冷却到一定温度后，自下向上通过分子筛吸附器时，空气中所含有的 H_2O、CO_2 等杂质相继被吸附清除，净化后的空气进入冷箱中的主换热器。两个吸附器交替使用，一个工作时，另一个再生。吸附器的再生过程一般分为四步：第一步是降压，吸附器在工作周期即将结束时，须将容器内的带压空气排放出去；第二步是加热，干燥的热污氮气自上而下通过吸附器；第三步是吹冷，未经加热的干燥

气体不经过加热器而旁通进入吸附器吹扫吸附剂；第四步是升压。

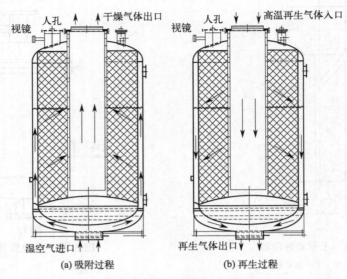

图 2.20　分子筛吸附器的吸附与再生过程

（3）纯氩提取装置

从空分装置用精馏法得到的粗氩一般含有少量的氧和氮。为了得到纯氩，还需进一步除氧和除氮。

① 化学除氧和低温精馏制取纯氩

a. 粗氩除氧

粗氩除氧是利用氧能助燃的性质，加入可燃物质并使其与氧化合成氧化物，然后除去氧化物，得到不含氧的工艺氩。目前大多数采用氢，通过催化剂使粗氩中的氧和氢产生化学反应。为了使化学反应进行得完全，将氧除得彻底，氢的加入量必须略大于氧完全反应所需的量。这部分多余的氢称为过量氢。粗氩中加氢除氧所采用的催化剂主要有下列几种：

一是活性铜。这种催化剂使用比较早，其作用机理一般认为是粗氩通过赤热的铜表面，其中的氧首先和铜化合成氧化铜，然后氢又将氧化铜还原成铜和水。在开始时，产生化学反应要求一定的反应温度，需要先加热，以后就可以依靠反应所产生的热使反应继续进行。活性铜的工作温度为 $300\sim400℃$，用氢还原时控制温度为 $150\sim200℃$，利用率为 $30\%\sim35\%$。

二是活性氧化铝镀铂。这种催化剂的作用机理和活性铜不同，它是使粗氩中的氧和氢在催化剂的催化作用下直接化合成水，反应过程可以在较低温度下进行。据实验，在过量氢（1%）、工作压力 $(1.6\sim5.0)\times10^2kPa$、空速 $5000\sim15000L/h$ 的条件下可以将含氧 $0.2\%\sim2\%$ 的粗氩净除至含氧量小于 5.0×10^{-7}。

三是活性氧化铝镀钯。它的机理与活性氧化铝镀铂相同，但这种催化剂制备比镀铂简单，除氧效率高，当其吸水失效后能还原恢复其活性。如催化剂的温度保持在 $130\sim400℃$ 范围内，过量氢控制在 0.12% 以上，空速在 $8000\sim14000L/h$ 的条件下，含氧 $1\%\sim3\%$ 的粗氩经催化除氧后含氧量可降低到 1.5×10^{-7} 以下。为了保证催化反应的顺利进行，要严格保证过量氢。如过量氢太少，则除氧性能降低。当粗氩中含氧量太高时（如超过 3%），可采用除氧后的工艺氩回流稀释或者分级催化的办法，避免反应温度过高而烧伤催化剂。也可用冷却方法，使催化剂温度不高于 $400℃$，保证活性氧化铝镀钯的结构不被破坏，保持高的活性和较长的寿命。当粗氩中含氧量高于 5% 或者含氢量超过 10% 时，一次催化除氧存在爆炸危险。

活性氧化铝镀钯有较多的优点，然而使用它除氧时要求一定量的过量氢，否则不能得到较好的除氧性能。但这些过量氢会污染工艺氩，对于直接生产灯泡氩有影响，这一点不如活性铜。加氢催化除氧是借助催化剂的作用，使氢、氧直接反应，当粗氩中的氧达到一定浓度后，便有爆炸的危险。这就要求空分装置操作稳定，控制仪表能迅速、正确指示。因氢和氧间接化合成水，活性铜除氧比较安全。也正因为这个反应过程是间接的，除氧时对氢气的质量就不需要像使用活性氧化铝镀钯和活性氧化铝镀铂作催化剂时那样高。

b. 工艺氩除氮氢

用化学法除氧后获得的工艺氩，含有 1%～4% 的 N_2 和 0.5%～1% 的 H_2。欲提取纯氩，还必须进一步清除工艺氩中的氮和氢。由于氩、氮沸点相差较大（达 10℃），用低温精馏法分离氩-氮混合物所获得的纯氩产品中，含氮量可低于 0.0001%。工业上用低温精馏法分离氩-氮混合物的工艺流程如图 2.21 所示。工艺氩经过氩热交换器，被粗氩塔排出的粗氩和纯氩塔塔顶排出的废气冷却至饱和蒸气的温度。然后节流至压力 (1.3～1.5)×10^{5}Pa，以过热蒸气状态进入纯氩塔中部。工艺氩在纯氩塔精馏段与塔顶流下的回流液进行热质交换，上升蒸气中的氩组分不断凝结进入回流液中，而回流液中的氮组分不断蒸发进入上升蒸气。上升到塔顶的氩蒸气（温度约为 88K）被冷凝器管间的液氮（温度约为 79K）冷凝，形成纯氩塔的回流液。冷凝液体流至纯氩塔提馏段，与纯氩塔蒸发器蒸发形成的上升蒸气进行热质交换，回流液中的氮不断蒸发，使氩含量不断提高，最后在塔底可获得纯度大于 99.99% 的纯液氩。

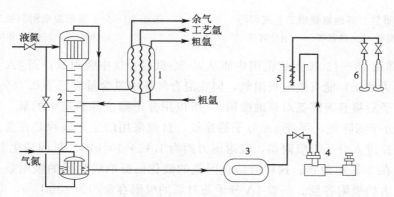

图 2.21　低温精馏法分离氩-氮混合物工艺流程示意图
1—氩热交换器；2—纯氩塔；3—液氩储罐；4—液氩泵；5—汽化器；6—充瓶台

液氩排放时，为了避免其汽化而引起液氩泵的气蚀，影响液氩泵正常工作，可以在液氩排放至液氩储罐前加液氩过冷器；用液空或液氮使液氩过冷，保持液氩过冷 6～8K。

工艺氩中含有 0.5%～1% H_2，甚至还有更大的波动。这会使纯氩塔氮-氩分离的精馏过程不易稳定。为了改善纯氩塔的精馏工况，可以在工艺氩进入纯氩塔前，用分凝器把工艺氩中的氢预先分离出来。

这种工艺流程如图 2.22 所示。工艺氩经热交换器预冷后进入纯氩塔的蒸发器，部分工艺氩被蒸发器管间的液氩液化，再经过氢分离器，分离后的氢气返回除氧系统，液态氩-氮混合物进入纯氩塔中部，由于回收了工艺氩中的过量氢，可以降低 30%～50% 的氮消耗量。

纯氩直接排放，会影响纯氩塔操作工况的稳定性。因此在纯氩出口管路上附加液氩计量罐，定期排放液氩，这有利于纯氩塔的稳定操作。有些提氩工艺，用液氮通过液氩计量罐，使液氩过冷，或者用空气通过液氩计量罐，当纯氩塔开车时，若液氩纯度不符合要求，可以对液氩加热，使其返回纯氩塔，减少氩损失。

② 用分子筛低温吸附法制取纯氩

由于分子筛具有选择性吸附的能力，因此出现了采用分子筛低温吸附法制取纯氩的工艺。图 2.23 为分子筛低温吸附制氩工艺流程图。

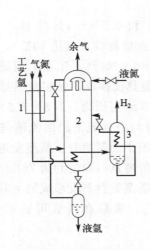

图 2.22　带氢分离纯氩提取工艺流程图

1—热交换器；2—纯氩塔；3—氢分离器

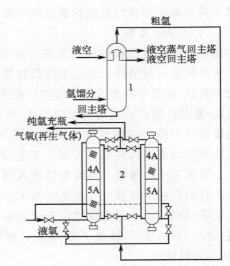

图 2.23　分子筛低温吸附制氩工艺流程图

1—粗氩塔；2—吸附器组

5A 分子筛在 88~150K 温度范围内能从氩-氧-氮混合气中吸附氮；而 4A 分子筛在 90K 时（吸附压力为常压）能有效地吸附氧，但在混合气体中氮含量应低于 0.14%（由于 4A 分子筛吸附氮分子后将显著降低对氧的吸附），所以用分子筛清除粗氩中的氧、氮杂质时，让粗氩先经 5A 分子筛除氮，再经 4A 分子筛除氧。目前采用的工艺流程是在常压下进行，粗氩由粗氩塔直接进入分子筛吸附器，吸附压力约为 1.15×10^2 kPa。氩的液化温度为 88.4K，所以吸附温度在 90K 时最佳。这样可防止因氩的液化而影响吸附器的吸附效果，同时又使分子筛具有较大的吸附容量。一般 4A 分子筛对氧的吸附容量约为 20mL/g，5A 分子筛对氮的吸附容量为 70~80mL/g。分子筛吸水后将大大降低吸气的性能，特别是 4A 分子筛，当吸附水分量达分子筛本身质量的 1.4% 时，对氧就完全停止吸附。用 450~500℃加热或通 300℃干氮气加热 2~3h，就能较好地烘干分子筛，恢复其吸附能力。

为了使吸附器在 90K 的低温下工作，必须向吸附器供给合适的冷源。冷源一般由空分装置供给。如果空分装置冷量不足，也可考虑设置附加冷源。4A 分子筛对温度较为敏感，温度稍升高几度，对氧的吸附容量就减少较多，因此应放在较低温度一端。目前采用的冷源有三种，即液空、液氮和液氧，各有其优缺点。大多数用液空作冷源，液空从下塔底部抽出经乙炔吸附器，再节流减压至 (2.6~3.0)×10² kPa 后进入分子筛吸附器的冷源通道。液空通过吸附器的冷源通道后再节流至 1.5×10^2 kPa，进入粗氩塔冷凝器的液空侧空间。因为可以改变液空的含氧量和节流后的压力，所以可以方便地调节吸附器的冷却温度。用液氮作冷源时，可改变液氮的压力来调节吸附器的操作温度，在不生产高纯氮的系统中采用液氮作冷源是可取的，这样对主塔的影响较小。用液氧作冷源时温度稳定，对空分塔影响较小，冷量利用也较合理，但用液氧作冷源的温度较前两者高。

分子筛对氧氮的吸附达到一定程度后就需再生，使吸附剂恢复到原来的吸附容量。目前再生方法是用升温法和真空法，均能达到较完全的再生。分子筛升温时用 130～150℃ 干氮气通入吸附器，吸附器出口氮气温度达 55℃ 左右时升温就结束，开始抽真空。为让吸附剂吸附的氧和氮尽量地释放出来，要求真空度达到 1.33Pa。抽空之后吸附器中充入纯氩，以吹扫留在吸附层中的少量氧、氮，直到吸附器出口的氩气达到纯氩标准（即 N_2 含量小于 2.0×10^{-4}）时再生即结束。紧接着可通过冷源进行预冷，在预冷过程中分子筛要吸附一定量的气体。为保持吸附器的正压，此时应输入纯氩。这一过程中冷量消耗较大，因此在空分系统里应有液态冷源的存储设备，或者预冷过程要缓慢进行，以减小对空分塔的影响。

当达到工作温度后，即可通入粗氩进行逐层吸附。分子筛开始吸附氮或氧时将置换出预冷过程中吸附的氩，此时吸附器出口处可得到 99.99% 的精氩。吸附器工作时间的长短与再生是否完善有关，还取决于粗氩中氧、氮杂质的数量。同时由于 4A 分子筛吸附氮后将影响吸附氧，因此要求 5A 分子筛吸附氮比较彻底。分子筛吸附法制取纯氩与原来的除氧设备、去氮塔制纯氩相比有流程简单、操作方便、纯氩质量稳定、成本降低的特点，但目前只能在小容量的制氩设备上使用。同时分子筛吸附器在比较大的温度范围（90～430K）内工作，要求有高度的密封性，因此对阀门、管道连接以及设备的严密性要求较高。

（4）国内超纯氦气低温纯化器

氦气低温纯化器主要分成两类，一类是氦气低温纯化器成套设备，该类低温纯化器是一类独立的设备，用于氦气的高精度纯化。图 2.24 是为某单位研制的 WS-1 型氦气低温纯化器（纯化精度 10^{-6} 级）。

另一类是制冷机内置式氦气低温纯化器。该类氦气低温纯化器设置于低温制冷机冷箱内部，是低温制冷机冷箱的必要内置设备，通常可以将氦气纯化至 99.999% 及以上。图 2.25～图 2.29 是某单位开发的系列大型低温制冷机/液化器及低温纯化装置；此类制冷机/液化器冷箱中都含内置式低温纯化器（10^{-9} 级），可将氦气纯化至 99.9999% 及以上，保障高速旋转（每分钟十几万到几十万转）的透平膨胀机叶片不被低温下已经冷冻成固体的杂质气体颗粒撞击和损坏。

图 2.24 WS-1 型氦气低温纯化器
（纯化精度 10^{-6} 级）

图 2.25 氦气低温纯化器（10^{-9} 级）
内置于 2kW 制冷机内

图 2.26 氦气低温纯化器（10^{-9} 级）
内置于 L40 氦液化器（A 型）内

图 2.27 氦气低温纯化器（10^{-9} 级）
内置于 L40 氦液化器（B 型）内

图 2.28 氦气低温纯化器（10^{-9} 级）
内置于 4.5K 制冷机内

图 2.29 WS 系列低温氦气纯化装置

（5）国内超纯氩气纯化装置

中昊光明化工研究设计有限公司（原光明化工研究设计院，简称光明院）在 20 世纪 90 年代初就开始开展高纯氩的纯化技术研究，开展了与氩同族的氙气纯化技术研究，实现了我国纯度为 99.999% 高纯氙气自主研制，实现进口替代。光明院建有 5N5 高纯氩纯化生产装置，光明院将在基础上通过多级吸附净化工艺以及智能控制实现高纯氩产品纯度达到 6N 以上，形成批量稳定研制生产能力。图 2.30～图 2.32 为光明院研制系列氩气纯化装置。

2.2.4 气体膜分离纯化技术

气体分离膜主要是根据不同的气体在一定的压力推动下透过膜的速率不同，从而实现各气体的分离。多年来人们曾对上百种聚合物进行性能测试和改性研究筛选，但是真正可满足工业上大规模应用的膜材料却很少，目前可用于气体分离的聚合物膜材料主要有聚砜、聚芳酰胺、聚酰亚胺、硅橡胶、四溴聚碳酸酯、聚苯醚和醋酸纤维素系列，以及近些年来利用越来越多的无机膜材料，常见的有金属膜、合金膜和金属氧化膜，例如金属钯膜、金属银膜以及钯-镍、钯-金和氧化钛及氧化锆膜等。在全世界的气体分离装置中，90% 是采用这些膜材料，而且大多数是中空纤维式膜和螺旋卷式膜。

图 2.30　高纯氩气纯化设备

图 2.31　高压配气氩气纯化系统

图 2.32　磁控镀膜用氩气纯化系统

(1) 气体膜分离方法

① 钯膜扩散法　钯（Pd）膜对氢气具有良好的选择渗透性，而其他气体不能透过。Pd 原子的 4d 电子层缺少两个电子，特殊的电子结构使其具有较强的吸氢能力，吸附的氢分子在 Pd 膜表面解离为氢原子扩散通过 Pd 膜。氢气在 Pd 膜中的渗透扩散过程服从溶解-扩散机制，如图 2.33 所示，H_2 分子在膜两侧分压差驱动力的作用下，首先在 Pd 膜表面解离吸附，然后透过 Pd 膜扩散到另一侧，脱附重组 H_2 分子。

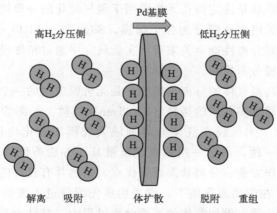

图 2.33　氢气透过 Pd 膜的溶解-扩散机制示意图

氢的渗透扩散过程中，理想状态下，氢气在膜表面的解离速率远大于氢原子在膜层中的扩散速率。此时，氢原子在膜层中的扩散是氢通过金属膜渗透的速率控制步骤。氢扩散到金属膜内部后，可用菲克第一定律描述氢原子通过 Pd 膜的通量，如式（2.1）所示：

$$J_{H} = -D \frac{c_2 - c_1}{l} \qquad (2.1)$$

式中　J_H——氢原子通过 Pd 膜扩散的通量，$mol/(m^2 \cdot s)$；

　　　D——氢扩散系数，m^2/s；

　c_1、c_2——氢原子在膜两侧的体积浓度，mol/m^3；

　　　l——膜层厚度，m。

氢气通过 Pd 膜的渗透通量是其氢分压差的函数，如式（2.2）所示：

$$J_{H} = \frac{\Phi}{l}(P_{H_1}^{n} - P_{H_2}^{n}) \qquad (2.2)$$

式中　　　Φ——氢渗透率，$mol/(m \cdot s \cdot Pa^n)$；

　　　l——钯膜厚度，m；

$P_{H,1}$，$P_{H,2}$——分别表示氢在进料侧和渗透侧的分压，Pa；

　　　n——压力指数。

当膜的表面反应过程是控制步骤时，根据 Sieverts 定律，压力指数 $n=1$；氢透过膜层的扩散过程是控制步骤时，压力指数 $n=0.5$；膜的表面反应过程和体扩散过程同时控制氢气通过膜的渗透时，$n=0.5 \sim 1$。但是，氢气在渗透过程中受到扩散阻力、浓差极化、压力、操作温度等因素的影响，可能会偏离 Sieverts 定律。

使用 Pd 复合膜对氢气进行分离纯化可以提高氢气纯度三个数量级以上，使 BCl_3、PCl_3等杂质含量降低三个数量级以上。采用 Pd 膜对多晶硅生产的尾气进行纯化，可以有效去除 HCl、CH_4 等杂质气体，回收纯度高于 99.9999％的高纯氢。Pd 基膜具有很高的氢同位素分离因子，在核聚变燃料循环和氚处理工艺中，常被用作氢同位素的分离和纯化。此外，以 Pd 复合膜为基础制备的氢气纯化器，对 99.999％ 的氢气进行纯化后，可以得到 99.999999％的高纯氢气。

② 无机多孔膜分离法　适用于轻质气体分离的多孔无机膜一般为孔径小于 2nm 甚至更小的微孔膜。目前，多孔无机膜主要依靠分子筛机制实现 H_2 优先渗透，气体分子与微孔孔壁的作用非常强，分子大小稍有差异或分子与孔壁亲和力不同时气体透过膜的速率有较大区别。因此，孔的大小和形状是决定微孔无机膜用于氢气纯化的分离性能的关键因素。

根据膜材料种类，无机多孔膜分为分子筛膜、SiO_2 膜、Al_2O_3 膜、碳基材料膜。无机多膜孔材料的孔道结构对分离性能至关重要，实验研究中通过精细设计、有效调控等方式保证膜材料尺寸可控、孔径分布均一。

气体分离，尤其是高温气体的分离与提纯，是无机膜应用的一个非常重要的领域。但目前所用的无机膜大多是通过多孔膜的努森（Knudsen）扩散、毛细管冷凝机理进行分离，难以应付复杂的分离要求。无机膜在气体分离领域大规模工业化应用的实例较少，只有用 Al_2O_3 膜分离铀同位素一例，而这一用途也逐渐被其他方法所代替。但是采用无机膜分离气体具有流程简单、操作方便、分离效果好等优点，依然具有良好的发展前景。

③ 有机膜分离法　在驱动力作用下，渗透物质先溶解进入膜的上游侧，然后扩散至膜的下游侧，扩散是控制步骤。例如气体的渗透分离过程中，推动力是膜两侧渗透物质的分压

差。当溶解服从亨利定律时，组分的渗透率是组分在膜中的扩散系数和溶解度系数的乘积。

有机中空纤维膜扩散法用于抽丝制作中空纤维的材料有聚砜、聚酰亚胺、聚碳酸酯等。1965 年前后，美国杜邦公司采用聚酯中空纤维膜分离回收氢是用有机纤维膜分离气体的最早工业尝试。20 世纪 70 年代，杜邦公司和孟山都公司先后实现了膜法分离氢的工业化，尤以孟山都公司 1979 年推出的 prsm 分离器性能最佳。到 1990 年全世界已有约 100 套类似装置在运行。

中空纤维膜分离回收氢装置应用最广、销售量最大领域是从合成氨弛放气、甲醇厂放空气和石油炼制过程的各种尾气中分离回收氢。采用有机中空纤维膜分离工艺，可以利用放空尾气自身的压力，以膜两侧的分压差作为推动力，具有无需外加动力，在常温或稍高于常温的温度下操作，对原料气组成变化的适应性强等优点。由于装置无机械运动部件，故维修费用低。全套设备仅由数件中空纤维膜组件构成，因而占地面积小，安装和操作都很简单。

④ 金属有机框架（MOF）膜分离法　金属有机框架材料（metal-organic framework，MOF），也称为配位聚合物，是一类由金属离子/簇与有机配体自组装而成的新型多孔材料。相比于其他传统多孔材料（分子筛、活性炭、硅胶等），MOF 具有更高的孔隙率（50%～90% 的自由体积）、大的比表面积（100～10000 m^2/g）、高度可调控的孔尺寸（3～100Å，1Å＝0.1nm）和暴露的活性位点等，因而在气体吸附分离领域显示出巨大的潜力。

氢气在工业生产过程中多采用水煤气转化（WGS）和蒸汽重整（SR）的方式，会不可避免地引入 CO_2、CH_4 等杂质气体，MOFs 材料具有规则可调的孔隙结构，基于 MOFs 膜的分离技术高效、节能、便捷，已广泛应用于 H_2 分离提纯。

采用原位生长-水热法合成的连续致密的 MOF-5 膜，孔径较大为 1.56nm，单组分气体渗透测试表明，小尺寸分子（H_2、CH_4、N_2、CO_2 等）透过膜时主要遵循着 Knudsen 扩散机制。首次基于努森扩散现象的 MOF 膜采用铜网作为支撑，利用"双铜源"技术成功制备 HKUST-1 膜，H_2/N_2 的分离系数为 7。使用乙醇胺对 ZIF-90 膜进行共价后修饰改性，乙醇胺与 ZIF-90 连接剂中的醛基发生亚胺缩合，致使 ZIF-90 的孔径缩小，避免缺陷孔隙的非选择性渗透，从而改善气体的分离性能，H_2/CO_2 的分离系数从 7.3 提升至 62.5。用层状MOF 纳米薄片构筑超薄分子筛膜的研究，展现了优异的氢气选择透过性，H_2/CO_2 分离选择性超过 200，氢气的渗透率高达几千个 GPU（气体渗透单元）.

传统的去除二氧化碳的手段有氨溶液吸收、变压吸附等方法，但由于吸附剂/溶剂往往需要循环利用，再回收过程使得操作成本花费较高。具备高 CO_2 选择渗透性的分离膜，由于能耗低且高效易操作而备受关注。聚合物膜如醋酸纤维素、聚酰亚胺等都可以将 CO_2 从CH_4 中分离出来，但 MOFs 膜具有高孔隙率和优越的热、力学及化学稳定性，更适宜用于二氧化碳脱除。

采用二次晶化法在多孔 Al_2O_3 管上制备的 ZIF-8 膜，厚度为 5～9μm。在 295K 和139.5kPa 的测试条件下，CO_2/CH_4 的分离系数为 4～7，CO_2 渗透率高达 2.4×10^{-5} mol/（m^2·s·Pa）。采用混合配体策略，对快速电流驱动（FCDs）下的刚性 ZIF-8 膜进行孔径微调，最终在阳极氧化铝（AAO）上制得了厚度约为 500nm 的 ZIF-7x-8 杂化膜。一方面，电场作用可以产生刚性的 ZIF-8-Cm 母体骨架，另一方面，第二配体苯并咪唑以不同的比例引入并整合到框架中，用以连续调节膜孔的尺寸，缩小 ZIF-7x-8 结构的孔径。因此分离CO_2/CH_4 的分子筛分能力大幅提高，分离因子高达 25。

在应用于实际的工业分离中，MOF 材料还面临着一些关键的问题需要解决。由于

MOF 结构中的配位键较弱，在水蒸气或酸性气体条件下易发生结构破坏，因而要求较为苛刻的操作环境；其次，传统方法制备的 MOF 材料通常以小晶体或粉末形式存在，机械强度较差，后续加工成型困难；此外，MOF 材料普遍具有微孔结构，狭窄的孔道结构限制了气体分子的快速扩散传质，从而降低吸附分离操作工艺效率。近年来，为针对性地解决这些问题，研究者们将 MOF 与其他多孔材料进行有机结合，显著提升了复合材料的结构稳定性和机械稳定性，并基于扩散孔道的协同效应提高了分离效率，为推进 MOF 材料的工业化应用提供了重要的理论思路和技术支撑。

⑤ 混合基质膜分离法　混合基质膜（mixed-matrix membranes，MMMs）是一类将聚合物和多孔填料颗粒结合制备的新型复合膜材料，将选择性纳米多孔颗粒作为填料掺入聚合物基质，因此 MMMs 兼具纳米多孔填料优异的气体分离性能和聚合物膜易于加工、成本低的优点。目前多种无机填料都可引入聚合物基质中制备 MMMs 膜，如沸石分子筛、MOF、碳纳米管、二氧化硅等等，这些无机填料的引入解决了聚合物膜不能兼得选择性和分离性的难题，使 MMMs 突破了聚合物膜的罗伯森上限。MMMs 的成功实施在很大程度上取决于聚合物基质和无机填料的选择以及两相之间的相互作用。

天然气或沼气的 CO_2 捕集、H_2 提纯、乙烯与乙烷、丙烯与丙烷的分离等气体分离工艺是化工行业的关键工序。混合基质膜分离技术由于独特的优势被大量地应用于这些分离工艺当中。

利用分子筛分离机制实现不同气体分子分离的沸石作为无机填料时，将 NaX 纳米沸石与 PEBAX-1657 结合，聚醚砜（PES）作为支撑层，制备的 MMMs 与微米级分子筛负载膜相比，具有更好的气体分离性能。随着进料压力的增大，CO_2 的选择性从 98.0 提高到 121.5。与传统无机填料相比，MOF 与聚合物的相容性更好，因为 MOF 结构中含有有机连接剂，增强了与聚合物相的附着力。将 NH_2-MIL-53（Al）加入聚砜（PSF）中，用于分离等摩尔 CO_2/CH_4 混合物，并增强了 CO_2 的渗透性和 CO_2/CH_4 的选择性。

（2）膜的分类

① 按其化学组成分类

按其化学组成，气体分离膜材料可分为高分子材料、无机材料和有机-无机集成材料。

a. 高分子材料　在气体分离膜领域，早期使用的膜材料主要有聚砜、纤维素类聚合物、聚碳酸酯等。上述材料的最大缺点是或具有高渗透性、低选择性，或具有低渗透性、高选择性，使得以这些材料开发的气体分离器的应用受到了一定限制，特别是在制备高纯气体方面，受到变压吸附和深冷技术的有力挑战。

为了克服上述缺点，拓宽气体分离膜技术的应用范围，发挥其节能优势，研究人员一直在积极开发兼具高透气性和高选择性、耐高温、耐化学介质的新型气体分离膜材料，聚酰亚胺、含硅聚合物、聚苯胺等就是近年开发的新型高分子气体分离膜材料。纤维素衍生物类、聚砜类、聚酰胺类、聚酰亚胺类、聚酯类、聚烯烃类、含硅聚合物、含氟聚合物和甲壳素类等可作为气体分离膜材料，目前还在各种分离膜领域中应用。许多科研工作者研究了各类聚合物的分子结构与气体分离性能之间的关系，以聚酰亚胺、聚砜等为代表的芳香杂环高分子具有很高的透气选择性，是一类非常吸引人的气体分离膜材料，已应用在一些具有很强应用背景的分离体系工作上。

b. 无机材料　相对于有机高分子膜，无机材料由于其独特的物理和化学性能，具有耐高温、结构稳定、孔径均一、化学稳定性好、抗微生物腐蚀能力强等优点。它在涉及高温和有腐蚀性的分离过程中的应用方面具有有机高分子膜所无法比拟的优势，具有良好的发展前景。无机膜的不足之处在于制造成本相对较高，大约是相同膜面积高分子膜的 10 倍；无机材料脆性大、弹性小，需要特殊的形状和支撑系统；膜的成形加工及膜组件的安装、密封（尤其是在高温下）比较困难。

无机膜包括致密膜和多孔膜，多孔膜的结构有对称结构和非对称结构两种。玻璃、金属如铝、氧化锆、沸石、陶瓷膜和碳膜已用于商业多孔无机膜材料。其他如碳化硅、氮化硅、氧化锡和云母也被用于多孔无机膜材料，钯和钯合金、银、镍、稳态氧化锆已用于气体分离。致密膜对氢和氧有很高的选择性，但致密膜由于比多孔膜的渗透性差，其应用受到限制。无机膜虽然价格高于有机膜，但无机膜具有耐温、耐磨和稳定孔结构的优势，如无机碳膜，自从 Koresh 和 Soffer 成功采用碳化纤维素中空膜的方法制备分子筛中空碳膜，越来越多的研究者使用不同有机高分子材料通过高温裂解制备碳膜，碳膜与有机膜相比不但在热稳定性和化学稳定性方面有优势，而且选择性也较大。分子筛碳膜可采用将高分子材料高温炭化制得，如聚二氯乙烯（PVDC）、聚糠醇（PFA）、聚丙烯腈（PAN）、酚醛树脂和各种煤等。

c. 有机-无机集成材料　有机聚合物膜目前在气体膜分离过程中应用规模较大。聚合物的选择性较高，采用不同制膜条件和工艺，可制得不同分离范围和对象的膜，但也存在不耐高温、抗腐蚀性差等弱点，而无机陶瓷膜热稳定性、化学稳定性好，耐有机溶剂、强碱、强酸，且不被微生物降解，不老化、寿命长，但制造成本相对较高，质脆，需要特殊的形状和支撑系统，所以发展有机-无机集成材料膜，是取长补短、改进膜材料的一种好方法。

分子筛填充有机高分子膜是在高分子膜内引入细小的分子筛颗粒以改善膜的分离性能。分子筛填充聚合物膜结构与一般聚合物复合膜结构相似，存在一个多孔支撑层，上面涂覆一层薄的高性能选择分离层，只是其选择分离层含有大于 40％ 紧密填充的分子筛或沸石等无机材料的高性能聚合物薄层。分子筛的作用主要体现在细小颗粒的存在对膜结构的影响，分子筛的表面活性可能会影响待分离组分在膜内的传递行为，从而改善膜的分离性能。

② 按气体分离膜的相态分类

膜是一种薄的、具有一定物理和化学特性的屏障物，它可以和一种或两种相邻的流体相之间构成不连续区间并影响流体中各组分的渗透速度，因此膜可以看作是一种具有分离功能的介质。按照气体分离膜的形态来分类，可以分成固态膜、液态膜和气态膜。

a. 固态膜　不溶物单分子膜的压缩系数极小，密度大，类似于固体，以这种膜为分离介质制成的膜称为固态膜，也称为固相膜或固体膜。

b. 液态膜　以液态物质为分离介质形成的膜，称为液态膜，也称为液相膜或液膜。这种膜可以把气相、气液两相或两相不互溶的液体进行分离和促进分离。

c. 气态膜　以气态物质为分离介质制成的膜，称为气态膜，也称为气相膜。它通常以充斥于疏水多孔聚合物膜空隙中的气体为分离介质构成的，当这种载有气体的膜将两种水溶液隔开时，可使一种液体中含有的挥发性溶质迅速扩散通过膜，在另一种溶液中富集或者分离出去。

③ 按膜的来源分类

a. 天然膜　天然膜指在人体或者动植物中，自然形成具有生理功能的膜。

b. 人工膜　人工膜为人工合成的膜，具有可替代或者协助完成人体部分器官生理功能的作用，如人工肾、人工心肺、辅助性人工肝、人工胰、人工皮肤、人造血管以及与输血有关的血液净化膜、血液透析膜、血液过滤膜、血浆分离膜、血浆净化膜等。

c. 合成膜 合成膜指由高聚物和无机物单一或复合制成的具有分离功能的渗透膜。如由聚砜、聚酰亚胺、硅橡胶和乙酸纤维素系列制成的膜。再如，由金属、合金、陶瓷、高分子金属配合物、分子筛、沸石和玻璃等制成的膜。

④ 按膜的形态分类

a. 平板膜 平板膜指外形像平板或纸片状的膜。它通常是把铸膜液刮在无纺布或纤维支撑布上制得的，主要用于制备板框式和螺旋卷式两种膜分离元件。

b. 中空纤维式膜 中空纤维式膜指外形像纤维状，具有自支撑作用的膜。它是非对称膜的一种，其致密层可位于纤维的外表面（如反渗透膜），也可位于纤维的内表面（如微滤膜和超滤膜）。对气体分离膜来说，致密层位于内表面或外表面均可。中空纤维式膜常使用外压式的操作模式，即纤维外侧走原料气，渗透气从纤维外向纤维内渗透，并沿纤维内侧流出膜。根据原料气与渗透气相对流向不同，操作模式又分为逆流流型和错流流型。在逆流流型中，原料气与渗透气流动方向相反；而在径向错流分离器中，原料气首先沿径向流动，流动方向与中空纤维膜垂直。

c. 螺旋卷式膜 螺旋卷式膜也由平板膜制成，它是将制作好的平板膜密封成信封状膜袋，在两个膜袋之间衬以网状间隔材料，然后用一根带有小孔的多孔管卷绕依次放置的多层膜袋，形成膜卷。将膜卷装入圆筒形压力容器中，形成一个完整的螺旋卷式膜组件。使用时，高压侧原料气从一端进入膜组件，沿轴向流过膜袋的外表面，渗透组分沿径向透过膜并经多孔中心管流出膜组件。

⑤ 按分离的机理分类

a. 非多孔膜 气体透过非多孔膜的传递过程通常采用溶解—扩散机理来解释。它假设气体透过膜的过程由下列步骤完成：气体与气体分离膜进行接触，气体在膜的上游侧表面吸附溶解，吸附溶解的气体在浓度差的推动下扩散透过膜，到达膜的下游侧，膜中气体的浓度梯度沿膜厚方向变成常数，达到稳定状态，此时气体由膜下游侧解吸的速度恒定。非多孔膜根据断面结构的分类如图 2.34 所示，非多孔膜的断面如图 2.35 所示。

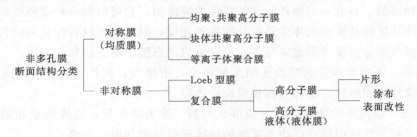

图 2.34 非多孔膜根据断面结构的分类

b. 多孔膜 多孔膜是利用不同气体通过膜孔的速率差进行分离的，其分离性能与气体的种类、膜孔径等有关。传递机理可分为分子扩散、表面扩散、毛细管冷凝、分子筛分等。

⑥ 按制膜工艺分类

a. 相转化膜 相转化是指铸膜液的溶剂体系为连续相的一个高分子溶液，相转化概念转变为高分子是连续相的一个溶胀的三维大分子网络式凝胶的过程，这种凝胶就构成了相转化膜。

b. 动力形成膜 动力形成膜指在过滤时把溶液中所含的组分沉淀在多孔支撑体表面而

图 2.35 非多孔膜的断面示意图

形成的具有分离功能的膜。

c. 共混合膜 共混合膜指两种以上共融性较好的高分子材料按特定比例制成的具有分离功能的选择渗透膜。

⑦ 新型气体分离膜

a. 离子-导电膜 离子-导电膜是由离子导电材料制成的，其中最常见的类型是固化氧化物型和质子交换型。固体氧化物可以渗透氧离子，并且可以进一步划分成混合的离子电子导体和固体氧化物两类。这些膜与聚合物膜相比，除了具有高的选择性和高通量外，一般可在高温下（700℃）操作。

b. 表面流动选择性膜 主要应用在石化工业，其原理是在膜中二氧化碳或各种烃类借助表面孔流优先通过膜，封堵一些原本氢气可以通过的孔，从而提高了氢的回收率。

c. 分子筛膜 是一种可以实现分子筛分的新型膜材料，其具有与分子大小相当且均匀一致的孔径、离子交换性能、高温热稳定性能、优良的催化性能。此类膜易被改性，同时具有多种不同的类型和不同结构可供选择，是理想的膜分离和膜催化材料。

从膜的相态（如气态、液态、固态）、膜的化学组成（有机膜、无机膜、有机-无机杂化膜）、膜的分离机理（多孔膜和非多孔膜）、制膜工艺（相转化膜、动力形成膜、共混合膜）等多方面对气体分离膜进行了介绍，说明气体分子在膜中的传递与膜分离层的结构有关（图 2.36）

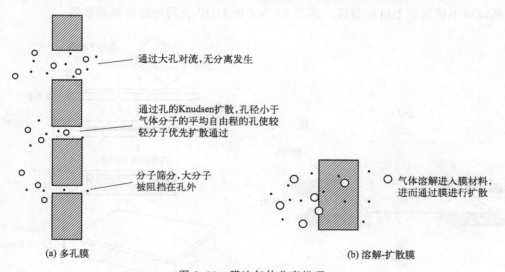

图 2.36 膜法气体分离机理

（3）气体分离膜组件

膜分离技术由于具有能耗低、分离效率高、装置简单紧凑、适用范围广且可在常温下进行等优点，自 20 世纪 60 年代问世以来受到科技领域的广泛关注，已广泛应用于石油化工、医药、食品、电子、生化、环境和日常生活等领域，在各方面取得了显著的经济效益和社会效益。然而膜分离技术的核心是膜组件，膜组件的性能决定着整个膜分离过程的效率。

① 膜组件的定义　气体分离装置或者称为气体分离设备是由膜器件与泵、过滤器、阀、仪表及管路等装配在一起所构成的。其中的膜器件是一种将膜以某种形式组装在一个基本单元设备内，在一定的驱动力作用下能实现混合物中各组分分离的装置，又被称为膜组件或膜分离器或简称为组件。在气体膜分离的过程中，根据生产需要，一般可设置若干个膜组件。在气体分离中，除了要选择适用的膜，膜组件的类型选择、组件的设计以及质量的好坏，也将直接影响到气体分离的最终效果。

② 膜组件的分类及制备工艺　膜组件通常是由膜元件（芯子）和外壳（容器）组成。有的膜组件中只装一个元件，但大多数膜组件中装有多个元件。不同构型膜组件的膜主要取决于其注塑成形的方法，因此在下面对各种构型膜组件进行介绍时，会对相关的各种膜的制法进行简单介绍。气体分离用的膜组件，很大一部分是沿用水膜的制作工艺。因此在介绍中个别地方将借鉴对水膜的描述。目前，工业上常用的膜组件形式主要有板框式、螺旋卷式、中空纤维式和管式。用于气体分离的膜组件主要有板框式、螺旋卷式及中空纤维式。

a. 板框式膜组件　板框式是最早使用的一种膜组件，其设计类似于常规的板框过滤装置，由于它是由许多板和框堆积组装在一起，组成一个膜单元，单元与单元之间可并联或串联连接，也称为平板式膜组件，它也是膜分离历史上最早出现的膜组件形式。其分离机理如图 2.37 所示。

在制膜时常见的方法有流延制膜法、水上展开法、平板刮膜机法等。流延制膜法是一种较为经典的方法，通常可以分为手工方式和机械制膜两种。前者主要是将注膜液置于平板玻璃和其他各种光滑平整的衬板上，然后用特制的刮刀使注膜均匀地展开，流延成具有一定速率和厚度的薄膜（图 2.38）。后者则通过流延嘴，使注膜液以一定速率和厚度铺展在不断转动的圆鼓或不锈钢带上机械制膜。图 2.39 为美国 UOP 公司的连续制膜装置。

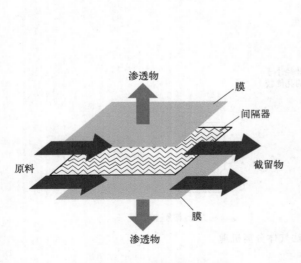

图 2.37　平板膜组件分离机理

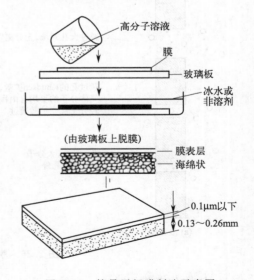

图 2.38　简易平板膜制法示意图

美国通用电气公司首先开发出了将聚硅氧烷-聚碳酸酯共聚体溶液在水面上展开而制得

超薄膜的方法，即水上展开法。该方法的原理是把少量聚合物溶液倒在水面上，由于表面张力作用其铺展成薄膜层，待溶剂蒸发后就可以得到固体薄膜。水上展开法制膜工艺可以分为间歇法和连续法两种，如图 2.40 和图 2.41 所示。

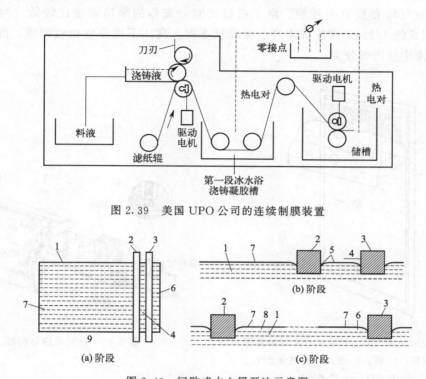

图 2.39　美国 UPO 公司的连续制膜装置

图 2.40　间歇式水上展开法示意图

1—水；2，3—聚四氟乙烯隔离棒；4—聚合物槽；5—聚合物溶液；6，8—水面；7—薄膜；9—水槽

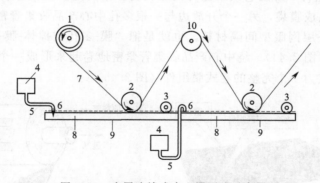

图 2.41　多层连续式水上展开法示意图

1—多孔膜供给辊；2—多孔膜驱送辊；3，10—辊筒；4—高分子溶液储槽；5—导管；6—液滴放出口；7—多孔膜；8—水；9—水槽

刮膜机是由平台、刮刀、刮刀导轨、铸膜液槽、铸膜开关、膜厚微调旋钮、凝胶介质槽、升降架、转架、密封圈、驱动组件以及温控组件等组成。与中空纤维式及螺旋式等膜组件相比，板框式具有结构紧凑、简单、牢固、抗污染能力强、性能稳定、工艺简便的特点。较为典型的代表如 Union Carbide 公司早期的一种板框式分离器（图 2.42）。它是将多层平板膜组成板框式膜元件后，密封固定在圆柱形钢外壳中。德国 GKSS 研究中心开发的另一

种板框式膜分离器（图2.43），用于从空气中脱除有机蒸气。它具有中间孔的两张椭圆形平板膜之间夹有间隔层，周边经热压密封后组成信封状膜叶的结构特点。多个膜叶由多孔中心管链接组成膜堆，固定于外壳中成为分离器。分离器内设有多重挡板以增大气流速度并改变流动方向，使气流和膜有所接触。由于板框式膜分离器的装填密度比较低（为螺旋式的1/5，为中空式的1/15）、装置成本高、流动状态差、高压下操作也比较困难，因此这种组件在气体分离中使用得较少。

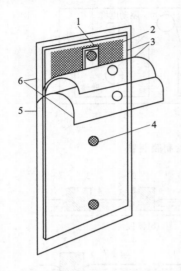

图2.42　Union Carbide板框式分离器示意图

1—金属间隔；2—网；3—纸；4—渗透物出口；

5—热密封；6—渗透膜

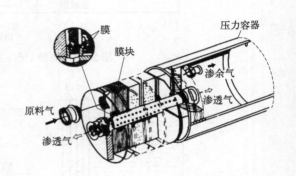

图2.43　板框式膜分离器

　　b. 螺旋卷式膜组件　螺旋卷式膜组件的结构为：中间是多孔支撑材料，两边是膜，其中3边被密封而粘贴成膜袋，另一个开放边与一根多孔中心产品收集管密封连接，在膜袋的外部原料液侧再垫一层网眼型间隔材料，也就是把"膜-多孔支撑体-膜-间隔材料"依次叠合，形成多层膜叶（图2.44）。绕中心产品收集管紧密地卷起来形成一个膜卷，再装入圆柱形压力容器内，就成为一个完整的卷式膜组件（图2.45）。

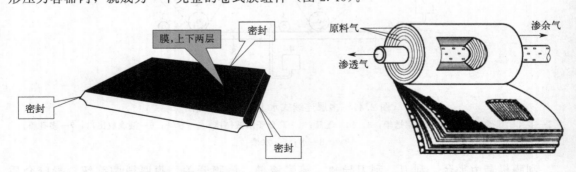

图2.44　螺旋卷式膜件膜叶结构示意图

图2.45　螺旋卷式膜分离器

　　使用时，高压侧原料气流过膜叶的外表面，渗透组分透过膜，流过膜叶内部并经多孔管流出分离器。膜叶越长，渗透气侧压降也越大。膜叶的长度由渗透气侧允许压降所决定。我国自行研发并用于生产富氧空气的膜组件就属于这种类型，空气经加压后，从膜叶的外表面上流过，其中渗透较快的氧气优先透过膜，进入膜叶的内部最后会集于中心管流出，使空气成为富氧空气（含氧量 28％～30％），其流程如图 2.46 所示。

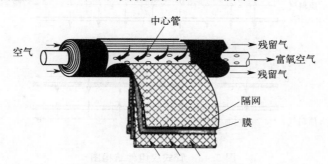

图 2.46　螺旋卷式富氧膜件结构

螺旋卷式膜装置具有结构紧凑、单位体积内的有效膜面积大的特点，但当原液中含有悬浮固体时使用困难；此外，透过侧的支撑材料较难满足要求，不易密封，同时膜组件的制作工艺复杂、要求高，高压下进行操作难度比较大。

c. 中空纤维式膜组件　鉴于中空纤维膜组件在气体分离中与其他构型的膜组件相比应用更广泛，下面将更为详细地对它进行介绍。中空纤维膜（hollow fiber membrane）外形呈纤维状，是具有自支撑作用的膜。它是非对称膜的一种，其致密层可位于纤维的外表面，如反渗透膜，也可位于纤维的内表面（如微滤膜、纳滤膜和超滤膜）。对气体分离膜来说，致密层位于内表面或外表面均可。中空纤维膜组件是不对称（非均向）的自身支撑的滤膜，它是把大量的中空纤维膜固定在圆形容器内（其中内径为 $40～80\mu m$ 的膜称中空纤维膜，内径为 $0.25～2.5mm$ 的膜称毛细管膜）。中空纤维膜耐压，常用于反渗透。毛细管膜用于微滤、超滤。原料气从中空纤维管组件的一端流入，沿纤维外侧平行于纤维束流动，透过气则渗透通过中空纤维壁进入内腔，然后从纤维束在环氧树脂的固封头的开端引出，被浓缩了的原料气则从膜组件的另一端流出（图 2.47）。

中空纤维的此种几何形态使滤膜表面积在最小的空间中最大化。中空纤维膜分为内压式和外压式两种滤膜形式。其膜组件包括微滤膜组件、超滤膜组件和纳滤膜组件。中空纤维式膜组件具有装填密度大、装置占地面积小、自支撑型组件可节约成本等优点。在气体分离中与其他构型的膜组件相比应用广泛。而在中空纤维式膜组件的结构中，中空纤维式膜正是核心所在。支撑层和分离层均会对膜组件的分离性能产生至关重要的影响。目前产业化较好的中空纤维膜制备技术主要有溶液纺丝法、熔融纺丝法和热致相分离法。

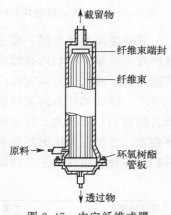

图 2.47　中空纤维式膜组件结构

d. 管式膜组件　管式膜是在圆筒状支撑体的内侧或外侧刮制上一层半透膜而得的圆管形分离膜。其支撑体的构造或半透膜的刮制方法随处理原料气的输入法及透过气的导出法而异。管式膜组件有外压管式和内压管式（图 2.48）、单管式和管束式几种。

对内压管式膜组件，膜被直接浇铸在多孔的不锈钢管内或用玻璃纤维增强的塑料管内，加压的原料气从管内流过，透过膜的渗透气在管外侧被收集（图 2.49）。

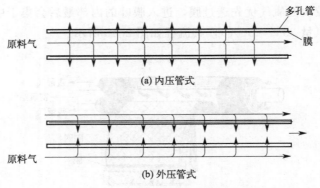

图 2.48　管式膜组件结构图

对外压管式膜组件，膜则被浇铸在多孔支撑管外侧面。加压的原料气从管外侧流过，渗透气在管外侧渗透通过膜进入多孔支撑管内。无论是内压管式还是外压管式，都可以根据需要设计成串联或并联装置，其分离原理如图 2.50 所示。

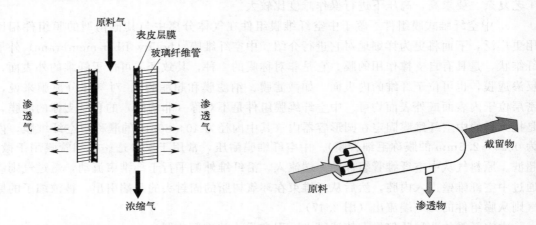

图 2.49　内压管式膜组件的内部结构示意图　　　图 2.50　管式膜组件分离原理

管式膜流动状态好、流速易控制、结构简单、适应性强、清洗方便、耐高压，但是装载密度较小、单位体积内有效膜面积小、保留体积大，因此更适宜于处理高黏度及固体含量较高的料液，在气体分离方面应用并不是太多。一般来说，一种性能良好的膜组件应该达到以下要求：膜面切线方向速度快，有高剪切率，以减少浓差极化；膜的装载密度（单位体积中所含膜面积）比较大；拆洗和膜的更换比较方便；保留体积小，且无死角；具有可靠的膜支撑装置，能够使高压原料气和低压透过气严格分开；装置牢固、安全可靠、价格低廉、容易维护。各种膜组件的主要特征比较见表 2.11。

表 2.11　各种膜组件的主要特征比较

膜组件类型	优　点	缺　点
板框式	结构紧凑、简单、牢固,抗污染能力强,性能稳定,工艺简便	膜的装填密度低,装置成本高,流动状态差,高压操作比较困难
螺旋卷式	可使用强度好的平板膜,膜的装填密度大,结构紧凑,价格低廉	易堵塞,不易清洗,制作工艺和技术较复杂
中空纤维式	价格低廉,膜的装填密度大,适合高压操作	制作工艺和技术较为复杂,易堵塞,不易清洗
管式	抗污染能力强,易清洗和更换,适合高压操作	管口密封较为困难,装置成本高,膜的装填密度小

（4）常见的气体分离膜

① 聚酰亚胺气体分离膜　自从 20 世纪 70 年代掀起气体分离膜研究的高潮以来，几乎所有已有的、可以成膜的高分子材料，如聚二甲基硅氧烷（PDMS）、聚砜（PSF）、醋酸纤维素（CA）、聚碳酸酯（PC）等，都对其在气体分离方面进行了评价，存在的共同问题是：凡是渗透系数高的膜，其分离系数就低；凡是分离系数高的膜，其渗透系数就低，因此要想得到两者都比较高的膜材料，必须从合成专用的气体分离膜聚合物着手。近年来，该领域的研究主要集中在开发高通量、高选择性以及热稳定性、化学稳定性等更为理想的新型膜材料、制膜工艺及新的表征方法。聚酰亚胺（PI）是一种环链化合物，最早由 Bogert 和 Renshaw 在 1906 年制成，根据其结构与制备方法，聚酰亚胺可分为两大类：一类是主链中含有脂肪链的聚酰亚胺；另一类是主链中含有芳香族的聚酰亚胺。聚酰亚胺的化学通式如图 2.51 所示。

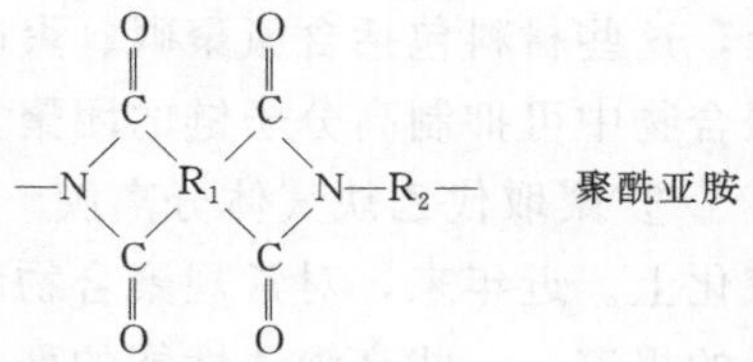

多数用于气体分离膜领域的聚酰亚胺都是芳香族的。由芳香二酐和二胺单体缩聚而成的芳香聚酰亚胺，因分子主链上含有芳环结构，具有很好的耐热性和机械强度，并且化学稳定性很好，耐溶剂性能优异，可以制成具有高渗透系数的自支撑型不对称中空纤维膜。在过去的 20 年里，聚酰亚胺已经成为科研人员在研究气体和蒸汽分离膜材料时，应用越来越多的一种聚合物。聚酰亚胺具有优异的热性能、化学性能和力学性能，同时又具有良好的成膜性

图 2.51　聚酰亚胺的化学通式

能。这些性能对于膜材料来说是十分必要的，聚酰亚胺与那些较为常见的玻璃态高聚物（例如聚乙烯、聚碳酸酯）相比，显示出了更好的气体分离性能。聚酰亚胺的另一个突出特点就是：具有不同化学结构的聚酰亚胺的制备，相对来说比较简单。这是因为各种各样的二元酸酐和二元胺单体都可以在市场上买到或者在实验室中制备。聚酰亚胺耐高、低温，耐辐射，耐化学介质，机械强度和介电性能优异，并且具有很高的气体透过选择性，可在较高温度下用作气体分离膜材料。

② 全氟聚合物气体分离膜　1938 年，杜邦公司的 Roy Plunkett 发现了全氟聚合物聚四氟乙烯（FTFE），这一发现极大地促进了橡胶含氟聚合物和无定型含氟聚合物的发展。早期的研究者认为含氟聚合物具有许多独特的实用性能，如耐热性和耐化学品性。这些性能源于这种聚合物的碳—碳共价键、碳—氟键和以碳原子为中心的氟原子保护层，包括酸、碱、有机溶剂、油和强氧化剂等的大多数化学品对于含氟聚合物都没有影响。因此，此类聚合物经常被应用于比较恶劣的化学环境中。含氟聚合物也具有特定的光学、电子和表面性能。这些优良性能使含氟聚合物在诸如汽车、电子、航空、化学、专业包装和医药等工业上得到广泛的应用。

20 世纪 80 年代中期，通过致密的含氟聚合物薄膜来进行气体传输的研究还相对较少。这主要是由于含氟聚合物的半晶化导致其具有较低的透过性，另外含氟聚合物制备困难的特点也限制了其作为气体分离膜的潜在应用。例如，PTFE 在许多普通溶剂中是不溶解的，同时由于其熔点高 325℃，借助一般的方法也不能使其熔融。因此，应用溶纺制备技术将 PTFE 和其相关的含氟聚合物作为原料来制备非对称中空纤维或者复合膜就变得有些困难。此时，已经开始对非孔含氟聚合物薄膜的气体传输性能进行研究。

Brandt 和 Anysas 最先系统地介绍了在一些致密氟碳基聚合物薄膜上研究气体扩散输运

的实验。他们发现了全氟聚合物比碳氢聚合物具有更低的扩散激活能。他们认为，这与预先出现的孔洞或者与在全氟聚合物制备的凝固过程中出现的微通道有关系。许多科学家的研究结果也表明，与聚乙烯相比，全氟聚合物对于轻气体具有更好的渗透系数，而对于高沸点的碳氢化合物则具有较低的透过率。这一研究结果可以使全氟聚合物应用于汽油箱和软管套头上。在 20 世纪 80 年代早期，Korns 和他的团队研究了 PTFE 和全氟乙烯丙烯共聚物（FEP）对碳氢气体和其他气体的输运问题。Pastenak 等人也研究了混合气体实验和聚合物退火效应。他们发现全氟聚合物退火可导致聚合物晶化，从而使气体溶解度和扩散度下降。EI-Hibri 和 Paul 研究聚偏氟乙烯（PVDF）在变温过程中的气体传输效应，发现退火条件增加了气体传输的相关参数。他们认为这种传输效应是由退火条件下 PVDF 中非晶和晶态区域共同作用的结果。Paul 研究组研究了在干燥的全氟磺酸聚合物（Nafion）中的气体传输行为，发现其 He/H_2 和 N_2/CH_4 分离系数非常高。

从 20 世纪 80 年代中期开始大量的研究聚焦于具有含氟功能基团的聚合物气体分离膜上，这些材料包括含氟聚砜、聚碳酸酯和聚酰亚胺。一般来说，含氟基团加入这些非晶态的聚合物中可抑制高分子链的团聚，同时增加聚合物膜的渗透系数。

③ 聚取代乙炔气体分离膜　聚合物作为膜材料的一种，被广泛应用于气体分离和渗透汽化上。近年来，对常规聚合物膜的气体分离性能、气体透过机理以及渗透汽化行为已有大量的报道。一些高渗透性能的聚合物如聚二甲基硅氧烷，和一些高选择性的聚合物如聚酰亚胺等，已经成功应用于工业生产和生活领域。因此开发出一种具有高渗透性或高选择性的新聚合物材料，对膜分离科学与技术的发展起着至关重要的作用。

自 1974 年，高相对分子质量取代乙炔聚合物——聚苯乙炔在 WCl_6 催化下被成功合成后，科学家们利用复分解催化剂（W，Mo，Ta 和 Nb）对多种取代苯乙炔单体进行聚合，并成功制备了高相对分子质量聚合物（图 2.52）。目前，已成功制备了超过 70 种取代聚乙炔自支撑膜应用于气体和液体分离中。迄今为止，在所有取代聚乙炔中，聚 [1-（三甲基硅基）-1-丙炔]（PTMSP）的透气性最好。更重要的是，这种材料也是所有合成聚合物中透气性最好的材料，与当时已知的透气速率最快的聚合物——聚二甲基硅氧烷（PDMS）相比高出 10 倍，这引起了世界各国科学家的广泛关注。由于聚 [1-(三甲基硅基)-1-丙炔] 具有极高的气体透过性，许多研究者将其作为一种分离膜材料展开了大量的研究。

$$R—C≡C—R' \xrightarrow{催化剂} —(C=C)_n—$$

R，R'：H 或取代基

图 2.52　取代乙炔的聚合

作为一种重要的膜分离材料，自 1983 年，Masuda 等人发现聚 [1-（三甲基硅基）-1-丙炔] 这一独特的聚合物，大大推动了其他高透气性取代聚乙炔的合成及表征的发展。图 2.53 中列出了一些有代表性的取代聚乙炔透气膜，这些取代聚乙炔膜的透气性都高于或接近于聚二甲基硅氧烷。

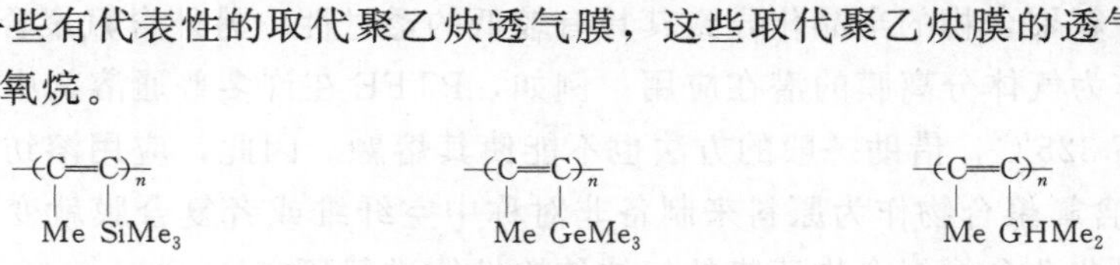

poly（TMSP）　　　　poly（TMGP）　　　　poly（MP）

(a)poly（TMSP）及其衍生物

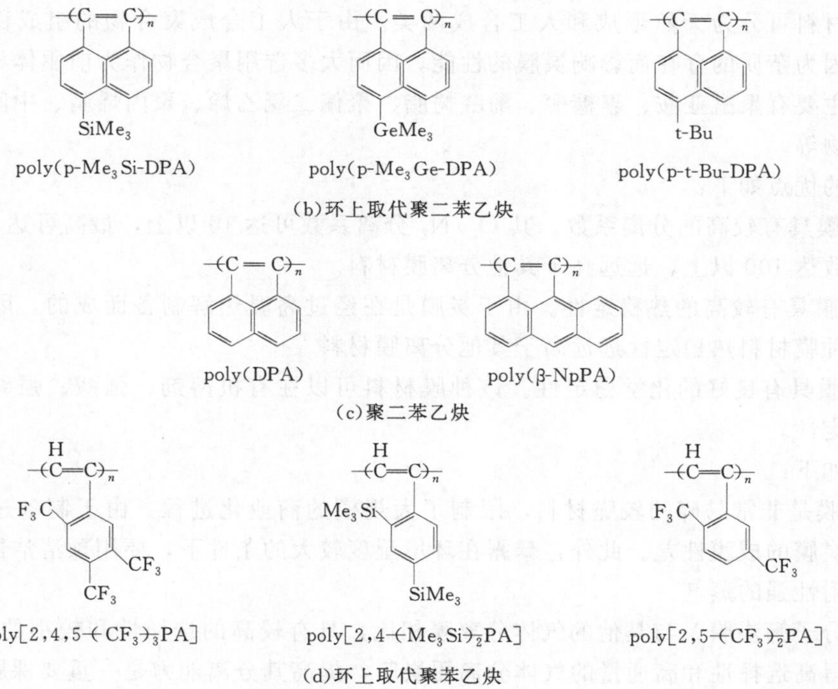

poly(p-Me₃Si-DPA)　　poly(p-Me₃Ge-DPA)　　poly(p-t-Bu-DPA)

(b)环上取代聚二苯乙炔

poly(DPA)　　　　poly(β-NpPA)

(c)聚二苯乙炔

poly[2,4,5-(CF₃)₃PA]　　poly[2,4-(Me₃Si)₂PA]　　poly[2,5-(CF₃)₂PA]

(d)环上取代聚苯乙炔

图 2.53　用于气体分离的取代聚乙炔透气膜的结构式

有趣的是，一些高渗透性取代聚乙炔表现出了与其他玻璃态聚合物"相反"的性质。一般来说，根据"筛分机理"，普通的玻璃态聚合物的气体透过性随着气体分子直径的增大而减小，即小分子对于大分子的选择性总是大于 1。大部分的取代聚乙炔遵循这一规律，然而有一些取代聚乙炔恰恰表现出相反的规律，即气体的渗透性随着气体分子直径的增大而增大。因此，可以通过对聚乙炔取代基的选择，设计制备"小分子选择性渗透"和"大分子选择性渗透"分离膜。在渗透汽化分离液体的过程中也发现了这一现象。例如，在分离甲醇-水混合物的过程中，取代聚乙炔膜既可以表现出"甲醇选择性渗透"，又可以表现出"水选择性渗透"的性质。取代聚乙炔是一类很特殊的聚合物，即同一类聚合物有双重选择性。另外，关于聚［1-三甲基硅基-1-丙炔］的其他渗透性能如气体渗透率下降等，在一些综述文章中也有介绍。

④ 炭化气体分离膜　炭膜是一种新型的无机膜，由于其具有许多优异的性能，近年来发展迅速，已成为无机膜领域的重要组成部分。炭膜是指由碳素材料构成的分离膜。炭膜这个术语的出现可以追溯到 20 世纪 60 年代，最初的工作集中在吸附与表面扩散的研究上。我国于 20 世纪 90 年代初开展了炭膜的研究，王树森等人在陶瓷基板上复合酚醛树脂基炭膜，研究了 O_2/N_2 的分离情况及影响因素。尤隆渤等人采用聚丙烯腈中空纤维膜为膜的原材料，从制备工艺条件、气体渗透性等方面对炭膜进行了研究。还有研究人员以炭粉和石油沥青为原料，采用不同的成型方法制备了炭膜，并对其性能进行了系统的研究。王振余以煤沥青为原料，经成型、预氧化及炭化等步骤制备了分子筛炭膜，对 H_2/CO_2 有较好的分离作用。尽管国内已开展了部分研究，但是同国外相比，还有较多的工作需要深入系统的研究。炭膜是"炭分子筛膜（CMSM）"的简称，一般是含碳物质，即前驱体材料在惰性气体或者真空保护条件下，经过高温热解制备而成，用于满足分离目的的一种膜材料。目前已用作炭膜

前驱体的材料可分为天然形成和人工合成两类。由于人工合成聚合物的组成稳定、成分单一，不会因为杂质的存在而影响炭膜的性能，因而大多选用聚合物作为前驱体材料。这些聚合物材料主要有聚酰亚胺、聚糠醇、酚醛树脂、聚偏二氯乙烯、聚丙烯腈、中间相沥青、纤维素衍生物等。

炭膜的优点如下：

a. 炭膜具有较高的分离系数。其 O_2/N_2 分离系数可达 10 以上，最高可达 36，丙烯/丙烷分离系数达 100 以上，远远高于其他分离膜材料。

b. 炭膜具有较高的热稳定性。由于炭膜是在经过高温热解制备而成的，因此在无氧条件下，该种膜材料热稳定性远远高于其他分离膜材料。

c. 炭膜具有良好的化学稳定性。该种膜材料可以在有机溶剂、强酸、强碱条件下具有良好的稳定性。

缺点如下：

a. 炭膜是非常易碎的较脆材料，限制了大规模的商业化进程。由于制备过程的影响因素较多，炭膜的成膜性差。此外，暴露在环境湿度较大的条件下，要用预清洁器来脱除堵塞毛孔的吸附性强的蒸气。

b. "分子筛炭膜"与其他的气体分离膜相比，具有较高的选择性和较小的气体渗透量，进一步制得高选择性和高通量的气体分离用炭膜，提高其分离能力是一重要课题。

c. 气体分离用炭膜对纯净、干燥的原料气分离效果好，但由于碳有亲水特性，暴露在含有水蒸气的气体中，尤其是相对湿度较大的气体中，会使炭膜的选择性和渗透量都大大下降，工业待处理气中往往含有大量水蒸气，因此，如何处理好此问题是气体分离用炭膜能否工业化的关键之一。

⑤ 分子筛膜　分子筛膜是一种高效、节能、环保的新型材料，具有可调控的微孔结构、可调变的催化活性、耐高温、抗化学和生物腐蚀等优点，被广泛应用于膜分离、膜反应器、化学传感器、电绝缘体等领域。由于分子筛的孔径一般在 1nm 以下，使得分子筛膜在气体分离选择性上可达到相当高的水平。若再将催化活性组分引入，便可使之分子水平上同时具有分离和催化的双重功能（即催化-分离一体化），这种双功能型的分子筛膜将对现有的许多重要催化反应带来巨大的改变，产生非常可观的经济效益。理想的分子筛膜是单晶或聚晶膜，仅仅含有分子筛的孔道，没有晶粒间隙或针孔，气体分子完全在分子筛孔道中扩散分离，构型扩散和分子筛筛分分离机理是气体分离的基础，这也是分子筛膜发展的目标。对于催化-分离一体化来说，小分子气体分离（H_2、CO_2、CO、N_2、O_2、$C_1 \sim C_4$ 烃等），尤其是 H_2 与其他气体的分离更具有潜在的应用价值。

构成分子筛的骨架元素是硅、铝及其配位的氧原子，其中的铝或硅，可以用磷、镓、铁等元素取代形成杂原子型分子筛。分子筛这种骨架元素可取代的特性，也预示着对分子筛的改性是丰富多样的。硅铝分子筛骨架的最基本单位是硅氧四面体和铝氧四面体。当分子筛仅仅是由硅氧四面体组成时，其骨架呈电中性。此时的分子筛，表现为疏水性。当有铝氧四面体时，其骨架就呈现负电性。随着硅/铝比的减小，其亲水性越强。分子筛的孔道尺寸大小由氧原子构成的环的大小决定。通常分子筛孔道的大小为 $0.3 \sim 1nm$。在分子筛形成过程中孔道和空腔充满一些阳离子和水分子，水分子可以通过加热驱除，而阳离子则定位在孔道或空腔的一定位置上。这些离子可以通过阳离子交换等方法进行一定程度孔径调变。一般分子的动力学直径为 $0.2 \sim 1nm$，选择不同孔径的分子筛可以对不同尺寸的分子进行筛分。由于许多分子的形状不是圆形，而是狭长形，这样的分子也能通过比自己小的分子筛孔道。与其他无机膜比较，分子筛膜具有以下优点：

a. 分子筛作为规整孔道的微孔晶体材料，其孔径在微孔范围内，孔径分布单一，而且孔径接近许多小分子气体和重要工业生产原料（如丁烷异构体、甲苯异构体、二甲苯异构体等），可以在分子水平上实现分离，能够显著提高分离效率。图 2.54 为几类常见分子筛的晶胞结构及其孔道特征。

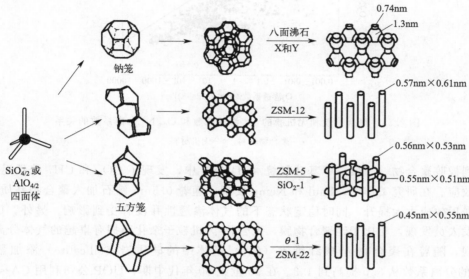

图 2.54　几类常见分子筛的晶胞结构及孔道特征

b. 分子筛作为重要的催化材料，具有显著的化学、力学和热稳定性能，是其他材料无法比拟的。

c. 分子筛种类繁多，孔径大小从 0.2nm 到 20nm 都可以找到相应的分子筛，因此可以通过选择合适的分子筛作为膜材料来分离所分离对象。而实现小分子气体的分离（尤其是 H_2 的分离）和异构烃的分离，对于工业生产具有重要的经济价值。

d. 分子筛是重要的催化材料，是化工生产中最常用的催化剂或催化载体，因此是实现理想催化-分离一体化的首选膜材料。

⑥ 有机-无机杂化膜　1999 年，Robeson 预测了聚合物膜的气体分离性能存在一个上限，即 Robeson 上限，具体表现为聚合物膜材料的渗透性高则选择性低，反之亦然。图 2.55 描绘了用于 O_2/N_2 分离的膜材料的分离性能。在图 2.55 中，O_2 的渗透系数是横坐标，O_2/N_2 的分离系数是纵坐标，二者都是对数刻度。一方面，对于聚合物材料，在渗透系数和分离系数之间平衡存在一个明显的"上限"。当聚合物材料的分离性能接近这个限制时，聚合物的气体渗透性能和选择性能沿着这个上限移动而无法超过它。另一方面，从图 2.55 中可以看出，无机材料的性能远远超出了聚合物材料的上限。虽然在过去 20 年里，为了提高气体分离性能，对各种聚合物结构的改性已经取得了巨大的进步，但是聚合物膜的性能仍然无法超过 Robeson 上限而取得进一步的进展。同样，由于制备过程中存在缺陷、生产成本高和脆性太大，无机膜的发展也受到了严重的阻碍。鉴于这种情况，这就需要一种经济实用的且分离性能够超过 Robeson 上限的替代品出现。

在 20 世纪 70 年代，杂化膜在气体分离方面的研究就已经出现。研究者们将 0.5nm 沸

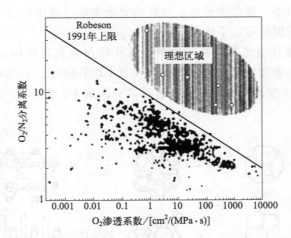

图 2.55　聚合物膜和无机膜的 O_2 渗透系数和 O_2/N_2 分离系数的关系

●—聚合物材料；○—无机材料

石加入到橡胶聚合物——聚二甲基硅氧烷（PDMS）中，发现了 CO_2 和 CH_4 的延迟扩散时间滞后效应。在研究工作中，Paul 和 Kemp 发现，随着 0.5nm 沸石加入聚合物基质中，扩散时间滞后效应大大提升，同时稳定状态下的气体渗透性并没有受到影响。另外，UOP 公司的研发人员发现，相比于纯聚合物膜，聚合物-无机粒子杂化膜拥有卓越的气体分离性能。他们发现，随着在聚合物-醋酸纤维素（CA）基体中的硅质岩（silicalite）添加量增加，O_2/N_2 的分离系数从 3.0 提高到 4.3。在 20 世纪 80 年代中期，UOP 公司利用 CA-silicalite 杂化膜分离 CO_2/H_2 体系，提高了 CO_2/H_2 的分离系数。在这个过程中，CO_2/H_2 混合气（摩尔比为 1：1）在压差为 0.345MPa 的推动力下透过杂化膜，通过计算得到的 CO_2/H_2 分离系数是 5.15 ± 2.2。相比之下，纯 CA 膜的 CO_2/H_2 的分离系数是 0.77 ± 0.06。这表明杂化膜中的硅质岩提高了膜的 CO_2/H_2 的分离系数。

⑦ 促进传递膜　膜分离过程由于具有操作简单、能耗低等优点而受到重视。现有的膜分离过程大都通过扩散、溶解、筛分等物理过程实现分离，往往很难实现高渗透性和高选择性。人们通过研究生物膜内的传递过程得到启示，在膜内引入活性载体可以促进某种物质通过膜的传递过程，从而改善膜的分离性能。这种促进传递现象是通过待分离组分与活性载体发生可逆化学作用而实现的。

促进传递膜是在膜内引入载体（carrier），通过待分离组分与载体之间发生可逆化学反应而实现对待分离组分传递的强化，因而其选择透过性能可以不受 Robeson 上限的限制。促进传递膜可分为 3 类：液膜、离子交换膜和固定载体膜。根据所引入的活性载体的迁移性，可将其分为移动载体（mobile carrier）和固定载体（fixed carrier 或 chained carrier），如图 2.56 所示。图中 A 为待分离组分，B 为活性载体，它能与 A 发生可逆化学反应形成中间物 AB。

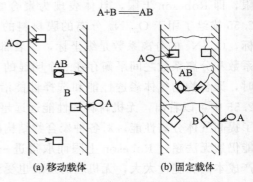

(a) 移动载体　　(b) 固定载体

图 2.56　促进传递过程示意图

对于移动载体，待分离组分 A、载体 B 及中间物 AB 均可以在膜内扩散传递。对于固定载体，载体 B 以某种方式与基膜联结在一起，因此它不能在膜内迁移。无论是移动载体还是固定载体均不能离开膜。在膜内引入化学反应的根本目的在于强化待分离组分在膜内的传递速率，一般定义促进因子（facilitated factor）以表征活性载体的促进作用。

通过选择适当的载体，有可能使待分离组分通过膜的速率大幅度增加，促进因子可达几十甚至几百，而且由于可逆化学反应的存在可以使膜具有很好的选择性。已有许多有关促进传递实验研究报道，如 Noble 等人将乙二胺交换到全氟磺酸离子交换膜上，用于 CO_2/CH_4 分离。由于乙二胺的存在促进了 CO_2 通过膜的传递，促进因子达 26.7，分离因子达 551。类似的膜用于 H_2S/CH_4 分离，对 H_2S 的促进因子达 26.4，分离系数达到 1200。Tsuchida 等人采用钴卟啉络合物及钴席夫碱络合物作为固定载体，用于 N_2/O_2 分离，分离系数可达 12，远高于一般硅橡胶膜。除上述气体分离外，促进传递也用于液体分离过程。如 Koval 等人将银离子交换到全氟磺酸膜内，用于乙苯和苯乙烯的分离，对苯乙烯的促进因子高达 590，分离系数可达 36。

有关促进传递的研究最早起源于液膜分离过程。尽管液膜具有许多优势，但也存在两个主要缺陷：一方面是稳定性差，活性组分及溶剂易流失；另一方面是很难制备很薄的液膜。由于这些缺陷限制了液膜在工业实际中的应用，因此人们逐渐尝试采用适当的方法使活性载体固定化，研究固膜内的促进传递。如何实现活性组分的固载化并使其具有较长的寿命是研究促进传递所需解决的重要问题。目前文献报道的活性膜制备方法主要有：采用微孔膜作为基膜，利用毛细压力使活性组分停留在膜的微孔内；使用离子交换膜作为基膜，采用离子交换的方法使活性组分交换到膜内；利用静电力使活性组分得以固定化。利用接枝或共聚等手段使活性组分固定在膜内。

总的来看，活性膜的制备方法还在不断摸索之中，有关研究报道基本上属于实验室规模的平板膜。为拓宽促进传递研究领域并使之能应用于工业实践，还需探索分离性能好、寿命长的膜的制备方法，而且需要进一步研究适于大规模应用的膜器，如中空纤维膜、卷式膜等。另外，目前有关促进传递研究均使用有机膜，随着无机膜制备方法的不断完善，无机膜的使用可能为促进传递过程提供更广阔的应用前景。

（5）气体膜分离技术的应用

① 氢气的分离回收　膜分离回收氢气是当前应用最广、装置销售量最大的一个领域，它已广泛用于合成氨工业、合成甲醇工业、炼油工业和石油化工等方面。目前最常用的是从合成氨与合成甲醇弛放气中回收氢气。在工业生产中，含氢气体很多，由于缺少合适的回收方法，一般都把它作为燃气烧掉。例如合成氨生产中，为了不损失弛放气中的氢气，可以采用气体膜分离技术得到氢气。氢气和氮气在高温、高压和催化剂的作用下合成氨，受化学平衡的限制，氨的转化率只有 1/3 左右。为了提高回收率，就必须把未反应的气体进行循环。在循环过程中，一些不参与反应的惰性气体会逐渐积累，从而降低了氢气和氮气的烃分压，使转化率下降。为此，要不定时地排放一部分循环气来降低惰性气的含量，但在排放的循环气中氢含量高达 50%（体积分数），所以也损失大量的氢气。

采用传统的方法回收氢气，生产成本较高。现选用膜分离方法从合成氨弛放气中回收氢，实现能耗低、投用后经济效益显著等目标。我国自 20 世纪 80 年代初，也先后引进了 14 套膜分离装置。从 1988 年起，中国科学院大连化学物理研究所用自己生产研制的膜分离器，先后为国内外近百家化肥厂提供了膜分离氢回收装置（图 2.57）。统计结果表明，它不但增产氨3%~4%,而且使每吨氨电耗下降50度以上。从合成氨弛放气中回收氢气是H_2/N_2分离,而从甲醇弛放气中回收氢气是H_2/CO分离。不同点是前者压力高,后者压力低,前者氢回收率高,后者从调节H_2/CO摩尔比例着想,氢回收率低。此外,由于甲醇在水中的溶解度比氨大。因此水洗塔的尺寸和水耗、电耗都可以减少,其流程示意图如图2.58所示。

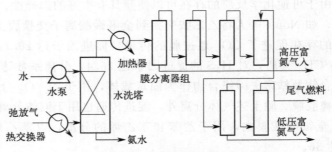

图2.57　膜分离氢回收装置

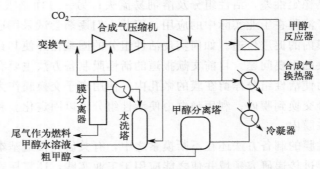

图2.58　甲醇弛放气中回收氢气的流程示意图

对从炼厂气中回收氢气的三大技术——深冷法、变压吸附法和膜分离法进行比较:深冷法氢回收率较高,但纯度不高;变压吸附法氢回收率较低,但纯度较高;膜分离法的明显优点是无转动设备,利用弛放气的压力,完成渗透过程,产品氢可利用余压送回合成系统,因此不需要动力消耗,但利用膜分离法回收储罐气中的氢较困难,而且产品氢中含少量氮气,对某些应用(如用于环己酮生产)受到限制。从比较结果可知膜分离能耗最低,其投资费用可节省50%以上。

② 二氧化碳的分离回收　二氧化碳是一种有一定特性的气体,其主要工业用途除合成尿素和甲醇、生产碳酸盐及脂肪酸外,在合成乙烯等高分子单体及食品工业等领域中的应用也日益扩大。应当指出的是,近年来,国外在二氧化碳的应用中占总量35%左右是用于油田的3次采油工艺。为了强化原油回收,可利用二氧化碳在超临界状态下,对原油具有高溶解能力的特性,将其以13.73MPa的压力注入贫油的油井中以提高原油的产量。原油被送出油井后,强化原油回收伴生气中含有的80%(体积分数)二氧化碳必须分离回收并浓缩至95%以上再重新注入油井并反复使用。迄今为止,工业上分离回收二氧化碳的方法主要有低温分馏法、二乙醇胺吸收法和膜分离法。其中三者各有优缺点,但从应用实效和发展前途来看,膜分离法具有明显优势。文献报道,膜分离法对高含量二氧化碳体积分数(80%)的原料气处理在经济上最为有利,而对低含量的二氧化碳浓度则二乙醇胺吸收法居上。有文献报

道表明，当采用二级膜分离体系分离二氧化碳时，即使低体积分数（8％）的二氧化碳，其成本也能低于二乙醇胺（DEA）法。一般来说，膜分离法的投资费用比二乙醇胺吸收法低25％左右，然而前者不足之处是若想得到浓度极高的产品十分困难。由成本和质量的综合估算表明，当使膜分离法和二乙醇胺吸收法综合起来，即以前者做粗分离而以后者做精分离，将取得二者单独操作时所得不到的最佳效果。

2.2.5　低温精馏

低温技术是指利用各种方法使气体液化或液化分离，或者使某一物体或空间达到并保持所需的低温环境的技术。低温技术广泛应用于工业、农业、军事、医疗及科学研究等方面。低温技术所涉及的温度范围一般定为 120K 以下，而 0.3K 以下则称为超低温。

为了获得低温，需要研究获得低温的方法及其基础理论，以及如何构建各种低温循环。同时，任何一种获得低温的方法都必须依靠工质的状态变化来实现，所以各种工质的热力学性质及热物理性质，也是低温技术研究的主要内容。这两者构成低温技术的理论基础。

低温技术的应用有三种方式：一是使空气或其他混合气体通过低温液化分离获得所需的产品。如分离空气来获得氧、氮、氩和其他稀有气体，或者分离油田气及石油裂解气来获得乙烯、丙烯，分离天然气来获得甲烷、乙烷等。二是生产液化气体，如液化天然气（LNG）、液化石油气、液氧、液氮、液氨、液氢等。三是通过低温制冷机或者低温系统来提供低温环境，以满足空间技术、红外、超导及某些工业等所需的温度或者温度链要求。低温应用过程中也会耦合多学科技术来满足不同的应用需求，并且低温技术应用中特别需要回收与利用冷量，这有时甚至决定了液化循环或低温技术的成败。

从空气中提取氧、氮、稀有气体是低温技术应用的一个重要方面。富氧燃烧已经被证明有助于各种燃烧过程，并有较大节能效果。如富氧燃烧火力发电厂、涡轮增压汽车发动机等都是利用富氧空气从而产生节能效果，对整个社会资源节约有广泛而重大的意义。氧用于炼钢和冶炼有色金属可以强化冶炼过程，用于转炉氧气顶吹、平炉及电炉吹氧，以及高炉的富氧鼓风，也用于气焊和切割。为了强化高炉炼铁过程，使用富氧空气（含 30％～40％的 O_2）可提高产量，特别是纯氧顶吹转炉炼铁已被普遍采用，冶炼时间（包括辅助时间）只需 40min，成为最佳的炼钢方法之一。这种方法与其他方法相比具有速度快、产量高、品种多、质量好、投资省等优点。在合成氨工厂，氧作为重油和粉煤的气化剂。在国防和空间技术中，液氧是火箭燃料的助燃剂（氧化剂），如美国载人登月飞船用的火箭，发射一次用了 $2500tO_2$。此外，在煤的地下气化、合成燃烧生产、磁流体发电、火焰切割分离开采岩石等方面都需要大量富氧空气。

氮的主要用户是化学（化肥）工业。氮气是生产合成氨的原料气，如硝酸铵含氮 36％，在火箭技术中用作燃料氧化剂的硫酸铵含氮 21％，尿素含氮 46.7％。氮气在火箭技术、原子能工业、军事、食品保鲜和生物医学技术中也有应用。如在火箭技术中，氮气用于吹扫火箭的各个系统，压送氧化剂；原子能工业中用纯氮气作保护气；氮气用来洗涤导弹冷却装置；氮气用于水果保鲜。液氮还用作低温冷源（H_2/He 的恒温器）。液氢、液氦容器有时候需要液氮作保护介质；冷却真空套基于低温吸附氖、氢、氦等都需要液氮；在医学和畜牧业方面，液氮用于保存和运输血浆、牲畜的精液，以及作为低温手术刀；食品工业中，利用液氮喷雾快速冷冻食品，其保鲜效果更佳；而低温生物医学中用于长期保存高活性、不稳定物质（如臭氧、自由基等）的工艺，生产同质异性产品（如 H_2O_2）的反应，以及某些新的化合物的合成等都必须在液氮温度下进行。而超高纯氮气也用作计算机、手机、电子元器件、集成电路的环境保护气,其杂质含量是 10^{-6}、10^{-9} 级甚至更低。

稀有气体可以通过在大型空分装置上附加一些设备提取(全提取空分装置),有广泛的用途。氩在工业上的用途很广,单晶硅的生产,稀有金属(铀、钛、锆、锗等)的冶炼以及收音机制造、造船、原子能工业、机械工业都要用氩作保护气(氩弧焊)。用氩充填日光灯和氖虹灯、电子管,可以作为激发光源。氖气导电性好,主要用于充填电子管、钠蒸气灯、荧光灯和水银灯,它们用作港口、机场和水陆交通的航标,在各种测量仪器上用作显示装置。

氦在国防尖端技术中的应用尤为突出。一个模拟宇宙的实验舱,操作温度为 4K,压力为 $1.333×10^{-12}$ Pa,每周要消耗 1500L 液氦(作为冷却剂)。氦是目前最难液化的一种介质(沸点为 4.2K,在 2.2K 发生相变成为超流氦),利用液态氦可以获得接近绝对零度的超低温度。在液氦温度下,某些金属电阻为零而成为超导体。利用超导材料可制造电机、计算机记忆系统;建立强磁场,如磁悬浮列车可以实现超导磁分离;火箭、导弹发射时,氦被用作燃料(液氢、液氧)的压送剂;氦还用作气冷式原子能反应堆中的载热剂,用于等离子体工业、气体激光、雷达探测、高空摄影、准分子激光器的混合气、化学气相沉积、光导纤维生产、核磁共振扫描仪(MRI)中的启动和运行过程。氦主要从天然气、核裂变物质中提取,价格高昂。

低温技术的发展还推动了超导技术的发展。利用超导材料可制成高效能的电机、电器、电缆、贮能线圈等。超导技术在高能物理、受控热核反应、磁流体发电、超导磁分离、宇航、船舶推进、磁悬浮列车、无线电微波技术等方面也得到诸多应用。低温技术为低温超导和高温超导提供最基本的安全可靠的条件,成为应用超导系统的一个重要的部分。

低温精馏分离原理以空气为原料,经过压缩、净化、用热交换使空气液化成为液空。液空主要是液氧和液氮的混合物,利用液氧和液氮的沸点不同,通过精馏,使它们分离来获得氮气、氧气及其他气体。通常采用机械方法,如用节流膨胀或绝热膨胀等方法,把气体压缩、冷却后,利用不同气体沸点上的差异进行精馏,使不同气体得到分离。特点是产品气体纯度高,但压缩、冷却的能耗很大。该法适用于大规模气体分离过程,如空气制氧。

① 超纯氦低温吸附纯化技术 氦气原料气中的杂质主要包括水、氢气、氖气、氮气、氧气、一氧化碳、二氧化碳、氩气、烃类(以甲烷计)、金属离子等。低温吸附方法是利用低温冷冻分离气体中杂质的方法,相比传统化学法、高温吸附等方法具有去除杂质种类多、去除率高、自动化程度高等优点。氦气由于常压沸点为 4.2K,临界温度为 5.19K,因此采用低温冻除杂质的方法并不会液化氦气,避免了杂质在氦气中的溶解。图 2.59 为氦气中杂质在低温下的饱和蒸气分压。

根据道尔顿分压定理,如果工艺采用氦气原料气进气压力为 1MPa,低温过程最低温度为 6K。低温下杂质氮气、氧气、一氧化碳、二氧化碳、甲烷、氖、氢等饱和蒸气分压远低于 0.001Pa,水在 160K 时饱和蒸气压已经低于 0.01Pa,因此采用低温吸附法可以实现项目气体的纯度指标。

② 氦气低温吸附纯化工艺优化 低温纯化技术路线如图 2.60 所示。首先使用外预冷制冷机,将氦中的水等高沸点杂质冻除或冻除到技术指标要求,采用小型低温制冷机提供 80K 温区的冷量,在二级回热换热器中将蒸气分压较低的二氧化碳进行低温下冻除和吸附剂吸附。在三级回热换热器 20K 区温度对氦中杂质氮气、氧气、一氧化碳、甲烷等杂质冻除,在四级回热换热器 6K 区温度对杂质氖、氢冻除。一级回热换热器是在预冷换热器的基础上

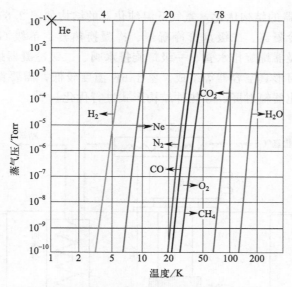

图 2.59　杂质在低温下的饱和蒸气压力（1Torr≈133.322Pa）

进一步去除以水蒸气为代表的蒸气分压较高的杂质组分，同时降低二、三、四级回热换热器的负担，将蒸气分压最低的杂质的浓度进一步降低到相应温度对应的蒸气分压。经过低温纯化工艺优化，可以将氦气中水、氧、氮、一氧化碳、二氧化碳、氢、氖及金属离子等杂质进行冻除和吸附剂吸附至技术指标要求。

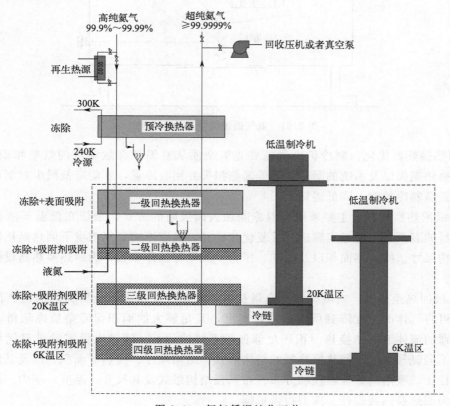

图 2.60　氦气低温纯化工艺

③ 氦气低温纯化器的结构优化 氦气低温纯化器的结构如图 2.61 所示。该纯化器由空温冷却器、一级盘管冷凝器、二级盘管冷凝器、冷凝换热器、单级 GM 制冷机、空温式散热器排水阀、一级冷凝器螺旋排水管、一级螺旋排水阀、二级冷凝器螺旋排水管、二级螺旋排水阀、辐射屏和圆筒形真空容器等组成。鉴于 6K 温度较低，需要重新对纯化器内部各个换热器布置形式及纯化器辐射屏、导热件结构形式进行优化。

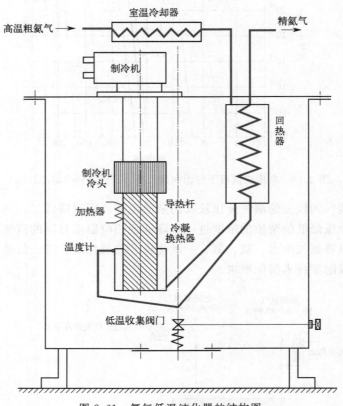

图 2.61 氦气低温纯化器的结构图

④ 回热换热器优化 制冷机冷量需要克服杂质从室温到冻除温度的焓差和动能损失、换热器的换热损失以及系统的漏热，降低漏热损失并回收冷量，才能降低减少对制冷机的冷量需求，提高制冷效能，降低能耗。

a. 一级回热换热器 主要采用低温冻除加表面吸附的方式，杂质在低温下液化或者固化在换热器的表面上。通过实验进行反复优化设计，确定不同氦气浓度下回热换热器的结构形式、结构尺寸、换热器面积以及温度、压力、流量等操作参数，为回热换热器设计、选型提供依据。

b. 二级回热换热器 内填有多孔金属材料，保障气体与多孔金属材料的换热面积足够大以至于可将气体的温度降到所需的冻除温度，且足够大的面积保障杂质冻除留在回热器内，回热器的流体通道和换热面积还足够保障系统的运行。通过大量实验进行优化迭代设计，确定不同氦气浓度下回热换热器的结构形式、结构尺寸、换热器面积，以及低温吸附剂填充床长径比、吸附剂颗粒粒径和分布、布风板结构形式及其尺寸、温度、压力、流量等操作参数，为回热换热器设计、选型提供依据。

c. 三级、四级回热换热器内　布置多孔金属材料和多孔碳材料，前者保障气体的降温，后者保证低温下的吸附功能，从而保证氦气的纯度，同时经过改性的多孔碳材料对金属离子有比较强的吸附作用，因此三、四级回热器采用多孔金属材料和碳材料。通过大量实验进行优化设计，确定不同氦气浓度下回热换热器的结构形式、结构尺寸、换热器面积，以及低温吸附剂填充床长径比、吸附剂颗粒粒径和分布、布风板结构形式及其尺寸、温度、压力、流量等操作参数，为回热换热器设计、选型提供依据。

回冷换热器不仅仅承担换热的作用，还承担冻除或吸附杂质的作用，换热器的设计必须在保证高效换热的同时，充分考虑冻除或吸附面积温度均匀性以及换热器的流动阻力特性，研究杂质沉积对换热器性能的影响，分析纯化和生产氦气时换热器的回热特性与纯化特性之间的耦合影响，优化温度场和流场设计，使其满足项目需求。

⑤ 超纯氦低温吸附和冷冻路线整体流程优化　超纯氦低温吸附和冷冻路线的纯化整体流程如图 2.62 所示，主要包含原料模块、再生模块、纯化模块、压缩模块及冲装模块五部分。

2.2.6　变压吸附法气体纯化

（1）技术原理

变压吸附过程是利用装在立式压力容器内的辛化硅胶、活性炭、分子筛等固体吸附剂，对混合气体中的各种杂质进行选择性的吸附。由于混合气体中各组分沸点不同，根据易挥发的不易吸附、不易挥发的易被吸附的性质，将原料气通过吸附剂床层，氢以外的其余组分作为杂质被吸附剂选择性地吸附，而沸点低、挥发度最高的氢气基本上不被吸附，以大于98%（体积分数）左右的纯度离开吸附床，从而达到与其他杂质分离的目的。

（2）技术特点

产品纯度高；一般可在室温和不高的压力下工作，床层再生时不用加热；设备简单，操作、维护简便；连续循环操作，可完全达到自动化。同时具有启动时间短和开停车方便、能耗较小和运行成本低、自动化程度高和维护简单、占地面积小和土建费用低等特点。此外，处理量大，适合大规模氢气分离差场合。

（3）变压吸附过程

① 吸附过程　来自空气压缩机的压缩空气，首先进入冷干机脱除水分，然后进入由两台吸附塔组成的 PSA 制氮装置，利用塔中装填的专用碳分子筛吸附剂选择性地吸附掉 O_2、CO_2 等杂质气体组分，而作为产品气 N_2 将以 99% 的纯度由塔顶排出。

② 吸附剂再生　在降压时，吸附剂吸附的氧气解吸出来，通过塔底逆放排出，经吹洗后，吸附剂得以再生。完成再生后的吸附剂经均压升压和产品升压后又可转入吸附。两塔交替使用，达到连续分离空气制氮的目的。

（4）应用领域

① 氧氮分离　用碳分子筛制氮主要是基于氧和氮在碳分子筛中的扩散速率不同，在 0.7～1.0MPa 压力下，即氧在碳分子筛表面的扩散速度大于氮的扩散速度，使碳分子筛优先吸附氧，而氮大部分富集于不吸附相中。碳分子筛本身具有加压时对氧的吸附容量增加，减压时对氧的吸附量减少的特性。利用这种特性采用变压吸附法进行氧、氮分离，可得到 99.99% 的氮气。

② 化肥厂中 CO_2 的分离提纯　变压吸附工艺在化肥厂主要用于以下两种用途。

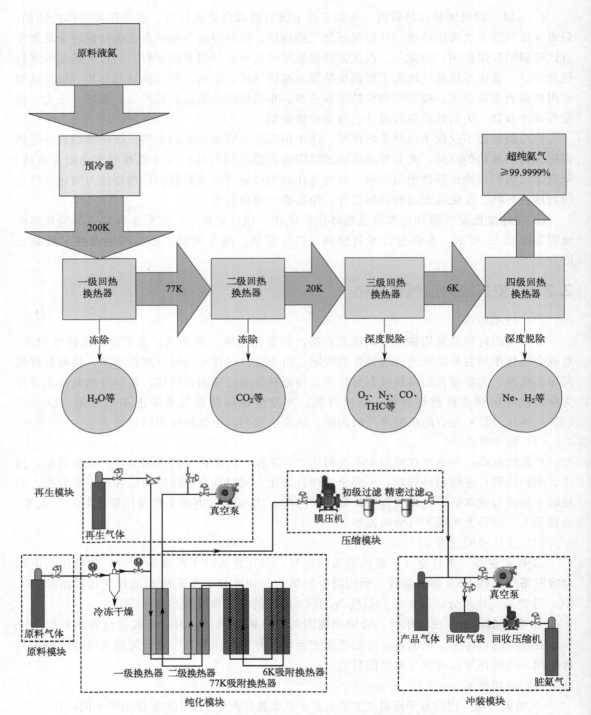

图 2.62　超纯氨低温吸附和冷冻路线的纯化整体流程图

一种是脱除变换气中的二氧化碳，生产液氨和联醇，这种方法不回收二氧化碳，而且应用较为普遍。

另一种工艺是用在尿素生产中，除了要将变换气中的二氧化碳脱至 0.2% 以下外，还必须把二氧化碳提纯到 98.5% 以上送尿素生产，此种工艺要求比第一种要高，因为在保证有效气体收率下又要提纯二氧化碳，难度相对大一些。但是，不管是哪种脱碳，为提高有效气体收率，就必须提高解吸收空气中的二氧化碳的浓度，减少其中有效气体的含量。

③ 氢气分离提纯　变压吸附（PSA）技术是以特定的吸附剂（多孔固体物质）内部表面对气体分子的物理吸附为基础，利用吸附剂在相同压力下易吸附高沸点组分、不易吸附低沸点组分和高压下吸附量增加、低压下吸附量减少的特性，将原料气在一定压力下通过吸附床，相对于氢的高沸点杂质组分被选择性吸附，低沸点的氢气不易被吸附而穿过吸附床，达到氢和杂质组分的分离。它有如下优点：产品纯度高；一般可在室温和不高的压力下工作，床层再生时不用加热，产品纯度高；设备简单，操作、维护简便；连续循环操作，可完全达到自动化。

2.2.7　变温吸附法气体纯化

（1）技术原理

变温吸附的基本原理是利用吸附剂对不同组分的吸附容量随温度的不同而有较大差异的特性，在吸附剂选择吸附的条件下，常温吸附原料气中的高沸点杂质组分，高温脱除这些杂质，使吸附剂得到再生。

（2）技术特点

变温吸附工艺简单、投资小、操作简单、维护量小，但能耗较高、吸附剂有效吸附量小且寿命短、再生需要加热介质。

（3）吸附流程

变温吸附是最早实现工业化的循环吸附工艺，循环操作在两个平行的固定床吸附器中进行。其中一个在环境温度附近吸附溶质，而另一个在较高温度下解吸溶质，使吸附剂床层再生。吸附剂在常温或低温下吸附希望被吸附的物质，通过提高温度使被吸附物质从吸附剂中解吸出来，吸附剂自己则同时被再生，然后再降温到吸附温度，进入下一个吸附循环。最简单的双器流程如图 2.63 所示。

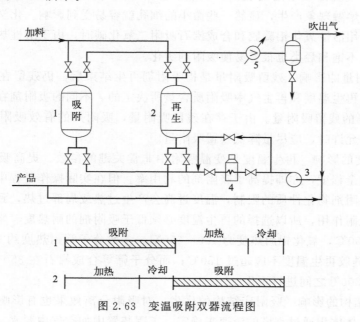

图 2.63　变温吸附双器流程图

尽管仅靠溶质的汽化而不用清洗气也可以达到解吸的目的，但当床层冷却时部分溶质蒸气会再吸附，所以最好还是使用清洗剂脱除吸附质。解吸温度一般都比较高，但不能高到导致吸附剂性能变坏的程度。变温吸附理想循环一般可分为 4 个步骤：①在 T_1 温度下解吸达到透过点；②加热床层到 T_2；③在 T_2 温度下解吸达到低吸附质负荷；④冷却床层到 T_1。

实际循环操作没有恒温这一阶段。作为循环的再生阶段，第 1、3 两步是结合在一起的，床层被加热的同时，用经预热的清洗气解吸，直至进出口温度接近为止。第 1、4 步也是同步进行的。床层冷却后期即开始进料，因此吸附基本上在进料流体温度下进行。对一些特殊的变温吸附工艺过程，如用蒸气直接对吸附剂加热再生时，还常常需要增加吸附剂的干燥步骤。由于吸附床层加热和冷却过程比较缓慢，所以变温吸附的循环时间较长，从数小时到数天不等。

（4）影响因素

影响变温吸附过程的因素很多，在变温吸附设计和操作过程中，必须考虑下列因素的影响。

① 吸附剂与吸附质的吸附性能　吸附剂品种很多，首先要确定主要成分——吸附分离组分，吸附剂组成，所用吸附剂的种类、颗粒、形状、粒度等，应按照需要选择最合适的品种，这样才能提高吸附剂的性能及降低运转成本。

② 吸附周期的长短　吸附周期的确定，需根据吸附剂对吸附质吸附性能、加热冷却所需时间、能耗、投资等各种因素综合考虑。吸附周期长，吸附剂用量大，利用率低，投资高；吸附周期短，吸附剂用量小，但再生频繁、能耗高、吸附剂使用寿命短。

③ 吸附剂劣化的影响　吸附剂经过反复吸附和再生之后，会产生劣化现象，吸附容量开始出现下降的趋势。吸附剂劣化常见的原因有：吸附剂表面被炭、聚合物、化合物等所覆盖；因为半熔融，使细孔部分消失；由于化学反应，使细孔的结构受到破坏等。吸附剂颗粒表面被沾污是相当普遍的，所以几乎所有的劣化都是由此引起的。例如干燥压缩空气时，从压缩机带来的油气凝固在吸附剂表面，加热再生时被炭化。又如硅、铝类吸附剂在 320℃时，就有某些半熔融现象产生，显然一些微小的细孔就容易受到影响。化学反应会引起吸附剂的劣化，如使用活性氧化铝凝胶和合成沸石吸附二氧化碳时，由于酸性热水的作用会使吸附剂产生劣化。不饱和烃类也很容易使吸附剂劣化。

④ 残留吸附量的影响　残留吸附量是指吸附剂再生结束后，仍残留在吸附剂中的吸附质含量，它是由再生温度和再生气中吸附质含量所决定的。不同的吸附剂在不同的再生温度下常有 2%～5% 的残留吸附量。由于存在残留吸附量，吸附剂的有效吸附容量将比平衡吸附量低，在条件允许时，应尽量降低残留吸附量。

⑤ 再生温度的影响　再生温度是变温吸附中非常关键的参数。提高吸附剂的再生温度有利于解吸的完全程度，亦即提高了吸附剂的利用率。但在实际操作过程中，再生温度不能任意提高，受吸附剂物化性质的限制，温度过高会产生过热或局部过热，致使吸附剂性能下降以至于失去吸附作用，所以选择的再生温度必须低于吸附剂的耐热度。常用的吸附剂如硅胶的耐热度为 250℃，氧化铝耐热度为 400～650℃，多数分子筛耐热度约 650℃，最高可达 800℃。通常，硅胶再生温度不应超过 150℃；而分子筛等合成沸石在 350～400℃；活性氧化铝应在 250～300℃之间进行再生。

⑥ 吸附床结构的影响　吸附床结构的优劣，对吸附分离效果也有影响。吸附器的直径一般根据实际气体体积通过空塔的流速来确定，工程装置中如空气中脱水、煤气中脱硫一般

采用 0.05~0.2m/s。压力高时采用较小流速，低压时可采用较高流速，关于吸附器的径高比则根据压力、物料以及净化要求的不同，一般采用（1:2）~（1:4）。由于吸附器要求周期地升温、冷却，升温再生温度可达 150~350℃不等，因此为了减小热损失及防止操作人员的烫伤，需将整个吸附器予以保温。

⑦ 气流流向的影响　再生时加热、冷吹的气流方向对吸附分离效果也有很大影响。一般来说，再生加热气流与吸附阶段逆向为好，因为床层中未使用部分吸附剂不用解吸，再生气逆向流动可以使床层的产品端残余负荷低，对下一循环吸附操作时保持高的产品纯度比较有利。而顺向流动会使靠近进料端吸附剂解吸出来的吸附质推向产品前，重新吸附在产品端附近原来未使用的吸附剂上，因而解吸效果较差。冷却时冷却流体可顺向流动或逆向流动，通常冷却气流方向与吸附阶段同向较好。若冷却气中含有相当量的吸附组分时，为了避免冷却流体中的吸附组分吸附在床层的产品端而污染床层，采用顺向冷却较为适宜。

上述影响因素，是变温吸附工艺重要的工艺参数。针对不同的操作条件和要求，变温吸附工艺有许多不同的实现过程，各种工艺参数的选取也千变万化。

（5）应用领域

变温吸附在工业上用途十分广泛，如用于气体干燥、溶剂回收、废气处理、原料气净化等。

① 气体干燥

在石油化工生产中气体的干燥常是重要的预处理过程之一。水分常是催化剂的毒物，使产品质量和收率下降。天然气在加压下输送时微量水分与有机化合物（如烷烃、烯烃等）形成白色坚硬的微晶水合物，以致堵塞管道和磨损压缩机。油田气和空气中含有的少量酸性化合物，在有微量水分存在时特别容易腐蚀设备。原料气通过吸附装置后，要求出口气体达到很高的干燥度，选择吸附剂应考虑吸附容量、力学性能、价格、再生温度、寿命等各种因素。常用的气相和液相脱水吸附剂有硅胶、活性氧化铝、分子筛和高分子树脂（离子交换树脂）等。吸附剂的再生常用氮气为再生气，经过电炉和热交换器加热后用于再生床层，床层的冷却有时使用部分干燥过后的气体来冷却，通常也使用氮气的闭路循环来进行冷却。

天然气、甲烷、乙烷、丙烷等气体干燥时，应注意不能混入空气以防着火或爆炸，再生时使用成品气体加热和冷却，排放的气体应该回收。氧气的干燥特别应该考虑安全因素。

② 溶剂回收

溶剂回收在溶剂浓度高时可采用冷凝法或吸附法回收，吸附法适用于低浓度的气体（溶剂含量在 1~20g/m³ 范围），常用的吸附剂为活性炭，其优点为价格低廉、性质稳定、耐腐蚀和吸附容量较大。对有机溶剂蒸气吸附后的再生应注意防止二次污染，对有价值的有机溶剂蒸气通过吸附浓缩，常用水蒸气再生，再生排出气冷凝后使溶剂和水分离，在室温用空气冷却。对不进行回收的流程可以使其完全燃烧而回收热能，采用热空气或用渗入少量空气的烟道气进行解吸再生。

③ 废气处理

a. 变温吸附法用于脱除 SO_2　该工艺常用活性炭吸附废气中 SO_2，然后用惰性气体为介质加热再生吸附剂，使物理吸附的 SO_2 或化学吸附产生的 H_2SO_4 还原为 SO_2 解吸下来。

b. 变温吸附法用于脱除 H_2S　含 H_2S 气体通过活性炭吸附器，H_2S 被吸附，在活性炭上可以被催化还原为游离硫，300~400℃下用热蒸汽或热惰性气体（氮气、燃烧气等）加热吹扫床层，可使硫转变为硫蒸气随惰性气体一并流出，经冷凝后得到固体硫而惰性气体可循环使用。

c. 变温吸附法用于脱除氮氧化物　该工艺可用于硝酸尾气回收、含 NO_x 废气放空前的脱硝处理等，是目前比较经济的一种处理含 NO_x 废气方法，有工业应用的报道，但不十分成熟，需进一步完善。该工艺常用分子筛、活性炭为吸附剂，净化气中 NO_x 含量控制在 200mg/L 以下，可达到排放标准。根据工艺需要，还可将净化深度控制在 10mg/L 或 1mg/L。

d. 变温吸附法处理含氯废气　活性炭或硅胶可以优先吸附含氯废气中的光气和氯气，在 100℃ 左右就可解吸。解吸的氯气可以制取液氯。此法氯气回收率可达 95%，适用于氯含量不太高的场合。

e. 变温吸附还可以处理氯乙烯尾气、四氯化碳尾气、二氯乙烷尾气、三氯乙烯尾气、含汞废气等。

2.2.8　金属吸气法气体纯化

（1）吸气剂分类

吸气剂是指能有效地吸着某些（种）气体分子的制剂或装置的通称，用来获得或维持真空以及纯化气体等。吸气剂有粉状、碟状、带状、管状、环状、杯状等多种形式。吸气剂可以分为三大类，一类是蒸散型吸气剂，另一类是非蒸散型吸气剂，还有一类是复合型吸气剂。第三种吸气剂装有蒸散型和非蒸散型两类吸气材料。

① 蒸散型吸气剂　蒸散型吸气剂是将吸气材料装入吸气剂载体中，在器件自排气系统上封离后或封离前，将吸气材料从吸气剂载体中蒸散出来的一种吸气剂。吸气剂载体多由金属管或金属碟制成。吸气材料被蒸散出来后，遇到冷的管壁，就凝结在管壁上形成镜面。

蒸散型吸气剂以蒸散吸气和镜面吸气的形式吸收管内气体。蒸散吸气是由于吸气材料的蒸气和气体分子发生了化学作用，镜面吸气是由于镜面表面能够吸附气体，并且气体能够扩散到镜面内部去。

② 非蒸散型吸气剂　非蒸散型吸气剂是用蒸发温度很高的吸气材料制成的。这种吸气剂不需要蒸散，但必须经过激活，才具有吸气性能。激活是将吸气剂经过适当的加热处理，使之具有很强的吸气能力。在激活过程中，吸气剂所放出的气体或由真空泵抽去，或由蒸散型吸气剂吸走。经过激活处理的非蒸散型吸气剂，即可在工作温度下大量吸气了。非蒸散型吸气剂以对气体的表面吸附和气体向吸气剂内部的扩散的形式来吸收管内气体。

单质材料中，ⅣB 族金属存在 α 和 β 两种同素异构体，对 Ti、Zr 来说，α 同素异形结构是密堆六方体，β 结构是体心立方结构，这些元素对空气和大多数其他气体具有高的活性，通常能与 N_2、O_2、H_2、CO、CO_2 和 H_2O 等气体生成稳定的化合物或固溶体，因此非蒸散型吸气剂通常以 Ti、Zr 为基体。1973 年，SAES 公司研发出多孔结构的 Zr-C（石墨）（单质锆和石墨的质量分数为 83%、17%），命名为 St171 合金，在 25℃ 对 CO、N_2、H_2 的吸气量分别为 130Pa·mL/cm², 50Pa·mL/cm², 10000Pa·mL/cm², 该合金在室温下表现出优良的吸气性能，具有 850℃ 左右的激活温度，其余非蒸散型吸气剂包括锆镍吸气剂、锆锰铁吸气剂（St909）、锆铁钒吸气剂（St707）、Zr_2Fe 吸气剂（St198）、ZrYFe 吸气剂等。

③ 复合型吸气剂　同时装有蒸散型吸气材料和非蒸散型吸气材料的吸气剂称为复合型吸气剂，如钡铝合金和锆铝 16 组成的复合吸气剂。

另外，把碱金属释放器和释汞吸气剂也归入复合型吸气剂之列。碱金属释放器是一种能释放碱金属的吸气剂，它主要用于光敏管。释汞吸气剂是一种能释放出汞制剂的吸气装置，它主要用于数码管、水银整流管等器件中。

（2）技术原理

不同的金属吸气剂可用于气体纯化的不同场合，进行氢气纯化时利用氢气中杂质扩散渗入合金粒子已经活化的内部空隙形成的活性表面，在高温下合金与杂质组分反应，不可逆的生成金属氧化物、碳化物、氮化物等金属间化合物使氢气得以纯化，如锆锰铁吸气剂。

由 SAES 公司生产和销售、商标是 St198 的 Zr_2Fe 合金，由 76.5％的锆、23.5％的铁构成，在一定温度范围内，具有与氢同位素、氧、水和其他气体反应的独特性能，同时对氮保持相对不反应，适用于进行氮气纯化。

Zr-Ni 最早应用于核反应堆中含氚废水的处理，将氚水转化为氢同位素气体。对于电解水制得纯度 99.999％的氢气，其中仍含有水蒸气、O_2 杂质，可以通过 Zr-Ni 吸气剂的水汽转换过程进行纯化。

（3）吸附过程

吸气剂的具体吸附过程如下：

① 表面吸附　当活性（杂质）气体分子接触到金属吸气剂表面时即被吸附，根据气体种类的不同，一些气体分子将被永久吸附，它们与吸气剂形成稳定的化合物，比如 N_2、O_2；另一些分子可以被吸收也可以被释放，比如 H_2，即氢气被吸气剂吸附是一种可逆反应。

② 内部扩散　被吸气剂吸附于其表面的气体，具有较大的表面迁移率，它可以快速地在整个表面上扩散开来。随着表面扩散的进行，在一定的条件下，表面吸附的气体将进一步向吸气金属内部进行扩散。扩散的形式有：深入金属表面凹陷部位；浸入分子晶界之间；扩散到结晶本身的凹陷之中；与吸气剂化合成金属间化合物；与吸气剂形成固溶体。

（4）吸气剂的激活

在常温下或温度不高时，气体向吸气剂内扩散的速率很小；而在温度较高或常压之下，表面吸附速率却大为提高。以上特性表明，吸气剂有着明显的吸附扩散区。常温下吸气剂暴露在空气中时，吸气剂表面会形成很薄的气体吸附层即钝化层，它会阻止吸气剂与活性气体的进一步作用，因此吸气剂在这种情况下是十分稳定的。所以吸气剂在脱气工作之前，必须首先清除这一气体吸附层。我们称这一工艺过程为激活。

（5）吸气剂再生

吸气剂一经激活，当它暴露在所要抽除的气体之中时，即能产生抽气作用。一般来说，氢气是均匀地散布在整个吸气剂体积中，其他的活性气体集中于接近表面处，结果导致对气体的吸着速度逐步下降。到吸气剂表面出现了气体分子的积累，受到了严重的污染，活性消失，吸气剂的一次使用寿命终了。如果提高温度，扩散速度重新提高，表面活性可得到部分的恢复，吸着速度重新提高。保持一些时间，使扩散速度大于表面吸附速度，则表面活性可得以恢复，这称为吸气剂的加温再生法。同理，如果吸气剂温度保持不变，而是降低吸气剂周围的气体压力 P，使恒定的表面吸附速度大大下降，也可以使吸气剂表面活性恢复，吸着速度回升，这就称为吸气剂的降压再生法。

（6）应用领域

吸气剂技术对于获得良好的管内真空气氛，具有经济、简便、有效、持久等特点，它对于研制和生产长寿命、高可靠、优性能的电真空器件起着相当重要的作用。它不仅广泛应用于电真空器件，如收讯放大管、功率发射管、黑白或彩色电视显像管、示波管、摄像管、行波管、日光灯和高压放电灯等，而且还应用于光电阴极的制造、原子能反应堆、可控核聚变装置、气体激光器、稀有气体的净化、高真空获得等领域。

受国内大宗气体来源影响，原料气中的杂质指标很难保持稳定。气瓶的充装过程、运输过程都可能引入大量杂质。目前，国内气体厂商对气体指标的检测一般采取抽检方式进行，这就造成了实际使用中杂质指标出现长期不稳定和偶然严重超标的现象。而原料气指标的偶尔不稳定和长期使用纯度较低的原料气也会大大缩短吸气剂的使用寿命。鉴于此，我们在工艺上做出了相应改进，更好地保护和延长了吸气剂的使用寿命，大幅度降低了后期维护保养成本。该工艺采取前端两塔吸附预处理吸附工序配合终端吸气剂（getter）吸附式纯化器进行处理，该工艺是国内大多数电子、太阳能光伏企业用氢、氩气纯化设备的配置方式。其工艺原理如图 2.64 所示。

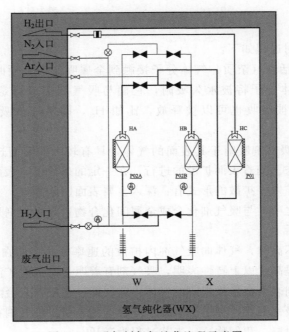

图 2.64　吸气剂氢气纯化流程示意图

参照图 2.64 流程，采用两个吸附反应器对原料气进行纯化，每个吸附反应塔都内装有高效脱氧吸附剂，可以深度脱除气体中的氧、水、CO_2 等杂质，脱氧吸附剂吸附饱和后可加热通氢再生使其恢复吸附性能，两个吸附反应器通过 PLC 控制，全自动交替工作、再生，可以实现连续产气和在线不间断维修。

经过纯化后的原料气体中水、氧、二氧化碳等有害杂质浓度都可以降低到（20～50）×10^{-9} 以下。这样就可以满足后续吸气剂的净化需求，保证吸气剂长时间的稳定运行。两塔吸附工艺所采用的脱氧吸附剂可以反复再生，长期使用。经过脱氧吸附反应器净化后，气体中只剩下 （20～50）×10^{-9} 以下的 O_2、H_2O、CO_2 和未被净化的 CO、CH_4、N_2，而吸气剂只需要将这些杂质脱除即可，大大地降低了气体的净化成本。

2.2.9　硫化物杂质脱除

（1）硫化物的危害

硫化物是一种非常容易与金属、金属氧化物、碱性化合物等发生反应，并且很容易吸附到其固体表面上的物质。因此煤气中硫化物会导致后续工艺过程设备、管道及仪器腐蚀、化工催化剂中毒失活、化工产品质量下降。

① 对工艺过程设备、管道及仪器的危害　城市燃气主要用于人们生活和工业生产中，在提高人们生活质量、改善大气环境和促进工业生产等方面起着重要作用。城市燃气中存在大量硫化物时，硫化物将对燃气输送过程中采用的昂贵的无缝钢管、阀门及加压输送设备造成严重腐蚀，将导致燃气管道泄漏危及人们生命安全，以及降低设备更换周期增加运行成本。煤气中的硫化物在家庭使用时，燃烧生成二氧化硫，排放到大气中污染空气且对人身体有害。

整体煤气化联合循环（IGCC）发电、熔融碳酸盐燃料电池（MCFC）发电等技术，由于潜在的对环境的友好性、经济性及高效性，在世界范围内被广泛研究与开发。IGCC 就是煤在气化炉内高温下用氧气或空气作为气化剂进行气化生成粗煤气，生成的粗煤气在高温净化之后进入燃烧室进行高温燃烧推动燃气轮机发电，排气余热则进入余热锅炉产生高压蒸汽，推动蒸汽轮机发电，其热力学效率可达到 45％以上。MCFC 是采用煤气提取的氢作为燃料，采用电池原理进行发电，其热效率高于 40％。而常规火力发电，热力学效率只有 30％～35％。煤气中硫化物组分高温进入燃气轮机内会腐蚀叶片或导致燃料电极损坏，降低燃气轮机或电池的寿命，同时排放的气体也会污染环境。

化工生产过程中离不开容器、反应器、检测仪器等，这些设备通常采用金属材料制成。煤气中的硫化物会使这些设备、仪器产生腐蚀。

② 对化工催化剂活性的影响　甲烷蒸气催化转化成合成气反应及一氧化碳、二氧化碳甲烷化反应属于同一个反应的正反过程，工业过程中都采用金属镍作为催化剂。当煤气中硫化物在 100～800℃范围与镍催化剂接触，由于硫化物的自由电子对与催化剂过渡金属的 d 键形成配位键致使催化剂中毒，同时硫化物和金属镍产生化学反应。

$$3Ni + 2H_2S \Longrightarrow Ni_3S_2 + 2H_2 \uparrow$$

该反应在催化剂的活性中心进行得非常快。据研究，当甲烷蒸气转化管 1m 长的区域内催化剂含硫量达 0.015％（质量分数），相当于 45％左右催化剂的活性镍表面被 H_2S 覆盖，其活性降低 80％。当气体中硫化物含量为 0.1×10^{-6} 时，催化剂寿命由五年缩短到不足一年。对镍催化剂硫中毒机理研究新理论进一步指出，硫中毒是硫化氢在催化剂表面发生下列强烈的化学吸附引起的。

$$Ni + H_2S \Longrightarrow NiS + H_2 \uparrow$$

这种化学吸附在硫浓度很低的条件下就能发生，要远远优先于生成固体 Ni_3S_2 的条件，即使催化剂吸附少量硫也会降低催化剂的反应活性。硫化物是甲烷蒸气转化和甲烷化催化剂最重要的毒物。

③ 对产品质量的影响　碳铵生产过程中，当变换气中 H_2S 含量高时，在碳化母液中积累增高，使母液黏度增大，碳铵结晶变细，不仅造成分离困难，同时，由于生成 FeS 沉淀致使碳铵颜色变黑。并且产品包装过程中 H_2S 的逸出还会污染操作环境，危害操作工的身体健康。尿素生产过程中，脱碳工艺解吸的二氧化碳中硫化物含量大时，H_2S 进入尿素合

成塔会生成硫脲 $[CS(NH_2)_2]$，污染尿素产品，导致尿素质量下降。同时二氧化碳中硫化物也导致二氧化碳后续产品（如碳酸饮料）质量下降。合成油合成过程中，随着催化剂中硫含量的增加，产物中含氧化合物增加，液态烃中烯烃减少，正构烷烃和异构烷烃增加。中毒产物中 CO_2/H_2O 摩尔比和 CO_2 选择性均降低。因此，不同工艺过程对煤气中硫化物含量的要求也不同。

（2）硫化物脱除方法分类

气体中硫化物的脱除技术发展历史悠久，特别是近十几年在国内外发展非常迅速。人们研究和开发的气体中硫化物的脱除方法种类繁多、特点不同。归纳起来，硫化物脱除方法的分类有操作温度分类法、脱硫精度分类法和脱硫剂物态分类法和脱硫剂活性组成分类法等。

① 操作温度分类法　按照脱硫过程操作温度的差异，气体中硫化物的脱除可以分成低常温脱硫、中温脱硫和高温脱硫三大类。在气化煤气和热解煤气共制合成气多联产技术中，研究与开发的匹配脱硫净化工艺包括回收化产后的焦炉气脱硫、用于 IGCC 发电的煤气脱硫和醇醚燃料合成气的脱硫三种，依据这三种不同脱硫过程所处的温度范围，将匹配脱硫分为常温煤气脱硫、高温燃气脱硫及中温合成气脱硫。通常这三种脱硫操作温度分别为：低常温脱硫在 $-30\sim200℃$、中温脱硫在 $200\sim400℃$、高温脱硫在 $400\sim600℃$。

② 脱硫精度分类法　按气体脱硫精度要求，气体中硫化物脱除可以分为粗脱硫（H_2S 含量小于 20×10^{-6}）、二次脱硫（H_2S 含量小于 1×10^{-6}）和精细脱硫（总硫含量小于 0.1×10^{-6}）和超精细脱硫（总硫含量在 10^{-9} 级）四大类。对于城市燃气中硫化物的脱除，国家标准要求气体中硫化氢含量小于 20×10^{-6}，通常采用的脱硫为粗脱硫。对于合成氨、合成尿素，要求气体中硫化氢含量在 1×10^{-6}，通常在变换工艺后再进行二次脱硫。合成甲醇、合成油催化剂要求合成气中硫化物总含量在 0.1×10^{-6} 以下，需要硫化氢与有机硫的脱除，一般在合成工序前气体必须进行精细脱硫。近几年研究与开发的碳酸盐熔融燃料电池，电极保护需要燃气中几乎没有硫化物，因此脱硫精度要求气体中总硫化物的含量在 10^{-9} 级，因此原料气脱硫采用超精细脱硫。

③ 脱硫剂物态分类法　按照脱硫剂的形态，气体中硫化物的脱除可分为湿法和干法两大类。湿法脱硫就是采用液体吸收剂将硫化物从气体中分离、富集，然后通过再生回收单质硫、硫酸或硫化氢的方法。湿法脱硫具有处理气体量大、硫化物含量高、可直接回收硫资源等优点，但同时存在设备庞大、操作复杂、运行费用高等不足。湿法脱硫中根据脱硫剂溶剂与气体硫化物之间吸收作用不同，又可分为化学吸收法、物理吸收法、物理化学吸收法。干法脱硫就是采用固体吸附剂或催化剂将硫化物直接脱除或间接转化后再脱除的方法。干法脱硫具有脱硫精度高、操作简单、投资和操作费用低等特点，但对硫含量高、处理量大等过程不适用。

④ 脱硫剂活性组成分类法　按照脱硫剂主要活性组成，气体中硫化物的脱除所使用的脱硫剂有氧化铁、氧化锌、氧化锰、铁酸锌、钛酸锌、活性炭、甲醇、碳酸丙烯酯、聚乙二醇二甲醚、醇胺、热钾碱、氨水、蒽醌二磺酸钠、双核金属酞菁类化合物（PDS）等。

按照上述四种分类的气体脱硫方法，并不是完全隔离使用，在科学研究和技术开发过程中通常是根据脱硫特点来兼容使用的，并不严格区别。图 2.65 为按照传统分类法给出的硫化物脱除方法。

（3）低、常温气体脱硫

低、常温气体脱硫是在 $-50\sim200℃$ 范围脱除气体中硫化物方法的总称，它是气体中硫

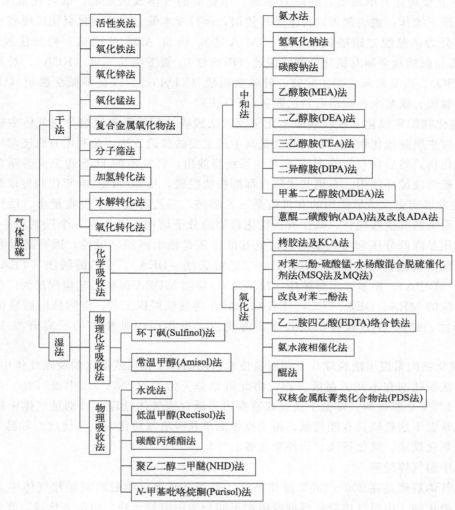

图 2.65　硫化物脱除方法

化物脱除中最传统和最广泛使用的方法。低、常温气体脱硫种类繁多、技术成熟、工业化使用历史悠久，并且发展迅速。低、常温气体脱硫包括所有的湿法脱硫和部分干法脱硫，主要有低温甲醇洗脱硫、低温聚乙二醇二甲醚脱硫、氨水脱硫、改良 ADA 脱硫、栲胶脱硫、甲基二乙醇胺脱硫、EDTA 络合铁脱硫、活性炭脱硫、常温氧化铁脱硫、常温氧化锌脱硫等。

① 硫化物的低温物理吸收脱除　气体中硫化物的低温脱除通常是在低于 0℃ 以下，采用液体溶剂利用物理吸收原理脱除气体中硫化物。该法处理气体量大、处理后气体中硫化物含量也相对较少，但气体组成特别是二氧化碳影响脱硫效果。目前该法主要用于大型化工企业中。低温脱除硫化氢的方法主要有低温甲醇洗脱硫、低温聚乙二醇二甲醚脱硫等。

② 硫化物的常温催化氧化脱除　气体中硫化物的常温催化氧化脱除方法也是属于湿法脱硫，脱硫过程中包括一个催化氧化过程。湿式催化氧化法脱硫是硫化氢通过碱性溶剂吸收在溶液中，吸收后生成的硫化物在液相中再进一步氧化成元素硫，最后给予分离。通常采用的碱性吸收溶剂为碳酸钠（Na_2CO_3）或氨水（$NH_3 \cdot H_2O$）。湿式催化氧化法的特点为：

可将 H_2S 直接转化为单质硫；脱硫效率高，净化后的气体残硫量低；既可在常压下操作，又可在加压下操作；脱硫剂可以再生循环使用，运行成本低。湿法催化氧化法脱硫根据母液组成不同分为：蒽醌二磺酸钠法脱硫（ADA 法）、改良 ADA 法脱硫、栲胶法脱硫（TV 法）、酞菁钴磺酸盐金属有机化合物法脱硫（PDS 法）、聚酚类法脱硫（KCA）、对苯二酚法脱硫（MSQ）、改良对苯二酚法脱硫、砷碱法脱硫（Thylox）、改良砷碱法脱硫（G-V 法）、茶多酚法脱硫、磺基水杨酸络合铁法脱硫（FD 法）。

③ 硫化物的常温化学吸收脱除　化学吸收法脱硫是利用吸收液组分与气体中硫化物发生化学反应来脱除硫化物的。有机胺法是其中最主要的脱硫方法，是利用有机胺溶液吸收气体中的硫化物，然后将吸收的 H_2S 在再生系统释放出，释放出的 H_2S 送至克劳斯装置再转化为单质硫溶液循环使用。有机胺脱硫也称醇胺法脱硫，从 20 世纪 30 年代问世以来，已有 90 余年的发展历史。最早使用的有机胺是三乙醇胺，三乙醇胺由于吸收量小、活性低、稳定性差，后来被其他胺代替。碱性有机胺化合物的分子结构中至少有一个羟基和一个氨基，羟基的作用是降低分压和增大水溶性，氨基的作用是使水溶液呈碱性，因而能吸收酸性气体。有机胺法脱硫有乙醇胺法（MEA）、二乙醇胺法（DEA）、三乙醇胺法（TEA）、二异丙醇胺法（DIPA）、甲基二乙醇胺法（MDEA）。目前 MDEA 脱硫工艺应用最为广泛，已逐渐取代传统的 MEA、DEA、TEA、DGA、DIPA 等胺法脱硫工艺。空间位阻胺脱硫工艺具有高选择性、脱除 H_2S 和有机硫效率高等优点，近年国内外相关的研究开发工作引人注目。

④ 硫化物的常温干法脱除　干法脱硫技术采用固体脱硫剂或催化剂脱除气体中硫化物。不同的干法脱硫剂在不同的温区工作，由此可划分为常温（200℃）、中温（200～400℃）、高温（＞400℃）脱硫剂。常温干法脱硫通常用于低含硫气体处理，特别是气体中硫化物精细脱除。常温干法脱硫具有能耗低、再生操作简单和脱硫剂粉化率小等优点。常温干法脱硫主要包括氧化铁法、氧化锌法、活性炭法等。

（4）中温气体脱硫

中温气体脱硫是在 200～400℃操作条件，采用金属氧化物吸附剂脱除气体中无机硫化氢和有机硫化物。中温气体脱硫根据脱硫剂不同分为中温氧化铁、中温氧化锌、氧化锰及复合金属氧化物等。

① 中温氧化铁脱硫剂　氧化铁作为脱硫剂在不同温度有不同反应机理，中温氧化铁脱硫主要用于气体粗脱硫。当氧化铁脱硫剂操作温度处于中温（200～400℃）范围时，氧化铁脱硫剂的脱硫机理与常温下不同。中温氧化铁脱硫剂循环使用存在四个过程，即氧化铁还原、有机硫催化转化、硫化氢吸收脱除和脱硫剂再生。中温氧化铁脱硫剂制备路线与常温成型氧化铁脱硫剂相似，不同在于脱硫剂的配方不同。在国外，生产中温氧化铁脱硫剂的主要有美国、日本、俄罗斯、德国、印度等，氧化铁脱硫剂堆密度均在 $1.3～1.4g/cm^3$。中温氧化铁脱硫主要影响因素及操作条件有温度、压力、气体组成等。

② 中温氧化锌脱硫剂　中温氧化锌脱硫剂是以 ZnO 为主要组分，有时添加 CuO、MnO、Al_2O_3 等为促进剂的脱硫剂。该脱硫剂是用于进行气体精细脱硫的最常用脱硫剂之一，它既可以脱除无机硫也可以脱除有机硫。氧化锌能与硫化氢反应生成难以解离且十分稳定的硫化锌。中温氧化锌脱硫剂具有脱硫精度高、使用简便、稳妥可靠、硫容高等特点，由于对脱硫起着"把关"和对后续催化剂起着"保护"作用而在气体净化中占据着非常重要的地位，广泛应用于合成氨、制氢、合成甲醇、合成油、燃料电池发电、石油炼制等行业，以

脱除天然气、石油馏分、油田气、炼厂气、合成气、二氧化碳等原料中的硫化氢及某些有机硫。由于中温氧化锌脱硫剂可将原料气中的总硫脱除到 0.1×10^{-6} 以下，从而保证了下游工序的蒸汽转化、低变、甲烷化、制甲醇、合成油、燃料电池、低压联醇、羰基合成等过程中所含镍、铜、铁及贵金属催化剂不被硫中毒。

③ 氧化锰脱硫剂　氧化锰脱硫剂价廉易得，不仅能脱除无机硫，也能脱除有机硫，通常用于粗脱硫，适用于脱除焦炉气、天然气等甲烷含量较高的原料气中的硫，但对半水煤气等 CO、H_2 含量高，甲烷含量低的原料气不适用。中温氧化锰脱硫剂脱硫活性组分是锰的二价氧化物（MnO），而天然的锰矿和合成的氧化锰通常是高价锰的氧化物，因此氧化锰脱硫剂使用前必须先进行还原。氧化锰脱硫剂脱硫性能的影响因素主要有温度、压力、水含量、氧含量、线速度等。氧化锰使用过程中一方面吸收硫化物被饱和，另一方面析碳覆盖脱硫剂而使脱硫剂中毒。因此，使用后的氧化锰脱硫剂可以用水蒸气或氧再生，使硫化锰与水蒸气反应生成 H_2S 和具有脱硫能力的 MnO。采用蒸汽作稀释剂，适当加入空气的办法进行再生，使再生温度降低，达到了再生的目的。

④ 中温复合脱硫剂　将多种脱除硫化物的金属氧化物混合制备得到复合脱硫剂。复合脱硫剂包括铁锰系、铁锌系、锰锌系、铁锰锌系、铁锰铈系等。复合脱硫剂是一种转化吸收性固体脱硫剂，它可以脱除各种硫化物。与单一金属氧化物相比，复合脱硫剂也有它的特点，即脱硫剂中主要活性组分通常含有还原性能的活性组成，因此第一次使用前需进行升温还原处理。另一个特点是它对大多数有机硫具有良好的加氢转化及热分解有机硫的能力。

（5）高温气体脱硫

① 高温氧化铁系脱硫剂　氧化铁原料来源方便、价格便宜，并且脱硫时硫容和反应性较高，脱硫率可达 90% 以上，因此氧化铁可以作高温煤气脱硫剂。目前，氧化铁脱硫剂是应用最广泛的高温煤气脱硫剂。氧化铁天然资源十分丰富，许多工业废料如制铝赤泥、硫铁矿焙烧渣、转炉炉渣等也含有大量氧化铁。

② 高温氧化锌系脱硫剂　氧化锌脱硫技术是在 20 世纪 50 年代开发研制的，就脱硫的效率而言，氧化锌脱硫剂比氧化铁脱硫剂更具吸引力，这是由于氧化锌与硫化氢反应在热力学上更具优势。在单一金属氧化物中，ZnO 脱硫剂是国内外目前公认的脱硫精度最好的脱硫剂，可将 H_2S 摩尔分数降低到 10^{-6} 以下。当气体中有氢存在时，羰基硫、二硫化碳、硫醇、硫醚等会在反应温度下发生转化反应，反应生成的 H_2S 也可被氧化锌吸收。ZnO 脱硫剂硫容对温度敏感，随着温度升高脱硫剂硫容增大，在 600～700℃ 范围内脱硫反应快且彻底。但在 600℃ 以上易在还原气氛中造成锌的挥发流失。最初氧化锌在商业上是作为气体脱硫精脱硫剂广泛应用，在使用完后不必再生，后来氧化锌逐渐被用作可再生的高温煤气脱硫剂。

③ 高温氧化钙系脱硫剂　氧化钙脱硫剂主要由石灰石和白云石煅烧而成。CaO 与 H_2S 反应硫容高且速率快，在 1070～1570K 范围内理论上可吸收煤气中 95% 的硫化物，但当实验温度低于 800K 时，CaO 与煤气中存在的 CO_2 反应，生成 $CaCO_3$ 不能分解，不利于硫化反应的进行，因此，硫化反应温度应高于 $CaCO_3$ 的分解温度。另外，在再生过程中，CaO 易与 SO_2 及 O_2 反应生成不易分解的 $CaSO_4$，在高温下造成脱硫剂的烧结，使脱硫剂失活。CaO 虽然价廉，但脱硫剂不易硫化/再生循环使用。

④ 高温氧化铜系脱硫剂　铜与硫化氢之间有很强的亲和力，并且在所有的金属氧化物中，铜氧化物（CuO，Cu_2O）的硫化平衡常数是最高的，因此氧化铜也是一种性能优良的

脱硫剂。但在强还原性气氛中，氧化铜易被氢还原成铜，而金属铜与硫化氢的热力学平衡常数要低于氧化铜或氧化亚铜。另外，纯的 CuO 和 H_2S 反应生成的 CuS 会覆盖在脱硫剂表面，阻止了气体的进一步扩散，限制 CuO 脱硫剂的利用率。另外，单质铜的形成，严重影响脱硫剂的硫化再生过程，使其熔点降低，金属晶体增长，烧结等现象发生，脱硫效率迅速下降。因此氧化铜作为脱硫剂时，常与其他氧化物结合起来使用。

⑤ 高温氧化锰系脱硫剂　热力学研究表明，在 127～1327℃ 温区氧化锰具有脱硫性能。在低温区脱硫产物主要为 MnS、MnS_2。MnO 为 Mn 的主要化合物，$MnCO_3$ 在 600K 时开始分解生成 MnO，在 800K 时完全分解形成 MnO，故在 800K 左右锰的脱硫性能为最好。氧化锰系高温脱硫过程中可能的化学反应方程式为：

$$2MnO_2 + H_2 = Mn_2O_3 + H_2O$$
$$MnO_2 + H_2 = MnO + H_2O$$
$$MnO_2 + H_2S = MnO + S + H_2O$$
$$MnO + H_2S = MnS + H_2O$$
$$MnO_2 + 2H_2S = MnS + S + 2H_2O$$

（6）脱硫方法及工艺比较

按照脱硫剂的物理状态，煤气脱硫方法分为干法脱硫和湿法脱硫两大类。干法脱硫是利用固体吸附剂脱除气体中硫化物；湿法脱硫是利用液体吸收剂脱除气体中硫化物。

① 干法脱硫方法比较　干法脱硫方法主要有活性炭、氧化铁、氧化锌、铁酸锌、钛酸锌等。活性炭能脱除 H_2S 和有机硫，脱硫精度高，操作温度在 30～55℃，空速在 300～500h^{-1}，脱硫过程中需要维持一定 O_2 和 NH_3 浓度来保持活性炭的脱硫活性。使用过的活性炭可以通过过热蒸气或惰性气体进行再生，脱硫剂制备成本较高，适用于常温气体粗、精脱硫。

氧化铁在常温到高温能脱除 H_2S 和部分有机硫，脱硫精度适中，硫容大，操作温度在 30℃ 以上，空速在 500～2000h^{-1}。脱硫过程中需要维持一定 O_2 和 NH_3 浓度来保持氧化铁的脱硫活性。使用过的氧化铁进行间歇操作再生，脱硫剂制备成本低，常用于气体粗脱硫。

氧化锌在常温到高温能脱除 H_2S 和部分有机硫，脱硫精度最高，操作温度在 30℃ 以上，常见操作温度在 200～400℃，空速在 1000～3000h^{-1}，脱硫过程中需要维持一定 H_2 浓度来保持氧化锌的脱除有机硫活性。使用过的氧化锌不再生，脱硫剂制备成本最高，常用于低含量硫的气体精脱硫。铁酸锌综合了氧化锌和氧化铁的性质，精度高，硫容大，可再生，操作温度在 400～650℃，适用于高温煤气脱硫。钛酸锌能脱除气体中 H_2S，精度高，由于没有活性的氧化钛的加入，钛酸锌硫容低，但耐磨性高，活性组分锌不易还原流失。

当原料气中含有有机硫时，采用精脱硫工艺非常必要。精脱硫工艺通常有转化吸收一步法脱硫工艺和催化转化串脱硫的二步法脱硫工艺。一步法通常使用活性炭或氧化锌脱硫剂，但由于脱硫剂硫容低，运行成本高，因此适用于硫含量非常低的原料气的精脱硫。二步法是目前常用的精脱硫工艺，主要有高温精脱硫工艺和常低温精脱硫工艺。高温精脱硫工艺是采用 Co-Mo 或 FeMo 加氢催化剂串 ZnO 脱硫剂，操作温度在 300～400℃。高温精脱硫工艺需要高温热源，催化剂需要硫化，脱硫精度适中，催化剂脱硫剂成本高，脱硫过程中有副反应发生。常温精脱硫工艺是采用有机硫水解催化剂串 ZnO 或特种活性炭或特种氧化铁脱硫剂，操作温度在 30～150℃。常温精脱硫工艺不需要高温热源，催化剂不硫化，脱硫精度高，脱硫过程中无副反应发生。

② 湿法脱硫方法比较　湿法脱硫方法主要有物理吸收法（低温甲醇洗法、聚乙二醇二甲醚法）、化学吸收法（N-甲基二乙醇胺法）和催化氧化法（改良 ADA 法、栲胶法）。

低温甲醇洗法和聚乙二醇二甲醚法（NDH 工艺）作为物理吸收法，目前被广泛地使用于大型氮肥工业中气体脱硫。对于两种脱硫技术经济指标，日本宇部兴产公司、英国福斯特惠勒公司、我国南化公司都作了比较。低温甲醇洗法比聚乙二醇二甲醚法基建投资高，但低温甲醇洗法比聚乙二醇二甲醚法能耗要低，这两种方法最后车间成本基本相同。低温甲醇洗法工艺，由于脱硫在 $-20℃$ 以下操作，因此对气体中 H_2O 和 NH_3 等组分以及溶剂中水含量提出较高要求，当气体及溶剂进入低温甲醇吸收塔之前必须彻底脱除。此外，为了有效地回收和维持系统内的冷量，其换热及制冷设备数量较多，换热设备结构又较为复杂，使得工艺流程长而复杂，又因低温操作，对设备材质要求也较高，诸如低温钢材以及缠绕管式换热器等均需引进。改良 NHD 工艺，由于脱硫操作温度在常温（$20 \sim 40℃$），设备材质一般用普通碳钢即可，只有脱硫塔、再生塔、闪蒸槽、高压闪蒸分离器等少数设备压力高或需耐腐蚀的要求，采用 16MnR 低合金钢。改良 ADA 法和栲胶法都是催化氧化脱硫法，能将硫化氢转化成单质硫黄。

改良 ADA 法和栲胶法采用氨水或碳酸钠作为吸收液，不同点是分别采用蒽醌二磺酸钠、钒酸钠等和栲胶作为催化剂。改良 ADA 法和栲胶法脱硫效率都较高，但栲胶法略好。从碱消耗量和 $Na_2S_2O_3$ 生成量来看，栲胶法比改良 ADA 法好。在工业应用过程中，一般将改良 ADA 法和栲胶法结合起来使用。改良 ADA 法和栲胶法脱硫溶液中都含有钒，因此脱硫液都有一定的毒性。配合铁溶液都不含有钒，脱硫液毒性很小，是一种有发展前途的脱硫方法。

第3章 气体检测技术

3.1 气相色谱法

3.1.1 气相色谱基础知识

3.1.1.1 色谱概述

色谱法是俄国植物学家 Tswett（茨维特）于 1906 年首先提出来的，Tswett 于 1903 年在波兰华沙大学研究植物叶子的组成时，用碳酸钙作吸附剂，分离植物干燥叶子的石油醚萃取物。他把干燥的碳酸钙粉末装到一根细长的玻璃管中，然后把植物叶子的石油醚萃取液倒到管中的碳酸钙上，萃取液中的色素就吸附在管内上部的碳酸钙里，再用纯净的石油醚洗脱被吸附的色素，于是在管内的碳酸钙上形成三种颜色的 6 个色带。Tswett 用希腊语 chroma（色）和 graphos（谱）描述他的实验方法，当时 Tswett 把这种色带叫作"色谱"（chromatographie，Tswett 于 1906 年发表在德国植物学杂志上用此名，英译名为 chromatography），这种方法因此得名为色谱法，以后此法逐渐应用于无色物质的分离。

色谱法是基于不同物质在相对运动的两相中具有不同的分配系数，当这些物质随流动相移动时，就在两相中进行反复多次分配，使原来分配系数只有微小差异的各组分得到很好的分离，依次送入检测器测定，达到分离、分析各组分的目的。

世界性的科学技术和生产的发展、进步，推动了分析化学的发展，而色谱分析是分析化学的重要组成部分，从一出现就对科学的进步和生产的发展起着重要的作用。在 20 世纪 30~40 年代色谱为揭开生物世界的奥秘、为分离复杂的生物组成发挥了独特的作用；50 年代为石油工业的研究和发展作出了贡献；60~70 年代成为石油化工、化学工业等部门不可缺少的分析监测工具。目前色谱法是生命科学、材料科学、环境科学、医药科学、食品科学、法庭科学以及航天科学等研究领域的重要手段。各种色谱仪器已经成为各类研究室、实验室极为重要的仪器设备。

3.1.1.2 色谱常用术语

色谱峰：是指物质自色谱柱流出量随时间的变化呈现上窄、下宽的山峰状曲线，记录色谱峰的图称为色谱图，见图 3.1。

基线：色谱柱中仅有流动相（载气）通过时，检测器响应信号的记录值即为基线，稳定的基线应该是一条平滑的直线。

保留时间（t_R）：是指待测组分（溶质）从被注入进样口到被检测到的时间（出现峰值最大时的时间）。

死时间（t_M，也用 t_0 表示）：指不被吸附的组分通过色谱柱的时间，在气相色谱中通常用空气、甲烷通过色谱柱的时间表示。

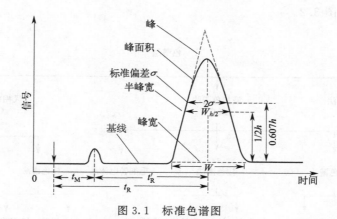

图 3.1 标准色谱图

调整保留时间（t'_R）：等于组分的保留时间（t_R）减去死时间（t_M），即组分在色谱柱中的实际停留时间。

峰高（h）：指峰值出现最大值时峰顶到基线的高度。

半峰高（$h_{1/2}$）：指峰高 1/2 时的高度。

峰宽（W）：是指组分流出时峰的起始点到终点基线的距离。

半峰宽（$W_{h/2}$）：是在色谱峰高 1/2 处的峰宽度，峰宽和半峰宽的单位为时间。

色谱峰的峰形基本为高斯分布，其切点处的高度是峰高的 60.7%，用 $h_{0.607}$ 表示。$0.607h$ 处的峰的宽是高斯分布标准偏差（σ）的 2 倍即 2σ，半峰宽等于 2.35σ（$W_{1/2} = 2.35\sigma$），峰宽是标准偏差的 4 倍（$W = 4\sigma$）。

3.1.1.3 色谱法分类

（1）按流动相与固定相的分子聚集状态分类

在色谱法中流动相可以是气体、液体和超临界流体，这些方法相应称为气相色谱法（gas chromatography，GC）、液相色谱法（liquid chromatography，LC）和超临界流体色谱法（supercritical fluid chromatography，SFC）等。

按固定相为固体（如吸附剂）或液体，气相色谱法又可分为气-固色谱法与气-液色谱法；液相色谱法又可分为液-固色谱法及液-液色谱法。

（2）按操作形式分类

可分为柱色谱法、平板色谱法、毛细管电泳法等类别。

柱色谱法是将固定相装于柱管内构成色谱柱，色谱过程在色谱柱内进行。按色谱柱的粗细等，又可分为填充柱色谱法、毛细管柱色谱法及微填充柱色谱法等类别。气相色谱法、高效液相色谱法（high performance liquid chromatography，HPLC）及超临界流体色谱法等属于柱色谱法范围。

平板色谱法是色谱过程在固定相构成的平面状层内进行的色谱。又分为纸色谱法（用滤纸作固定液的载体）、薄层色谱法（将固定相涂在玻璃板或铝箔板等板上）及薄膜色谱法（将高分子固定相制成薄膜）等，这些都属于液相色谱法范围。

毛细管电泳法（capillary electrophoresis，CE）的分离过程在毛细管内进行，利用组分在电场作用下的迁移速度不同进行分离。

（3）按色谱过程的分离机制分类

可分为分配色谱法、吸附色谱法、离子交换色谱法、尺寸排除色谱法等类型。

色谱法分类见图 3.2。

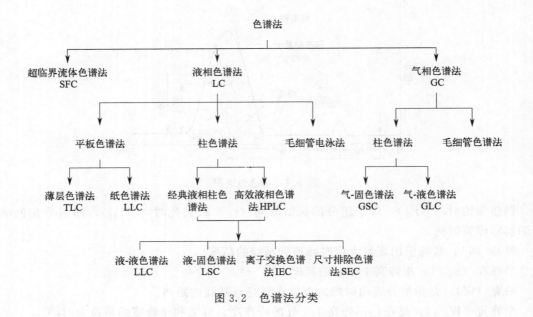

图 3.2　色谱法分类

3.1.2　色谱基本理论

3.1.2.1　热力学理论

色谱热力学包括分配系数和分配比两个重要的概念。

（1）分配系数（K）

分配系数是指在温度、压力一定下，当组分在固定相与流动相中达到平衡状态时，组分在固定相与流动相中的浓度比。

$$K = \frac{C_L}{C_G} = \frac{\text{组分在固定相中的浓度}}{\text{组分在流动相中的浓度}} \tag{3.1}$$

K 与固定相和温度有关，与两相体积、柱管特性和所用仪器无关。

K 值大的组分，在固定相中的浓度大，在色谱柱中停留时间长，后流出色谱柱。

K 值小的组分，在流动相中的浓度大，在色谱柱中停留时间短，先流出色谱柱。

样品一定时，K 主要取决于固定相性质，一定温度下：组分的分配系数 K 越大，出峰越慢；组分在各种固定相上的分配系数 K 不同；试样中的各组分具有不同的 K 值是分离的基础；组分的 $K = 0$ 时，即不被固定相保留，最先流出。

（2）分配比（K'）

分配比 K' 又称容量因子、容量比、保留因子，是在温度、压力一定下，当组分在固定相与流动相中达到平衡状态时，组分在固定相与流动相中的浓度比。

$$K' = \frac{\text{组分在固定相中的质量}}{\text{组分在流动相中的质量}} = \frac{m_L}{m_G} = \frac{t'_R}{t_M} \tag{3.2}$$

K' 与 K 的性质相同，只与气液两相的体积有关，在描述分离时，K' 与 K 的色谱作用是等效的。

3.1.2.2　塔板理论

塔板理论建立在平衡色谱理论的基础上，把色谱过程比拟为蒸馏过程，即：色谱柱是由一系列相同的塔板组成；流动相以跳跃方式前进到次一塔板，把全部集中在第一个塔板的样品沿色谱柱洗脱；组分在每个塔板可瞬时达到平衡；设流动相不可压缩和物质的分配系数不随浓度变化，推导出当板数很大时，组分在柱内的浓度分布可用正态分布曲线方程表示。这样用塔板理论既可解释色谱谱带移动速度，又可解释移动时谱带宽度会展宽这个事实，以及柱长和板高的影响。

（1）理论塔板数的经验式

对于一个柱子来说，其理论塔板数可由下式计算：

$$n = 5.545 \left(\frac{t_R}{w_{\frac{h}{2}}} \right)^2 = 16 \left(\frac{t_R}{w_h} \right)^2 \tag{3.3}$$

式中　n——理论塔板数；

$\quad t_R$——为被测组分的保留时间，min；

$\quad w_{\frac{h}{2}}$——为被测组分色谱峰的半峰宽；

$\quad w_h$——为色谱峰的峰底宽度。

柱子的理论塔板数与峰宽和保留时间有关。保留时间越长，峰越窄，理论塔板数就越多。柱效能也就越高。理论塔板高度由柱长与理论塔板数的比值得到：

$$H = \frac{L}{n} \tag{3.4}$$

式中　H——理论塔板高度；

$\quad L$——柱长。

对于一个柱长固定为 L 的柱子，其理论塔板高度 H 为每一个塔板的高度，即组分在柱内每达成一次分配平衡所需的柱长叫理论塔板高度。它越小，也表示柱效能越高。

（2）有效塔板数

在计算理论塔板数的式子中使用的是保留时间，它包括了死时间，它与组分在柱内的分配无关，因此不能真正反映色谱柱的柱效。为此，引入了有效塔板数的概念。

$$n_{有效} = 5.545 \left(\frac{t_R - t_M}{w_{\frac{h}{2}}} \right)^2 = 16 \left(\frac{t'_R}{w_h} \right)^2 \tag{3.5}$$

$$H_{有效} = \frac{L}{n_{有效}} \tag{3.6}$$

式中　$n_{有效}$——有效塔板数；

$\quad t_M$——死时间；

$\quad t'_R$——调整保留时间，保留时间扣除死时间；

$\quad H_{有效}$——有效塔板高度。

有效塔板数和有效塔板高度消除了死时间的影响，可较真实地反映色谱柱的柱效。但是测量和计算时，要注意几个问题：n 是人为的概念，所以用不同的方法测得的 n 有很大的差异，所以，比较柱效时，必须统一 w 组分、进样量及操作条件等；对不对称峰，会产生较大的计算误差，可达到 10%～20%；计算 n 时，保留值和峰宽的单位要统一。

塔板理论存在的不足：不能解释载气流速对塔板数的影响；不能解释色谱峰展宽的原因

及影响塔板高度的各种因素。

3.1.2.3 速率理论

在塔板理论的基础上，荷兰化学家 van Deemter（范德姆特）考虑沿柱流动方向的纵向扩散效应和两相间交换的传质阻力对柱效的影响，提出了色谱分离过程中的动力学理论，即速率理论：

$$H = A + \frac{B}{u} + Cu \tag{3.7}$$

式中　H——理论塔板高度；

　　　A——涡流扩散系数；

　　　B——分子扩散系数；

　　　C——传质阻力系数；

　　　u——载气线速。

范德姆特方程从动力学角度很好地解释了影响塔板高度的各种因素（表 3.1），载气线速 u 一定的情况下，任何减少方程右边三项数值的方法，都可降低 H，从而提高柱效。

表 3.1　速率理论中影响色谱柱柱效的各个因素

影响色谱峰加宽的因素	对色谱条件的要求	具体要求
涡流扩散相 A	对填充柱载体的要求	使用适宜粒度的颗粒； 载体均匀一致，几何形状规整，最好为球形，粒度范围窄
涡流扩散相 A	对填充工艺的要求	装填均匀密实，不要形成沟槽； 不要使固定相载体破碎； 涂渍固定液后除去粉末
分子扩散相 B	对载气的要求	热导检测器使用轻载气； 载气流量大 B 值减小
传质阻力相 C	对载体的要求	载体颗粒均匀； 载体比表面要适当增大； 载体表面孔径均匀，没有深沟； 载体表面容易被湿润
传质阻力相 C	对固定液的要求	黏度要低，以减小传质阻力； 易于湿润载体； 固定液含量要适当低； 对于待测物的分配系数要大
传质阻力相 C	对载气的要求	使用轻载气； 载气流速要适当，达到最高的柱效

分离度反映的是被测组分分离的程度。仅从柱效或选择性不能反映组分在色谱柱中的分离情况，为此引入"分离度"的概念，既反映柱效又反映选择性的指标。分离度为相邻两组分色谱峰保留值之差与两组分色谱峰底宽总和之半的比值，即：

$$R = \frac{t_{R_2} - t_{R_1}}{\frac{1}{2}(w_1 + w_2)} = \frac{2(t_{R_2} - t_{R_1})}{w_1 + w_2} \tag{3.8}$$

上式为分离度的定义式，主要用于对难分离物质分离度的计算，为优化色谱分离条件提供依据。一般说当 $R < 1$ 时，两峰有部分重叠；当 $R = 1.0$ 时，分离度可达 98%；当 $R = 1.5$ 时，分离度可达 99.7%。通常用 $R = 1.5$ 作为相邻两组分已完全分离的标志，见图 3.3。

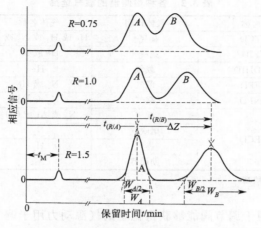

图 3.3　标准色谱流出图

3.1.3　气相色谱仪组成

气相色谱仪由气路系统、进样系统、分离系统、检测系统、数据处理系统组成，见图 3.4。

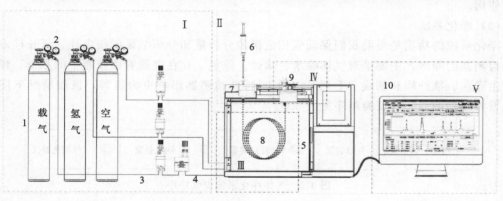

图 3.4　气相色谱仪组成

Ⅰ—气路系统；Ⅱ—进样系统；Ⅲ—分离系统；Ⅳ—检测系统；Ⅴ—数据处理系统；

1—气源；2—减压器；3—稳压阀；4—稳流阀；5—气相色谱仪；6—进样针；

7—进样器；8—色谱柱；9—检测器；10—工作站

3.1.3.1　气路系统

气相色谱的载气和气路直接影响到定性和定量的准确性，因此要想准确地分析就必须了解气路。气相色谱气路系统包括：气源系统、减压系统、净化系统、压力流量控制系统。

（1）气源系统

为了发挥气相色谱仪最佳性能，使用气体必须达到相应纯度级别。各种常见检测器的载气选择见表 3.2。

（2）减压系统

减压阀是采用控制阀体内的启闭件的开度来调节介质的流量，将介质的压力降低，同时借助阀后压力的作用调节启闭件的开度，使阀后压力保持在一定范围内，将气源的压力减压

表 3.2　各种检测器的载气选择

检测器	简称	气体作用	气体名称	纯度
热导检测器	TCD	载气①	He 或 H$_2$ 或 N$_2$ 或 Ar	不小于 99.999%
氢火焰离子化检测器	FID	载气②	He 或 N$_2$	不小于 99.999%
氦离子化检测器	PDHID	载气	He	不小于 99.999%
火焰光度检测器	FPD	载气	N$_2$ 或 He	不小于 99.999%
氮磷检测器	NPD	载气	N$_2$ 或 He	不小于 99.999%
电子捕获检测器	ECD	载气	N$_2$ 或 Ar 或 CH$_4$	不小于 99.999%（脱氧）
		尾吹气	N$_2$	不小于 99.99%
		燃气	H$_2$	不小于 99.99%
		助燃气	Air	洁净、干燥

①H$_2$ 做载气，灵敏度比 He 稍高。

②N$_2$ 做载气，灵敏度最高。

并稳定到一个定值，以便于调节阀能够获得稳定的气源动力用于调节控制。如采用钢瓶式气源，其减压阀安装步骤如下：

①将减压阀的低压出口头拧下，接上减压阀接头，旋上低压输出调节杆（不要旋紧）；

②将减压阀装到钢瓶上，旋紧螺母后，打开钢瓶高压阀，减压阀高压表应有所指示；

③关闭钢瓶高压阀后，减压阀高压表指示不应下降，否则就有漏气之处，应予以排除后才能使用。

（3）净化系统

净化系统的功能是帮助我们保证气相色谱的分析量和分析结果的稳定性，延长柱寿命和减少检测器的噪声，主要是对气体除水、除烃、除氧。存在气源管路及瓶中的水分、烃、氧会产生噪声、额外峰和基线"毛刺"，尤其对特殊检测器影响更为显著，极端情况下还会破坏色谱柱或检测器，其安装顺序见图 3.5。

图 3.5　气体净化系统安装顺序

（4）压力流量控制系统

压力流量控制系统提供稳定压力和流量的载气和辅助气，从气源出来的气需经减压阀、稳压阀、稳流阀、流量调节阀，进入色谱系统。目前市场上的气相色谱仪可以配备电子气路控制 EPC，从气源出来的气体经减压阀直接进 EPC 转化成数字控制，如图 3.6。电子气路控制 EPC/EFC 是用于气相色谱仪载气控制的一种装置，以使载气在色谱系统的气路中有非常稳定的流速，可以提高色谱定性、定量的精度和准确度。EPC 使用电子压力传感器和比例电磁阀来实现稳定的电子压力控制，EFC 使用 MEMS 流量传感器和比例电磁阀来实现稳定的流量控制。由于流量可以数字化控制，因此可以降低分析温度、减少分析时间、延长柱寿命。

载气流速稳定性一方面影响色谱峰的流出时间，影响定性重复性；另一方面会影响进样时的样品汽化和分流过程，影响定量重复性；再则，对于热导检测器、电子捕获检测器等浓度型检测器，载气流速会影响峰面积，也会影响定量重复性，因此尤其需要进行测定。

3.1.3.2　进样系统

进样系统由进样器、进样口（汽化室）组成。

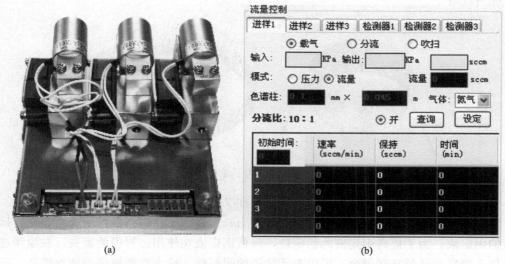

图 3.6　EPC 模块图片（a）与色谱工作站上 EPC 实时显示图（b）

进样器用于样品的导入，通常进样器有手动进样针（注射器），进样阀、自动液样器三种手动进样针主要用于液体样品的进样，气密性好的大体积的注射器也可以用气体的手动进样；进样阀（图 3.7）主要有气体阀和高压微量液体阀，气体阀用于气体样品的进样，高压微量液体阀用于易汽化液体或含低沸点组成的液体的进样；自动液体进样器主要用于液体样品的进样，不适合易汽化液体或低沸点液体的进样，也不能用于气体的进样。

图 3.7　六通阀取样位（左）样品导入色谱柱或检测器（右）

进样口用于样品的汽化，常用的进样口有填充柱进样口（packed injector）、分流不分流进样口（split/splitless injector）、柱头进样口（on-column）、程序升温进样口（PTV）。根据分析的需要，又推出了闪蒸进样口、脉冲分流/不分流进样口。

3.1.3.3　分离系统

气相色谱分离系统由气相色谱柱和切换阀（针对多维色谱技术）组成，其中色谱柱是色谱仪的核心部件，也是色谱仪的关键组成部分，主要作用是将样品中各组分分离。

（1）气相色谱柱

色谱柱主要有两类：填充柱和毛细管柱，如图 3.8。填充柱由不锈钢或玻璃材料制成，内装固定相，内径一般为 2～4mm，长度根据需要确定，一般为 1～6m，形状有 U 形和常用的螺旋形两种。填充柱制备简单，可供选择的固定相种类多，柱容量大，分离效率足够高，应用普遍。

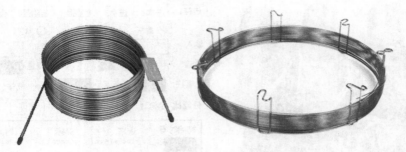

图 3.8 填充柱（左）毛细管柱（右）

根据毛细管柱固定相的涂制方式，毛细管柱又可以分为以下几种。

① 壁涂开管柱（wall coated open tubular column，WCOT） 在柱子的内表面直接涂渍很薄的固定液。为了提高固定液的稳定性，降低固定液在使用过程中的流失，在涂渍过程中通过加入偶联剂进行交联键合，可以改善柱子的耐温性、抗水性和抗溶剂性等性能。石油炼化行业中最常用的 WCOT 柱有石油烃组成分析柱如 POVA 柱、芳烃分析柱如聚乙二醇柱 GEP20、聚乙二醇改性柱如 FFAP 柱等。

② 多孔层开管柱（porous layer open tubular column，PLOT） 在柱内壁上涂有多孔性吸附剂固体颗粒，这种多孔层毛细管色谱柱既可以降低相比率。又可以将膜涂渍得比较薄，有利于传质，提高分析速度。石油陈化行业中最常用的 O 柱有分析轻烃的氧化铝 PONA 柱、分析气体的分子筛 PLOT 柱等。

③ 载体涂渍开管柱（support-coted open tublar column，SCOT） 在柱内表面先涂固态载体，然后再涂上固定液。由于内表面涂有载体，增加了比表面积，可以提高固定液的涂渍量，从而提高色谱柱的柱容量。

毛细管柱和填充柱因其柱容量、峰容量、柱效的不同，使用对象也不同，二者的主要差异见表 3.3。

表 3.3 细管柱与填充柱的差异

比较项	填充柱	毛细管柱
柱长	<15m	5～100m
固定相涂渍量	大	小
柱容量	大	小
柱效	低	高
峰容量	低	高
定量准确性	好	分流的歧视效应,可能变差
定量重复性	好	分流的歧视效应,可能变差
分析对象	简单样品	复杂样品

对于分配型色谱柱而言，一般按照固定液的极性确定色谱柱的极性，在选择色谱柱时可以根据固定液的极性来选择合适的色谱柱。在气相色谱技术中，用相对极性 P_x 来表示固定液的极性，计算公式如下，所用物质有苯/环己烷、乙醇、甲乙酮、硝基甲烷、吡啶。

$$P_x = 100\left(1 - \frac{q_1 - q_x}{q_1 - q_2}\right) \tag{3.9}$$

式中　q_1——在 β，β'-氧二丙腈柱上的相对保留值的对数；

q_2——在角鲨烷柱上的相对保留值的对数；

q_x——在待测柱上的相对保留值的对数。

β,β'-氧二丙腈的 $P_x=100$，角鲨烷的 $P_x=0$，其余固定液的 $P_x=0\sim100$，并分为 5 级，见表 3.4。

表 3.4　固定液（色谱柱）极性

P_x	分级	极性	固定液实例
0～20	0 或 1	非极性和弱极性	角鲨烷、甲基聚硅氧烷
21～40	2	中等极性	DNP、OV-17
41～60	3	中等极性	氰基聚硅氧烷
61～80	4	极性	聚乙二醇
81～100	5	极性	β,β'-氧二丙腈

（2）切换阀

在气相色谱分离系统中，切换阀是构成分离系统的一个组成部分，主要适用于多维色谱技术。其作用是将第一根色谱柱流出的感兴趣的组分切换到第二根不同极性的色谱柱，进行进一步的分离；或将不感兴趣的组分切出分离系统，缩短分析时间；或减少高沸点组分对分析系统的污染。炼厂气分析仪、裂解气分析仪就是采用了这种阀切换技术，将不同性质的待测组分切入合适的分离柱中，分别进行有效的分离，实现一次进样完成全组分的分析。

切换阀存在一定的死体积，其主要用于填充柱之间的切换。Deans Switch（也称中心切割）技术为无死体积切换技术，可以用于毛细管色谱柱之间的无死体积切换，其在许多应用中已经取代阀切换技术。

3.1.3.4　检测系统

检测系统由检测器和信号放大系统组成。气相色谱检测器用于被分离组分的检测，即待测组分的定性和定量分析。气相色谱检测器有通用和特殊检测器之分，见表 3.5。通用检测器对大多数化合物有响应，可以用于大多数化合物的检测；特殊检测器只对某类化合物有响应，仅限于某类化合物的测定，特殊检测器也称选择性检测器或专用检测器。

表 3.5　气相色谱检测器

检测器名称	英文缩写	主要检测对象
氢火焰离子化检测器	FID	有机物，对甲醛、甲酸、四氯化碳的响应很低，对永久性（无极）气体没有响应
热导检测器	TCD	有机物、永久性气体
氧选择性火焰化检测器	O-FID	含氧有机物
电子捕获检测器	ECD	含卤素化合物
火焰光度检测器	FPD	含硫、氮、磷等化合物
脉冲火焰光度检测器	PFPD	含硫、氮、磷、砷等 20 多种元素的化合物
硫化学发光检测器	SCD	含硫化合物，包括含硫单质
原子发射光谱检测器	AED	元素检测
电化学硫检测器	ASD	含硫化合物，包括含硫单质，以气体物质为主

检测器名称	英文缩写	主要检测对象
氮磷检测器	NPD	含氮、磷化合物
热离子化检测器	TID、TSD	
氮化学发光检测器	NCD	含氮化合物
光离子检测器	PID	大多数有机物,芳烃和烯烃
脉冲放电氦离子检测器	PDHID/PDD	H_2、O_2、N_2、CO、CO_2、CH_4 和挥发性有机物,用于痕量分析
真空紫外检测器	VUV	通用型检测器,还可以分辨共流出化合物
热能分析检测器	TEA	亚硝基化合物、硝基化合物、含氮化合物

3.1.3.5 数据处理系统

气相色谱的数据记录处理方式一般可分为三种:台式记录仪、数据处理机和色谱工作站,也是数据处理的不同发展阶段。早期色谱数据的记录使用台式记录仪,采用差式电位计、同步电机、记录纸对模拟信号进行显示和记录,然后通过手动进行保留时间和峰面积的计算,由于操作繁琐,目前已完全被淘汰了。

色谱数据处理机是一种专门用于色谱数据分析的专用计算机,色谱处理机采用 A/D 转换器(模数转换器)将接收到的气相色谱检测器传过来的信号转换成数字信号存储到专用计算机中,分析人员可以通过键盘输入专用计算机指令来确定各种参数进行定量计算,进而打印出分析报告,但色谱谱图存储数量有限,结果也不是非常直观,制约了色谱数据处理机的推广和应用。

随着计算机技术的发展,气相色谱工作站(图 3.9)已成为色谱数据处理的主流,其在组成和工作原理上与数据处理机基本相同,但不同的是它是计算机程序,可在计算机操作系统下工作,存储量和处理能力比数据处理机大得多,同时作为厂家专门配套的工作站,还可以实现气相色谱运行情况同步显示,并且具备气相色谱参数的实时控制。

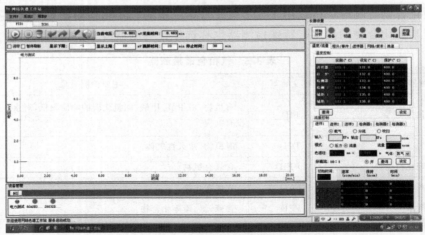

图 3.9 气相色谱工作站

3.1.4 气相色谱固定相

色谱分离是基于待测物在流动相和固定相之间的分配平衡而实现的。气相色谱中流动相为气体，而气体分子间的相互作用力一般忽略不计，因此气相色谱分离中流动相对分离没有热力学上的贡献。于是，固定相就成了气相色谱分离中的关键，不同固定相对待测物有不同的保留能力，保留能力的差异成为了分离的基础。

（1）气液色谱法固定相

在气液色谱中，固定相是液体，称为固定液，它是一种高沸点有机物，很薄地均匀涂在惰性固体支持物——担体上面。

① 担体

担体（support），也称载体，为多孔性固体颗粒，起支持固定液的作用。担体必须具有较大的比表面积及良好的热稳定性，而且无吸附性，无催化性，具有一定的机械强度，见表 3.6。

表 3.6　对担体的要求

要求	性能
表面化学惰性	表面没有吸附性或很弱，更不能与被测物起化学反应
多孔性	即表面积大，使固定液与试样接触面积大
粒度均匀	均匀，细小，一般选用 40～60 目、60～80 目、80～100 目
热稳定性好	有一定的机械强度，不易破碎

担体分为硅藻土型及非硅藻土型两类。硅藻土型担体由天然硅藻土煅烧而成。它又分红色担体和白色担体。红色担体结构紧密、强度较好，但表面存在活性吸附中心。白色担体含有助熔剂碳酸钠，结构疏松，表面吸附性小，但强度较差。非硅藻土型担体主要有玻璃球担体、硅烷化玻璃球及聚四氟乙烯担体。常用气液色谱担体的分类及用途见表 3.7。

表 3.7　气液色谱担体的分类及用途

种类		担体名称	特点及用途
硅藻土型	红色硅藻土担体	201 红色担体 301 釉化红色担体 6201 红色担体	适用于涂渍非极性固定液，分析非极性、弱极性物质
	白色硅藻土担体	101 白色担体 102 白色担体 101 硅烷化白色担体 102 硅烷化白色担体	适用于涂渍极性固定液，分析极性物质分析高沸点、氢键型组分
非硅藻土型		高分子微球担体 玻璃球担体 聚四氟乙烯担体	适宜分析强极性物质和腐蚀性物质分析高沸点组分

由于担体表面具有活性中心，当分析极性组分时，易形成色谱峰拖尾。因此，往往需经酸、碱或氯硅烷、硅胺处理，使其硅烷化或釉化，从而降低其吸附性，以减小拖尾现象，提高柱效率。

② 固定液

对固定液的要求：稳定性好、对组分有适当的溶解能力、挥发性小、具有高的选择性、化学稳定性好。固定液的分离特征是选择固定液的基础，固定液的选择，一般根据"相似相溶"原理进行，即固定液的性质和被测组分有某些相似性时，其溶解度就大。

固定液的选择：

a. 分离非极性物质，一般选用非极性固定液，这时试样中各组分按沸点次序先后流出色谱柱，沸点低的先出峰，沸点高的后出峰。

b. 分离极性物质，选用极性固定液，这时试样中各组分主要按极性顺序分离，极性小的先流出色谱柱，极性大的后流出色谱柱。

c. 分离非极性和极性混合物时，一般选用极性固定液，这时非极性组分先出峰，极性组分（或易被极化的组分）后出峰。

d. 对于能形成氢键的试样，如醇、酚、胺和水等的分离。一般选择极性的或是氢键型的固定液，这时试样中各组分按与固定液分子形成氢键的能力大小先后流出，不易形成氢键的先流出，最易形成氢键的最后流出。

（2）气-固色谱法

在气-固吸附色谱中，固定相是表面有一定活性的吸附剂，流动相是一种气体即载气，当混合物随流动相通过色谱柱时，因吸附剂对各组分的吸附能力不同，经过反复多次的吸附与脱附的分配过程，最后彼此分离而随流动相流出色谱柱。也就是说，气-固色谱法是利用吸附剂对不同组分的吸附性能的差别而进行分离的色谱法。具体用到气体样品分析，是由于各种气体组分在固体吸附剂上的吸附热的不同而得到分离的。

气-固色谱中常用的吸附剂有活性炭、石墨化炭黑、碳分子筛、氧化铝、分子筛、硅胶、高分子多孔微球等。

① 活性炭

是使用较多的一种非极性吸附剂，是应用最早的吸附剂之一，由果壳或木材通过炭化和活化制成，具有微孔结构，表面积 $500 \sim 1700 m^2/g$，大孔有效半径 $100 \sim 1000nm$。色谱用的活性炭，最好选用颗粒活性炭，若为活性炭细粉，则需加入适量硅藻土作为助滤剂一并装柱，以免流速太慢。

新购的活性炭要用等体积的苯冲洗 3 次，通空气吹干后，改用水蒸气于 450℃活化 2h，降温至 150℃用空气再吹干。再生时可不用苯处理。

活性炭由于来源不同（如木炭、杏核、核桃壳）、表面不均匀和宽的孔分布、制备重复性差使得色谱性能难重复，其吸附性能强使分离的组分拖尾严重，不太适合做气相色谱固定相。虽可以加少量固定液如角鲨烷等减尾剂来削尾，但应用仍受限制。

活性炭是非极性的吸附剂，对非极性组分的吸附能力比极性组分强。通常用于分析永久性气体和低级烃类气体，但不能用来分析活性气体例如低温时用于 H_2、N_2、CH_4 等气体或者 He、Ne、Ar、Kr、Xe 等气体的分析，常温下可分离 CH_4、C_2H_6、C_2H_4 等气体。

② 石墨化炭黑

石墨化炭黑是把炭黑进行高温处理，如在惰性气体中加热到 $2500 \sim 3000℃$煅烧而成的结晶形碳，表面均匀、使活性点大为减少。比表面积为 $5 \sim 260 m^2/g$。表面几乎完全除去了不饱和键、弧电子对、自由基和离子。吸附主要由色散力引起，其大小很大程度上取决于吸附剂表面和被吸附分子间的距离。因此，石墨化炭黑尤其适合于分离几何结构和极化率上有差异的分子。

石墨化炭黑克服了活性炭的缺点，大大改善了色谱峰形，提高了分析重现性。主要用于分离 $C_1 \sim C_4$ 烃类和极性化合物气体。也适用于分离空间和结构异构体，例如石墨化炭黑添加约 0.2%（质量分数）苦味酸后，在 45℃下可分离 C_4 烃类异构体。也可用于分析 H_2S、SO_2、低级醇类、短链脂肪酸、酚等。石墨化炭黑在使用前须先活化，先用等体积的苯（或甲苯、二甲苯）冲洗 $2 \sim 3$ 次，然后在 350℃通水蒸气洗涤至无浑浊，最后在 180℃活化 2h 即可使用。石墨化炭黑的缺点是机械强度较低。

③ 碳分子筛

碳分子筛亦称多孔炭黑、碳多孔小球，国内商品名称 TDX，国外商品名称 Carbon Sieve。它是以聚偏二氯乙烯小球为原料，在惰性气体中升温到 180℃，进行热分解，然后升温至 1000℃进行炭化，冷却后，过筛即得。碳分子筛的表面积 800～1000m^2/g，平均孔径 1.0～2.0nm。

碳分子筛为非极性吸附剂。由于具有耐高温、填充简便、柱效高等优点，在气-固色谱中常常用于分离稀有气体、永久性气体、C_1～C_4 烃类气体等。例如 TDX-01 常温下可分离 O_2、N_2、CO、CH_4 等气体，适当升温还可使 CO_2 流出。但是在分离 O_2、N_2、CO 时，温度高于 90℃时，不能完全分离开，温度过低，分离时间比加长，故柱温的设置不能过高，以能分离开和分离时间不能太长为原则。

由于 C_2H_2 先于 C_2H_4 出峰，对于乙烯气体中微量杂质（如乙炔）的分析和测定十分有利。碳分子筛还用于烃类气体中痕量水的测定，也用于 H_2S、SO_2、N_2O、NO 等气体分析。碳分子筛使用前需通在 180℃温度下通载气活化 3～4h，所用载气要脱氧。

④ 硅胶

通常用的色谱硅胶由硅酸凝胶制成，化学成分是 $SiO_2 \cdot xH_2O$，孔径是 1～7nm，比表面积为 800～900m^2/g。品种有粗孔和细孔之分，气-固色谱法多用粗孔硅胶。

市场新购的硅胶要用盐酸（1+1）浸泡 2h，然后用水洗涤至无 Cl^-。晾干后置于马弗炉内，在 200～500℃温度下灼烧活化 2h 后降温取出。硅胶的水含量对其表面性质的影响十分显著，为获得更好的色谱重复性，要严格控制操作条件，必要时润湿载气使其柱性能稳定。用硅胶柱分析烯烃气体时，要防止其对样品可能产生的催化作用。

硅胶是一种酸性吸附剂，适用于中性或酸性成分的柱色谱。主要用来分析 C_1～C_4 烷烃和 SO_2、H_2S、COS、SF_6 等气体硫化物，硅胶键合异氰酸苯酯微型填充柱能较好地分离低级烃类气体。硅胶的缺点是分离性能不稳定，不同批次生产的性能不一样。

硅胶曾用于分离 CO_2 和其他永久性气体，CO_2 在 C_2H_6 后流出，因而在多柱系统中很有用。但是，现在这方面的应用大多数已由多孔聚合物代替。新一代硅胶基质的固定相如 Spherosil 和 Porasil 有较好的标准化的色谱性能，这些材料是多孔小球，无论是否涂固定液均可使用。Chromosil 特别适于痕量硫化物的分析。

同时硅胶又是一种弱酸性阳离子交换剂，其表面上的硅羟，当遇到较强的碱性化合物，则可因离子交换反应而吸附碱性化合物。硅胶作为吸附剂有较大的吸附容量，分离范围广，能用于极性和非极性化合物的分离，如有机酸、挥发油、蒽醌、黄酮、氨基酸、皂苷等，但不宜分离碱性物质。

⑤ 氧化铝

色谱用氧化铝通常的做法是利用水合氧化铝的再沉淀工艺，可制备具有不同化学组分和相组分的氧化铝。氧化铝柱子第一次使用时需在 450～1350℃活化 2h，可在 200℃以上活化通载气 2～4h 再生柱子。

用作吸附材料和色谱填料基质的氧化铝主要是 γ-氧化铝，通常呈碱性，将其溶于水 pH 值可达 9，故常被称为碱性氧化铝，利用酸中和可得到中性甚至是酸性氧化铝。

氧化铝主要是用来分析 C_1～C_4 烃类及其异构体，特别 C_4 异构体的分离是其他吸附剂无法相比的。但是组分在氧化铝上的保留值及选择性，与氧化铝的含水量很有关，当使用时间长、水分流失多时表面活性增加，流出峰拖尾，此时需要对其进行钝化处理，以保持其稳定的活性。方法是载气流采用 $CuSO_4 \cdot 5H_2O$ 或 $Na_2SO_4 \cdot 10H_2O$ 等润湿。经 KCl 改性的 Al_2O_3 PLOT 柱稳定性大大提高，可进行 $C_1 \sim C_9$ 烃的分离分析。此外，Al_2O_3 还能用于分离氢的自旋异构体。Al_2O_3 对 CO_2 有强烈的吸附性，因此不能用这种固定相进行分析 CO_2。

⑥ 分子筛

分子筛是天然或人工合成的硅铝酸盐，化学组成是 $xMO \cdot yAl_2O_3 \cdot zSiO_2 \cdot nH_2O$，气相色谱中最常用的分子筛为 5A 与 13X 型分子筛。分子筛是强极性吸附剂，因此使用时 CO_2、H_2O 应从载气中除去，分子筛对 CO_2 有不可逆吸附，分子筛也易吸水，载气中或者样品中微量的水都可被分子筛吸收。吸水后的分子筛由于水分子占据了它的空穴，特别是占据其外表面后就失去了活性。

所以使用前要活化好，否则分离性能不好，柱中的水量将影响 CO 和 CH_4 的分离状况及流出次序。活化方法是在 550℃ 活化 2h（或在减压下于 350℃ 活化 2h；300℃ 活化 4h；250℃ 活化 12h）。分子筛因吸水而失活，在 250℃ 通载气一夜可除去吸附水。分子筛作为气-固色谱固定相，在永久性气体分析中占有重要的地位。5A 和 13X 分子筛能在室温下分离开 H_2、O_2、N_2、CH_4、CO，但不能分离 CO_2，也能分离惰性气体中 He、Ne、Ar、Kr、Xe 等。5A 分子筛适于分离 Ar 与 O_2，13X 分子筛则特别适于 $C_6 \sim C_{11}$ 烃族的分析。

一般由 O_2、N_2 的分离情况来判断分子筛柱是否失效，失效后的柱子可在 250℃ 下通载气进行脱水活化几小时后即可继续使用。若分析含有 CO_2 和 H_2O 的气体样品，可在分子筛柱前加一段碱石棉，以吸收 CO_2 和 H_2O，保证分子筛柱的分离性能。

⑦ 高分子多孔小球

高分子多孔小球是以苯乙烯等为单体与交联剂二乙烯基苯交联共聚的小球，这种聚合物在有些方面具有类似吸附剂的性能，而在另外一些方面又显示出固定液的性能。高分子多孔小球比表面积常见范围为 $100 \sim 800 m^2/g$，堆积密度为 $0.2 \sim 0.4 g/mL$。

高分子多孔小球种类比较多，国内的天津化学试剂二厂的 GDX 系列为多，例如，非极性的 GDX-101、GDX-102、GDX-103、GDX-104、GDX-105，GDX-201；弱极性的 GDX-301；中等极性的 GDX-501。国外的主要是美国的 Parapak、Chromosorb 系列，例如，ParapakQ（PQ）、ParapakN（PN）、Parapak T（PT）、Chromosorb 等。

高分子多孔小球作为气相色谱固定相有吸附和溶解双重作用，在较低温度下以吸附为主，而在较高温度下则以溶解作用为主，一般情况双重作用兼而有之。高分子多孔小球的色谱行为与其化学组成、表面积等有关。所以在用于气体分析时，柱温都比较低，主要利用它的吸附作用。

高分子多孔小球的优点：

a. 具有广泛的适用性　高分子多孔小球既可直接作固定相，也可作色谱载体；既能用于分析许多种类的气体样品，也能分析许多种类的液体样品；具有较大的柱容量，可作为制备色谱的柱填料。

b. 具有较好的物化性能　由于高分子多孔小球粒度均匀、形状规则和机械强度好，因此能获得较高的柱效；此外，高分子多孔小球有很好的耐腐蚀性能，因此，可用作分析腐蚀性物质的固定相。

c. 色谱峰形比较对称　分离分析非极性和弱极性化合物（例如：烃、醚、酮类），或者水、醇、酸、胺、腈等极性化合物，在高分子多孔小球固定相上流出时，它们的峰形一般都比较对称。

d. 色谱峰流出有规律　混合物样品在高分子多孔小球固定相上进行分离分析时，基本上按相对分子质量从小到大的顺序流出，水一般可在液态有机物之前流出，因此，特别适用于微量水分的测定。

e. 很少发生流失现象　高分子多孔小球固定相的分子结构具有较高的稳定性，在允许温度范围内工作时基本上无流失现象发生，因而适于使用高灵敏度检测器，这对微量杂质分析极为有利。

使用高分子多孔小球的注意事项：

a. 静电作用　高分子多孔小球往往带有静电，容易出现附壁现象，故在制备此类柱子时可用丙酮润湿过的纱布擦拭漏斗和润湿柱子内壁，把它冷至 0℃，消除"静电"效应后再装柱子，以保证柱子充填得均匀紧实。

b. 载气脱氧净化　高分子多孔小球在 200℃ 左右能与氧发生反应，并能和 NO_2 反应产生羧酸和水，使小球降解。因此所用载气需要严格脱氧净化。

c. 使用温度　最高使用温度一般不能超过 270℃，特殊种类可达 450℃，否则高聚物将发生热分解现象。

d. 高分子多孔小球的活化　高分子多孔小球在使用前要活化，活化方法是在不超过最高使用温度的条件下，通载气 8h 左右。柱子使用一段时间后，若分离能力降低，也可用此办法进行活化处理，以恢复柱子的分离能力。

3.1.5　气相色谱定性定量分析

3.1.5.1　气相色谱定性

（1）保留值定性

组分在色谱柱的滞留值称为保留值，如保留时间、保留体积。它们又分为绝对保留值和相对保留值。保留值定性是气体分析中最重要的定性方法，使用得最广泛、最普遍。

① 绝对保留值定性　在柱子和操作条件（如柱温、进样量、流速等）严格不变的条件下，混合物气体中各组分的出峰时间（即绝对保留值）是一定的。通过对比试样中具有与纯物质相同的出峰（保留）时间的色谱峰，就可以确定该试样中是否有该物质及在色谱图中的位置。该法简便，但是不适合于不同仪器上获得的数据之间的对比。同时，为了避免在同一色谱柱上几个组分有相同的绝对保留值，还应采用极性不同的另一根柱子来进行同样的实验，方可得到确切的定性结果。

保留时间比保留体积对流速的波动更敏感，当流速有波动时，最好用保留体积进行定性。

② 纯物质加入法定性　首先将要测定的样品做色谱实验，然后将已知的纯物质组分加入样品中，在相同的色谱条件下再进行实验，观察各组分色谱峰的相对变化。若某一色谱峰的峰高增加了，则表明该样品中可能含有该组分，峰增高的色谱峰就是纯物质。

③ 相对保留值定性　相对保留值仅与柱温和固定液性质有关，而受操作条件的影响很小，而且在色谱手册中都能查到各种物质在不同固定液上的相对保留值。

利用相对保留值定性，对于那些组成比较复杂的样品，难以推测其组成，且相邻的两峰距离较近时，定性的结果容易发生错误。但是对于气体混合物，不会发生这种情况。因为气体混合物不是十分复杂而且事前都可以根据其样品来源、性质推测其大体组成，因此在得到色谱图以后，完全可以通过实测相对保留值与文献上的相对保留值进行比较而得到正确的定性结果。

（2）化学反应定性

它是通过检测样品经反应后的组分，以推断其他组分的定性反应。这是一种简便有效的定性方法，特别适用于含有某种特定官能团的化学组分。这些带有官能团的气体化合物，能与特征试剂起反应，生成相应的衍生物，则处理后的样品色谱图上该类物质的色谱峰或提前、或后移、或消失。比较处理后样品的色谱图就可以认为哪些组分属于哪类（族）化合物。例如气体卤代烷与乙醇、硝酸银反应，生成白色沉淀，色谱图上卤代烷峰全部消失。如烷烯烃气体组分，加入 HBr 使与其加成，色谱峰后移，可作族组成定性。

（3）检测器定性

选择性检测器是指对某些物质特别敏感，响应值很高；而对另一类物质却极不敏感，响应值很低，因此可用来判定被检测物质是否为这类化合物。例如要鉴定某一气样中有无有机物或无机物，则可在氢火焰离子化检测器或热导检测器上分析，如有信号，则说明气样中含有含碳有机物或无机物气体。进行检测时可根据样品的特点选择不同的检测器。

（4）仪器联用定性

可以将气相色谱与其他仪器联用，对待测样品定性。如：气相色谱-质谱联用，气相色谱-红外光谱联用，气相色谱-电感耦合等离子体-质谱联用等。

3.1.5.2　气相色谱定量

色谱中常用的定量方法有归一化法、标准曲线法、内标法和标准加入法。按测量参数分，又可将上述四种定量方法分为峰面积法和峰高法。这些定量方法又各有优缺点和使用范围，在什么情况下，选用哪种定量方法，这是一个十分重要的，必须正确决定的问题。如果定量方法选择得不合适，所得出的定量结果也必然有较大的误差。下面将介绍各种定量方法的优缺点和适用条件。

（1）归一化法

把所有出峰的组分含量之和按 100% 计的定量方法，称为归一化法。当样品中所有组分均能流出色谱柱，所有组分都能被检测器检出且都在线性范围内，并在检测器上都能产生信号的样品，可用归一化法定量。

各组分含量的计算式如下：

$$w_i = \frac{f'_i A_i}{\sum\limits_{i=1}^{n} f'_i A_i} \times 100\% \tag{3.10}$$

式中　w_i——样品中各组分的含量；

A_i——组分 i 的峰面积；

f'_i——组分 i 的相对校正因子。

当样品中所有组分校正因子相等时，则计算公式可简化为：

$$w_i = \frac{A_i}{\sum\limits_{i=1}^{n} A_i} \times 100\% \tag{3.11}$$

通常称式(3.11)为面积归一化法，而称式(3.10)为校正面积归一化法。如果样品中组分是同分异构体或同系物，都很相近，在计算时通常采用式(3.11)，这给定量带来极大的方便。

归一化法定量的优点是方法简便、准确，样品进样量、仪器与操作条件的变动对定量结果的影响较小，尤其适用于多组分的同时测定。缺点是当样品中各组分不能完全分离或某些组分在所用检测器上不出峰时，面积的测量受影响，使其应用受到一定程度的限制。在使用选择性检测器时，一般不用该法定量。

归一化法定量的主要问题是校正因子的测定较为麻烦，虽然一些校正因子可以从文献中查到或经过一些计算方法算出，但要得到准确的校正因子，还是需要用每一组分的基准物质直接测定。

（2）标准曲线法

标准曲线法也称为外标法或直接比较法，这是在色谱定量分析中比较常用的方法，是一种简便、快速的绝对定量方法（归一化法则是相对定量方法）。首先用欲测组分的标准样品绘制标准工作曲线，用标准样品配制成不同浓度的标准系列，在与待测组分相同的色谱条件下，等体积准确量进样，测量各峰的峰面积或峰高，用峰面积或峰高对样品浓度绘制标准工作曲线，此标准工作曲线应是通过原点的直线。若标准工作曲线不通过原点，说明测定方法存在系统误差。标准工作曲线的斜率即为绝对校正因子。

在测定样品中的组分含量时，要用与绘制标准工作曲线完全相同的色谱条件作出色谱图，测量色谱峰的峰面积或峰高，然后根据峰面积和峰高在标准工作曲线上直接查出进入色谱柱中样品组分的浓度，也可通过式（3.12）计算这一浓度。

$$p_i = f_i A_i（或 h_i） \tag{3.12}$$

式中　A_i（或 h_i）——组分 i 峰的峰面积（或峰高）；

　　　　f_i——组分 i 标准工作曲线的斜率。

知道进入色谱柱中样品组分的浓度后，就可根据样品处理条件及进样量来计算原样品中该组分的含量了。

当待测组分含量变化不大，并已知这一组分的大概含量时，也可以不必绘制标准工作曲线，而用单点校正法，即直接比较定量。先配制一个和待测组分含量相近的已知浓度的标准溶液，在相同的色谱条件下，分别将待测样品溶液和标准样品溶液等体积进样，作出色谱图，测量待测组分和标准样品的峰面积或峰高，然后直接计算样品溶液中待测组分的含量：

$$w_i = \frac{w_s}{A_s（或 h_s）} A_i（或 h_i） \tag{3.13}$$

式中　w_s——标准样品溶液质量分数；

　　　w_i——样品溶液中待测组分质量分数；

A_s（或 h_s）——标准样品的峰面积（或峰高）；

A_i（或 h_i）——样品中 i 组分的峰面积（或峰高）。

单点校正法实际上是利用原点作为标准工作曲线上的另一个点。因此，当方法存在系统误差时（即标准工作曲线不通过原点），单点校正法的误差较大。

标准曲线法的优点是：绘制好标准工作曲线后测定工作就很简单了，计算时可直接从标准工作曲线上读出含量，这对大量样品分析十分合适。特别是标准工作曲线绘制后可以使用一段时间，在此段时间内可经常用一个标准样品对标准工作曲线进行单点校正，以确定该标准工作曲线是否还可使用。

标准曲线法的缺点是：每次样品分析的色谱条件（检测器的响应性能、柱温度、流动相流速及组成、进样量、柱效等）很难完全相同，因此容易出现较大误差。另外，标准工作曲线绘制时，一般使用待测组分的标准样品（或已知准确含量的样品），因此对样品前处理过程中欲测组分的变化无法进行补偿。

(3) 内标法

选择适宜的物质作为待测组分的参比物，定量加到样品中去，依据待测组分和参比物在检测器上的响应值（峰面积或峰高）之比和参比物加入的量进行定量分析的方法称为内标法。它克服了标准曲线法中，每次样品分析时色谱条件很难完全相同而引起的定量误差。把参比物加到样品中去，使待测组分和参比物在同一色谱条件下进行分析，可使定量的准确度提高，特别是内标法测定的待测组分和参比物质在同一检测条件下响应值之比与进样量多少无关，这样就可以消除标准曲线定量法中由于进样量不准确产生的误差。

内标法的关键是选择合适的内标物。内标物应是原样品中不存在的纯物质，该物质的性质应尽可能与欲测组分相近，不与被测样品起化学反应，同时要能完全溶于被测样品中。内标物的峰应尽可能接近待测组分的峰，或位于几个待测组分的峰中间，但必须与样品中的所有峰不重叠，即完全分开。内标物的加入量应与待测组分相近。当待测组分 (i) 的量为 w_i，加入内标物 (s) 的量为 w_s，待测组分 (i) 和内标物 (s) 的峰面积（或峰高）分别为 A_i（或 h_i）和 A_s（或 h_s），待测组分 (i) 和内标物 (s) 的质量绝对校正因子分别为 f_i 和 f_s，则有：

$$w_i = f_i' A_i（或 h_i） \tag{3.14}$$
$$w_s = f_s' A_s（或 h_s） \tag{3.15}$$

两式相除得：

$$w_i = \frac{f_i}{f_s} \times \frac{A_i（或 h_i）}{A_s（或 h_s）} w_s = f' \frac{A_i（或 h_i）}{A_s（或 h_s）} w_s \tag{3.16}$$

式中，f' 为待测组分 (i) 和内标物 (s) 的质量相对校正因子，可由实验测定或由文献值进行计算得到。

为使内标法适用于大量样品分析，可对内标法作一改进，将内标法与标准曲线法相结合，即使用内标标准曲线法。方法如下：用欲测组分的纯物质配成一系列不同浓度的标准溶液。取相同体积的不同浓度的该标准溶液，分别加入同样量的内标物，然后在相同的色谱条件下分别加入内标的一系列标准溶液。以欲测组分与内标物的响应值之比 $\frac{A_i(h_i)}{A_s(h_s)}$ 为纵坐标，标准溶液浓度为横坐标作图，得到一条内标标准工作曲线，此直线应通过原点（如不通过原点，则说明方法有系统误差）。分析样品时，取和绘制内标标准工作曲线时相同体积的样品和相同量的内标物，再和绘制内标标准工作曲线相同的色谱条件下测出欲测样品和内标物的响应值之比 $\frac{A_i(h_i)}{A_s(h_s)}$，由此比值可在内标标准工作曲线上查出样品中欲测组分的浓度，进而可以算出待测组分在样品中的含量。这一方法可以省去测定相对校正因子的工作，特别适用于大批量样品的分析测定工作。

内标法的优点是：进样量的变化、色谱条件的微小变化对内标法定量结果的影响不大，特别是在样品前处理（如浓缩、萃取、衍生化等）前加入内标物，然后再进行前处理时，可部分补偿待测组分在样品前处理时的损失。若要获得很高精度的结果时，可以加入数种内标物，以提高定量分析的精度。

内标法的缺点是：选择合适的内标物比较困难，内标物的称量要准确，操作较麻烦。使用内标法定量时要测量欲测组分和内标物的两个峰的峰面积（或峰高），根据误差叠加原理，内标法定量的误差中，由于峰面积测量引起的误差是标准曲线法定量的 $\sqrt{2}$ 倍。但是由于进样量的变化和色谱条件变化引起的误差，内标法比标准曲线法要小很多，所以总的来说，内标法定量比标准曲线法定量的准确度和精密度都要好。

（4）标准加入法

标准加入法实质上是一种特殊的内标法，是在选择不到合适的内标物时，以待测组分的纯物质为内标物，加入待测样品中，然后在相同的色谱条件下，测定加入欲测组分纯物质前后待测组分的峰面积（或峰高），从而计算欲测组分在样品中的含量的方法。

标准加入法具体做法如下：首先在一定的色谱条件下作出欲分析样品的色谱图，测定其中待测组分（i）的峰面积 A_i（或峰高 h_i），然后在该样品中准确加入已知量为 Δw_i 的待测组分（i），在与上述色谱条件完全相同的色谱条件下，作出已加入待测组分（i）后的样品的色谱图，测定这时待测组分（i）的峰面积 A_i（或峰高 h_i），此时根据式（3.17）可得：

$$w_i = f_i A_i（或 h_i）\tag{3.17}$$

$$w_i + \Delta w_i = f_i' A_i'（或 h_i'）\tag{3.18}$$

式中　w_i——待测组分 i 在样品中的含量；

f_i 和 f_i'——加入欲测组分 i 前后两次测定时的绝对校正因子。

因为加入欲测组分前后两次测定的色谱条件完全相同，加入的物质与欲测组分又是同一物质，所以有 $f_i = f_i'$，将式（3.19）和式（3.20）两式相除，得：

$$\frac{w_i + \Delta w_i}{w_i} = \frac{A_i'（或 h_i'）}{A_i（或 h_i）}\tag{3.19}$$

经过运算可得：

$$w_i = \frac{\Delta w_i}{\dfrac{A_i'（或 h_i'）}{A_i（或 h_i）} - 1}\tag{3.20}$$

由式（3.20）和所加入的欲测组分（i）的量 Δw_i 以及加入待测组分前后两次测定的峰面积 A_i 和 A_i'（或峰高 h_i 和 h_i'），就可以计算原样品中欲测组分（i）的含量。

标准加入法中加入的欲测组分（i）还可以作为另一待测组分（j）的内标物，再用前述的内标法定量的方法来测定欲测组分（j）的含量，此时需要测定待测组分（j）对另一待测组分（i）的相对校正因子，用式（3.21）计算欲测组分（j）的含量：

$$w_j = f' \frac{A_j（或 h_j）}{A_i'（或 h_i'）}(w_i + \Delta w_i)\tag{3.21}$$

式中　f'——组分 j 对组分 i 的相对校正因子；

A_j（或 h_j）——组分 j 的峰面积（或峰高）。

标准加入法的优点是：不需要另外的标准物质作内标物，只需欲测组分的纯物质，进样量不必十分准确，操作简单。若在样品的前处理之前就加入已知准确量的欲测组分，则可以完全补偿欲测组分在前处理过程中的损失，是色谱分析中较常用的定量分析方法。

标准加入法的缺点是：要求加入欲测组分前后两次色谱测定的色谱条件完全相同，以保证两次测定时的校正因子完全相等，否则将引起分析测定的误差。

3.1.6　检测器分类

在气相色谱法中，检测器的分类较常用的有四种分类法。

213

3.1.6.1 按流出曲线分类

（1）积分型检测器

检测器输出的响应值取决于组分随时间的累积量，即检测器所显示的信号是指在给定时间内物质通过检测器的总量，其所得谱图为一台阶曲线。此类检测器有体积检测器、质量检测器、电导检测器和滴定检测器等。

（2）微分型检测器

检测器输出的响应值取决于组分随时间瞬间量的变化，即它所显示的信号表示在给定的时间里每一瞬时通过检测器的量，其所得谱图为一系列的峰形形状。其代表有热导检测器、氢火焰离子化检测器、火焰光度检测器等。

3.1.6.2 按检测特性分类

（1）浓度敏感型检测器

浓度敏感型检测器测量的是载气中组分浓度瞬间的变化，即检测器的响应值取决于载气中组分的浓度。此类检测器一般常见热导检测器、电子捕获检测器、光离子化检测器等。

（2）质量敏感型检测器

质量敏感型检测器测量的是载气中所携带的样品组分进入检测器的速度变化，检测器的响应值与样品的质量流速有关。其代表有氢火焰离子化检测器、火焰光度检测器、氮磷检测器等。

3.1.6.3 按样品变化情况分类

（1）破坏型检测器

在检测过程中，被测物质发生了不可逆变化。例如：氢火焰离子化检测器、火焰光度检测器、氮磷检测器等。

（2）非破坏型检测器

在检测过程中，被测物质不发生不可逆变化。例如：热导检测器、电子捕获检测器等。

3.1.6.4 按选择性能分类

（1）通用型检测器

对许多种类物质都有较大响应信号的检测器称为通用型检测器。例如：热导检测器、氢离子化检测器等。

（2）选择型检测器

仅对某些种类物质有较大的响应信号，而对其他种类物质的响应信号很小或几乎不响应的检测器则称为选择型检测器。例如：电子捕获检测器、火焰光度检测器、氮磷检测器等。

3.1.7 常用检测器介绍

3.1.7.1 热导检测器

（1）热导检测器工作原理

热导检测器（thermal conductivity detector，TCD）是气相色谱常用的检测器，它结构简单，性能稳定，对有机、无机样品均有响应，而且不破坏样品，有利于样品的收集，或与其他仪器联用。

热导检测器是基于不同气体有和载气不同的热导率，气体组分和载气热导率的不同是热导检测器对气体组分得以检测的基础。

热导检测器热电阻是采用铼钨丝材料制成的热导元件，装在不锈钢池体的气室中，当电流通过钨丝时，钨丝被加热到一定温度，钨丝的电阻值也就增加到一定值（一般金属丝的电阻值随温度升高而增加）。在未进试样时，通过热导池两个池孔（参比池和测量池）的都是载气。由于载气的热传导作用，使钨丝的温度下降、电阻减小，此时热导池的两个池孔中钨丝温度下降和电阻减小的数值是相同的。在试样组分进入以后，载气流经参比池，由于被测组分与载气组成的混合气体的热导率和载气的热导率不同，因而测量池中钨丝的散热情况就发生变化，使两个池孔中的两根钨丝的电阻值之间有了差异，由此产生的阻值变化可以用惠斯通电桥进行测量，所得信号大小即可衡量组分的含量。常见气体与蒸气的热导率 λ 见表 3.8。

表 3.8　常见气体与蒸气的热导率 λ

气体或蒸气	λ/[10^{-4} J/(cm·s·℃)]		气体或蒸气	λ/[10^{-4} J/(cm·s·℃)]	
	0℃	100℃		0℃	100℃
空气	2.17	3.14	正己烷	1.26	2.09
氢	17.41	22.4	环己烷	—	1.80
氦	14.57	17.14	乙烯	1.76	3.10
氧	2.47	3.18	乙炔	1.88	2.85
氮	2.43	3.14	苯	0.92	1.84
二氧化碳	1.47	2.22	甲醇	1.42	2.30
氨	2.18	3.26	乙醇		2.22
甲烷	3.01	4.56	丙酮	1.01	1.76
乙烷	1.80	3.06	乙醚	1.30	—
丙烷	1.51	2.64	乙酸乙酯	0.67	1.72
正丁烷	1.34	2.34	四氯化碳	—	0.92
异丁烷	1.38	2.43	氯仿	0.67	1.05

（2）热导检测器结构图（图 3.10）

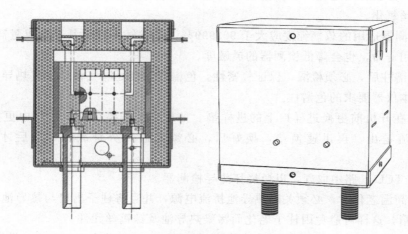

图 3.10　TCD 结构示意图（左）和三维图（右）

（3）影响热导检测器灵敏度的因素

影响热导检测器灵敏度的因素很多，从原理上看 TCD 实际上是一种检测流出物从热丝上带走热量速率的装置，因此从热丝上带走热量的速率越快，其灵敏度越高。可见，影响灵敏度的因素有桥电流、池体温度、载气种类和纯度、载气流量和铼钨丝阻值等：

① 桥电流　桥电流大，灵敏度高，但会增大噪声，基线不稳，甚至会使金属丝氧化烧坏而影响热丝寿命。在保证灵敏度足够的前提下，应尽量用低的桥电流。桥电流的大小主要取决于使用载气的种类和热导池工作温度。当用氮气或氩气做载气时，桥电流一般不能过大（如大于 90mA 易烧坏 TCD 铼钨丝）。当用氢气或氦气做载气时，桥电流可以使用在 60～180mA。

② 池体温度　热导池体工作温度越高，灵敏度越低，但池体温度不能太低，以免被测试样冷凝在检测器中，一般在实际使用中的温度设定高于柱箱设定温度 10℃左右。

③ 载气种类　载气与试样的热导率相差越大，灵敏度越高。选择热导率大的 H_2 或 He 作载气有利于提高灵敏度。此外，减小热导池死体积也能提高灵敏度。

④ 载气纯度　载气纯度应在 99.999％以上，当载气不纯时，热导检测器的灵敏度会急剧下降，如果杂质中含氧量过大会严重缩短热导检测器的使用寿命。

⑤ 载气流量　载气流量越小，灵敏度越高，当使用 H_2 和 He 作载气时不甚明显，而使用 Ar、N_2 作载气时影响较为明显。一般流量控制在 30～80mL/min。

⑥ 铼钨丝阻值　阻值越大，灵敏度越高，但桥电流设置不宜太高。

（4）应用热导检测器注意事项

热导检测器是一种比较"娇气"的检测器，稍有疏忽就会损坏，因此，使用者应特别注意，避免不必要的损失。热导池中的关键部件是铼钨丝，铼钨丝直径一般只有 15～30μm，材料又比较容易氧化或受污染，从而导致阻值发生变化或断损，造成热导池测量电桥的对称性被破坏，致使仪器无法正常工作。

在实际使用过程当中还是要注意以下内容：

① 仪器停机后，外界空气往往会返进热导池和色谱柱内，因此必须在通载气 10min 以后再加桥电流，停机时间越长，那么重新开机时通载气的时间也要延长，否则系统中残留的空气会将铼钨丝氧化。

② 热导检测器适用的载气纯度应大于 99.999％，若载气不纯尤其是含氧量高，将会影响铼钨丝的使用寿命，也会降低检测器的灵敏度。

③ 更换色谱柱后，必须检漏，保证气密性，色谱柱连接处漏气将会造成热导元件损坏，必须使用符合本仪器要求的色谱柱。

④ 应及时在开机前更换进样口上的进样垫。如果确实需要在分析过程中更换进样垫，必须先将桥电流退出，再迅速换垫，换好后，必须先通几分钟载气，然后才能加上桥电流。

⑤ 禁止在 TCD 气路中取气，以免烧坏热导检测器。

⑥ 色谱柱高温老化时，必须关断热导池桥流电源，并且将柱子出口与热导池进口断开，让载气通过柱箱，这样可避免因柱子老化而污染热导池及铼钨丝元件。

⑦ 用氮气做载气时，热导池的桥电流值一般小于 90mA，若大于 90mA，易烧坏热导铼钨丝。

3.1.7.2　氢火焰离子化检测器

（1）工作原理

氢火焰离子化检测器（FID）属于质量型检测器，不仅具有灵敏度高、线形范围宽的特点，而且对操作条件变化相对不敏感，稳定性好。特别适合做常量或微量的常规分析，因为响应快所以与毛细管分析技术配合使用可完成痕量的快速分析，是气相色谱仪器中应用最广泛的检测器。

当有机化合物进入以氢气和氧气燃烧的火焰，在高温下产生化学电离，电离产生比基流高几个数量级的离子，在高压电场的定向作用下，形成离子流，微弱的离子流（$10^{-12} \sim 10^{-8}$A）经过高阻（$10^{6} \sim 10^{11}$Ω）放大，成为与进入火焰的有机化合物的量成正比的电信号，因此可以根据信号的大小对有机物进行定量分析。

（2）氢火焰离子化检测器结构图（图 3.11）

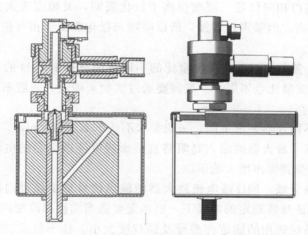

图 3.11　FID 结构示意图（左）和三维图（右）

（3）操作条件的选择

检测器选择最佳操作参数，就能得到最大检测限、较好的稳定性和较宽的线性。要求选择的主要参数有：极化电压、载气种类和纯度，气体流速与配比，检测器的温度等。

① 极化电压　对于 FID，施加极化电压的目的是将火焰中形成的微弱离子尽可能地及时全部收集起来，从工作机理中知道有机物在火焰中电离主要生成 H_3O^+ 离子，根据这个离子的特点，从灵敏度和线性考虑，极化极加负电压，但极化电压的大小在低灵敏度操作时并无明显影响。

② 载气种类和纯度　一般用 N_2、Ar 作载气能得到比较高的灵敏度。由于被分析的组分在 N_2 中扩散系数小，有利于提高柱效，因此，大多数情况下用 N_2 作载气。只有在进行含气量分析时由于需要检测 N_2 所以采用 Ar 做载气。载气纯度要求为 99.999% 以上。

③ 气体流速与配比　氮氢比：载气 N_2 的最佳流速是根据色谱柱的最佳分离条件而选择的；H_2 的最佳流速需要根据载气的流量而选择。实验证明，选择最佳的氮氢流量比（N_2/H_2，下同），不但可使定量分析的误差减小，而且有利于基线稳定，更便于微量组分的分析。最佳的氮氢比，目前还无法进行理论计算，通常在 1 ∶ 1 到 2 ∶ 1 之间，对于每一台仪器，每一个检测器，只能通过实测确定。

空气在 FID 中除提供生成离子的氧气外，还能起到清扫作用；空气流速较小时，灵敏度随空气量增加而增大，当达到某一点后（这点取决于 FID 的具体结构或 N_2、H_2 流量等）再增加空气，灵敏度变化将不再明显。为了能起到清扫作用，选择最佳空气量的原则是：灵敏度不再变化时的流速再加上 50mL/min 左右，若流速过大，火焰扰动将引起较大的噪声。

④ 检测器的温度　温度对质量型的 FID 灵敏度没有明显的影响，但在低于 100℃ 时，灵敏度受冷凝水蒸气的影响，噪声将增加。为防止水的冷凝和燃烧产物的污染，一般检测器应在不低于 150℃ 的条件下工作。

（4）影响 FID 检测器灵敏度的因素

① 喷嘴孔径　喷嘴孔径大，灵敏度低；喷嘴孔径小，则灵敏度高。一般喷嘴孔径为 $\varphi0.4\sim0.8mm$，一般喷嘴的孔径由仪器厂家选好。

② 极间位置　收集极与极化极的距离将影响离子收集效率，从而影响灵敏度。极间距离大，灵敏度低；反之，极间距离小，灵敏度高。一般极间距离为 $8\sim10mm$。

③ 极化极与喷嘴口相对位置　喷嘴口高于极化极圈，灵敏度将大大下降；喷嘴口低于极化极圈，则灵敏度高，但噪声也增加，所以喷嘴与极化极圈应相对位于同一水平线或喷嘴略高于极化极圈为佳。

④ 氮氢流量比　氮气流量与氢气流量比的不同将明显影响 FID 的灵敏度，不同设计结构的 FID，最佳氮氢流量比也不同。一般需要通过实验来确定，一般来讲，氮气流量比氢气流量略大些、灵敏度高。

⑤ 空气流量　不同仪器要求不同，一般要求不低于 250mL/min。

⑥ 微电流放大器　放大器的输入高阻将直接影响电流放大器的电流放大倍数，输入高阻大，灵敏度高，但受到噪声增大的限制。

⑦ 放大器输出内衰减　FID 微电流放大器的输出信号都要经过内部衰减后输出，以保证仪器稳定性。在保证基线稳定的前提下，根据需要适当调整和改变内衰减可改变灵敏度。

⑧ 色谱柱　色谱柱选用的固定相型号及颗粒度大小、柱子材质、柱子孔径大小、柱子长短、装柱技术、老化技术以及色谱柱与进样口和喷嘴之间死体积大小都影响灵敏度。装柱的柱效高，灵敏度高，柱子孔径小，固定相颗粒度小，单位体积内装药量愈多，相对柱效就高，灵敏度就高。常用柱子内径 $\varphi2mm$，固定相颗粒度为 $80\sim100$ 目。

⑨ 操作条件　流量和温度对 FID 灵敏度都有一定影响，载气流量大，灵敏度就相对高，要注意氮氢比，柱箱温度高，灵敏度高。FID 温度和转化炉温度也对灵敏度有影响。

（5）氢火焰离子化检测器操作及注意事项

① 检查 FID 是否点着火的方法：可用冷的金属件光亮表面（如不锈钢镊子）置于 FID 排出口，如果看到金属表面有水汽，则表示已点着火。

观察点火前后工作站中的氢火焰离子化检测器的基准电流值，如果点火后等基线稳定时基准电流值比点火前略大（一般点火后会增大 0.5mV 以上），则表明点着火。

点火过程中观察工作站基线变化情况，如果点火时基线上升到高点后很快落回基流起点则表明没有点着火，如果基线上升后沿着一定的斜率慢慢飘回起始基流值附近，但比原来略高，则表明已经点着火了。

② 在仪器稳定的条件下点火（N_2、H_2、Air 三路气体流量稳定，氢焰、柱箱和转化炉三路温度恒定），FID 基线可很快稳定，基线稳定后即可进样分析。

③ FID 使用过程中必须注意如下几点：开机时应在 FID 温度到达设定值后再点火，否

则容易使 FID 本体积水导致绝缘能力下降，造成 FID 基线不稳。

FID 必须熄火后才能退温，如果先退温后熄火，则容易使 FID 本体积水导致绝缘能力下降，造成 FID 基线不稳。

3.1.7.3　氦离子化检测器

脉冲放电氦离子化检测器（PDHID）是一种灵敏度极高的通用型检测器，对几乎所有无机和有机化合物均有很高的响应，特别适合高纯气体的分析，是能够检测至 ng/g（nmol/mol）级的检测器。

（1）工作原理

PDHID 是利用氦中稳定的，低功率脉冲放电作电离源，使被测组分电离产生信号。PDHID 是非放射性检测器，对所有物质均有高灵敏度的正响应。

① 脉冲放电间隔和功率　PDHID 中放电电极距离为 1.6mm，改变充电时间可改变经过初级线圈的放电功率。充电时间越长，功率越大。一般脉冲间隔为 $200\sim300\mu s$，充电时间在 $40\sim45\mu s$，基流和响应值达最佳。因放电时间仅为 $1\mu s$，而脉冲周期达几百微秒，绝大部分时间放电电极是空载，所以放电区不会过热。

② 偏电压　在放电区相邻的电极上加一恒定的负偏电压。响应值随偏电压的增加而急剧增大，很快即达饱和。在饱和区响应值基本不随偏电压而改变。PDHID 在饱和区内工作，噪声较低，基流与偏电压的关系同响应值与偏电压。

③ 通过放电区的氦流速　氦通过放电区有两个目的：a. 保持放电区的洁净，以便氦被激发；b. 它作为尾吹气加入，以减少被测组分在检测器的滞留时间。只是它和传统的尾吹气加入方向相反。池体积为 $113\mu L$，对峰宽为 5s 的色谱峰，要求氦流速为 $6.8\sim13.6mL/min$，如果峰宽窄至 1s，流速应提高到 $34\sim68mL/min$，以保持被测组分在检测器的滞留时间短至该峰宽的 $10\%\sim20\%$。

④ 电离方式和性能特征：PDHID 的电离方式尚不十分明朗，综合文献叙述，电离过程由三部分组成：a. 氦中放电发射出 $13.5^{-17.7}eV$ 的连续辐射光进行光电离；b. 被高压脉冲加速的电子直接电离组分 AB，产生信号，或直接电离载气和杂质产生基流；c. 亚稳态氦与组分反应电离产生信号，或与杂质反应电离产生基流。

$$e^- + AB \longrightarrow AB^+ + 2e^-$$
$$e^- + He \longrightarrow He^{**} \longrightarrow He^* + h\nu$$
$$He^* + AB \longrightarrow AB^+ + e^- + He$$

（2）氦离子化检测器示意图（图 3.12）

（3）影响 PDHID 检测器灵敏度的因素

① 系统密封性　整个色谱系统，从气源一直到检测器出口要有良好的气密性并保持系统干净。系统的渗漏对 PDHID 来说是十分有害的，因为空气中的 N_2、O_2 和 H_2O 会进入检测器，引起很大的本底电流，甚至出现很大的噪声，基线波动很大。因此，除了合理设计、安装，使系统无泄漏外，通常还用高纯氦吹扫气来保护 PDHID 和进样口。

② 载气的纯度　载气纯度对 PDHID 的响应起着十分重要的作用，载气越纯，基流（本底电流）越小，灵敏度越高，线性范围越宽。载气中的痕量水和 O_2 影响特别大，因此必须很好地除掉这些杂质，最好用专门的氦气纯化器，使载气氦气的纯度至少达到 99.9999%。

③ 色谱柱固定相的流失　色谱柱固定相的流失提高了本底电流，因此对这种检测器的性能是一种有害的影响。高分子小球柱在温度低于 160℃时，在仔细的控制条件下能保持最

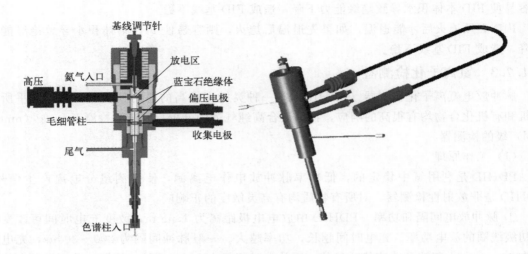

图 3.12　PDHID 检测器结构示意图（左）和三维图（右）

低的流失现象，该类柱子非常利于分离 CO_2、H_2O、甲醛和轻烃类气体；分子筛柱子在 100℃操作时，能提供极好的响应值，但高于 100℃时，色谱柱流失，造成水分上升，不利于检测器的响应。而气-液色谱柱，由于或多或少都有固定液流失，几乎无法使用。

　　总之，在使用 PDHID 时，必须用高纯的氦气、低流失的色谱柱、高气密性的色谱系统，这样才能获得高灵敏度和良好的线性范围。

3.1.7.4　火焰光度检测器

　　火焰光度检测器（flame photometric detector，FPD）是气相色谱仪用的一种对含磷、含硫化合物有高选择性、高灵敏度的检测器。试样在富氢火焰燃烧时，含磷有机化合物主要是以 HPO 碎片的形式发射出波长为 526nm 的光，含硫化合物则以 S_2 分子的形式发射出波长为 394nm 的特征光。光电倍增管将光信号转换成电信号，经微电流放大记录下来。此类检测器的灵敏度可达几十到几百库仑/克，最小检测量可达 10^{-11} 克。同时，这种检测器对有机磷、有机硫的响应值与碳氢化合物的响应值之比可达 10^4，因此可排除大量溶剂峰及烃类的干扰，非常利于痕量磷、硫的分析，是检测有机磷农药和含硫污染物的主要工具。

　　FPD 主要由两部分组成：火焰发光和光、电信号系统。火焰发光部分由燃烧器和发光室组成，各气体流路和喷嘴等构成燃烧器，又称燃烧头。通用型喷嘴由内孔和环形的外孔组成。气相色谱柱流出物和空气混合后进入中心孔，过量氢从四周环形孔流出。这就形成了一个较大的扩散富氢火焰、烃类和硫、磷化合物在火焰中分解，并产生复杂的化学反应，发出特征光。硫、磷在火焰上部扩散富氢焰中发光，烃类主要在火焰底部的富氧焰中发光，故在火焰底部加一不透明的遮光罩挡住烃类光，可提高 FPD 的选择性。为了减小发光室的体积，可在喷嘴上方安一玻璃或石英管，以降低检测器的响应时间常数。

　　FPD 结构见图 3.13。

3.1.7.5　电子捕获检测器

　　电子捕获检测器（electron capture detector，ECD），也是一种离子化检测器，它是一个有选择性的高灵敏度的检测器，它只对具有电负性的物质（如含卤素、硫、磷、氮）有响

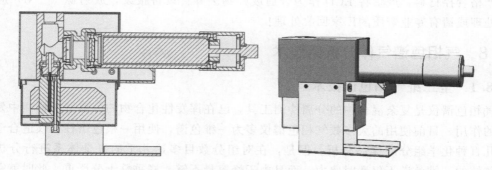

图 3.13　FPD 检测器结构示意图（左）和三维图（右）

应，物质的电负性越强，也就是电子吸收系数越大，检测器的灵敏度越高，而对电中性（无电负性）的物质，如烷烃等则无信号。

ECD 检测池中封入的放射源（^{63}Ni）所产生的放射线（β 线）使惰性气体（N_2）电离，在检测池的收集极上施加脉冲电压，捕获电子产生电流。当强电负性分子进入其中，吸收电子，形成负离子。由于带负电荷的分子比自由电子的移动速度慢，到达正电极的时间长，而且与正离子再结合的概率也增大，使检测器中的电子密度减小，一个脉冲捕获的电子数减少。根据电子数减少的程度相应加上多次脉冲，以保持每个单位时间内电子数的电流恒定，则脉冲数的变化与强电负性分子的密度成正比。

ECD 结构见图 3.14。ECD 实物见图 3.15。

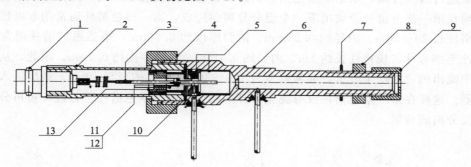

图 3.14　ECD 结构示意图

1—收集极接头；2—套管；3—收集棒；4—压帽；5—收集帽；6—检测器基座；
7—垫圈；8—固定螺母；9—接头螺母；10—密封管；11—密封圈；12—绝缘套；13—压紧螺母

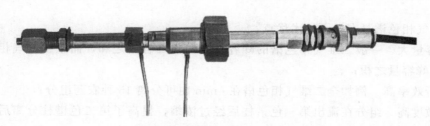

图 3.15　ECD 实物图

严禁不采取专业的保护措施拆卸 ECD！放射源 ^{63}Ni 将会伤害人体健康。放射源（^{63}Ni）

是受严格管控材料，严禁将 ECD 作为普通废弃物丢弃！设备报废，放射源（^{63}Ni）应返回厂家处理或请有专业资质的厂家回收处理！

3.1.8 气相色谱气体分析新技术

3.1.8.1 全二维气相色谱技术

气相色谱仪是复杂混合物的分离检测工具，已在挥发性化合物的分离分析检测中发挥了极大的作用。目前使用的大多数气相色谱仪多为一维色谱，使用一根色谱柱，仅适合于含几种至几百种化学组分的样品分析。但是，在对组分数目多达几千的复杂体系进行分析检测时，传统的一维色谱不仅费时费力，而且由于峰容量不够，峰重叠十分严重，此时就需要用到全二维气相色谱技术。

全二维气相色谱（comprehensive two-dimensional gas chromatography，简称 GC×GC）是 20 世纪 90 年代美国南伊利诺伊斯大学 John Phillips 教授和他当时的学生 Zaiyou Liu 博士发明的，是在传统的一维气相色谱基础上发展起来的一种新的色谱分析技术，结构示意图详见图 3.16。主要原理是把分离机理不同而又互相独立的两根色谱柱以串联方式连接，中间安装一个调制器（modulator），可以分为两类：阀调制器和热调制器，前者需要一个调制阀，只有部分从第一色谱柱的分离组分被注射进第二色谱柱，剩下的部分被放空；后者则不需要调制阀而是直接使用耦合柱，第一色谱柱的分离组分全部被注射进第二色谱柱。经过第一根色谱柱分离后的所有组分在调制器内进行浓缩聚集后以周期性的脉冲形式释放到第二根色谱柱里进行继续分离，从第一根色谱柱到第二根色谱柱过程非常快，因为第二根色谱柱的分离必须在第一根色谱柱分离出下一个组分分离前完成，第一根色谱柱通常用非极性毛细管柱，规格柱长 20~30m、内径约 0.25mm、液膜厚度约 0.25pm；第二根色谱柱通常用短的窄孔极性毛细管柱，规格柱长约 1m、内径约 0.1mm、液膜厚度约 0.1μm。因此，从第二根色谱柱中流出的色谱峰十分窄，通常峰宽为 100~300ms，有的窄至 40ms。最后进入气相色谱检测器。这样在第一根色谱柱没有完全分开的组分在第二根色谱柱进行进一步再分离，达到了正交分离的效果。

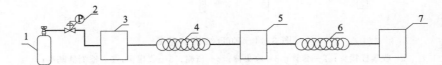

图 3.16　全二维气相色谱结构示意图

1—样品储存罐；2—样品减压系统；3—汽化系统；4—第一色谱柱；5—调制器；6—第二色谱柱；7—色谱检测器

全二维气相色谱具有以下技术优点：

① 峰容量大　一般二维气相色谱的峰容量为两柱峰容量之和，而全二维气相色谱的峰容量为两柱峰容量之积；

② 分析效率高　例如全二维气相色谱在 4min 内可分离 15 种农药组分；

③ 灵敏度高　组分在流出第一色谱柱后经过浓缩，提高了第二色谱柱分离后检测器上的浓度，进而提高检测的灵敏度；

④ 检测组分多样性　选择不同保留机理的两根色谱柱，提供了更多的定性定量分析参考信息。

3.1.8.2　在线气相色谱分析技术

目前化学分析采用现场取样，然后至实验室进行检测，其实际为离线分析，在时间上有滞后性，得到的是历史性分析数据，而在线分析得到的是实时的分析数据，能真实地反映生产工艺过程的每一步变化，通过反馈实验数据，可立即用于生产过程的控制和优化完善生产工艺。离线分析通常只是用于产品（包括中间产品）质量的检验，而在线分析可以进行全程质量控制，保证整个生产工艺过程最优化。在线分析是今后很长时间段内生产工艺过程控制分析检测的发展方向。目前，国内在线色谱仪市场中，绝大部分是国外在线色谱，例如ABB、西门子、横河等，国内在线色谱生产厂家极少，目前朗析仪器（上海）有限公司在在线分析检测领域内发展较好。

在线气相色谱分析，需要考虑样品的性质、种类，对其进行预处理。通常情况下，包含：

① 样品预处理系统，通过 PLC 系统控制完成样品抽取、样品传输、样品预处理、信号输出等在线分析系统的全部工作；

② 分析检测系统，配备不同类型的检测器，以及不同数量的自动切换十通阀或六通阀，实现各个组分定性定量检测分析；

③ 数据上传系统，通过 modbus TCP、RTU 与 4-20mA 将色谱分析检测数据实时上传至 DCS 系统终端。

下面简单列举两个例子对在线气相色谱分析进行进一步的阐述。

（1）在线气相色谱分析检测对空分工艺中危险物质痕量乙炔的在线分析

在空分设备生产过程中必须及时精准地检测系统中乙炔含量的变化，将乙炔含量的变化趋势作为依据，进一步优化生产工艺流程。例如朗析仪器（上海）有限公司生产的 LX-3000 在线气相色谱仪采用自动切换阀进样，配合灵敏度极高的脉冲放电氦离子化检测器，可精准检测 nmol/mol 级别的乙炔。

大家熟知空气由氮气、氧气、氩气、水蒸气、二氧化碳、乙炔以及少量的固体灰尘等多种组分组成。而这些杂质进入空压机与空气分离装置中会带来较大的危害。固体杂质会磨损空压机运转部件，堵塞冷却器，降低冷却效果；水蒸气和二氧化碳在空气冷却过程中会冻结析出，堵塞设备或气体管道，导致空分装置无法生产；乙炔进入空分装置会导致爆炸事故的发生，为了保障空压机与空分设备顺利、安全运行，必须清除原料空气中的杂质。所以需要一种检测方式实时检测其中的杂质含量，以确保杂质被清除，符合工艺要求的指标。为此，设计下面一种空分工艺中危险物质痕量乙炔的在线分析检测系统。

空分工艺中危险物质痕量乙炔的在线分析检测系统分为样品预处理系统、分析检测系统与数据上传系统。

① 样品预处理系统　样品预处理的目的是去除空气中的水蒸气和少量固体杂质，避免堵塞样品取样管道。其设计原理如图 3.17 所示。

采样探头选取在样品储样罐最佳位置，以便采集最具代表性的样品，经过样品开关阀，部分样品通过样品返回支路返回至样品返回储存罐，样品依次经过样品三通、针型流量计、单向阀、样品返回储存罐。当储样罐中的样品压力低于 0.1MPa 时，样品泵启动；当储样罐中的样品压力高于 0.1MPa 时，样品泵停运，通过样品压力调节阀调节样品压力。样品储样罐中的样品通过三通选择阀 8 后的流动方向有两种选择，可以选择通过样品除水除尘装置 9 或者 10。经过除水除尘装置的样品，由针型流量计调节流量后进入 LX-3000 在线气相色谱

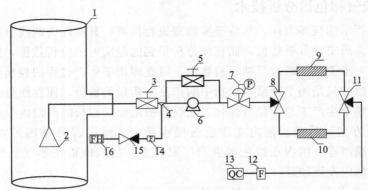

图 3.17　样品预处理系统

1—样品储样罐；2—采样探头；3—样品开关阀；4—样品三通；5—样品开关阀；6—样品泵；

7—样品压力调节阀；8，11—三通选择阀；9，10—样品除水除尘装置；12，14—针型流量计；

13—LX-3000 在线气相色谱仪；15—单向阀；16—样品返回储存罐

仪的进样系统。

样品预处理系统的创新点如下：

a. 适用于不同压力的样品，当样品压力低于 0.1MPa 时，由样品泵增压辅助样品在管道中流动。

b. 样品除水除尘装置采用一备一用的工作模式，当一路除水除尘装置的吸附剂饱和或损坏时，可以随时切换到另外一路，不影响仪器连续在线检测样品。

② 分析检测系统　样品气路流程由一个十通阀、一个脉冲放电氦离子化检测器、一个定量环以及两根色谱柱组成，具体气路分析系统原理见图 3.18。

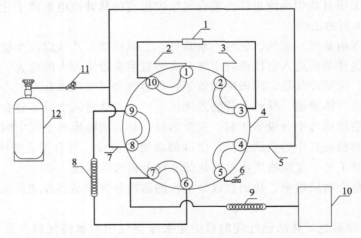

图 3.18　LX-3000 在线气相色谱仪分析痕量乙炔气路分析系统

1—定量环；2—样品进口；3—样品出口；4—自动切换十通阀；5—载气 1；

6—针型阀；7—载气 2；8—色谱柱 1；9—色谱柱 2；10—脉冲放电氦离子化检测器；11—减压阀；12—载气气源

载气气源通过减压阀减压后，分为 2 个支路：载气 1 与载气 2。自动切换十通阀上设置有 1～10 号口；1 号口通过气路管道与样品进口连接；2 号口通过气路管道与样品出口连接；3 号口和 10 号口通过气路管道连接，定量环设置在该段气路管道上；4 号口通过气路管道与载气 1 连接；5 号口通过气路管道与针形阀连接；6 号口和 9 号口通过气路管道连接，色谱柱 1 设置在该段气路管道上；7 号口通过气路管道与色谱柱 2 的进气口连接，色谱柱 2 的出气口通过气路管道与脉冲放电氦离子化检测器连接，8 号口通过气路管道与载气 2 连接。

样品通过预处理系统处理之后，通过自动切换十通阀的 1 号口连接的样品进口进入 LX-3000 在线气相色谱仪的取样系统，充满定量环，最后由样品出口流出。

分析检测时，切换自动切换十通阀（如图 3.19 所示），载气 1 携带定量环中的样品经过色谱柱 1，经色谱柱 1 预分离的氢气、氧气、氩气、氮气、甲烷和一氧化碳等组分从针形阀放出。当氢气、氧气、氩气、氮气、甲烷和一氧化碳等组分完全从针形阀放出，而乙炔未从色谱柱 1 流出时，自动切换十通阀复位，载气 2 携带色谱柱 1 中的乙炔进入色谱柱 2，乙炔从色谱柱 2 流至脉冲放电氦离子化检测器，LX-3000 在线气相色谱仪通过收集电流信号的变化，检测出样品中乙炔的含量。

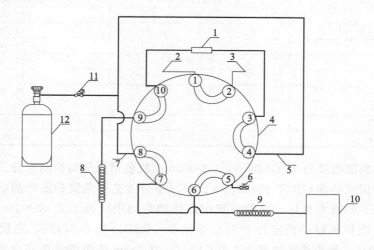

图 3.19 LX-3000 在线气相色谱仪分析痕量乙炔气路分析系统放空状态（注释同图 3.18）

LX-3000 在线气相色谱仪的技术参数见表 3.9。标准物质参数：乙炔含量 1×10^{-6}，平衡气为氦气。乙炔组分（1×10^{-6}）的分析谱图如图 3.20 所示。

表 3.9 LX-3000 在线气相色谱仪的技术参数

温度/℃	柱箱 1（色谱柱 1）	55
	柱炉（色谱柱 2）	150
	检测器（PDD）	100
压力/psi	载气	59.02
	驱动气	46.53
自动切换十通阀事件/min	阶号 1	0.01
	阶号 2	1.00

注：1psi=6.894757kPa。

连续 7 次检测乙炔含量为 1×10^{-6} 的样品，乙炔含量的定性相对标准偏差（RSD）为 0.574%，定量相对标准偏差（RSD）为 0.389%，详细数据见表 3.10。

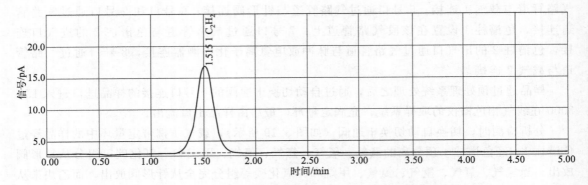

图 3.20　LX-3000 在线气相色谱仪分析乙炔组分色谱谱图

表 3.10　LX-3000 在线气相色谱仪分析的定性、定量相对标准偏差

分析次数	定性保留时间/min	定量峰高/mV
1	1.517	13.691
2	1.512	13.750
3	1.519	13.647
4	1.516	13.653
5	1.518	13.666
6	1.494	13.790
7	1.515	13.714
AVG	1.513	13.702
RSD	0.574%	0.389%

　　乙炔的最小检测浓度为 1.0×10^{-9}。LX-3000 在线色谱仪分离检测空分工艺中的痕量乙炔的结果均优于国家标准 GB/T 28125.1—2011《空分工艺中危险物质的测定 第 1 部分：碳氢化合物的测定》的技术指标，仪器对氧中乙炔的检测限应低于 0.02×10^{-6}（体积分数）的要求。连续 7 次检测样品的定性相对标准偏差（RSD）为 0.574%，定量相对标准偏差（RSD）为 0.389%，最小检测浓度为 1.0×10^{-9}，在 2min 内色谱谱图完全测出，分析周期短，无干扰峰。为空分工艺中痕量乙炔的检测提供可靠的实验数据支撑，为进一步优化空分工艺提供精准的数据保障。

　　③ 数据上传系统　LX-3000 在线气相色谱仪数据上传系统将检测到的乙炔含量转化成模拟量，实时上传至 DCS 系统终端。

　　(2) 在线气相色谱分析检测一氯甲烷的在线分析

　　一氯甲烷（CH_3Cl），又名甲基氯，为无色易液化的气体，属于有机卤化物，微溶于水，易溶于氯仿、乙醚、乙醇、丙酮，易燃烧，易爆炸，加热或遇火焰生成光气，是制冷剂的重要原料。在工业连续生产过程常有 CH_4、R22、CH_3OCH_3、CH_3Br、CH_3OH、CH_3CH_2Cl、CH_2Cl_2 等副产物产生。这些副产物的存在影响着一氯甲烷的纯度，在工业生产过程中需要实时监测分析其中的副产物的含量，从而不断优化生产工艺流程，监测系统具体设计思路如下：由五部分组成，分别为色谱仪、防爆空调、可燃气体报警器、预处理系统、分析小屋以及数据上传系统。

　　在线气相色谱仪由进样系统、切换阀、色谱柱、检测器和连接管道五部分构成（图 3.21、图 3.22）。切换阀的 1 号口通过连接管道与切换阀的 4 号口相连接，定量管 1 设置在该段连接管道上；切换阀的 2 号口通过连接管道与色谱柱 1 的进口相连接；色谱柱 1 的出口通过连接管道与检测器 FID 相连接；切换阀的 3 号口通过连接管道与载气相连接；切换阀的 6 号口通过连接管道与样品进口相连接；切换阀的 5 号口通过连接管道与样品出口相连接；进样系统之间的连接管道，色谱柱与切换阀之间的连接管道，以及检测器与切换阀之间的连接管道，材质均为不锈钢材质且经过高温钝化处理；所用的切换阀为 VICI 带吹扫气的且阀体可加热的六通阀；取样过程时：样品从切换阀的 6 号口进入，经过定量管 1，再从切换阀的 5 号口放出；分析过程时：切换切换阀，载气携带定量管 1 中的样品经过色谱柱 1；由氢火焰离子化检测器 FID 检测出 CH_4、R22、CH_3OCH_3、CH_3Br、CH_3OH、CH_3CH_2Cl、CH_2Cl_2 副产物以及主组分 CH_3Cl。该系统可实现在线循环连续检测分析，同时，色谱仪数据可以直接上传至 DCS 系统，进而实现一氯甲烷在线连续监测分析。

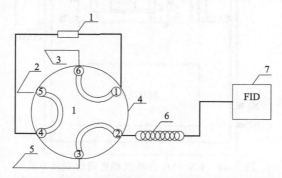

图 3.21　LX-3000 在线气相色谱仪分析检测 CH_3Cl 取样状态示意图

1—定量管 1；2—样品出口；3—样品进口；4—切换阀；5—载气；6—色谱柱 1；7—氢火焰离子化检测器 FID

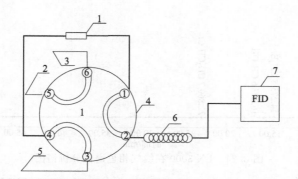

图 3.22　LX-3000 在线气相色谱仪分析检测 CH_3Cl 检测分析状态示意图（注释同图 3.21）

防爆空调为在线气相色谱仪提供恒温恒湿的分析环境；可燃气体报警器是为了预防分析环境中有可燃气体泄漏而安装的；预处理系统是将分析样品由液态转化为气态的一套处理装置；分析小屋是为在线气相色谱仪、防爆空调与可燃气体报警器的安装提供一个场所，且整系统具有正压防爆功能。具体设计安装方式见图 3.23：

样品在线分析一次需要 60min，根据生产需要可以设置自动连续循环进样，图 3-24 为 LX-3000 在线气相色谱仪分析谱图。分析结束后及时显示结果，并将结果通过 RS-485 转送到 DCS 系统，然后，工艺员再依据数据走势图，对生产工艺流程进行优化与改善。图 3-25 为 LX-3000 在线气相色谱仪在 70h 内分析一氯甲烷趋势图。

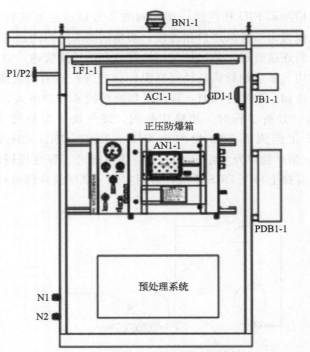

图 3.23　LX-3000 在线气相色谱仪安装方式

BN1-1—可燃气体报警器；AC1-1—防爆空调；AN1-1—在线气相色谱仪；PDB1-1—配电箱

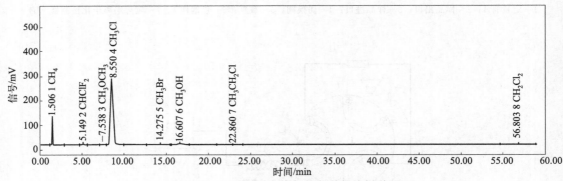

图 3.24　LX-3000 在线气相色谱仪分析谱图

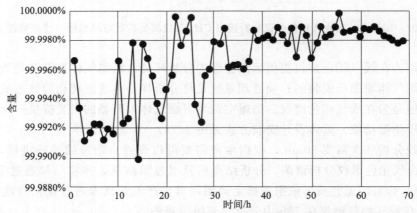

图 3.25　LX-3000 在线气相色谱仪在 70h 内分析一氯甲烷趋势图

在线气相色谱仪与常规的实验室色谱仪有着很大的区别，前者需要考虑的因素很多，包括现场安装环境、数据传输、样品取样点的设计、仪器的稳定性等等。同时，在线气相色谱仪具有分析速度快、效率高、操作简单、自动化程度高、节省人力等等优点。从上面的在线分析检测空分内危险物质乙炔与一氯甲烷中可以看出，在线分析需要对样品进行预处理，样品处理完毕之后才能引入气相色谱仪进行检测。

常见的分析检测，一般是通过对所分析检测的样品通道设置一个独立的分析检测系统。当需要对多种样品进行分析时，需要设置多种样品之间互相切换，且样品之间互相不干扰。下面阐述六种不同样品之间的互相切换，当样品检测数目大于六种时，原理类似。

多流路自动切换在线分析检测系统，包括样品流路、吹扫进气管、标准气体罐、减压阀和过滤器，至少两组样品流路通过三通阀并联，每组样品流路与三通阀之间均设置有一吹扫进气管，最上层的三通阀通过管路依次与减压阀和过滤器连通，减压阀和过滤器之间的管路通过一三通选择阀与标准气体罐连通，过滤器与色谱仪的样品进口端连通，见图 3.26。

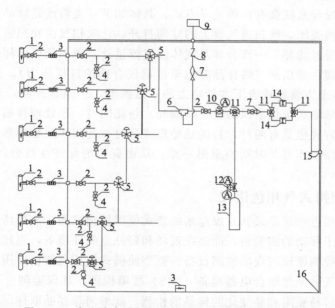

图 3.26　多流路自动切换在线分析检测系统原理示意图

1—流路样品；2—球阀；3—伴加热装置；4—吹扫进气管；5—三通电磁阀；6—旁通过滤器；7—流量计；
8—单向阀；9—样品回流罐；10—电气化减压阀；11—三通选择阀；12—减压阀；
13—标准气体罐；14—过滤器；15—样品进口端；16—预处理箱

样品流路包括流路样品和球阀，流路样品与吹扫进气管之间的管路上设置有两个球阀。吹扫进气管、标准气体罐、减压阀和过滤器（除流路样品、球阀和样品回流罐外的所有管路及阀门）均设置于一预处理箱内，预处理箱的底板及两个球阀之间设置有一伴加热装置，当预处理的样品为液体时，伴加热装置可开启加热功能对液体加热进行汽化；当处理的样品为气体时，伴加热装置可不用配置。吹扫进气管上设置有一球阀，可对样品自动切换，样品切换互相不干扰。预处理箱是一长方体箱体，箱体侧壁上设置有与外界连接用的转换接头，体积根据样品流路个数可自行设置。

三通电磁阀与减压阀之间的管路上依次设置有旁通过滤器和球阀，旁通过滤器与一样品回流罐连通，可将多余的样品进行回收，以免污染环境。旁通过滤器与样品回流罐之间的管路上依次设置有流量计和单向阀。当预处理的样品为液体时，电气化减压阀对样品进行气化并进行减压至色谱仪合适工作的压力；当处理的样品为气体时，电气化减压阀可更换成普通的不带加热功能的减压阀，对样品减压至色谱仪合适工作的压力。三通选择阀与标准气体罐之间设置有一减压阀。三通选择阀与过滤器之间的管路上设置有流量计。过滤器设置有两个，两个过滤器的两端均通过一三通选择阀并联，相当于配置一备用过滤器，预处理每一流路样品 1 时，样品都可以有两种流动方式，可有效保证在线分析系统装置 24h 连续不间断的运行。

在线多流路预处理系统可同时处理至少两路样品，示意图仅画出了同时处理 6 路的样品，也可以处理 6 路以上的样品，根据示意图增加相应的零部件即可；相反的，也可以处理 6 路以下的样品，根据示意图删减相应的零部件即可。并可依据样品状态（液体、气体）判断是否配置伴加热装置（液体样品配置，气体样品不需要），样品为液体时配置电气化减压阀，样品为气体时配置普通减压阀。

在线多流路预处理系统都有两种流动方式，具体如下：先将流路样品与吹扫进气管之间的管路上的两个球阀关闭，吹扫进气管上的球阀打开，让吹扫气由吹扫进气管进入，依次经过三通电磁阀、旁通过滤器，一部分样品气体经过流量计、单向阀返回样品回流罐，另一部分样品依次经过球阀、减压阀（将样品减压至色谱仪合适的进样压力）、三通选择阀、流量计、三通选择阀、（上方管路或者下方管路上的）过滤器、三通选择阀，通过气路连接管道将预处理完毕的样品输送至色谱仪的进样口端处。与此同时，预处理样品与标准气体标定色谱仪时，气体流动方式也是有两种，目的是处理样品时，若固体颗粒堵塞过滤器，采用一备一用的方式，有一路损坏可及时切换至另一路，从而有效的保证在线分析系统能够 7×24h 不间断地运行。

3.1.8.3 微型便携式气相色谱仪

微型便携式气相色谱仪是最新发展起来的新式便携检测仪器，主要特点是便携，能够方便移动测试，相当于移动的实验室，能够在现场和野外监测环境下，直接得到检测数据，是采用气相色谱分离检测原理的现场检测设备。微型便携式气相色谱仪应用范围宽，例如电力油气的现场检测、气体绝缘组合电器设备（GIS）故障检测、环保监测、有毒有害有机物的现场检测等，尤其对易吸附和易变化的样品的检测，能够消除样品取样保存和运输对样品的干扰。目前市场上，各个品牌的微型便携式气相色谱仪从检测器或设计理念上都有所区别，但是根本的原理还是采用色谱分离样品经检测器检测的技术。

色谱分离系统是微型便携式气相色谱仪的重要组成部分。实验室的台式气相色谱仪常常使用 30m 以上的毛细柱，而微型便携式气相色谱仪有两类设计。第一种设计为追求快速分离的效果，因此，选择比台式气相色谱仪短很多的色谱柱，长度为 1m、5m、10m 不等，并常用填充柱，提高分离速度，但是由于色谱柱缩短，所以分离效果有限，只能针对固定的、范围比较窄的化合物进行分离，因此微型便携式气相色谱仪只针对特定组分进行检测，因此在购买时就确定要测试的组分，不能改变。第二种设计思路，色谱柱选择了实验室通用的色谱柱，这样可以充分保证分离效果，适用的化合物品种范围宽，缺陷就是在现场的分离时间跟实验室的分离时间一样长，影响检测效率。因为在室外检测，色谱不仅用电，还需要载气、辅助气等气体供应。下面简单列举两个例子对微型便携式气相色谱分析进行进一步的阐述。

（1）微型便携式气相色谱仪现场检测变压器油溶解气体

绝缘油是由许多不同相对分子质量的碳氢化合物分子组成的混合物，分子中含有 CH_3、CH_2 和 CH 化学基团并由 C-C 键键合在一起。由于电或热故障的结果可以使某些 C-H 键和 C-C 键断裂，伴随生成少量活泼的氢原子和不稳定的碳氢化合物的自由基如：$CH_3 \cdot$、$CH_2 \cdot$、$CH \cdot$、或 $C \cdot$（其中包括许多更复杂的形式）。这些氢原子或自由基通过复杂的化学反应迅速键合，形成氢气和低分子烃类气体，如甲烷、乙烯、乙烷与乙炔等。微型便携式气相色谱仪能够在 7min 内快速检测上述由于电或热故障产生的特征气体氢气、甲烷、乙烯、乙烷与乙炔等。图 3.27 为朗析仪器（上海）有限公司生产的微型便携式气相色谱仪应用于变压器油溶解气体的现场检测。

（2）微型便携式气相色谱仪现场检测气体绝缘组合电器设备特征气体

气体绝缘组合电器设备（GIS），由断路器、隔离开关、接地开关、互感器、避雷器、母线、连接件和出线终端等组成，这些设备或部件全部封闭在金属接地的外壳中，在其内部充有绝缘性能和灭弧性能优异的六氟化硫（SF_6）气体作为绝缘和灭弧介质，当气体绝缘组合电器设备（GIS）出现故障时，其内部会产生分解产物，如 H_2、O_2、N_2、CO、CF_4、CH_4、NF_3、CO_2、N_2O、C_2F_6、SO_2F_2、H_2S、C_3F_8、COS、SOF_2、SO_2、CS_2、H_2O 等 18 种分解产物，微型便携式气相色谱仪能够在 20min 内快速实现上述 18 种特征气体的检测，为气体绝缘组合电器设备（GIS）的诊断提供真实有效的实验数据。图 3.28 为朗析仪器（上海）有限公司生产的微型便携式气相色谱仪应用于现场气体绝缘组合电器设备（GIS）的特征气体检测。

图 3.27　微型便携式气相色谱仪现场　　　　图 3.28　微型便携式气相色谱仪现场检测气体
检测变压器油溶解气体外观示意图　　　　绝缘组合电器设备（GIS）的特征气体外观示意图

3.1.8.4　等离子发射气相色谱法

等离子发射气相色谱法是一种利用气体等离子体发光特性来检测气体浓度的方法。等离子体（plasma）是一种以自由电子和带电离子为主要成分的物质形态，广泛存在于宇宙中，常被视为是物质的第四态，被称为等离子态，或者"超气态"，也称"电浆体"。等离子体具有很高的电导率，与电磁场存在极强的耦合作用，具有很多独特的物理化学特性。等离子体是由克鲁克斯（William Crookes）在 1879 年发现的，1928 年美国科学家欧文·朗缪尔（Irving Langmuir）和汤克斯（Tonks）首次将"等离子体"一词引入物理学，用来描述气体放电管里的物质形态。由此，拉开了等离子体相关研究的序幕。

20 世纪 70 年代，随着电子和材料科学的发展，等离子体技术取得了较大的发展，在基础工业和高科技领域获得了广泛的应用。等离子体本身宏观状态下是电中性的，但在微观视角观察，其中的带正电荷粒子与带负电荷粒子相互结合，回到电中性状态，该过程伴随能量释放，产生发光的现象。加拿大 ASDevices 仪器公司创建者 Yves Gamache 结合低温等离子体特性，在 20 世纪 90 年代将等离子技术和特殊的滤光（optical filter）技术结合，将等离子技术成功地应用于气相色谱仪领域，并且取得了非常好的效果，广泛应用于高纯气体、特种气体、石油化工和煤化工等行业。

（1）理论原理

气体分子在高频交变的电磁场中，能够吸收电磁场能量。当吸收的能量较低时，气体分子的原子振动或摆动频率和幅度增大；当吸收的能量继续增大时，气体分子中的核外电子吸收能量后由低能级态跃迁到高能级态；当吸收能量足够大时，使得核外电子能挣脱原子核的束缚，从而形成带正电荷的气体分子和游离的自由电子。

气体分子在吸收能量后，处于亚稳定态。从亚稳定态回复到没有能量吸收时的状态（稳定态），会伴随着能量以光波的形式释放出来。随着振幅和频率的改变，吸收的能量是连续的，释放出来的光波长也是连续的。但气体分子核外电子跃迁或脱离束缚，只能吸收特定的能量，回到稳定态时，会释放对应能量单波长的谱线。因此，每一种气体分子，形成等离子后都能形成该气体分子的等离子体分子光谱，它是一段连续的谱线和若干单波长谱线的组合。因此，每一种气体分子都有自己独特的等离子体分子光谱，据此特性，可以对不同种类的气体定性及定量。

（2）等离子发射气相色谱检测器

检测器原理：经色谱柱分离后的气体组分进入置于高频高压交变的电磁场中的石英管流通池，气体分子在电磁场的作用下，形成等离子体，见图 3.29。不同种类的气体会发出不同的等离子体分子光谱，通过选用合适的滤光片，基于选择性透过的光强度与气体浓度的对应关系，实现避免背景干扰及高灵敏的气体检测，见图 3.30。

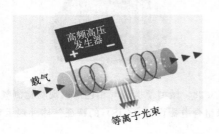

图 3.29　等离子体形成

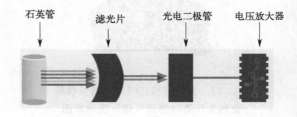

图 3.30　滤光及光电转换

由于等离子体气体分子光谱的特性，该检测器具备如下特点：

① 选用合适的波长的滤光片，可以实现高灵敏度的检测，目前的应用可做到 0.1nmol/mol。

② 选用合适的波长的滤光片，可以实现通用型的分析检测；选择对多种组分都有合适响应的滤光片，可以实现多种气体分子的检测。

③ 无死体积的设计，能很快达到稳定状态，吹扫置换快速简便。

④ 检测器中常备的 N_2 波长的滤光片，能够快速简便地维护使用设备，使用的优越性。

⑤ 检测器可使用不同种类的载气（He/Ne/Ar/N$_2$ 等），最大程度节约设备使用成本。

（3）增强型等离子放电检测器

增强型等离子放电检测器（EPD）是基于介质阻挡放电（DBD）等离子体的一款检测器，在检测器的池体周围加以高频、高强度的电磁场，在高频、高强电磁场的作用下载气被电离为等离子体（plasma），当样品进入检测器的池体之后，被等离子体电离并发出不同波长的光，光信号经光电二极管转化为电信号，电信号强度的大小与样品的浓度成正比。根据不同组分发出不同波长的光，使用特定的滤光片过滤掉干扰信号，只保留特定波段的发射光谱，又由于 EPD 对大部分分子都有响应，它比传统的选择性检测器更有通用性，比传统的通用性检测器更有选择性。所以 EPD 是一种具有选择性的通用性检测器。

该检测器的主要特点是通过施加聚焦，稳定和注入电极解决了 PED 等离子放电技术受等离子不稳定的影响，从而能达到更好的信噪比，更高的电离效率，所以灵敏度更高以及有更长久的使用寿命。检测器的等离子池体可以由石英或金属材质组成，金属池体可以耐受高压和高温，甚至可以在负压下工作（图 3.31）。

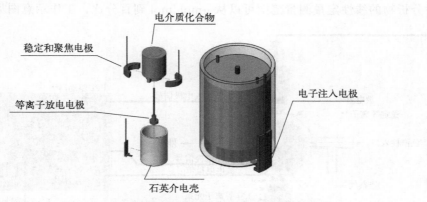

图 3.31　SePdd 增强型等离子放电检测器池体结构

EPD 有多种测量模式，包括发射模式、示踪模式和功率平衡模式。

① 发射模式　是 EPD 最简单的模式。顾名思义，它是测量分析物或分析物所含基团的特征波长下的发射光谱。这是通过使用窄带通光学滤光片来实现的。这种模式可以称之为是特定的或有选择性的。例如，在这种模式下，将使用 337nm 来测量 N$_2$。对于碳氢化合物，可以用 431nm 来测量 CH 的发射谱线。这种模式具有选择性，有趣的是，发射模式同样可被用作通用型检测。在这样的配置中，可以使用更大带通的滤光片或彩色滤光片来捕捉更宽的发射谱线组的变化。

② 示踪模式　是发射模式与掺杂气体的结合。它利用了等离子体作为反应器的特性。在这种模式下，掺杂气体被用作示踪气体。掺杂气体如 O$_2$、N$_2$、H$_2$O、空气、醇和 H$_2$ 等。例如，O$_2$ 可以作为碳氢化合物或任何与 O$_2$ 发生反应的分子测量的示踪剂。在碳氢化合物的例子中，它们与 O$_2$ 发生反应，产生一氧化碳、二氧化碳和水（燃烧）等副产品。当 O$_2$ 在等离子体中被消耗时，则 777nm 的 O$_2$ 发射谱线可以作为一个通用的光谱线来监测碳氢化合物。当然，与 O$_2$ 发生反应产生的副产物，如一氧化碳、二氧化碳和水（燃烧）也可以被用作示踪剂。这样做的好处是可以在可见光谱中使用更便宜的、更灵敏的光电元器件。在许多情况下，它还降低了系统成本，因为一个发射谱线可以用于更为广泛的分子种类。

③ 功率平衡模式　这种模式只使用一个光通道。它可以根据选择的光学滤光片具备选择性或通用性的响应。在正常的操作条件下，当气体进入检测器时，等离子体放电处于平衡状态。然而，当大量的分析物进入等离子体放电时，它的能量分布受到影响，因为一些可用的能量被转移到从色谱柱上洗脱出的分子上。因此，这种能量传递现象可以作为测量依据，尤其适用于百分比范围内的浓度。需要注意的是，在这种模式下，分析物不需要被电离，只需要破坏功率平衡。在这种模式下，利用反馈回路来保持等离子体的发射，不断调整使得等离子体功率以保持发射光恒定。等离子体功率控制信号被用作色谱测量信号。

动态线性范围和检测限或灵敏度是色谱检测器最重要的技术指标。TCD、FID、DID、PDHID 和其他常用的检测器都有详细的文献记载。对于特定的气体分子，这些检测器通常具有一种性能。对于 EPD 检测器来说，情况并非如此，因为它不仅仅是一个检测器，而是一个完整的系统。根据选项的不同，操作压力、操作功率，以及色谱方法等参数可以由用户自己配置，以更好地适应他的应用。每个分析物都有可用于测量的特定放射线。其中一些是强烈的，另一些则要弱得多。因此，根据选择的测量模式和波长，SePdd 增强型等离子放电允许对分析物的线性定量测量范围可以从 $\mu mol/mol$ 到百分比，工作示意图见图 3.32。

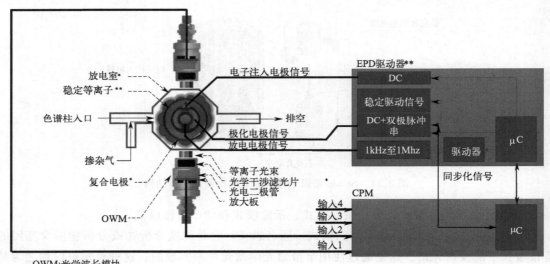

OWM:光学波长模块
CPM:色谱处理模块
注意：等离子池的几何形状仅出于概念目的，该图中的尺寸并不代表实际设计。

图 3.32　SePdd 增强型等离子放电检测器的工作示意图

（4）应用实例

目前等离子发射气相色谱仪已经广泛应用于多种工业生产领域，以下是不同领域的应用实例。

① 半导体电子气超高纯永久气体的分析　H_2、O_2、N_2、CH_4、NMHC、Ar、He 的检测限<1nmol/mol；氦气或氩气为载气，谱图见图 3.33。

② 空分厂测量 $C_1 \sim C_4$、C_2H_4、N_2O、C_2H_2 和 C_3H_6 检测限<20nmol/mol，氮为载气，谱图见图 3.34。

③ 氢中硫化物的分析　H_2S 的方法检测限<0.5nmol/mol；无需样品预浓缩，谱图见图 3.35。

④ 超快速高纯氩分析　优点：30s 分析（可能 15s）；无需消耗氧气捕集阱；只需要一

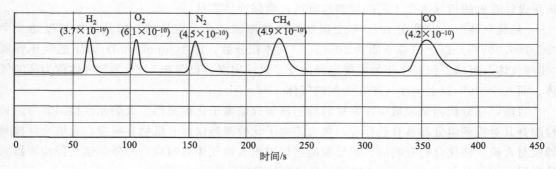

图 3.33　半导体电子气超高纯永久气体的分析谱图

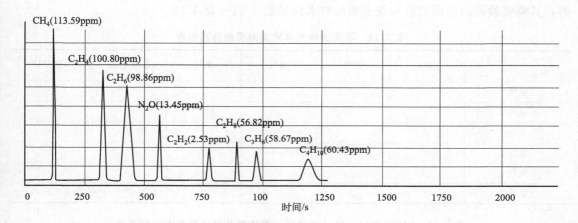

图 3.34　空分厂气体分析谱图（1ppm＝$1×10^{-6}$）

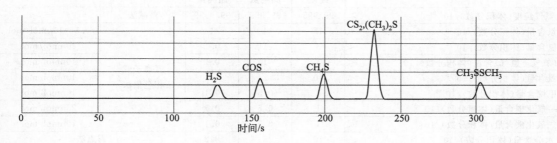

图 3.35　氢中硫化物的分析谱图

个 GC 阀和一根色谱柱。

3.1.8.4　高纯气体检测新技术

高纯气体的检测分析是痕量分析学科的一个分支。其是研究气体纯度分析与其中痕量杂质测定的一门范围较窄但具有现实意义的专业学科。随着我国经济的高速发展，对超纯气体、高纯气体不仅在数量上、质量上、种类上不断地提出新的要求，而且对相应的国家标准、检测理论、方法与检测仪器的研究、研制与生产都提出了更高的要求。经过多年的研发，采用脉冲放电氦离子化检测器，六阀六柱气路分析检测流程，朗析仪器运用自主研发设计的中心切割和反吹分析技术，高纯气体杂质组分检测限可达 nmol/mol 级别，这一方案的

235

研发设计有效的指导生产工艺的控制与改革，确保产品质量。

"超纯气体"一词是在 1964 年全国超纯气体测试年会上定义的，即凡气体纯度达 5 个"9"（99.999%）以上，总杂质为 10×10^{-6}（体积分数，即 $10\mu mol/mol$）以下的气体皆属"超纯气体"范畴。但五十年的发展已经改变了这一定义，已经把 5 个"9"气体称为高纯气体，而 6 个"9"以上纯度气体才为超纯气体。

目前，在分析测试领域中，常见的检测器氢火焰离子化检测器、火焰光度检测器与热导检测器其对检测组分都具有选择性，氢火焰离子化检测器仅对有机物有响应，火焰光度检测器仅对含硫、磷化合物有响应，热导检测器仅对永久性气体有响应，另外，这三种检测器的检测限也不能胜任 $10\mu mol/mol$ 以下组分的痕量分析。

现在国内常见的超纯气体、高纯气体有氦气、氢气、氩气、氮气、氧气、二氧化碳等等，其需要检测的杂质组分与技术指标要求详见表 3.11～表 3.17。

表 3.11　不同高纯气体检测杂质组分明细表

组分 / 种类	氢气	氩气	氧气	氮气	二氧化碳	一氧化碳
氦气	√	√	√	√	√	√
氢气	—	√	√	√	√	√
氩气	√	—	√	√	√	√
氧气	√	√	—	√	√	√
氮气	√	√	√	—	√	√
二氧化碳	√	√	√	√	—	√

表 3.12　GB/T 4844—2011 中纯氦、高纯氦及超纯氦技术指标要求

项目		指标			检测方法	检测限
		纯氦	高纯氦	超纯氦		
氦气纯度（体积分数）/10^{-2}	≥	99.995	99.999	99.9999	差减法	—
氖含量（体积分数）/10^{-6}	≤	15	4	1	氦离子气相色谱法	0.5～$10\mu mol/mol$
氢含量（体积分数）/10^{-6}	≤	3	1	0.1		10nmol/mol
（氧气+氩气）含量（体积分数）/10^{-6}	≤	3	1	0.1		10nmol/mol
氮含量（体积分数）/10^{-6}	≤	10	2	0.1		10nmol/mol
甲烷含量（体积分数）/10^{-6}	≤	1	0.5	0.1		10nmol/mol
一氧化碳含量（体积分数）/10^{-6}	≤	1	0.5	0.1		25nmol/mol
二氧化碳含量（体积分数）/10^{-6}	≤	1	0.5	0.1		10nmol/mol
水分含量（体积分数）/10^{-6}	≤	10	3	0.2	露点法	

表 3.13　GB/T 3634.2—2011 中纯氢、高纯氢及超纯氢技术指标

项目		指标			检测方法	检测限
		纯氢	高纯氢	超纯氢		
氢气纯度（体积分数）/10^{-2}	≥	99.99	99.999	99.9999	差减法	—
氧含量（体积分数）/10^{-6}	≤	5	1	0.2	氦离子气相色谱法	10nmol/mol
氩含量（体积分数）/10^{-6}	≤	—	—			
氮含量（体积分数）/10^{-6}	≤	60	5	0.4		10nmol/mol
一氧化碳含量（体积分数）/10^{-6}	≤	5	1	0.1		25nmol/mol
二氧化碳含量（体积分数）/10^{-6}	≤	5	1	0.1		10nmol/mol
甲烷含量（体积分数）/10^{-6}	≤	10	1	0.2		
水分含量（体积分数）/10^{-6}	≤	10	3	0.5	露点法	

表 3.14　GB/T 4842—2017 中高纯氩气技术指标要求

项目		指标		检测方法	检测限
		纯氩	高纯氩		
氩气纯度(体积分数)/10^{-2}	≥	99.99	99.999	差减法	
氢含量(体积分数)/10^{-6}	≤	5	0.5		10nmol/mol
氧气含量(体积分数)/10^{-6}	≤	10	1.5		10nmol/mol
氮含量(体积分数)/10^{-6}	≤	50	4		10nmol/mol
甲烷含量(体积分数)/10^{-6}	≤	5	0.1	色谱法	10nmol/mol
一氧化碳含量(体积分数)/10^{-6}	≤	5	0.1		50nmol/mol
二氧化碳含量(体积分数)/10^{-6}	≤	10	0.1		10nmol/mol
水分含量(体积分数)/10^{-6}	≤	15	3	电解法	

表 3.15　GB/T 8979—2008 中纯氮、高纯氮及超纯氮技术指标要求

项目		指标			检测方法	检测限
		纯氮	高纯氮	超纯氮		
氮气纯度(体积分数)/10^{-2}	≥	99.99	99.999	99.9999	差减法	
氧含量(体积分数)/10^{-6}	≤	50	3	0.1		10nmol/mol
氩含量(体积分数)/10^{-6}	≤	—	—	2		
氢含量(体积分数)/10^{-6}	≤	15	1	0.1	氦离子气相色谱法	10nmol/mol
一氧化碳含量(体积分数)/10^{-6}	≤	5	1	0.1		25nmol/mol
二氧化碳含量(体积分数)/10^{-6}	≤	10	1	0.1		10nmol/mol
甲烷含量(体积分数)/10^{-6}	≤	5	1	0.1		10nmol/mol
水分含量(体积分数)/10^{-6}	≤	15	3	0.5	露点法	

表 3.16　GB/T 14599—2008 中纯氧、高纯氧及超纯氧技术指标要求

项目		指标			检测方法	检测限
		纯氧	高纯氧	超纯氧		
氧纯度(体积分数)/10^{-2}	≥	99.995	99.999	99.9999	差减法	
氢含量(体积分数)/10^{-6}	≤	1	0.5	0.1		5nmol/mol
氩含量(体积分数)/10^{-6}	≤	10	2	0.2		10nmol/mol
氮含量(体积分数)/10^{-6}	≤	20	5	0.1		10nmol/mol
二氧化碳含量(体积分数)/10^{-6}	≤	1	0.5	0.1	氦离子气相色谱法	10nmol/mol
总烃含量(体积分数)(以甲烷计)/10^{-6}	≤	2	0.5	0.1		10nmol/mol
一氧化碳含量(体积分数)/10^{-6}	≤	未作要求	未作要求	未作要求		25nmol/mol
水分含量(体积分数)/10^{-6}	≤	3	2	0.5	露点法	

表 3.17　GB/T 23938—2021 中高纯二氧化碳技术指标要求

项目		指标			检测方法	检测限
二氧化碳纯度(摩尔分数)/10^{-2}	≥	99.99	99.995	99.999	差减法	
氢含量(摩尔分数)/10^{-6}	≤	5	2	0.5		10nmol/mol
氧气含量(摩尔分数)/10^{-6}	≤	10	5	0.5		10nmol/mol
氮含量(摩尔分数)/10^{-6}	≤	60	30	3	氦离子气相色谱法	10nmol/mol
甲烷含量(摩尔分数)/10^{-6}	≤	—	—	—		10nmol/mol
一氧化碳含量(摩尔分数)/10^{-6}	≤	5	2	0.5		25nmol/mol
总烃含量(摩尔分数,以甲烷计)/10^{-6}	≤	5	3	2	FID 色谱法	0.1μmol/mol
水分含量(摩尔分数,以甲烷计)/10^{-6}	≤	15	8	3	露点法	

针对目前分析检测情况，朗析仪器自主设计了一种脉冲放电氦离子化检测器（PDHID）

原理见图 3.36，其是一种灵敏度极高的通用型检测器，对几乎所有的无机化合物和有机化合物均有很高的响应，特别适合高纯气体的分析，是唯一能够检测至 ng/g（nmol/mol）级的检测器，采用六阀六柱一检测器的分析流程，分析检测超纯气体、高纯气体有氦气、氢气、氩气、氮气、氧气、二氧化碳中的 nmol/mol 级别的杂质组分含量。

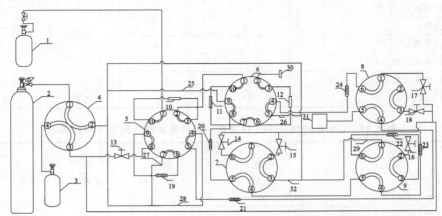

图 3.36　朗析仪器高纯气体中心切割和反吹分析技术原理示意图

1—样品储存罐；2—载气气源；3—尾气回收罐；4—自动切换阀 1；5—自动切换阀 2；
6—自动切换阀 3；7—自动切换阀 4；8—自动切换阀 5；9—自动切换阀 6；10—定量环 1；11—定量环 2；
12—定量环 3；13—针型阀 1；14—针型阀 2；15—针型阀 3；16—针型阀 4；17—针型阀 5；
18—针型阀 6；19—色谱柱 1；20—色谱柱 2；21—色谱柱 3；22—色谱柱 5；23—色谱柱 6；
24—色谱柱 4；25—载气 3；26—载气 4；27—载气 1；28—载气 2；29—载气 6；
30—样品回收罐；31—脉冲放电氦离子化检测器；32—载气 5

该气路原理采用一个自动切换四通阀，两个自动切换十通阀，三个自动切换六通阀，三个定量环，六根色谱柱，六个针型阀，一个脉冲放电氦离子化检测器。

自动切换阀 1 为四通切换阀，其 1 号口通过气路管道与载气气源钢瓶连接，2 号口通过气路管道连接五路不同的载气，3 号口通过气路管道与针型阀 1～6 的尾气口连接，4 号口通过气路管道与尾气回收罐连接。

自动切换阀 2 为十通切换阀，其 1 号口连接样品储存罐，10 号口与 3 号口之间连接有定量环 1，2 号口与自动切换阀 3 的 1 号口相连，4 号口连接载气 2，5 号口连接色谱柱 3 的进气口，6 号口与 9 号口之间连接有色谱柱 1，7 号口连接载气 1，8 号口与针型阀 1 相连。

自动切换阀 3 为十通切换阀，其 1 号口与自动切换阀 1 的 2 号口相连，2 号口连接样品回收罐，3 号口与 6 号口之间连接有定量环 3，4 号口与色谱柱 4 的进气口连接，5 号口连接载气 4，7 号口与 10 号口之间连接有定量环 2，8 号口与色谱柱 2 的进气口相连，9 号口连接有载气 3。

自动切换阀 4 为六通切换阀，其 1 号口直接敞开与外界大气相通，2 号口连接针型阀 3，3 号口连接载气 5，4 号口与自动切换阀 6 的 5 号口相连接，5 号口连接色谱柱 2 的出气口，6 号口与针型阀 2 相连接。

自动切换阀 5 为六通切换阀，其 1 号口连接有针型阀 5，2 号口直接敞开与外界大气相通，3 号口连接针型阀 6，4 号口与色谱柱 3、色谱柱 6 的出气口相连接，5 号口连接脉冲放电氦离子化检测器，6 号口连接色谱柱 4 的出气口。

自动切换阀 6 为六通切换阀，其 1 号口与载气 6 相连接，2 号口与针型阀 4 相连接，3

号口与 6 号口之间连接有色谱柱 5，4 号口与色谱柱 6 的进气口相连接，5 号口与自动切换阀 4 的 4 号口相连接。

样品储存罐通过减压阀减压后，由自动切换阀 2 的 1 号口进入，依次经过自动切换阀 2 的 10 号口、定量环 1、3 号口，由自动切换阀 2 的 2 号口流入自动切换阀 3 的 1 号口，依次经过自动切换阀 3 的 10 号口、定量环 2、7 号口、6 号口、定量环 3、3 号口，最后由自动切换阀 3 的 2 号口流出至样品回收罐。

（1）高纯气体氦气分析检测新技术

载气 3 携带定量环 2 中的样品进入预分析色谱柱 2，通过色谱柱 6 分离氖气、氢气、氧气、氩气、氮气、甲烷、一氧化碳，最后由脉冲放电氦离子化检测器测出，如图 3.37 所示。载气 4 携带定量环 3 中的样品进入色谱柱 4，色谱柱 4 先分离出的氢气、氧气、氩气、氮气、甲烷、一氧化碳由针型阀 5 放空，当二氧化碳从色谱柱 4 分离出来时，切换自动切换阀 5 至图 3.38 状态，二氧化碳由脉冲放电氦离子化检测器测出。

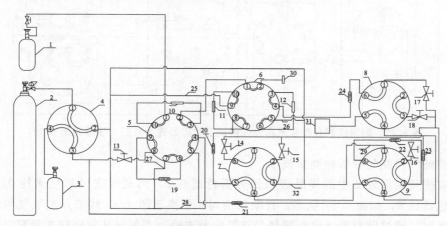

图 3.37　朗析仪器分析检测高纯气体杂质组分原理示意图（注释同图 3.36）

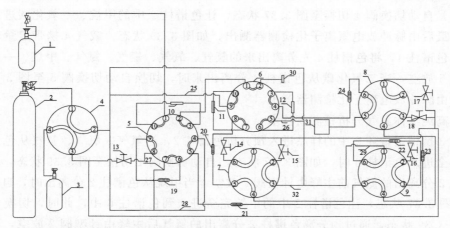

图 3.38　朗析仪器分析检测高纯二氧化碳杂质组分原理示意图（注释同图 3.36）

（2）高纯气体氢气分析检测新技术

载气 3 携带定量环 2 中的样品进入预分析色谱柱 2，通过色谱柱 2 分离出的氢气前主峰由针型阀 2 放空，如图 3.39 状态，当氧气与氩气从色谱柱 2 分离出来时，自动切换阀 4 复位至图 3.37 状态，当氧气与氩气完全从色谱柱 2 进入到色谱柱 6 时，自动切换阀 4 切换至图 3.39 状态，通过针型阀 2 放空氢气的后主峰，当氮气从色谱柱 2 完全分离出时，自动切换阀 4 复位至图 3.37 状态，让色谱柱 2 中的氮气、甲烷、一氧化碳进入色谱柱 6 中，最后由脉冲放电氦离子化检测器测出，如图 3.39。载气 4 携带定量环 3 中的样品进入色谱柱 4，色谱柱 4 先分离出的氢气、氧气、氩气、氮气、甲烷、一氧化碳由针型阀 5 放空，当二氧化碳从色谱柱 4 分离出来时，切换自动切换阀 5 至图 3.38 状态，二氧化碳由脉冲放电氦离子化检测器测出。

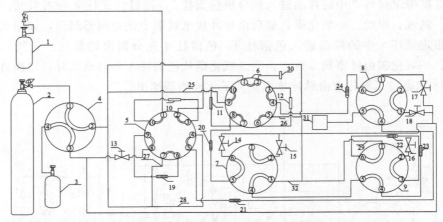

图 3.39　朗析仪器分析检测高纯气体放空状态原理示意图（注释同图 3.36）

（3）高纯气体氩气分析检测新技术

载气 3 携带定量环 2 中的样品进入预分析色谱柱 2，当氢气完全从色谱柱 2 分离出来时，进入色谱柱 6，如图 3.37 状态，自动切换阀 4 切换至图 3.39 状态，当氧气与氩气从色谱柱 2 分离时，通过针型阀 2 放空氧气与氩气的前主峰，当氮气从色谱柱 2 分离出时，自动切换阀 4 切换至图 3.39 状态，通过针型阀 2 放空氧气与氩气的后主峰，当甲烷从色谱柱 2 分离出时，自动切换阀 4 切换至图 3.37 状态，让色谱柱 2 中的甲烷、一氧化碳进入到色谱柱 6 中，最后由脉冲放电氦离子化检测器测出，如图 3.39 状态。载气 4 携带定量环 3 中的样品进入色谱柱 4，将色谱柱 4 先分离出来的氢气、氧气、氩气、氮气、甲烷、一氧化碳通过针型阀 5 放空，当二氧化碳从色谱柱 4 分离出来时，切换自动切换阀 5 至图 3.38 状态，二氧化碳由脉冲放电离子化检测器测出。

（4）高纯气体氮气分析检测新技术

载气 3 携带定量环 2 中的样品进入预分析色谱柱 2，当氢气、氧气、氩气从色谱柱 2 分离出来完全进入色谱柱 6 时，如图 3.37 状态，自动切换阀 4 切换至图 3.39 状态，通过预分离色谱柱 2 分离出的氮气前主峰由针型阀 2 放空，当甲烷从色谱柱 2 分离出时，自动切换阀 4 复位至图 3.37 状态，让色谱柱 2 中的甲烷完全进入到色谱柱 6 中，此时，切换自动切换阀 4 至图 3.39 状态，通过预分离色谱柱 2 分离出的氮气后主峰由针型阀 2 放空，当一氧化碳从预分析色谱柱 2 分离出来时，切换自动切换阀 4 至图 3.37 状态，将一氧化碳完全引入色谱柱 6 中，最后由脉冲放电氦离子化检测器测出，如图 3.39。载气 4 携带定量环 3 中的样品进入色谱柱 4，色谱柱 4 先分离出的氢气、氧气、氩气、氮气、甲烷、一氧化碳由针型阀 5 放空，当二氧化碳从色谱柱 4 分离出来时，切换自动切换阀 5 至图 3.38 状态，二氧化碳由脉冲放电氦离子化检测器（31）测出。

（5）高纯气体氧气分析检测新技术

载气 3 携带定量环 2 中的样品进入预分离色谱柱 2，当氢气完全从预分析色谱柱进入到分析色谱柱 6 如图 3.37 状态时，自动切换阀 6 切换至图 3.40 状态，将预分离色谱柱 2 中的氧气、氩气、氮气、甲烷组分完全引入色谱柱 5，再经过色谱柱 6 时，自动切换阀 6 切换至图 3.39 状态，将预分离色谱柱 2 中的一氧化碳引入色谱柱 6，最后由脉冲放电氦离子化检测器测出。载气 4 携带定量环 3 中的样品进入色谱柱 4，色谱柱 4 先分离出的氢气、氧气、氩气、氮气、甲烷、一氧化碳由针型阀 5 放空，当二氧化碳从色谱柱 4 分离出来时，切换自动切换阀 5 至图 3.38 状态，二氧化碳由脉冲放电氦离子化检测器测出。

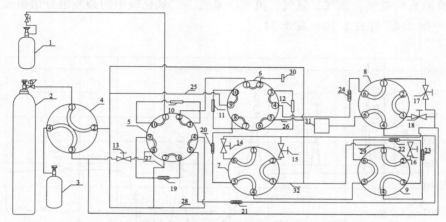

图 3.40　朗析仪器分析检测高纯氧气原理示意图（注释同图 3.36）

（6）高纯气体二氧化碳分析检测新技术

载气 2 携带定量环 1 中的样品进入预分析色谱柱 1，当氢气、氧气、氩气、甲烷、一氧化碳完全进入色谱柱 3 中，如图 3.41 状态，自动切换阀 2 切换至图 3.37 状态，载气 1 反吹预分析色谱柱 1 中的二氧化碳由针型阀 1 放空。

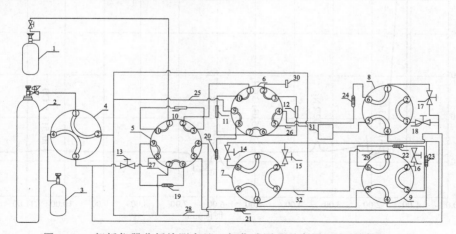

图 3.41　朗析仪器分析检测高纯二氧化碳原理示意图（注释同图 3.36）

（7）高纯气体分析检测实验数据

在同一分析条件下，连续 7 次进表 3.18 中标准物质，对分析系统的准确性进行验证。

表 3.18　高纯气体分析检测标准气体浓度表　　　　　单位：$\mu mol/mol$

	Ne	H₂	O₂	N₂	Ar	CH₄	CO₂	CO
标准气体1（平衡气为 He）	5.1	4.9	5.0	4.7	4.9	5.0	5.1	4.9
标准气体2（平衡气为 H₂）	—	—	5.0	5.1	5.2	4.7	5.0	4.9
标准气体3（平衡气为 O₂）	—	5.1	—	5.3	5.2	5.1	4.9	4.7
标准气体4（平衡气为 N₂）	—	4.9	5.1	—	5.3	5.2	5.0	4.9
标准气体5（平衡气为 Ar）	—	5.0	—	5.2	—	5.2	5.0	4.8
标准气体6（平衡气为 CO₂）	—	5.1	5.3	5.0	—	4.9	—	4.9

分析检测高纯氦气、氢气、氩气、氮气、氧气、二氧化碳中的杂质组分谱图及数据，详见图 3.42～图 3.47 与表 3.19～表 3.24。

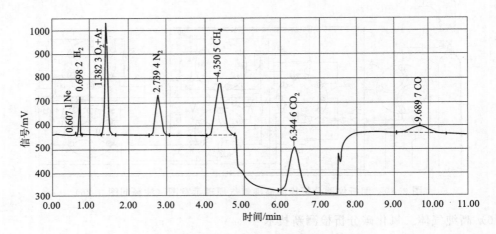

图 3.42　朗析仪器分析检测高纯氦气色谱图

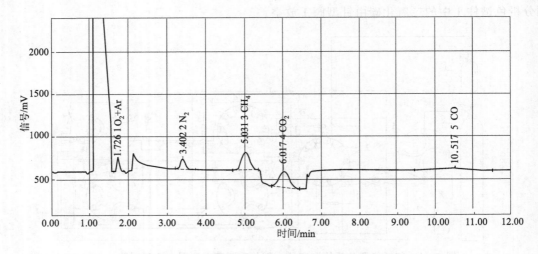

图 3.43　朗析仪器分析检测高纯氢气色谱图

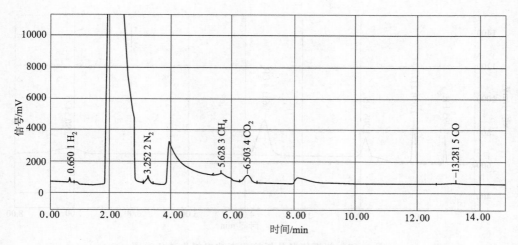

图 3.44　朗析仪器分析检测高纯氩气色谱图

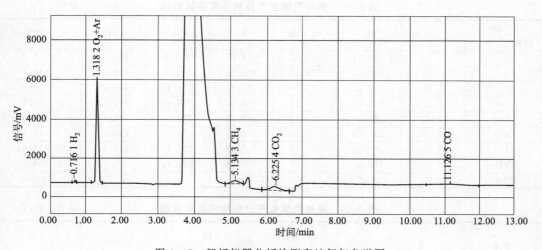

图 3.45　朗析仪器分析检测高纯氮气色谱图

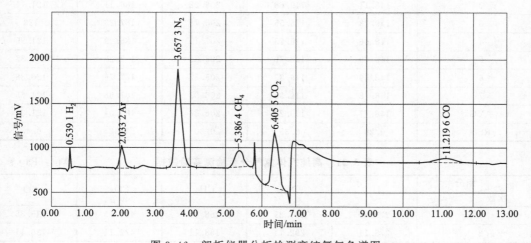

图 3.46　朗析仪器分析检测高纯氧气色谱图

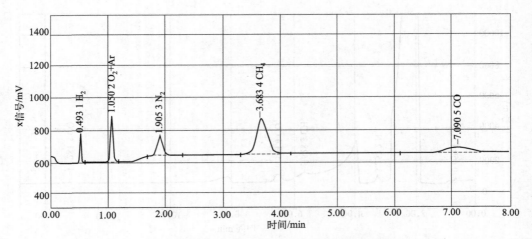

图 3.47　朗析仪器分析检测高纯二氧化碳色谱图

表 3.19　高纯气体氦气分析检测实验数据　　　　　　　　　单位：Pa·s

组分 次数	Ne	H_2	O_2+Ar	N_2	CH_4	CO_2	CO
1	7.13	183.64	475.53	166.97	220.7	193.88	118.7
2	7.20	183.55	476.93	166.13	221.1	194.11	118.1
3	7.22	183.17	475.33	167.22	223.45	193.27	119
4	7.25	183.76	475.38	168.32	222.68	194.39	118.7
5	7.26	183.57	475.38	167.59	224.11	195.11	118.6
6	7.36	183.72	475.22	168.11	226.79	194.35	118.5
7	7.23	183.89	475.19	169.23	225.11	193.99	118.6
AVG	7.22	183.61	475.57	167.65	223.42	194.16	118.6
RSD	0.65	0.12	0.13	0.60	0.97	0.29	0.23

表 3.20　高纯气体氢气分析检测实验数据　　　　　　　　　单位：Pa·s

组分 次数	O_2+Ar	N_2	CH_4	CO_2	CO
1	148.76	119.39	205.31	186.35	120.45
2	148.11	119.68	206.22	186.11	121.11
3	149.23	118.55	206.78	187.23	122
4	148.66	119.23	207.11	186.99	121.99
5	149.39	118.76	206.88	187.28	121.33
6	148.49	119.33	205.87	187.76	120.88
7	148.78	119.58	206.33	187.58	121.65
AVG	148.77	119.22	206.36	187.04	121.34
RSD	0.29	0.35	0.30	0.33	0.48

表 3.21　高纯气体氩气分析检测实验数据　　　　　　　　　单位：Pa·s

组分 次数	H_2	N_2	CH_4	CO_2	CO
1	279.09	291.29	168.38	421.15	135.85
2	278.11	292.11	168.11	422.11	136.11
3	278.67	292.33	168.99	423.23	136.88

次数\组分	H_2	N_2	CH_4	CO_2	CO
4	279.33	292.67	169.23	422.78	136.62
5	278.59	292.58	168.23	423.18	137.23
6	278.21	292.67	169.27	423.28	136.87
7	278.66	292.28	168.34	423.34	136.23
AVG	278.67	292.28	168.65	422.72	136.54
RSD	0.16	0.17	0.29	0.19	0.36

表 3.22　高纯气体氮气分析检测实验数据　　　　　　单位：Pa·s

次数\组分	H_2	O_2+Ar	CH_4	CO_2	CO
1	212.56	332.13	187.63	193.11	153.31
2	213.55	333.89	188.28	194.23	154.43
3	213.88	331.56	188.11	192.34	152.44
4	214.13	335.45	186.76	193.56	153.65
5	212.33	337.97	186.35	196.67	155.58
6	212.67	336,76	186.33	196.39	155.569
7	213.95	334.45	188.97	196.55	156.43
AVG	213.30	334.24	187.49	194.69	154.49
RSD	0.35	0.70	0.55	0.93	0.93

表 3.23　高纯气体氧气分析检测实验数据　　　　　　单位：Pa·s

次数\组分	H_2	Ar	N_2	CH_4	CO_2	CO
1	335.76	232.72	211.23	181.95	621.35	142.66
2	336.99	233.11	213.67	182.99	621.11	143.78
3	335.78	234.18	213.56	183.22	622.13	144.37
4	335.11	233.89	214.89	183.56	622.78	142.89
5	334.67	236.67	214.76	182.78	623.45	143.77
6	335.32	238.75	213.87	182.39	622.34	143.11
7	336.10	237.38	211.23	183.45	622.98	143.44
AVG	335.68	235.24	213.60	182.91	622.31	143.43
RSD	0.22	0.99	0.57	0.32	0.14	0.41

表 3.24　高纯气体二氧化碳分析检测实验数据　　　　　　单位：Pa·s

次数\组分	H_2	O_2+Ar	N_2	CH_4	CO
1	229.88	298.23	110.51	212.63	134.92
2	228.77	297.67	111.25	212.22	135.11
3	228.34	298.51	111.33	212.34	135.67
4	228.38	298.47	111.78	213.11	135.32
5	229.18	299.29	111.89	211.88	136.39
6	229.34	299.23	112.67	211.23	136.72
7	229.56	299.45	112.11	213.47	135.23
AVG	229.06	298.69	111.65	212.41	135.62
RSD	0.26	0.22	0.62	0.35	0.50

3.1.8.5　电子气体检测新技术

电子气体是发展集成电路、光电子、微电子，特别是超大规模集成电路、液晶显示器件、半导体发光器件和半导体材料制造过程中不可缺少的基础性支撑原材料，它被称为电子工业的"血液"和"粮食"，它的纯度和洁净度直接影响到光电子、微电子元器件的质量、集成度、特定技术指标和成品率，并从根本上制约着电路和器件的精确性和准确性，为此，需要设计一种分析检测系统以便精确检测其中 nmol/mol 级别的杂质组分含量。现在以电子气体氨气分析检测为例，阐述分析电子级气体的原理。

氨气是半导体工业中的重要电子气体，常有电子级、光电子级、7N 光电子级三个级别，其作为一种理想的氮源在半导体和化合物半导体器件制造中广泛应用。随着科技的发展进步，电子产品、新型节能照明器件、清洁能源等的需求日益增大，对于氨气的纯度要求也越来越高。氨中的任何杂质组分的含量稍微超出其行业规定的最低含量，都将给产品的性能带来致命的影响，从而影响产品的良品率和成品率。而氨中的杂质组分氢气、氧气、氩气、氮气、甲烷、一氧化碳、二氧化碳的含量均为 nmol/mol 级别，需要用气相色谱仪精确检测其中的杂质组分，朗析仪器（上海）有限公司设计出一种用于氨气分析检测的气路流程系统，可以高效分离氨气中的各种杂质组分，定性定量准确，分析周期短。

电子气体氨气在国标 GB/T 14601—2009 中明确要求采用检测限 0.01×10^{-6}（摩尔分数）的气相色谱仪测定氨中的杂质组分氢气、氧气、氩气、氮气、甲烷、一氧化碳、二氧化碳的含量。而常规的氢火焰检测器、热导检测器、火焰光度检测器、氧化锆检测器等在检测组分的种类和检测限方面均不能满足其要求，在经过大量的试验验证的情况下，脉冲放电氦离子化检测器可以满足上述标准中的要求，而保证氨中的杂质组分氢气、氧气、氩气、氮气、甲烷、一氧化碳、二氧化碳的完全分离，需要采用多阀多柱的气路分析流程，某单位研发设计出一种专用于电子气体氨气中的各种杂质组分分析的气路流程系统。电子级、光电子级、7N 光电子级（见 T/Z ZB 1373—2019）三种级别的氨气杂质组分技术指标要求详见表 3.25～表 3.27。

表 3.25　电子级氨气技术指标

项目		指标
氨气纯度(体积分数)/10^{-2}	≥	99.9995
氧气含量(体积分数)/10^{-6}	<	1
氮气含量(体积分数)/10^{-6}	<	1
一氧化碳含量(体积分数)/10^{-6}	<	1
烃($C_1 \sim C_3$)含量(体积分数)/10^{-6}	<	1
总杂质含量(体积分数)/10^{-6}	≤	5

表 3.26　光电子级氨气技术指标

项目		指标
氨气纯度(体积分数)/10^{-2}	≥	99.99994
氧气+氩气含量(体积分数)/10^{-6}	<	0.1
氢气含量(体积分数)/10^{-6}	<	0.1
一氧化碳含量(体积分数)/10^{-6}	<	0.05
二氧化碳含量(体积分数)/10^{-6}	<	0.1
烃($C_1 \sim C_3$)含量(体积分数)/10^{-6}	<	0.05
总杂质含量(体积分数)/10^{-6}	≤	0.6

表 3.27　7N 光电子级氨气技术指标

项目		指标
氨气(NH_3)纯度(体积分数)/10^{-2}	≥	99.99999
氮气(N_2)含量(体积分数)/10^{-6}	<	0.01
氧气＋氩气(O_2＋Ar)含量(体积分数)/10^{-6}	<	0.01
氢气(H_2)含量(体积分数)/10^{-6}	<	0.01
一氧化碳(CO)含量(体积分数)/10^{-6}	<	0.01
二氧化碳(CO_2)含量(体积分数)/10^{-6}	<	0.01
烃($C_1 \sim C_3$)含量(体积分数)/10^{-6}	<	0.01
总杂质含量(体积分数)/10^{-6}	≤	0.1

(1) 电子级氨气分析检测流程系统的设计

氨气易液化，为了保证分析的精确性需要将氨气充分汽化完全之后，再引入气相色谱仪的取样系统。液体氨气完全汽化成气体的预处理气路流程系统设计见图 3.48。

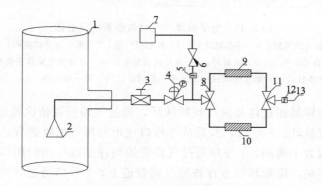

图 3.48　电子级氨气预处理系统流程示意图

1—氨气储液罐；2—采样探头；3—样品两通开关球阀；4—电汽化减压阀；5—液体流量计；6—单向阀；
7—氨气回收储液装置；8—三通选择阀 1；9—除尘装置 1；10—除尘装置 2；11—三通选择阀 2；
12—气相色谱仪进样流量计；13—气相色谱仪样品取样口

采样探头选取在氨气储液罐最佳位置，以便采集最具代表性的样品，经过样品两通开关球阀，电汽化减压阀减压后，部分样品通过样品返回支路返回至氨气回收储液装置中，返回流量大小可以通过液体流量计进行调节。

通过三通选择阀 1 选择氨气不同的流经路线，可以通过除尘装置 1 或者 2，当通过除尘装置 1 时，除尘装置 2 是没有液体流过的，同样，当通过除尘装置 2 时，除尘装置 1 是没有液体流过的。进气相色谱仪的流量大小可以通过气相色谱仪进样流量计进行调节，氨气样品流量调节稳定后通过气相色谱仪样品取样口引进气相色谱仪取样系统。

氨气分析检测的组分有氢气、氧气、氩气、氮气、甲烷、一氧化碳、二氧化碳等，采用三阀三柱一检测器的气路流程系统，可以有效实现上述组分的全分离，具体气路流程系统详见图 3.49。

图 3.49 中，第一色谱柱与第二色谱柱为分子筛色谱柱，第三色谱柱为高分子化合物色谱柱。

载气储气罐的载气通过载气减压阀减压后，分成载气 1、载气 2、载气 3 三路载气。

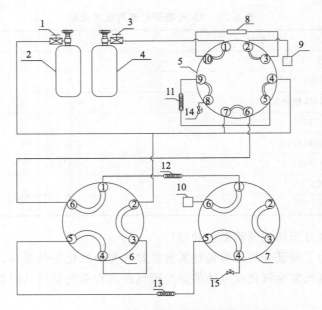

图 3.49　电子级氨气气路流程系统示意图

1—载气减压阀；2—载气储气罐；3—样品减压阀；4—样品储气罐；5—第一自动切换阀；6—第二自动切换阀；
7—第三自动切换阀；8—定量环；9—尾气回收装置；10—脉冲放电氦离子化检测器；
11—第一色谱柱；12—第二色谱柱；13—第三色谱柱；14—第一针型阀；15—第二针型阀

　　样品储气罐中的样品通过样品减压阀减压后，通过气路管道依次流经第一自动切换阀的1号口、10号口、定量环、3号口，最后从2号口流出至尾气回收装置。

　　第一自动切换阀为十通阀，1号口通过气路管道与样品减压阀的出口连接，10号口通过气路管道与3号口连接，定量环设置在该段气路管道上，2号口通过气路管道与尾气回收装置连接，4号口通过气路管道与载气1连接，5号口通过气路管道与9号口连接，第一色谱柱设置在该段气路管道上，6号口通过气路管道与第二自动切换阀的6号口连接，7号口通过气路管道与载气2连接，8号口通过气路管道与第一针型阀连接。

　　第二自动切换阀为六通阀，1号口通过气路管道与第二色谱柱的进气口连接，2号口通过气路管道与载气3连接，3号口通过气路管道与4号口连接，5号口通过气路管道与第三色谱柱的进气口连接，6号口通过气路管道与第一自动切换阀的6号口连接。

　　第三自动切换阀为六通阀，1号口通过气路管道与第二色谱柱的出气口连接，4号口通过气路管道与第二针型阀连接，5号口通过气路管道与第三色谱柱的出气口连接，6号口通过气路管道与脉冲放电氦离子化检测器连接。

　　为了保证氨气完全汽化，从氨气储液罐到气相色谱仪样品取样口全程采用管道加热的模式，加热温度升至氨气的沸点之上，进而有效对氨气进行汽化完全。同时，预处理系统中除尘装置采用一备一用的模式，可以有效防止氨气中的固体颗粒堵塞管道，导致分析检测工作不能24小时运行。

　　样品通过样品储气罐的样品减压阀减压后，通过第一切换阀的1号口、10号口、定量环、3号口，最后从2号口回收至尾气装置。同时，样品气路管道从样品储气罐的出口至尾气回收装置这段，全程增加伴热功能，温度可提高至氨气完全汽化的温度，防止氨气样品冷凝下来堵塞样品气路管道。

　　载气 1 携带定量环中的样品进入预分离色谱柱第一色谱柱中，将氢气、氧气、氩气、氮气、甲烷、一氧化碳携带至分析色谱柱第二色谱柱中，组分完全分离后由脉冲放电氦离子化检测器测出，如图 3.50 状态。

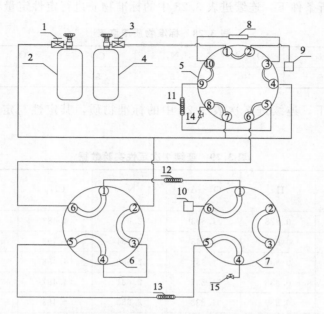

图 3.50　电子级氨气分析检测氢气等组分示意图（注释同图 3.49）

　　当二氧化碳组分从预分离色谱柱第一色谱柱分离出时，立即切换第二自动切换阀与第三自动切换阀，二氧化碳组分经过分析色谱柱第三色谱柱进一步分离后，由脉冲放电氦离子化检测器测出，如图 3.51 状态。

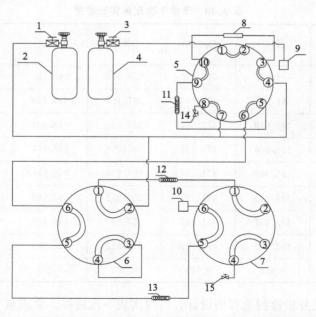

图 3.51　电子级氨气分析检测二氧化碳组分示意图（注释同图 3.49）

当二氧化碳组分从预分离色谱柱第一色谱柱完全进入第三色谱柱时，第一自动切换阀复位，载气 1 携带未从预分离色谱柱分离出来的氨气等组分由第一针型阀排除。

（2）电子级氨气分析检测实验数据

在同一检测分析条件下，连续进表 3.28 中的标准物质进行定性定量精密度性能验证。

表 3.28　标准物质浓度表

组分	H₂	O₂＋Ar	N₂	CO	CO₂	CH₄
浓度/(μmol/mol)	5	10	5	5	5	5

同一实验条件下，连续进 7 次表 3.28 中的标准物质，其定性与定量实验数据详见表 3.29、表 3.30。

表 3.29　连续 7 次定性实验数据　　　　单位：μmol/mol

次数 \ 组分	H₂	O₂＋Ar	N₂	CH₄	CO₂	CO
1	0.828	1.833	2.675	4.483	5.209	7.967
2	0.839	1.843	2.684	4.493	5.211	7.975
3	0.835	1.839	2.680	4.488	5.209	7.972
4	0.838	1.837	2.681	4.487	5.213	7.973
5	0.839	1.838	2.683	4.483	5.234	7.978
6	0.837	1.836	2.687	4.487	5.239	7.986
7	0.838	1.839	2.688	4.486	5.3	7.983
AVG	0.836	1.838	2.683	4.487	5.231	7.976
RSD	0.467	0.167	0.165	0.076	0.630	0.082

表 3.30　连续 7 次定量实验数据　　　　单位：μmol/mol

次数 \ 组分	H₂	O₂＋Ar	N₂	CH₄	CO₂	CO
1	192.632	471.095	256.050	668.758	480.201	160.051
2	191.786	472.123	257.154	669.923	481.236	161.239
3	192.668	471.897	256.789	668.234	482.987	162.938
4	191.876	473.238	256.239	668.367	483.765	163.297
5	192.389	471.234	256.234	668.986	481.328	162.289
6	191.356	471.198	257.232	667.583	483.238	161.389
7	193.387	471.345	257.987	667.831	482.751	162.385
AVG	192.302	471.733	256.812	668.526	482.215	161.941
RSD	0.354	0.163	0.272	0.117	0.270	0.691

上述电子级氨气分析检测流程的设计，可以实现一次进样，完成氢气、氧气、氩气、氮气、甲烷、二氧化碳、一氧化碳的全分析，其色谱谱图详见图 3.52。

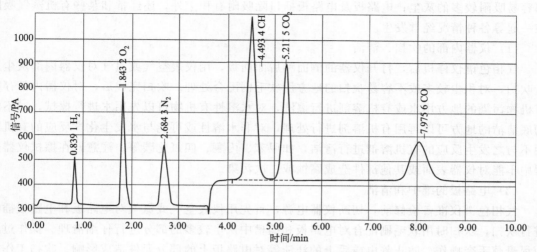

图 3.52　电子级氨气分析检测色谱图

3.1.9　色谱仪的保养和维护

以气相色谱仪为例，说明色谱仪的日常保养和维护。

3.1.9.1　色谱仪的日常维护

① 按仪器说明书的规程操作　严格按照说明书要求，进行规范操作，这是正确使用和科学保养仪器的前提。

② 色谱柱的维护　色谱柱性能是保证分析结果的关键。对新填充的色谱柱，要老化充分，避免固定液流失，产生噪声。在用过一段时间后，应对色谱柱进行一次高温老化，以除去柱内可能的污染物，然后用测试标样评价色谱柱。

③ 及时更换毛细管柱密封垫　石墨密封垫漏气是气相色谱仪最常见的故障之一。一定不要在不同的柱子上重复使用同一密封垫，即使同一根柱卸下重新安装时，最好也要更换新密封垫，这样能保证更高的工作效率。

④ 使用纯度满足要求的气体　载气使用高纯气体，以避免干扰分析和污染色谱柱或检测器。

⑤ 定期更换气体净化器填料　变色硅胶可根据颜色变化来判断其性能，但分子筛等吸附有机物的净化器不容易肉眼判断。所以必须定期更换，最好 3 个月更换一次。

⑥ 定期更换进样器隔垫　进样口隔垫漏气是另一个气相色谱仪常见故障。另外，隔垫的老化降解也会给分析带来干扰，其碎屑可能掉进汽化室，导致出现鬼峰。

⑦ 及时清洗注射器　干净的注射器能避免样品记忆效应的干扰。更换样品时要清洗，用同一样品多次进样时也要用样品本身清洗注射器。

⑧ 定期检查并清洗进样口衬管　仪器长期使用后，会发现衬管内有焦油状物质、隔垫碎屑等杂质积存，这些都会干扰分析的正常进行。因此要定期检查，及时清洗。

⑨ 保留完整的仪器使用记录　仪器的履历，应逐日记录，包括操作者、分析样品及条件、仪器工作状态等。一旦仪器出现问题，这是查找原因的重要资料。

3.1.9.2　仪器清洁方法

气相色谱仪经常用于有机物的定量分析，仪器运行一段时间后，由于静电原因，仪器内部容易吸附较多的灰尘；电路板及电路板插口除吸附有积尘外，还经常和某些有机蒸气吸附在一起等各种情况经常发生。

（1）仪器内部的吹扫、清洁

气相色谱仪停机后，打开仪器的侧面和后面面板，用仪表空气或氮气对仪器内部灰尘进行吹扫，对积尘较多或不容易吹扫的地方用软毛刷配合处理。吹扫完成后，对仪器内部存在有机物污染的地方用水或有机溶剂进行擦洗，对水溶性有机物可以先用水进行擦拭，对不能彻底清洁的地方可以再用有机溶剂进行处理，对非水溶性或可能与水发生化学反应的有机物用不与之发生反应的有机溶剂进行清洁，如甲苯、丙酮、四氯化碳等。注意，在擦拭仪器过程中不能对仪器表面或其他部件造成腐蚀或二次污染。

（2）电路板的维护和清洁

气相色谱仪准备检修前，切断仪器电源，首先用仪表空气或氮气对电路板和电路板插槽进行吹扫，吹扫时用软毛刷配合对电路板和插槽中灰尘较多的部分进行仔细清理。操作过程中尽量戴手套操作，防止静电或手上的汗渍等对电路板上的部分元件造成影响。吹扫工作完成后，应仔细观察电路板的使用情况，看印刷电路板或电子元件是否有明显被腐蚀现象。对电路板上沾染有机物的电子元件和印刷电路用脱脂棉蘸取酒精小心擦拭，电路板接口和插槽部分也要进行擦拭。

（3）进样口的清洗

在检修时，对气相色谱仪进样口的玻璃衬管、分流平板、分流管线、EPC 等部件分别进行清洗是十分必要的。

① 玻璃衬管的清洗　从仪器中小心取出玻璃衬管，用镊子或其他小工具小心移去衬管内的玻璃毛和其他杂质，移取过程不要划伤衬管表面。如果条件允许，可将初步清理过的玻璃衬管在有机溶剂中用超声波进行清洗，烘干后使用。也可以用丙酮、甲苯等有机溶剂直接清洗，清洗完成后经过干燥即可使用。

② 分流平板的清洗　分流平板最为理想的清洗方法是在溶剂中超声处理，烘干后使用。也可以选择合适的有机溶剂清洗：从进样口取出分流平板后，首先采用甲苯等惰性溶剂清洗，再用甲醇等醇类溶剂进行清洗，烘干后使用。

③ 分流管线的清洗　气相色谱仪经过长时间的使用后，分流管线的内径逐渐变小，甚至完全被堵塞。分流管线被堵塞后，仪器进样口显示压力异常，峰形变差，分析结果异常。在检修过程中，无论事先能否判断分流管线有无堵塞现象，都需要对分流管线进行清洗。分流管线的清洗一般选择丙酮、甲苯等有机溶剂，对堵塞严重的分流管线有时用单纯清洗的方法很难清洗干净，需要采取一些其他辅助的机械方法来完成。可以选取粗细合适的钢丝对分流管线进行简单的疏通，然后再用丙酮、甲苯等有机溶剂进行清洗。由于事先不容易对分流部分的情况作出准确判断，对手动分流的气相色谱仪来说，在检修过程中对分流管线进行清洗是十分必要的。

④ EPC 的清洗　对于 EPC 控制分流的气相色谱仪，由于长时间使用，有可能使一些细小的进样垫屑进入 EPC 与气体管线接口处，随时可能对 EPC 部分造成堵塞或造成进样口压力变化。所以每次检修过程尽量对仪器 EPC 部分进行检查，并用甲苯、丙酮等有机溶剂进行清洗，然后烘干处理。由于进样等原因，进样口的外部随时可能会形成部分有机物凝结，可用脱脂棉蘸取丙酮、甲苯等有机物对进样口进行初步的擦拭，然后对擦不掉的有机物先用机械方法去除，注意在去除凝固有机物的过程中一定要小心操作，不要对仪器部件造成损

伤。将凝固的有机物去除后，然后用有机溶剂对仪器部件进行仔细擦拭。

（4）TCD 和 FID 检测器的清洗

① TCD 检测器的清洗　TCD 检测器在使用过程中可能会被柱流出的沉积物或样品中夹带的其他物质所污染。TCD 检测器一旦被污染，仪器的基线会出现抖动、噪声增加。因此，有必要对检测器进行清洗。

TCD 检测器可以采用热清洗的方法，具体方法如下：

关闭检测器，把柱子从检测器接头上拆下，把柱箱内检测器的接头用死堵堵死，将参考气的流量设置到 20～30mL/min，设置检测器温度为 400℃，热清洗 4～8h，降温后即可使用。国产或日产 TCD 检测器污染可用以下方法。仪器停机后，将 TCD 的气路进口拆下，用 50mL 注射器依次将丙酮（或甲苯，可根据样品的化学性质选用不同的溶剂）、无水乙醇、蒸馏水从进气口反复注入 5～10 次，用吸耳球从进气口处缓慢吹气，吹出杂质和残余液体，然后重新安装好进气接头，开机后将柱温升到 200℃，检测器温度升到 250℃，通入比分析操作气流大 1～2 倍的载气，直到基线稳定为止。对于严重污染，可将出气口用死堵堵死，从进气口注满丙酮（或甲苯，可根据样品的化学性质选用不同的溶剂），保持 8h 左右，排出废液，然后按上述方法处理。

② FID 检测器的清洗　FID 检测器在使用中稳定性好，使用要求相对较低，使用普遍，但在长时间使用过程中，容易出现检测器喷嘴和收集极积炭等问题，或有机物在喷嘴或收集极处沉积等情况。对 FID 积炭或有机物沉积等问题，可以先对检测器喷嘴和收集极用丙酮、甲苯、甲醇等有机溶剂进行清洗。当积炭较厚不能清洗干净的时候，可以对检测器积炭较厚的部分用细砂纸小心打磨。注意在打磨过程中不要对检测器造成损伤。初步打磨完成后，对污染部分进一步用软布进行擦拭，再用有机溶剂最后进行清洗，一般即可消除。

3.2　有机质谱法

3.2.1　有机质谱仪的结构和原理

3.2.1.1　有机质谱仪的结构

有机质谱仪由真空系统、进样系统、离子源质量分析器、检测器、计算机控制与数据处理系统、供电系统和真空系统等部分组成，仪器的组成框图如图 3.53 所示。

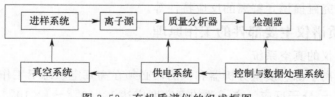

图 3.53　有机质谱仪的组成框图

按照质量分析器的工作原理来划分，有机质谱仪可分为静态仪器和动态仪器两大类，详细分类情况见图 3.54。

有机质谱仪的研究对象与无机质谱仪和同位素质谱仪有较大的差别，主要差别有以下几点：

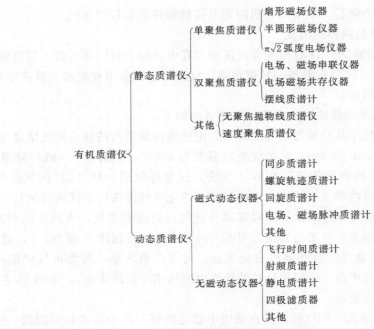

图 3.54　有机质谱仪分类

　　① 多样化的进样系统　有机化合物种类繁多，气体、液体、固体三态都有。由于化合物受耐热性的限制，一般在 400℃ 或更低温度就会分解；相对分子质量范围很大，从几十、数百到几十万都有；存在形式多以混合物存在。因此必须有适应性广泛的进样系统，包括使用联用技术的进样系统。

　　② 多样化的电离方式　由于有机化合物的耐热性差，高温即分解，所以热电离等电离方法不适用于有机化合物。在有机质谱仪中，除常用的电子轰击电离法外还有化学电离、解吸化学电离、场电离、场解吸电离、快原子轰击电离、激光解吸电离、电喷雾电离等。

　　③ 多样化的、适用于有机化合物结构鉴定的功能装备　由于有机化合物存在着很多元素组成相同、但结构和性能各异的同分异构物，因此仅仅知道有机化合物的相对分子质量是不够的，人们希望从有机质谱仪上得到更多的结构信息。为此，仪器常配有适用于有机化合物结构分析功能的装备，如在双聚焦磁质谱中将磁场倒置以得到测定离子能量的离子动能谱；装有可测定母离子和子离子关系的亚稳离子联动扫描；将质量分析器串联，并在其间加碰撞反应装置以研究碰撞诱导解离的反应特性等。

3.2.1.2　有机质谱仪主要部件的工作原理

　　（1）有机质谱仪的真空系统

　　有机质谱仪的离子源、质量分析器和检测器必须在高真空状态下工作，以减小本底，避免发生不必要的离子-分子反应。离子源的真空度应达 $1 \times 10^{-3} \sim 1 \times 10^{-4}$ Pa，质量分析器的真空度应达 $1 \times 10^{-4} \sim 1 \times 10^{-5}$ Pa 以上。若真空度低，则有以下危害。

　　① 大量氧会烧坏离子源的灯丝。

　　② 会使本底增高，干扰质谱图。

　　③ 引起额外的离子分子反应，改变裂解模型，使质谱解释复杂化。

　　④ 干扰离子源中电子束的正常调节。

⑤ 用于加速离子的几千伏高压会引起放电等。

高真空的实现一般是由机械泵和油扩散泵或涡轮分子泵串联完成。机械泵作前级泵，将体系抽到 $1\times10^{-1}\sim1\times10^{-2}$ Pa，然后再由油扩散泵或涡轮分子泵继续抽到高真空。在与色谱联用的有机质谱仪中，离子源的高真空泵抽速应足够大，以保证由色谱进入离子源后的未电离的部分或其他流动相能及时、迅速地被抽走，保证离子源的高真空度和减缓离子源的污染程度。

（2）有机质谱仪的进样装置

有机质谱仪的进样系统要求能在既不破坏离子源的高真空工作状态、又不破坏化合物的组成和结构的条件下，将有机化合物导入离子源。有机质谱仪主要有如下几种进样方式：

① 直接进样器（probe）　用以导入高沸点固体有机化合物。将装有有机化合物的玻璃毛细管装在顶端有小洞的石英管内，由进样杆携带石英管送入离子源，进样杆前端的加热线圈电流，可以按预定升温程序升温，有机化合物在高真空下被加热气化，进入离子源。

② 色谱进样系统　色谱对混合的有机化合物有很强的分离能力，而有机质谱仪仅对单一组分的有机化合物有很强的定性能力，对混合的有机化合物则很难对其每一组分给出准确的定性结果。若将色谱分离后的、单一组分的有机化合物直接送入离子源内，即将这两种仪器串联在一起，将色谱仪器经过特殊的接口装置作为有机质谱仪的一种进样装置，则这种联用仪器将成为有机化合物分析的强有力的工具。现在的有机质谱仪几乎全部是色谱质谱联用仪，色谱进样已成为现代有机质谱仪不可缺少的进样装置。

图 3.55 为进样系统的示意图。

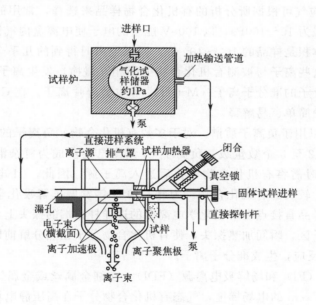

图 3.55　进样系统示意图

（3）有机质谱仪的离子源

离子源的作用是将被分析的有机化合物分子电离成离子，并使这些离子在离子源的透镜系统中聚成有一定几何形状和一定能量的离子束；然后进入质量分析器被分离。离子源性能与有机质谱仪的灵敏度和分辨力有密切的关系。根据有机化合物的热稳定性和电离的难易程度，可以选择不同的离子源，以期得到该有机化合物的分子或离子。有机质谱仪最早常用的离子源是电子轰击电离源，后来又发展了化学电离源、解吸化学电离源、场致电离源、场解吸电离源、快原子轰击电离源、激光解吸电离源、基质辅助激光电离源、大气压化学电离源和电喷雾电离源等新型电离源。

① 电子轰击电离源（EI）　EI 源是有机质谱仪中应用最广泛的离子源，大部分有机质谱仪配有这种离子源。从热灯丝发射的电子被加速通过电离盒，射向阳极，此阳极用来测量电子流强度，通常所用的电子流强度为 $50\sim250\mu A$。改变灯丝与电离盒之间的电位，可以改变电离电压。当电离电压较小（如 $7\sim14eV$）时，电离盒内产生的离子主要是分子离子。当加大电离电压时（$50\sim100eV$，常用 $70eV$），产生的分子离子会部分发生断裂，成为碎片离子。现有的标准谱图都是用 70eV 的电子能量得到的。

EI 源的特点是稳定，操作方便，电子流强度可精密控制，电离效率高，结构简单，控温方便，所形成的离子具有较窄的动能分散，所得谱图是特征的，重现性好。因此，目前绝大部分有机化合物的标准质谱图都是采用 EI 源得到的。

EI 源要求有机化合物必须气化，不能气化或气化时发生分解的有机化合物不能用 EI 源电离。

② 化学电离源（CI）和解吸化学电离源（DCI）　CI 源是利用反应气体的离子和有机化合物样品的分子发生离子-分子反应而生成样品离子的一种"软"电离方法。CI 的结构基本上与 EI 源相同，只是 CI 源的电离盒要有较好的密闭性，使盒内反应气达到离子-分子反应所需的压强。

CI 源所用的反应气可根据所分析的有机化合物样品来选择，常用的有甲烷和氨。反应气在离子盒内的压强为 $10\sim100Pa$，以 100eV 能量的电子使电离盒内气体电离。由于电离盒内气体中反应气的体积是样品的 $10^3\sim10^5$ 倍，所以电离时得到的几乎全是反应气分子离子及其碎片的离子。这些离子与被测有机化合物分子相互碰撞，发生离子-分子反应，生成被测有机化合物样品分子的准分子离子 $(M+H)^+$ 和少数碎片离子。在 CI 谱图中准分子离子往往是基峰，谱图较简单、易解释。

CI 电离源还可以用于负离子质谱。对于多数有机化合物，负离子的 CI 谱图灵敏度要比正离子的 CI 谱图高 2 至 3 个数量级，负离子 CI 谱图已逐步成为复杂混合物的定量分析方法。使用 CI 电离源时需将有机化合物气化后进入离子源，因此，CI 电离源不适用于难挥发、热不稳定或极性较大的有机化合物。为此，1973 年发展了解吸化学电离源。它以化学电离源为基础，将样品直接点在解吸化学电离源的进样杆顶端的探头上，将此探头直接插入化学电离源的等离子区，瞬间加热探头，使有机化合物分子在热分解前即气化，并与反应气离子发生离子-分子反应，生成准分子离子。

③ 场致电离源（FI）和场解吸电离源（FDI）　在细金属丝或金属针上加以正高压，形成 $1\times10^7\sim1\times10^8V/cm$ 的电场梯度，气态有机化合物分子在高压静电场作用下，价电子以一定的概率穿越位垒而逸出，生成分子离子。这种电离叫作场电离或场致电离，适用于气态或可以气化的液态有机化合物样品电离。

FI 源电离的特点是谱图简单，有较强的分子离子峰，碎片离子峰很弱、几乎没有，适用于相对分子质量的测定和混合的有机化合物中各组分的定量分析（不用分离，混合物直接进样）。

FI 源也需先将有机化合物分子气化，再将汽化后的有机化合物分子引入电离区，故 FI 源也不适用于难挥发的、热不稳定的有机化合物。为此，Bekey 于 1969 年设计了 FDI 源。

FDI 源的结构与工作原理和 FI 源基本相同，只是被测有机化合物不需先加热气化，而是将其溶于溶剂中，然后滴加在场发射丝上。场发射丝可通电加热使其上的有机化合物从发射丝上解吸，解吸所需的能量远低于气化所需的能量，故有机化合物分子不会发生热分解。

④ 快原子轰击电离源（FAB）　FAB 源是 20 世纪 80 年代发展起来的一种新的电离源。在离子枪中，气压为 100Pa 的中性气体（一般用氩气），用电子轰击使之电离，生成的氩离子被电子透镜聚焦并加速成动能可以控制的离子束。离子束再经过一个中和器，中和掉携带的电荷，成为高速定向运动的中性原子束，用此高速运动的中性原子轰击有机化合物，使有机化合物分子电离。有机化合物通常用甘油（底物）调和后涂在金属靶上，生成的离子是被测有机化合物分子与甘油分子作用生成的准分子离子。

FAB 源的特点是完全避免了有机化合物的加热，更加适用于热不稳定的有机化合物的分析，可以检测高相对分子质量的有机化合物。

⑤ 激光解吸电离源（LDI）和基质辅助激光解吸电离源（MALDI）　LDI 源是一种结构简单、灵敏度高的电离源。脉冲激光束经平面镜和透镜系统后照射到由不锈钢或玻璃制成的、安装在直接插入探头的顶部的样品靶上，有机化合物制成溶液后涂覆在样品靶上，在真空状态下将样品中溶剂挥发掉，之后由进样杆送入离子源。

1975 年 F. Hillenkamp 教授将 LDI 源与能瞬时记录谱图的飞行时间质谱仪（TOF-MS）结合起来，用以分析蛋白质和多肽。1988 年他又将底物引入激光解吸电离源，提出了基质辅助激光解吸电离质谱（matrix-assisted laser desorption ionization mass spectrometry，MALDI-MS），大大提高了分析灵敏度和选择性，成为分析生物大分子蛋白的最有力的工具之一，实现了生物大分子分析的重大突破。

⑥ 大气压化学电离源（APCI）　在大气压条件下，离子-分子反应取决于离子源中特定的气体或气相试剂。如用氮气（常含微量水）在放电电极电晕放电作用下，反应过程可表示如下：

$$N_2 + e^- \longrightarrow N_2{}^+ + 2e^-$$

$$N_2{}^+ + 2N_2 \longrightarrow N_4{}^+ + N_2$$

$$N_4{}^+ + H_2O \longrightarrow H_2O^+ + 2N_2$$

$$H_2O^+ + H_2O \longrightarrow H_3O^+ + HO$$

$$H_3O^+ + H_2O + N_2 \longrightarrow H^+(H_2O)_2 + N_2$$

$$H^+(H_2O)_{n-1} + H_2O + N_2 \longrightarrow H^+(H_2O)_n + N_2$$

其他离子如 N^+ 和 $N_3{}^+$ 也可生成，还有 $O_2{}^+$、NO^+ 和 $NO_2{}^+$ 等离子存在。

如将溶剂或 HPLC 流出物注入 APCI 离子源，则溶剂成为气相试剂，可形成各种各样正反应试剂离子和负反应试剂离子，这取决于溶剂的性质。

⑦ 电喷雾电离源（ESI）　ESI 源是在高静电梯度（约 3kV/cm）下，使样品溶液发生静电喷雾，在干燥气流中形成带电雾滴，随着溶剂的蒸发，通过离子蒸发等机制，生成气态离子，以进行质谱分析的过程。单单使用静电场发生的静电喷雾，通常只能在 $1 \sim 5\mu L/min$ 的低流速下操作，而借助气动辅助，可在较高的流速，如 1mL/min 条件下工作，这样便于与常规 HPLC 连接。

（4）有机质谱仪的质量分析器

质量分析器是将离子源产生的离子按其质量和电荷比（m/z）的不同，在空间的位置、时间的先后或轨道的稳定与否方面进行分离，以便得到按质荷比（m/z）大小顺序排列成的质谱图。有机质谱仪中常用的质量分析器有：磁质量分析器、四极质量分析器（四极杆滤质器）、飞行时间质量分析器、离子阱质量分析器和离子回旋共振质量分析器。

① 磁质量分析器　包括单聚焦型和双聚焦型。经加速后的离子束在磁场作用下飞行轨道发生不同程度的弯曲而分离。双聚焦质谱仪的分辨率可达 150000。

a. 单聚焦质谱仪　单聚焦质谱仪如图 3.56 所示。在单聚焦即方向（角度）聚焦仪中，由离子出口狭缝 S_1 射出的离子束进行等速直线运动，通过长度为 l_1 的无场空间，进入开角为 Φ_m 的磁场范围内；在与离子运动方向垂直的均匀磁场作用下，离子束进行圆周轨道运动；离子束离开磁场后，又以等速直线运动通过无场空间 l_2，重新会聚在检测器入口狭缝 S_2 附近。

设离子的质量为 m，电荷为 z，磁场感应强度为 B，离子加速电压 V，离子在磁场中运动的曲率半径为 R_m，则对于单一能量的离子束而言，可写成下式：

$$\frac{m}{z} = 4.82 \times 10^{-5} \frac{R_m^2 B^2}{V} \quad (3.22)$$

可见 m/z 与 B、R_m、V 等参数有关，改变这些参数（固定其余参数），可以检测不同质量的离子。

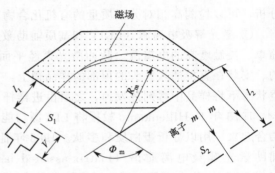

图 3.56　单聚焦质谱仪简图

b. 双聚焦质谱仪　单聚焦分析器仅采用磁偏转式质量分析器（MA），只能改变离子的运动方向，不能改变离子运动速度的大小，因而难以分离离子束。静电分析器（EA）虽有方向聚焦和能量色散作用，但没有质量色散能力，因而无法实现质量分离。把 EA 和 MA 串联成图 3.57 所示仪器，可以利用 EA 将来自离子源出口狭缝 S_1，且具有一定角度分散和能量分散的离子束聚焦在 EA 的焦平面上，选择一定能量的离子使之通过狭缝 S_0 进入 MA，最终在检测器入口狭缝 S_2 处实现方向（角度）与能量（速度）双聚焦。

双聚焦仪器可以达到很高的分辨力，但结构较复杂、价格较高。

② 四极质量分析器　传统的四级杆质量分析器是由四根笔直的金属或表面镀有金属的极棒与轴线平行并等距离地排列着构成，棒的理想表面为双曲面，四级杆质量分析器示意图见图 3.58。

如图 3.58，在 x 与 y 两支电极上分别施加 $\pm(U + V\cos 2\pi ft)$ 的高频电压（V 为电压幅值，U 为直流分量，$U/V = 0.16784$，f 为频率，t 为时间），离子从离子源出来后沿着与 x、y 方向垂直的 z 方向进入高频电场中。这时，只有质荷比（m/z）满足式（3.23）的离子才能通过四级杆到达检测器。

$$\frac{m}{z} = \frac{0.136V}{r_0^2 f} \quad (3.23)$$

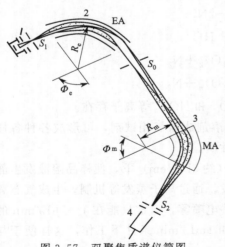

图 3.57　双聚焦质谱仪简图

1—离子源；2—静电分析器；

3—磁分析器；4—检测器

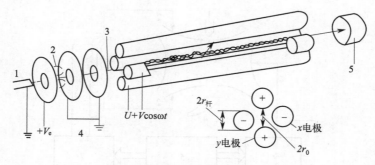

图 3.58　四级杆质量分析器示意图

1—阴极；2—电子；3—离子；4—离子源；5—检测器

式中　r_0——场半径，cm。

　　其他离子则撞到四级杆上而被"过滤"掉。当改变高频电压的幅值（V）或频率（f），即用 V 或 f 扫描时，不同质荷比的离子可陆续通过四级杆而被检测器检测。

　　③ 飞行时间质量分析器　简单的飞行时间质量分析器是由一定长度空心金属管道构成的，其中一端安置离子源，另一端安置检测器，根据不同速度的离子在无场区的飞行时间不同而被分离，其结构如图 3.59。

　　由离子源产生的离子通过紧邻离子源后面的加速电场加速，带有电荷数的离子可以获得相同的动能；由于其质量不同，因而具有不同的飞行速度。因此，不同质量离子达到检测器的时间不同，这样检测器通过测定不同的时间，就可以确定离子的质荷比 m/z。离子质荷比与飞行时间的关系见式（3.24）。

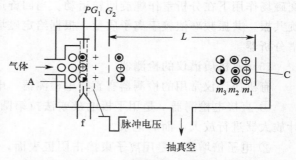

图 3.59　飞行时间质谱仪简图

$$\frac{m}{z} = \frac{2V}{L^2} t^2 \qquad (3.24)$$

式中　V——离子加速电压，V；

　　　　L——无场区（漂移管）长度，mm；

　　　　t——飞行时间，s。

　　在 V、L 等参数不变的条件下，测定 t 值即可确定 m/z 值。这种质量分析器的结构简单：在 $L = 10 \sim 1 \times 10^3$ mm、$V = 1 \times 10^2 \sim 1 \times 10^3$ V 等条件下，t 值约为 $1 \times 10^{-5} \sim 1 \times 10^{-6}$ s。

　　④ 离子阱质量分析器　结构如图 3-60 所示，由上下两个端盖电极和一个环电极组成，上下端盖电极是相似的，不同的是一个在其中心有一小孔以便让电子束或离子进入离子阱，另一个在其中央有若干个小孔，离子通过这些小孔达到检测器，这上下两个电极呈双曲面结构；第三个电极，即环电极，其内表面也呈双曲面形状，三个电极对称配置。

　　在环形电极和端盖电极之间施加 $\pm(U + V\cos 2\pi f t)$ 的高频电压（U 为直流电压，V 为高频电压幅值，f 为高频电压频率），当高频电压的 V 和 f 固定时，只能使某一质荷比的离子成为阱内的稳定离子，其他质荷比的离子成为不稳定离子，轨道振幅增加，直到撞击电极

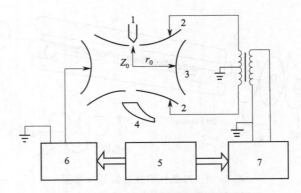

图 3-60 离子阱质量分析器示意图

1—灯丝；2—端帽；3—环形电极；4—电子倍增器；5—计算机；

6—放大器和射频发生器（基本射频电压）；7—放大器和射频发生器（附加射频电压）

而消失。当在引出电极上加负压电脉冲时，就可将阱内稳定的离子引出，再由检测器检测。离子阱质量分析器的扫描方式和四极质量分析器相似，即在恒定的直交比下，扫描高频电压，获得质谱图。

⑤ 离子回旋共振质量分析器 用电子束轰击试样分子使其电离，离子在射频电场和正交磁场作用下在分析室作螺旋回转运动。当回旋运动的频率与射频电场频率相等时，产生回旋共振。共振频率依赖于离子质量，根据给定磁场中的离子回旋频率来测量离子质荷比的质谱分析器。

（5）有机质谱仪的检测器

有机质谱仪常用的检测器有直接电检测器、电子倍增器、闪烁检测器和微通道板等。

① 直接电检测器 是用平板电极或法拉第圆筒接收离子流，然后由直流放大器或静电计放大器进行放大，而后记录。

② 电子倍增器 是用离子束撞击阴极表面，使其发射出二次电子，再用二次电子依次轰击一系列电极，使二次电子获得不断倍增，最后由阳极接受电子流，使离子束信号得到放大。其结构图如图 3.61 所示。

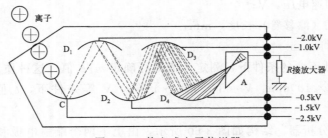

图 3.61 静电式电子倍增器

渠道式电子倍增器阵列（channel electron multiplier array）是一种具有高灵敏的质谱离子检测器。它由在半导体材料平板上密排的渠道构成[图 3.62(a)]，在各渠道内壁涂有二次电子发射材料而构成倍增器，为得到更高的增益，将两块渠道板串级连接[图 3.62(c)]，图 3.62(b) 为其工作原理示意。

③ 闪烁检测器 由质量分析器出来的高速离子打击闪烁体使其发光，然后用光电倍增

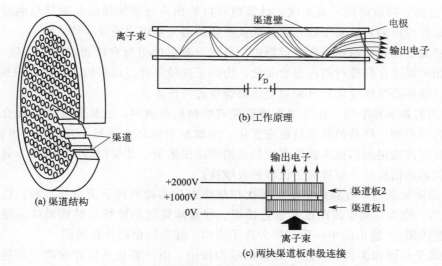

图 3.62　渠道式电子倍增阵列检测器

器检测闪烁体发出的光。被测离子经两平板电极加速后打击转换电极发射出二次电子，二次电子被电隔离罩和闪烁体所形成的电场会聚，并被加速后撞击闪烁体使其发光，所发出的光经光导管输入光电倍增管，转变成电信号后被放大。

④ 微通道板　是 20 世纪 70 年代发展起来的新型检测器，由大量微型通道管（管径约 $20\mu m$，长约 1mm）组成。微通道管由高铅玻璃制成，具有较高的二次电子发射率。每一个微通道管相当于一个通道型连续电子倍增器。整块微通道板则相当于若干这种电子倍增器并联，每块板的增益为 10^4。欲获得更高增益，可将微通道板串联使用。

（6）有机质谱仪的计算机系统

现代的有机质谱仪都配有完善的计算机系统，它不仅能快速准确地采集数据和处理数据，而且能监控仪器各单元的工作状态，实现仪器的全自动操作，并能代替人工进行有机化合物的定性和定量分析。

① 数据的采集和简化　一个有机化合物可能有数百个质谱峰，若每个峰采数 15～20 次，则每次扫描总量在 2000 次以上。这些数据是在几秒之内采集的，必须在很短的时间内把这些数据收集起来，并进行运算和简化，最后变成峰位（时间）和峰强贮存起来。经过简化后每个峰由两个数据-峰位（时间）和峰强表示。

② 质量数的转换　就是把获得的峰位（时间）谱转换为质量谱（即质量数-峰强关系图）。对于低分辨质谱仪先用参考标样（全氟煤油，PFK）作为质量内标，而后用指数内插及外推法，将峰位（时间）转换成质量数（质荷比 m/z）。在作高分辨质谱图时，未知样和参考样同时进样，未知样的谱峰夹在参考样的谱峰中间，并能很好地分开。按内插法和外推法用参考标准物质的准确质量数计算出未知物的精确质量数。

③ 扣除本底或相邻组分的干扰　利用"差谱"技术将样品谱图中的本底谱图或干扰组分的谱图扣除，得到所需组分的真正谱图，以便于解析。

④ 谱峰强度归一化　把谱图中所有峰的强度对最强峰（基峰）的相对百分数列成数据表或给出棒图（质谱图）。也可将全部离子强度之和作为 100，每一谱峰强度用总离子强度的百分数表示。归一化有利于和标准谱图比较，便于谱图的解析。

⑤ 标出高分辨质谱的元素组成　计算机可以给出高分辨质谱的精确质量测量值；按该精确质量计算可得到差值最小的元素组成及测量值与元素组成的计算值之差。

⑥ 用总离子流对质谱峰强度进行修正　色谱分离后的组分在流出过程中浓度不断变化，质谱峰的相对强度在扫描时间内也会变化，为纠正这种失真，计算机系统可以根据总离子流的变化（反映样品浓度变化）自动对质谱峰强度进行校正。

⑦ 谱图的累加和平均　在使用直接进样或场解析电离时，有机化合物的混合物样品蒸发会有先后的差别，样品的蒸发量也在变化。为观察杂质存在情况，有时需给出量的估算。计算机系统可按选定的扫描次数把多次扫描的质谱图累加，并按扫描次数平均。这样可以有效地提高仪器的信噪比，也提高了仪器的灵敏度。

⑧ 输出质量色谱　计算机系统将每次扫描所得质谱峰的离子流全部加和，以总离子流（TIC）输出，称为总离子流图或质量色谱图。根据需要可扣除指定的质谱峰后输出（称为重建质量色谱图）。输出的单一质谱峰的离子流图，称为质量碎片色谱图。

⑨ 单离子检测和多离子检测　在有机质谱仪中，由计算机系统控制离子加速电压"跳变"，实现一次扫描中采集一个指定离子或多个指定离子的检测方法称为单离子检测或多离子检测，主要用于有机质谱的定量分析。

⑩ 谱图检索　利用计算机存储大量已知有机化合物的标准谱图，这些标准谱图绝大多数是用同样的电离条件（EI 电离，70eV 电子能量）得到，然后用计算机按一定的程序与计算机内的标准谱库对比，计算出它们的相似性指数，最后给出几种较相似的有机化合物名称、相对分子质量、分子式、结构式和相似性指数。目前，大多数有机质谱仪厂家提供的谱库内存有 10 多万张有机化合物标准谱图。

3.2.2　气相色谱-质谱联用仪

气相色谱-质谱联用技术（GC-MS）起始于 20 世纪 50 年代后期，1965 年出现了商品仪器，1968 年实现了与计算机的联用，随着计算机软件和电子技术的发展，它的功能已日趋完善，应用范围不断扩大，成为当今有机混合物分析的最有效的手段之一。

利用气相色谱对混合物的高效分离能力和质谱对纯化合物的准确鉴定能力而开发的分析仪器称为气相色谱-质谱联用仪，简称气-质联用仪，这种技术（或分析方法）称气相色谱-质谱联用技术。在气-质联用仪中，气相色谱与质谱的关系如下：气相色谱是质谱的样品预处理器，质谱则是气相色谱的检测器。在分析仪器联用技术中气相色谱-质谱联用开发最早，仪器最完善，应用最为广泛，是最为成功的一种。目前生产的有机质谱仪几乎都具有气相色谱和质谱的联用能力。

气相色谱仪的功能是将混合物的多组分化合物分离成单组分化合物，它属气相分子分离的一种分析仪器，入口端高于大气压力，出口端为质谱仪的离子源的压力，在高于大气压条件下完成气相分子的分离。气相色谱仪一般由载气控制系统、色谱柱、柱箱控温系统、进样系统等组成。样品从进样系统进样后，在载体的带动下，分流或不分流地流入一定温度下的气相色谱柱，根据样品在流动相和固定相上的分配系数不同使混合物各组分在色谱柱内具有不同的流速而分离，最后随载气从色谱柱流出，然后进入质谱检测器检测。GC-MS 工作原理示意图如图 3.63 所示。

气-质联用仪的接口组件是气相色谱仪与质谱仪连接的关键部件，它起传输试样、匹配两者工作流量的作用。随着毛细管色谱柱的应用越来越广泛和质谱仪大抽力的涡轮分子泵的

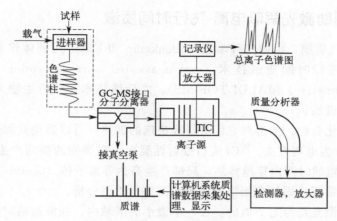

图 3.63　GC-MS 工作原理示意图

应用，对接口的技术要求越来越低。

质谱仪属于气相离子分离的一种分析仪器，离子运动环境为真空，在高真空条件下完成气相离子分离。质谱仪一般由进样系统、离子源、离子质量分析器及其质量扫描部件、离子流检测器及记录系统和为离子运动所需的真空系统组成。

样品气体分子通过进样系统（直接探头进样、GC 进样等）进入一定真空度下的离子源，在离子源内将试样分子转化为样品离子。离子化方法不同，生成离子种类也不同，软电离时生成准分子离子和少量碎片离子，可提供相对分子质量信息。电子轰击电离时则生成大量碎片离子，提供分子结构信息。

（1）GC-MS 联用仪和气相色谱仪相比的优点

①其定性参数增加，定性可靠；②它是一种高灵敏度的通用型检测器；③可同时对多种化合物进行测量而不受基质干扰；④定量精度较高；⑤日常维护方便。

（2）GC-MS 常用测定方法

① 总离子流色谱法（total ionization chromatography，TIC）　类似于 GC 图谱，用于定量。

② 反复扫描法（repetive scanning method，RSM）　按一定间隔时间反复扫描，自动测量、运算，制得各个组分的质谱图，可进行定性。

③ 质量色谱法（mass chromatography，MC）　记录具有某质荷比的离子强度随时间变化图谱。在选定的质量范围内，任何一个质量数都有与总离子流色谱图相似的质量色谱图。

④ 选择性离子监测（selected ion monitoring，SIM）　对选定的某个或数个特征质量峰进行单离子或多离子检测，获得这些离子流强度随时间的变化曲线。其检测灵敏度较总离子流检测高 2～3 个数量级。

离子源生成的离子进入质量分析器，质量分析器是某种类型的电、磁场装置，离子在电、磁场作用下按离子的质量/电荷比（m/z）分离。按质/荷比分离的方式有空间和时间两种：按空间分离时，某一空间位置只能接收到某一质荷比的离子；按时间分离时，某一时刻只能接收到某一质荷比离子。质量分析器又有静态、动态之分，依检测固定质荷比的离子时质量分析器的电、磁场强度是否随时间变化而区分，不变的称静态，变化的称动态。磁式质量分析器属静态，四极、三维四极和离子共振质量分析器都属动态。

3.2.3 基质辅助激光解吸电离-飞行时间质谱

20 世纪 80 年代后期，由德国科学家 Hillenkamp 和 Karas 用固体作基质引入了基质辅助激光解吸电离-飞行时间质谱技术（matrix-assisted laser desorption ionization time of flight mass spectrometry，MALDI-TOF-MS)。之后该技术在分析生物大分子和有机聚合物方面取得了重大进展。

对于热敏感的化合物，如果对它们进行极快速的加热，可以避免其加热分解。利用这个原理，曾用^{252}Cf 作为电离方法。^{252}Cf 进行放射性裂变，在裂变的瞬间产生裂变碎片（如 Ba 和 Tc)，它们在极短的时间内穿越样品，局部产生高达等离子体（plasma）的高温，对热敏感或不挥发的化合物可从固相直接得到离子从而进行质谱分析。

采用脉冲式的激光是与之类似的：在一个微小的区域内，在极短的时间间隔（纳秒数量级），激光可对靶物提供高的能量。

MALDI 的方法如下。将被分析物质（μmol/L 级浓度）的溶液和某种基质（mmol/L 级浓度）溶液相混合。蒸发溶剂，于是被分析物质与基质成为晶体或半晶体。用一定波长的脉冲式激光进行照射。基质分子能有效地吸收激光的能量，使基质分子和样品投射到气相并得到电离。

常用的基质有 2,5-二羟基苯甲酸、芥子酸、烟酸、α-氰基-4-羟基肉桂酸等。

采用 MALDI 法的优点主要有下列两点：

① 使一些难于电离的样品电离，且无明显的碎裂，得到完整的被分析物的分子的电离产物，特别是在生物大分子，如：肽类化合物、核酸等取得很大成功。

② 由于应用的是脉冲式激光，特别适合于与飞行时间质谱计相配，因而我们常可见到 MALDI-TOF-MS 这个术语。

当然，MALDI 也可以与离子阱类型的质量分析器相配。

飞行时间质谱计有下列优点：

① 质量分析器既不需要磁场，又不需要电场，只需要直线漂移空间。因此，仪器的机械结构较简单。但早期的仪器分辨率较低。造成分辨率低的主要原因，在于进入漂移空间的离子，即使具有相同的质量，但由于产生的时间、空间位置和初始动能的不同，到达检测器的时间就不同，因而降低了分辨率。目前，应用激光脉冲电离方式，采用离子延迟引出技术和离子反射技术，已在很大程度上克服了由于上述原因造成的分辨率下降，使质量分辨率达到几千到上万。

② 扫描速度快，可在 $1 \times 10^{-6} \sim 1 \times 10^{-5}$ s 时间内观察、记录整段质谱。飞行时间质谱计可用于研究快速反应及与色谱联用等。

③ 不存在聚焦狭缝，因此灵敏度很高。

④ 测定的质量范围仅取决于飞行时间，可达到几十万原子质量单位。

⑤ 结构简单，便于维护。

飞行时间质谱计的重要缺点为分辨率随质荷比的增加而降低。质量越大时，飞行时间的差值越小，分辨率越低。

3.2.4 质谱定性分析及谱图解析

质谱图可提供有关分子结构的许多信息，因而定性能力强是质谱分析的重要特点。以下简要讨论质谱在这方面的主要作用。

3.2.4.1　测定相对分子质量

从分子离子峰可以准确地测定该物质的相对分子质量，这是质谱分析的独特优点，它比经典的相对分子质量测定方法（如冰点下降法、沸点上升法、渗透压测定等）快而准确，且所需试样量少（一般 0.1mg）。关键是分子离子峰的判断，因为在质谱中最高质荷比的离子峰不一定是分子离子峰，这是由于存在同位素等原因，可能出现 $M+1$，$M+2$ 峰；另一方面，若分子离子不稳定，有时甚至不出现分子离子峰。因此，在判断分子离子峰时应注意以下一些问题。

① 分子离子稳定性的一般规律　分子离子的稳定性与分子结构有关。碳数较多，碳链较长（有例外）和有链分支的分子，分裂概率较高，其分子离子峰的稳定性低；具有 π 键的芳香族化合物和共轭链烯，分子离子稳定，分子离子峰大。分子离子稳定性的顺序一般为：芳香环＞共轭链烯＞脂环化合物＞直链的烷烃类＞硫醇＞酮＞胺＞酯＞醚＞分支较多的烷烃类＞醇。由于化合物常为多基团，实际情况也复杂，所以这一顺序可能有一定变化。

② 分子离子峰质量数的规律（氮律）　由 C、H、O 组成的有机化合物，分子离子峰的质量一定是偶数。而由 C、H、O、N、P 和卤素等元素组成的化合物，含奇数个 N，分子离子峰的质量是奇数；含偶数个 N，分子离子峰的质量则是偶数。这一规律称为氮律。凡不符合氮律者，就不是分子离子峰。

③ 分子离子峰与邻近峰的质量差是否合理　如有不合理的碎片峰，就不是分子离子峰。例如分子离子不可能裂解出两个以上的氢原子和小于一个甲基的基团，故分子离子峰的左面不可能出现比分子离子峰质量小 3～14 个质量单位的峰；若出现质量差 15 或 18，这是由于裂解出 $\cdot CH_3$ 或一分子水，因此这些质量差都是合理的。

④ $M+1$ 峰　某些化合物（如醚、酯、胺、酰胺等）形成的分子离子不稳定，分子离子峰很小，甚至不出现；但 $M+1$ 峰却相当大。这是由于分子离子在离子源中捕获一个氢离子而形成的，例如

$$R-O-R' \xrightarrow{-e^-} R-\overset{+}{O}-R' \xrightarrow{+\cdot H} R-\overset{\overset{H}{|}}{O}-R'$$

⑤ $M-1$ 峰　有些化合物没有分子离子峰，但 M-1 峰却较大，醛就是一个典型的例子，这是由于发生如下的裂解而形成的：

$$R-\overset{\overset{H}{|}}{C}=O \xrightarrow{-e^-} R-\overset{\overset{H}{|}}{\overset{+}{C}}\overset{\cdot}{O} \xrightarrow{-\cdot H} R-C\equiv\overset{+}{O}$$

因此在判断分子离子峰时，应注意形成 $M+1$ 或 $M-1$ 峰的可能性。

⑥ 降低电子轰击源的电子能量　这时可采用 12eV 左右低电子能量，虽然总离子流强度会大为降低，但有可能得到一定强度的分子离子。

⑦ 采用其他电离方式　采用"软"电离技术，如化学电离、场解析电离、快原子轰击等，这些离子源的特点是可得到较强的分子离子峰或准分子离子峰。

3.2.4.2　分子式的确定

高分辨质谱仪可精确测定分子离子或碎片离子的质荷比，故可利用元素的精确质量及丰度比求算其元素组成。例如 CO、C_2H_4、N_2 的相对分子质量都是 28，但它们的精确值分别是 CO 为 27.99491475，C_2H_4 为 28.03130024，N_2 为 28.00614814。因而可通过精确值测定来进行推断。对于复杂分子的分子式同样可计算求得。这种计算虽繁琐，但可用计算机完

成。即在测定其精确质量值后由计算机计算给出化合物的分子式。现在的高分辨质谱仪都具有这种功能。

对于相对分子质量较小、分子离子峰较强的化合物，在低分辨的质谱仪上，可通过同位素相对丰度法推导其分子式。

各元素具有一定的同位素天然丰度，不同的分子式，其$(M+1)/M$和$(M+2)/M$的百分比都将不同。若以质谱法测定分子离子峰及其分子离子的同位素峰（$M+1$，$M+2$）的相对强度，就能根据$(M+1)/M$和$(M+2)/M$的百分比来确定分子式。为此，Beynon J. H 等计算了含碳、氢、氧和氮的各种组合的质量和同位素丰度比并编制为表格。

3.2.4.3　根据裂解模型鉴定化合物和确定结构

各种化合物在一定能量的离子源中是按照一定规律进行裂解而形成各种碎片离子的，因而表现一定的质谱图。所以根据裂解后形成各种离子峰可以鉴定物质的组成及结构。

3.2.4.4　谱图检索

以质谱鉴定化合物及确定结构更为快捷、直观的方法是计算机谱图检索。质谱仪的计算机数据系统存储大量已知有机化合物的标准谱图，构成谱库。这些标准谱图绝大多数是用电子轰击离子源（在 70eV 电子束轰击）于双聚焦质谱仪上做出的。被测有机化合物试样的质谱图是在同样条件（E1 离子源，70eV 电子束轰击）下得到，然后用计算机按一定的程序与计算机内存标准谱图对比，计算出它们的相似性指数（或称匹配度），给出几种较相似的有机化合物名称、相对分子质量、分子式或结构式等，并提供试样谱和标准谱的比较谱图。目前，大多数有机质谱仪厂家提供的谱库内存有有机化合物的标准谱图十多万张，并在不断增加中。

3.2.5　GC-MS 测定高纯气体中痕量杂质

图 3.64 为人造砷烷和气体混合物的色谱分析图，图中砷烷未记录。采用 Agilent 6890/MSD 5973N 气相色谱仪，附带四极杆分析器，用 70eV 能量的电子轰击离子化，离子源温度为 150℃，四极质量过滤器 106，色谱/质谱仪接口 200℃，色谱仪记录由总离子流进行扫描 12～250amu。

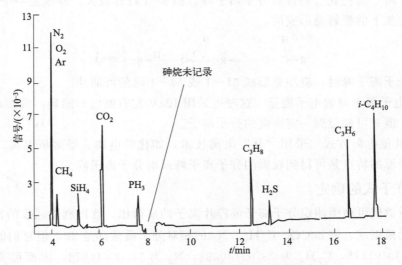

图 3.64　人造砷烷和气体混合物的色谱分析图

色谱条件：载气为氦气，平均流速为 30cm/s，柱温为 30℃维持 8min，然后按照 10℃/min 升温至 100℃，维持 5min，再升温至 130℃，至分析结束。砷烷中气体杂质分离参数及检出限见表 3.31。

表 3.31　砷烷中气体杂质分离参数及检出限

杂质	保留时间/min	m/z	检出限(摩尔分数)
N_2	3.89	28	$(4.0\pm0.9)\times10^{-5}$
O_2	3.89	32	$(1.1\pm0.2)\times10^{-5}$
Ar	3.89	40	$(9\pm3)\times10^{-7}$
CH_4	4.06	15	$<6\times10^{-6}$
SiH_4	5.02	32	$(6\pm2)\times10^{-7}$
CO_2	6.24	44	$(3.4\pm0.5)\times10^{-5}$
PH_3	7.71	34	$<1\times10^{-5}$
C_3H_8	12.55	34	$<4\times10^{-7}$
H_2S	13.24	29	$(9\pm2)\times10^{-6}$
C_3H_6	15.54	34	$(2.5\pm0.4)\times10^{-4}$
$i\text{-}C_4H_{10}$	1774	58	$<9\times10^{-7}$

3.2.6　有机质谱仪保养和维护

气相色谱-质谱联用仪是使用较为普遍和广泛的仪器，对仪器的正确使用及维护保养，不仅可以确保仪器的良好工作状态，使得分析数据准确可靠，还可以延长仪器和易耗件的使用寿命。有机质谱仪保养和维护主要包括仪器工作环境、载气系统、质谱真空系统、进样系统、色谱柱使用、仪器的期间核查等方面。以气相色谱-质谱联用仪为主，介绍有机质谱仪维护和保养的注意事项。其他型号仪器维护保养原理类似，具体可以参照仪器厂家的维护保养建议。

3.2.6.1　仪器工作环境

仪器安装时，要配备交流稳压器，以保持良好的供电电源，最好使用不间断稳压电源，以防备在突然断电的情况下，对仪器及计算机可能造成的损坏。单独安装空调来控温和控湿，确保仪器环境温度在适宜的范围内。

3.2.6.2　样品制备注意事项

首先，送样人员必须提供样品性质、溶解体系、提取方法等信息。样品溶液要适用于质谱仪的进样系统。气相色谱-质谱联用仪只能分析能够在离子源中（一般小于 350℃）气化的样品，而液相色谱-质谱联用仪适用于分析在流动相中能够分离的沸点稍高的有机化合物，有机质谱仪均不适宜分析含有无机盐的样品。

由于质谱检测灵敏度高，溶剂的纯度及交叉污染会严重影响试验结果的准确性，待分析样品必须保持清洁，推荐使用进口溶剂、玻璃容器、离心管等耗材，用品需单独使用，避免交叉污染。禁止使用塑料容器盛装有机溶剂。质谱仪是灵敏度很高的仪器，进样浓度一定不能太高，太高的浓度对仪器来说比较容易造成污染，影响检验结果。

3.2.6.3　进样系统

（1）载气或流动相系统

气相色谱-质谱联用仪常用载气为氦气，其气体纯度必须满足仪器要求。当气瓶的压力降低到 2 MPa 左右时，应更换载气，以防止余气中较多杂质对气路造成污染。另外，还应安装气体过滤器，用来过滤载气中水气和氧气，净化装置应及时更换。

液相色谱-质谱联用仪使用符合 HPLC 要求等级与 LC/MS 要求等级的流动相。避免使用无挥发性的缓冲剂（磷酸缓冲剂等）。每次开机之前，更换新鲜制备的超纯水及流动相，更换时，泵的各管路残留溶剂不应继续使用。

（2）进样隔垫

进样隔垫最常用的是红色和灰绿色的，红色是耐高温进样隔垫，灰绿色是低流失进样隔垫。更换进样隔垫时先将柱温降至 50 ℃ 以下，关闭进样口温度和流量程序。隔垫更换时，注意进样口螺母不要拧得太紧，否则橡胶失去弹性，针扎下去会造成打孔效应，缩短进样隔垫使用寿命。一般自动进样约 100 针后即应更换进样隔垫，手动进样还要少一些。

（3）衬管

衬管应视进样口类型、样品量、进样模式等因素来选用。尤其是分流及不分流的衬管，注意不要混用。另外，衬管的洁净度直接影响到仪器的检测结果，应注意对衬管的清洁检查，及时更换或维护。

3.2.6.4　质谱真空系统

质谱真空系统是保证气相色谱-质谱联用仪正常工作的基础，如果仪器的真空度达不到要求，会影响质谱分析器和检测器等电子元器件的寿命，而且由真空腔内气体所产生的高本底以及引起的离子-分子反应，会干扰质谱图及分析结果。

真空系统的维持，一般由低真空机械油泵和高真空泵共同完成。进行机械泵的维护时，首先要观察润滑油的量、颜色，并确认泵机的声音。如果发现浑浊、缺油等状况，或者已经累计运行超过一定时间，要及时更换机械泵油。并且所换泵油型号最好也要相同，不同牌号的泵油最好不要混合使用。无油泵虽然无油，但不代表其无需维护。每 6 个月至 1 年需要更换密封垫。

3.2.6.5　色谱柱使用

（1）色谱柱的维护

混合物中各组分的分离是在色谱柱中完成的，色谱柱质量的好坏对整个测试结果具有重大的影响。当载气中混有氧气时，氧气可以使色谱柱的固定相发生氧化，使色谱柱的效率下降，同时也会使检测器中的热丝产生氧化，缩短检测器的使用寿命。此外，无机酸碱等都会对色谱柱固定相造成损伤，应杜绝这几类物质进入色谱柱。

（2）气相色谱柱的选择与老化

一般考虑固定相的类型、长度、口径和膜厚来选择色谱柱：色谱柱的固定相极性由弱到强可以分为非极性、弱极性、中等极性和强极性，其固定相的极性越高，使用的温度上限越低，并且随柱温的升高会加剧固定相的流失，对固定相的选择要尽量用极性低的；柱长的要求是尽量用短柱；小口径色谱柱与大口径的相比有较好的分离度、较高的灵敏度和漂亮的峰型，但小口径柱容量小，要根据样品量选择合适口径的色谱柱；固定液膜厚则柱流失严重，并且在操作时能够耐受的最高使用温度也较薄液膜的低，但可以承受较大的进样量，并且对同分异构体的分离度也较好。

新柱老化时不接质谱，设定一个程序升温程序走几次就能满足分析需要，其中程序升温程序的起始一般设为 50℃，最高温度可选择低于柱使用温度上限 20 ℃，升温速率要慢，一般设为 5℃/min。旧柱老化时可接质谱，程序升温的最高温度可比平时使用的最高温度高一些，但不能超过柱允许使用的温度上限。

（3）色谱柱的安装

进样口端和接质谱端所用的石墨垫圈不同，不要混用。毛细管长度要用仪器公司提供的专门工具比对合适。切割时应用专用的陶瓷切片，切割面要平整。安装时柱接头的螺母不要拧太紧，太紧了压碎石墨圈反而容易造成漏气。

色谱柱接质谱前先开机让柱末端插入盛有有机溶剂的小烧杯，看是否有气泡溢出且流速与设定值相当。严禁无载气通过时高温烘烤色谱柱对色谱柱造成损坏。

仪器的正确使用和良好维护是保证分析数据准确可靠的重要前提。做好仪器的日常维护和保养，是减少仪器出现故障的主要手段，同时可以延长仪器的使用寿命。在日常使用中，认真执行仪器的操作规程，加强仪器各部分结构和功能的了解，逐渐积累经验，使其发挥应有的效用。

3.3　红外光谱法

3.3.1　光谱学的总体概述

太阳光透过三棱镜能够分解成红、橙、黄、绿、蓝、青、紫的光谱带。1800 年人们发现把温度计放在光谱带的红光外面，温度会升高，这就发现了人眼看不见但具有热效应的红外线。它和可见光一样，有反射、衍射、偏振等性质。它的传播速度和可见光相同，但波长不同。红外区是电磁波谱中的一部分，波长在 $0.7 \sim 1000 \mu m$ 左右。红外区又可进一步分成三个区，通常的红外光谱测定范围是基频红外区 $2 \sim 25 \mu m$。电磁波谱中的各区都对应有光谱法，见表 3.32。

表 3.32　划分成光谱区的电磁波总谱

波长及其分区	$2 \times 10^5 \mu m$	$1000 \mu m$	$25 \mu m$	$2 \mu m$	$750 nm$	$400 nm$	$10 nm$	$0.01 nm$
	无线电波区	微波区	远红外区	基频红外区	近红外区	可见区	紫外区	X 射线区	γ 射线区
运动形式	核自旋	电子自旋	分子转动及晶体的晶格转动	分子基频振动	主要涉及 O—H、N—H、C—H 键振动的倍频及合频吸收	外层电子跃迁	内层电子跃迁	核反应
光谱法	核磁共振谱	微波光谱	远红外光谱	红外光谱	近红外光谱	可见和紫外光谱	X 射线光谱	γ 射线光谱

通过与其他技术相比，红外检测方法具有以下优点：

选择性好：大多危险气体都有自己的特征红外吸收频率，在对混合气体检测时，各种气体吸收各自对应的特征频率光谱，它们是互相独立、互不干扰的，这为测量混合气体中某种特定气体的浓度提供了条件。因此采用红外吸收方法检测气体具有选择性好的优点。

不易受有害气体的影响而中毒、老化：每种检测方法都有自己的测量范围，当待测气体浓度过多地超过测量范围时，会造成载体催化类元件中毒失效，使测量结果发生偏差。甚至再回到正常浓度也不能正常工作，造成检测元件的永久中毒。采用红外原理检测，不会受有毒气体的影响而中毒、老化。

响应速度快、稳定性好：气体检测系统在开机后，都要预热一段时间才能正常工作，而采用红外吸收原理检测气体，在开机相对较短的时间内就能正常工作，并且当浓度发生变化时，也比其他检测方法能更及时作出响应。某些气体检测方法的检测元件工作时，会因为其检测元件发热而温度升高等因素使得测量不准确，而红外吸收原理检测气体是采用光信号，自身不会引起检测系统发热，测量系统不受温度的变化而受影响，从而使其系统工作稳定性好。

防爆性好：红外原理采用光信号作为检测工作的信号，与以往的电信号不同。它需要的电压低，在矿井、煤气站等混合爆炸气体的场合，不会成为爆炸的点火因素，具有较好的防爆性。

信噪比高，使用寿命长、测量精度高：采用红外吸收原理，产生的干扰信号小，有用信号明显，系统的信噪比高。同时系统具有零点自动补偿与灵敏度自动补偿功能，因而不用定时校准，具有使用寿命长的优点。

应用范围广：红外吸收原理除了可以应用于气体检测外，在石油、纺织行业中对石油成分和比例的分析，纺织产品的定性、定量分析，以及在红外热成像技术、红外机械无损探测探伤、物体的识别等都得到广泛运用，在军事上的红外夜视、红外制导、导航、红外隐身、红外遥测遥感技术等方面也取得了很好的效果。

光谱分析法是基于检测能量（电磁辐射）作用于待测物质后产生的辐射信号或所引起的变化的分析方法。这些电磁辐射包括从 γ 射线到无线电波的所有电磁波谱范围，电磁辐射与物质相互作用的方式有发射、吸收、反射、折射、散射、衍射、偏振等。

光学分析法可分为光谱法和非光谱法两大类。光谱法是基于物质与辐射能作用时，测量由物质内部发生量子化的能级之间的跃迁而产生的发射、吸收或散射辐射的波长和强度进行分析的方法。

光谱法可分为原子光谱法和分子光谱法。

原子光谱法是由原子外层或内层电子能级的变化产生的，它的表现形式为线光谱。属于这类分析方法的有原子发射光谱法、原子吸收光谱法、原子荧光光谱法以及 X 射线荧光光谱法等。

分子光谱法是由分子中电子能级的振动和转动能级的变化产生的，表现形式为带光谱。属于这类分析方法的有紫外-可见分光光度法、红外光谱法、分子荧光光谱法和分子磷光光谱法等。

3.3.2 红外光谱法的基本原理

物质分子总是处于不停的运动状态之中，当分子经光照射吸收了光能后，运动状态将从基态跃迁到高能量的激发态。分子运动的能量是量子化的，它不能占有任意的能量。被分子吸收的光子，其能量必须等于分子动能的两个能量级之差，否则不能被吸收。

分子所吸收的能量可由下式表示：

$$E = h\nu = hc/\lambda \tag{3.25}$$

式中　E——光子的能量；

　　　h——普朗克常数；

　　　ν——光子频率；

　　c——光速；

　　λ——波长。

由式(3.25)可见光子的能量与频率成正比，而与波长成反比。分子吸收光子后，依光子能量的大小可引起转动、振动和电子能级的跃迁等。红外光谱就是由于分子的振动和转动引起的，因而又称为振-转光谱。

3.3.2.1　振动模式

基频振动模式分子吸收能量后引起的基本振动模式有六种（以亚甲基为例列于表3.33）。

表 3.33　亚甲基的基本振动模式

震动模式		代号	示意图	亚甲基键的变化
伸缩	对称伸缩	ν　　ν_s		改变键长
	不对称伸缩	ν_{as}		
弯曲（变形）	面内弯曲（剪式）	b 或 δ　　δ 或 β		改变键角
	面外弯曲（剪式）	r 或 t		
摇摆	面内摇摆	r　　r 或 ρ		键长和键角都不变
	面外摇摆	w		

双原子只有伸缩振动，而多原子有多种振动形式，但可以把它的振动分解为许多简单的基本振动。大体上可归纳为伸缩振动和弯曲振动两大类，具体阐述如下：

①　伸缩振动　原子沿着键轴方向作使键长发生变化的往返运动。

②　弯曲振动　也称为变形振动，是指原子沿垂直于它的键轴方向的运动，它可能有键角的变化。弯曲振动又分为面内弯曲振动及面外弯曲振动两种：面内弯曲振动是指弯曲振动在几个原子所构成的平面内进行，面外弯曲振动是指弯曲振动在几个原子所构成的平面上下进行。

除了以上基频振动外，还可能得到其他频率的吸收，它们来自：

①　倍频振动频率　把两个原子核之间的振动看成质量为 μ 的单个质点的运动，并把这个质点看作是一个谐振子，得到谐振子总能量公式：

$$E_{振} = hc\nu \left(n - \frac{1}{2} \right) \qquad (3.26)$$

式中　ν——谐振子的基频振动频率，单位为 cm^{-1}，根据谐振子选择定制。

$\Delta n = \pm 1$，也就是说，谐振子只能在相邻两个振动能级之间跃迁，而且各个振动能级之间的间隔都是相等的，都等于 $hc\nu$。

但是，实际分子不可能是一个谐振子，量子力学证明，非谐振子的选择定则不再局限于 $\Delta n = \pm 1$，Δn 可以等于其他整数，即 $\Delta n = \pm 1, \pm 2, \pm 3, \cdots$，也就是说，对于非谐振子，可以从振动能级 $n=0$ 向 $n=2$，$n=3$ 或向更高的振动能级跃迁，非谐振子的这种振动跃迁称为倍频振动。

倍频振动频率称为倍频峰，倍频峰又分为一级倍频峰，二级倍频峰。当非谐振子从 $n=0$ 向 $n=2$ 振动能级跃迁时所吸收光的频率称为一级倍频峰，从 $n=0$ 向 $n=3$ 振动能级跃迁时所吸收光的频率称为二级倍频峰。

由于绝大多数非谐振子都是从 $n=0$ 向 $n=1$ 振动能级跃迁，只有极少数非谐振子是从 $n=0$ 向 $n=2$ 振动能级跃迁，从 $n=0$ 向 $n=3$ 振动能级跃迁的非谐振子数就更少了。所以，非谐振子的基频振动谱带的吸光度最强，一级倍频谱带很弱，二级倍频谱带就更弱了。

在中红外区，倍频峰的重要性远不及基频振动峰。但是在近红外区，观察到的都是倍频峰。由于倍频峰的吸光度远远低于基频峰的吸光度，为了使倍频峰的吸光度足够高，测量光谱时必须增大样品的厚度或浓度。表 3.34 列出了一些基团的基频、一级倍频和二级倍频吸收峰的位置。

表 3.34　一些基团的基频、一级倍频和二级倍频吸收峰的位置

振动模式	基频/cm^{-1}	一级倍频/cm^{-1}	二级倍频/cm^{-1}
$\nu_{25} CH_2$	2635	5700	8700
νCH_4	3350	6600	10000
νCH	3650	7000	10500

从表 3.34 可以看出，一级倍频吸收峰大约在基频吸收峰位置的二倍处，二级倍频峰大约在基频吸收峰位置的三倍处。

②合（组）频峰　合频峰也叫组频峰，合频峰又分为和频峰和差频峰。和频峰由两个基频峰相加得到，它出现在两个基频之和附近。例如，两个基频分别为 $X cm^{-1}$ 和 $Y cm^{-1}$，它们的和频峰出现在 $(X+Y)\ cm^{-1}$ 附近。差频峰则是两个基频之差。在红外光谱中，和频峰与差频峰相比较，和频峰显得更重要。

由于合频峰只在非谐振子中出现，所以合频峰的频率一定小于两个基频之和。产生合频峰的原因是，一个光子同时激发两种基频跃迁。在红外光谱中，和频峰是弱峰，不如基频峰那么重要。但是，当样品的厚度非常厚时，在光谱中会出现许多合频峰。

在水中的中红外和近红外光谱中，出现两个合频峰：

$3240 cm^{-1}$（OH 伸缩振动）$+1640 cm^{-1}$（H_2O 变角振动）$=5060 cm^{-1}$（合频峰）

$1640 cm^{-1}$（H_2O 变角振动）$+550 cm^{-1}$（H_2O 摆动振动）$=2070 cm^{-1}$（合频峰）

合频和倍频属同一数量级，出现在高频区；而差频很弱，不易观察。每种分子可能有几种不同的振动方式，当入射光的频率与分子的振动频率一致，且分子的振动能引起分子的瞬间偶极矩变化时，分子即吸收红外光，即可产生红外光谱。

3.3.2.2　影响基团频率位移的因素

分子振动时偶极矩的变化不仅决定了该分子能否吸收红外光产生红外光谱，而且还关系到吸收峰的强度。根据量子理论，红外吸收峰的强度与分子振动时偶极矩变化的二次方成正比。因此，振动时偶极矩变化越大，吸收强度越强。而偶极矩变化大小主要取决于下面几种因素：

① 振动耦合　当分子中两个基团共用一个原子时，如果这两个基团的基频振动频率相同或相近，就会发生相互作用，使原来的两个基团基频振动频率距离加大，形成两个独立的吸收峰，这种现象称为振动耦合。耦合效应越强，耦合产生的两个振动频率的距离越大。振动耦合形成的两个吸收峰，都包含两种振动成分，但有主次之分。耦合程度越强，主次差别越大。红外活性的振动也可以与拉曼活性的振动发生耦合作用。

振动耦合现象在红外光谱中很常见。振动耦合主要存在三种方式：伸缩振动之间的耦合，伸缩振动和弯曲振动之间的耦合，弯曲振动之间的耦合。

② 费米共振　当分子中的一个基团有两种或两种以上振动模式时，若一种振动模式的倍频或合频与另一种振动模式的基频相近，就会发生费米共振。费米共振的结果使基频或合频的距离加大，形成两个吸收谱带。费米共振还会使基频振动强度降低，而原来很弱的倍频或合频振动强度明显增大或发生分裂。

醛类化合物中的醛基—CHO 的 CH 伸缩振动频率和 CH 面内弯曲振动的倍频相近，因而发生费米共振，生成两个吸收谱带。如苯甲醛光谱中出现的两个吸收谱带 $2820cm^{-1}$ 和 $2738cm^{-1}$ 是费米共振作用的结果。

③ 诱导效应　两个原子之间的伸缩振动频率与折合质量的平方根成反比，与振动力常数的平方根成正比。当折合质量不变时，振动力常数越大，振动频率越高。振动力常数与两个原子之间的电子云密度分布有关。电子云的密度分布不是固定不变的，它会受到邻近取代基或周围环境的影响。当两个原子之间的电子云密度分布发生移动时，引起振动力常数的变化，从而引起振动频率的变化，这种效应称为诱导效应。

在红外光谱中，诱导效应普遍存在。许多基团频率的位移都可以用诱导效应得到合理解析。

④ 共轭效应　许多有机化合物分子中存在着共轭体系，电子云可以在整个共轭体系中运动。共轭体系使原子间的化学键键级发生变化，即振动力常数发生了变化，使红外谱带发生位移。共轭体系导致红外谱带发生位移的现象称为共轭效应。共轭效应分为 π-π 共轭效应、p-π 共轭效应和超共轭效应。

⑤ 氢键效应　在许多有机、无机和聚合物分子中，存在—OH、—COOH、—NH 和—NH_2 基团，在这些化合物中存在着分子间氢键或分子内氢键。氢键的存在使红外光谱发生变化的现象称为氢键效应。

⑥ 稀释效应　当液体样品或固体样品溶于有机溶剂中时，样品分子和溶剂分子之间会发生相互作用，导致样品分子的红外振动频率发生变化。如果溶剂是非极性溶剂，且样品分子中不存在极性基团，样品的红外光谱基本上不受影响。但如果溶剂是极性溶剂，且样品分子中含有极性基团，那么，样品的光谱肯定会发生变化。溶剂的极性越强，光谱的变化越大。所以，在报告红外光谱时，必须说明测定光谱时所使用的溶剂。

3.3.2.3　红外光谱图

目前红外光谱是通过红外光谱仪得到的，光谱图是由数据点连线组成的。每一个数据点由两个数组成，对应于 X 轴（横坐标）和 Y 轴（纵坐标）。对于同一个数据点，X 值和 Y 值决定于光谱图的表示方式，即决定于横坐标和纵坐标的单位。坐标的单位不同，这两个数的数值是不相同的。

（1）纵坐标的变换

采用透射法测定样品的透射光谱，光谱图的纵坐标只有两种表示方法，即透射率 T（transmitrance）和吸光度 A（absorbance）。

透射率 T 是红外光透过样品的光强 I 和红外光透过背景（通常是空光路）的光强 I_0 的比值，通常采用百分数（%）表示：

$$T = \frac{I}{I_0} \times 100\% \tag{3.27}$$

吸光度 A 是透射率 T 倒数的对数：

$$A = \lg \frac{1}{T} \tag{3.28}$$

透射率光谱和吸光度光谱之间可以互相转换，在计算机应用于红外光谱仪之前，仪器输出的光谱图为透射率光谱。由于没有计算机，不能将透射率光谱转换成吸光度光谱，所以在20世纪60～70年代以前发表的红外光谱文章中，红外光谱图纵坐标只能以透射率表示。

透射率光谱虽然能直观地看出样品对红外光的吸收情况，但是透射率光谱的透射率与样品的质量不成正比关系，即透射率光谱不能用于红外光谱的定量分析。而吸光度光谱的吸光度值 A 在一定范围内与样品的厚度和样品的浓度成正比关系，所以现在的红外光谱图大都以吸光度光谱表示。

（2）横坐标的变换

红外光谱图的横坐标单位有两种表示法，波数（cm^{-1}）和波长（μm）。二者之间的关系为

$$波数 \times 波长 = 10000 \tag{3.29}$$

横坐标波数（cm^{-1}）和波长（μm）两个单位之间的变换可以通过红外窗口显示菜单来实现。

① 横坐标以波数（cm^{-1}）为单位　在绘制中红外和远红外光谱图时，横坐标的单位通常采用波数（cm^{-1}）表示。中红外区以波数为单位又有等分法和裂分法。

a. 等分法　谱图的横坐标以波数为单位等间隔分布，这是常用的表示方法。

b. 裂分法　在 $2000cm^{-1}$ 处裂分，在中红外区，$2000 \sim 400cm^{-1}$ 之间的吸收峰比 $4000 \sim 2000cm^{-1}$ 之间的吸收峰多得多，有机化合物更是如此。在一张中红外光谱中，为了看清楚 $2000 \sim 400cm^{-1}$ 之间的吸收峰，可以将这期间的光谱放大，而将 $4000 \sim 2000cm^{-1}$ 之间的光谱压缩。

② 横坐标以波长（μm）为单位　在绘制近红外光谱图时，横坐标的单位习惯采用波长（μm）表示。这是因为近红外区靠近可见和紫外区，而紫外-可见光谱图的横坐标是以波长（μm）表示的，中红外光谱图有时也采用波长（μm）表示。

3.3.2.4　红外光谱提供的主要信息

在红外光谱图中会有许多峰（又称谱带），它们分别对应于分子中某个或某些基团的吸收，因而红外光谱主要提供基团的信息。在获得一个红外光谱图后，首先要审核的是谱带的位置，其次是谱带的强度（峰的高度或面积），然后是谱带的宽度。这三个方面都能提供分

子结构的信息。

（1）谱带位置

基团（或化学键）的特征吸收频率是红外光谱法最重要的数据，是定性鉴别和结构分析的依据。重要的官能团如 OH、NH、C＝O 等的强特征吸收出现在 $1300\sim4000cm^{-1}$ 称为官能团吸收区。而 $903\sim1300cm^{-1}$ 部分称为指纹区，因为这部分的吸收常是相互作用的振动引起的，对不同试样可能都是独特的。要注意的是，基团的特征吸收频率会因分子中基团所处的不同状态以及分子间的相互作用而有所变动，比如氢键的形成会使吸收频率位移、结晶的吸收频率与无定形不一样等。

（2）谱带强度

谱带强度常用来做定量计算，有时也可以用来指示某个官能团的存在。例如氯原子时，强度增加。谱带强度与分子振动的对称性有关，对称性越高，振动中分子偶极矩变化越小，谱带强度也就越弱。比如苯在 $1600cm^{-1}$ 的谱带比较弱，是由于它的振动是对称的，但取代苯在 $1600cm^{-1}$ 附近有较强的谱带。一般来说，极性较强的基团在振动时偶极矩的变化大，都有很强的吸收。

（3）谱带形状

峰的形状有时也很有用，比如酰胺的 $\gamma(C＝O)$ 和烯的 $\gamma(C＝C)$ 均在 $1650cm^{-1}$ 附近有吸收，但由于酰胺基团的羰基大都形成氢键，其峰较宽，很容易和烯类相区别。

3.3.3　红外光谱仪结构

傅里叶变换红外光谱仪的测量原理与色散型红外分光光度计不同，傅里叶变换红外光谱仪中首先把光源发出的光经迈克尔逊干涉仪变成干涉光，再让干涉光照射样品，检测器仅获得干涉图，而红外光谱图实际上是由计算机将干涉图进行傅里叶数学变换后得到的。傅里叶变换红外光谱仪的工作原理如图 3.65 所示。

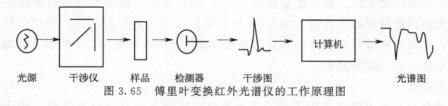

光源　　干涉仪　　样品　　检测器　　干涉图　　　　　　光谱图

图 3.65　傅里叶变换红外光谱仪的工作原理图

3.3.3.1　迈克尔逊干涉仪

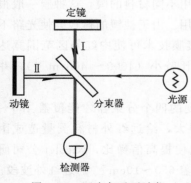

图 3.66　迈克尔逊干涉仪

傅里叶变换红外光谱仪的主要光学部件是迈克尔逊干涉仪：一般仪器都装有三组干涉仪，即红外干涉仪（主干涉仪）、白光干涉仪和激光干涉仪（辅助干涉仪）。干涉仪结构如图 3.66 所示。

干涉仪包括两个互成 90°角的平面镜、光学分束器、光源和检测器。平面镜中一个固定不动的称为定镜，一个沿图示方向平行移动的称为动镜。动镜在平稳的移动中要时时与定镜保持 90°角。为了减小摩擦、防止震动，通常把动镜固定在空气轴承上移动。光学分束器具有半透明性质，放于动镜和定镜之间并和他们呈 45°角放置。它使入射的单色光 50％通过、50％反射，因而从光源来的一束光到达分束器时即被它分为两束，Ⅰ为反射光，Ⅱ透射光。反射光垂直射到定镜上，在那里又被反射，沿原光路返回分束器，其中一半又透过分束器射到检测器，而另一半则被反射回光源。透射光Ⅱ也以相同经历穿过分束器射到动镜上，在那里被反射，沿原光路回到分束器，再被分束器反射，与Ⅰ光束一样射向检测器，Ⅱ光束的另一半则透过分束器返回光源。射向检测器的Ⅰ、Ⅱ两光束实际又会汇合在一起，但此时已具有干涉特性，当动镜移动不同位置时，即能得到不同光程差的干涉光强。

迈克尔逊干涉仪把高频振动的红外光（频率约为 1014Hz）通过动镜不断移动调制成低频的音频频率（频率约为 102Hz）。例如动镜移动速度为 0.46cm/s，$4000 \sim 400cm^{-1}$ 波数调制频率约为 128Hz。由此可见，傅里叶变换红外光谱仪在进行测量时，检测器上接受的实际是音频信号，这就是傅里叶变换红外光。

3.3.3.2 傅里叶变换红外光谱仪的光源、分束器和检测器

（1）光源的种类和性能

由于傅里叶变换红外光谱仪的波数覆盖范围很宽，而每种光源又只能发射一定强度的某一波段的辐射光，因此在测量不同红外区域时，需换用不同光源。

可见、近红外区 $30000 \sim 4000cm^{-1}$ 采用卤钨灯，中红外区 $7800 \sim 400cm^{-1}$ 采用炽热镍铬丝灯、金属陶瓷灯、硅碳棒，远红外区 $400 \sim 50cm^{-1}$ 采用硅碳棒，在 $100 \sim 10cm^{-1}$ 采用高压汞灯。

中红外测量中，小型仪器多用风冷热丝灯，大型仪器使用大功率的水冷硅碳棒灯。在远红外区 $100cm^{-1}$ 以上硅碳棒能较高，$100cm^{-1}$ 以下则用汞灯最好。

傅里叶变换红外光谱仪的光源通常采用水冷和空冷两种方式，水冷效果较好，能量高，且稳定。Nicolet 公司发展的闭路循环液冷装置设有屏蔽分体式电源，可完全消除电源对检测器前置放大器的干扰。近年来也有厂家研制大功率空冷光源，来提高光源能量，Digilab 公司研制了金属陶瓷光源，使光能量输出提高了 30％左右；使用大口径短焦距光源反射准直镜可使光输出能量提高十几倍；Analect 公司使用新型光源反射装置，使用内层镀金的球型反光罩，光源放在辐射焦点处，使大部分光从球上开的小孔射出，不但加大了输出能量而且还能使罩体自身温度不过热。

（2）分束器

分束器是分裂光束使之产生干涉的重要部件，实际上它是一个半透膜，能让光透过一半、反射一半。到目前为止，还未找到一种半透膜在红外光的各波段（近红外、中红外、远红外）都具有半透性质。因此在不同的红外光谱区，需要选用不同材料的膜，这种膜一般很薄，厚度仅有几百埃，只能镀在能透过红外的特殊材料上使用。由于被镀的衬板会使光路不平衡，需要再增加一块同样材料补偿板。采用先进的多次镀膜技术可使中红外区范围宽达 $7800 \sim 400cm^{-1}$。分束器不好或镀膜有缺陷，其光谱范围就比较小（$4000 \sim 400cm^{-1}$），并会在本底能量图上观察到凹陷现象。

远红外分束器一般仅用薄薄的聚酯膜，但需要不同厚度的四个分束器才能覆盖 $400 \sim 10cm^{-1}$ 波段。因薄膜状分束器易受外界振动影响，噪声很大，给远红外材料测量造成困难。为取得较好的效果，需采用长时多次扫描累加技术，以便提高信噪比，Nicolet 公司研制的固体远红外分束器，抗震性强，而且仅用一个就可以覆盖 $650 \sim 10cm^{-1}$ 的远红外波段。

关于常用的各类分束器能覆盖的波段范围，可参见表 3.35。

表 3.35　常用傅里叶变换红外光谱仪分束器

类型	波数范围/cm^{-1}	类型	波数范围/cm^{-1}
石英	25000～3300	聚酯树脂膜 6.5μm	500～100
	9000～1200	聚酯树脂膜 12.5μm	240～70
BaF2(镀 Si)	9000～900	聚酯树脂膜 25μm	135～40
ZnSe(镀 Ge)	3400～700	聚酯树脂膜 50μm	90～25
KBr(镀 Ge)	7800～400	聚酯树脂膜 100μm	40～10
CsI(镀 Ge)	6000～225	固体远红外分束器	650～20
聚酯树脂膜 3μm	700～125		

（3）检测器

傅里叶变换红外光谱仪中的检测器不但要响应入射的光强度，而且要能响应其频率，因此，它应是响应速度快、灵敏度高、测量波段较宽的一类检测器。但到目前为止，还没有一个检测器能覆盖红外光谱的全波段，一般仅能检测一定范围。它们有热电型和光电导型两种。

热电型检测器的波长特性是曲线平坦，对各种频率响应几乎一样，在室温下可以使用，价格便宜；其缺点是响应速度快，灵敏度低，调制频率时信号减弱。光电导型检测器具有较高的灵敏度，一般比热电型高 10 倍左右。它的响应速度快，适用于高速测量，但它需要液氮冷却，在低于 650cm^{-1} 的低频区，灵敏度下降。常用的各种检测器列于表 3.36。

表 3.36　傅里叶变换红外光谱仪中常用的检测器

名称	类型	工作温度/K	使用波数/cm^{-1}
DTGS(带 KBr 窗口)	热电型	295	5000～400
DTGS(带 CsI 窗口)	热电型	295	5000～200
DTGS(带 KRS-5 窗口)	热电型	295	5000～200
DTGS(带 PS 窗口)	热电型	295	400～10
MCT-A	光电导型	77(液氮)	5000～720
MCT-B	光电导型	77(液氮)	5000～400
InSb	光电型	77(液氮)	10000～1850
PbSe	光伏型	195 或 77	10000～2000
InSe	光电导型	77(液氮)	10000～3500
Si	P-N 结	259	25000～8000
氦冷电阻式测热辐射计	电阻式	4(液氮)	500～10
InSb/MCT	复合式	—	—

3.3.3.3　傅里叶变换红外光谱仪的计算机系统

傅里叶变换红外光谱仪的数据处理系统，是由大容量计算机和各种外围设备组成，计算机通过接口与光学测量系统相连，其计算机数据处理有以下功能：

（1）数据处理

① 坐标变换，包括吸收率和透射率互换、波数和波长互换；

② 基线校正；

③ 空白谱图某一区域与直线生成；

④ 平滑曲线；

⑤ 拟合曲线；

⑥ 坐标扩展；

⑦ 谱图放大缩小；

⑧ 谱图微分处理。

（2）定性分析

① 差谱；

② 谱库自动检索；

③ 计算机推定结构。

（3）定量分析

① 峰高法或面积法定量；

② 加全谱用于人工标准曲线制作；

③ 微分光谱定量；

④ 多组分定量分析；

⑤ 局部最小二次方定量分析；

⑥ 曲线分析软件。

（4）联机检测

① 气相色谱/傅里叶变换红外光谱；

② 气相色谱/傅里叶变换红外光谱/质谱；

③ 热重分析/傅里叶变换红外光谱；

④ 显微成像/傅里叶变换红外光谱。

（5）动态光谱数据处理及快速扫描

（6）仪器故障自检程序

3.3.4 红外光谱在气体分析中的应用

3.3.4.1 红外检测仪在气体分析中的优点

红外型气体检测仪是基于光谱原理的检测仪表。光谱法通过检测气体透射光强或反射光强的变化来检测气体浓度。每种气体分子都有自己的吸收（或辐射）谱特征。光源的发射谱只有在与气体吸收谱重叠的部分才产生吸收，吸收后的光强将发生变化。红外气体分析法基于气体对特定波长的红外线有吸收，当气体吸收了特定波长的红外辐射，并由其产生特定的振动或转动运动从而引起偶极矩的净变化，产生气体振动和转动能激发从基态到激发态的跃迁，使相应于这个区域的透射光度减弱。因此，特定的分子对红外光有选择性吸收。

工业用红外气体分析仪从物理上分为分光型和非分光型两种。

① 分光型　红外分光型气体分析仪由以下基本部分组成：红外光源、调制器、分光系统、气室、探测器和电子系统。分光型仪器的多样性在于分光系统组成部分的变化和改进。目前分光系统主要有滤光片、光栅、干涉仪、声光调制滤光器和傅里叶变换等。

② 非分光型　非分光型红外气体分析仪是指光源发射出的连续光谱全部通过特定厚度的含有被测气体混合组分的气体层，由于被测气体的浓度不同，吸收固定红外线的能量就不同，因而转换成的热量就不同。探测温度变化或者使用特殊结构的红外探测器将热量转换成为压力变化进而测定温度或压力参数并完成对气体定性定量分析。非分光型由以下基本部分组成：红外光源、充气滤波气室（或者光学滤波器）、测量气室和探测器。非分光型红外气体分析仪目前朝着简易气体检测仪的方向发展，其操作维护简单，适用范围广。

为检测区域空气质量和安全应用场合下的可燃气体，可采用红外传感器、固态传感器和

催化珠传感器来实现检测, 对于这三种方法对比分析如下:

① 中毒 这是催化珠传感器的主要问题, 各种化合物 (如硫化氢、氯化物等) 会使传感器中的催化剂中毒, 并导致传感器丧失敏感性, 红外传感器则不受这个问题的影响。

② 烧坏 如果与高浓度气体接触, 催化珠传感器会烧坏, 而红外传感器则不会。

③ 预期寿命 催化珠传感器的预期寿命约为 1~2 年, 而固态传感器通常可持续 10 年以上, 设计良好的红外设备预期寿命也可以达到 10 年以上。

④ 校正 所有类型的传感器都需要定期校正, 然而, 对于红外设备, 只要保持零点, 就可以确保获得良好的响应和跨距精度, 因此, 很容易检测红外设备的异常运转。

⑤ 与气体的连续接触 如果应用场合要求检测器与气体流保持连续接触以监测碳氢化合物, 催化珠传感器和固态传感器的寿命可能会因此而缩短。与气体的连续接触最终会改变传感器特性并导致永久性损坏。然而, 对于红外气体传感器, 其功能元件采用光学部件保护, 这些光学部件基本上对多数化学物质呈惰性, 与气体发生相互作用的只是红外辐射。因此, 只要气体样品保持干燥和无腐蚀性, 红外仪器可用于长期连续监测气体流。

3.3.4.2 红外吸收光谱法气体检测模型的建立

从分子光谱、分子振动形式、能级跃迁等一系列分析得出某些双原子分子或多原子分子的气体 (像甲烷、乙烯、二甲烷等) 都具有红外吸收, 常见气体在近红外波段的吸收波长见表 3.37, 几种气体对红外线的透射光谱见图 3.67。根据气体浓度与光强关系, 建立模型 (图 3.68), 通过运用所建立的模型来检测一些气体的浓度, 在建立的这个模型中, 首先根据气体分子对红外吸收在某一个很窄的谱带区域内 (这是根据气体对红外吸收的性质而定), 假设探测器只探测到这个区域内的红外辐射, 而对其他波长范围内的光是不敏感的, 因此其他波长范围内的光需要采用过滤方式, 在到达探测器表面时被过滤处理掉。

表 3.37 常见气体在近红外波段的吸收波长

气体	波长/μm	气体	波长/μm
氧气	0.761	甲烷	1.665
二氧化碳	1.573	乙炔	1.53
一氧化碳	1.567	氨气	1.544
水蒸气	1.365	硫化氢	1.578
二氧化氮	0.8		

在这个模型中的变量为 I_0、I_t、C 三个, 然而具备的关系方程式只有两个, 其一是: 结合上述分析, 被气体分子减弱的光强信号可以设计相关的探测器来检测红外吸收的强度; 其二是: 被测气体浓度 C 与红外光源发出的光强度 I_0 和被气体吸收减弱后的光强度 I_t (探测器检测的光信号) 之间的关系, 在上述原理分析中已推导得出。

因此, 为解决上述模型, 还需要一个关系方程式, 需进一步结合红外吸收理论以及分析几个参量之间的关系, 寻找一个更合适的解决方案。

在前述分析中, 气体分子对红外的吸收发生在某一极窄的波谱范围内, 而对其他范围内的光不吸收, 而在上述的模型中, 对于探测器所探测的红外光正是这一被吸收而减弱的极窄带范围内红外光的强度, 因此, 可以增添另一红外探测器来探测这一窄带区域内红外光在未被气体吸收之前的光强, 也即假设红外光源发出的光是连续光谱, 也就是说在每个波长处的光强度是一样的, 那么所选的另一探测器探测的光强度, 被设为另一极窄的波长处的红外光强度, 而这一窄带波谱内的光强度在气室内部是不被改变的, 因此, 另一探测器所探测的光

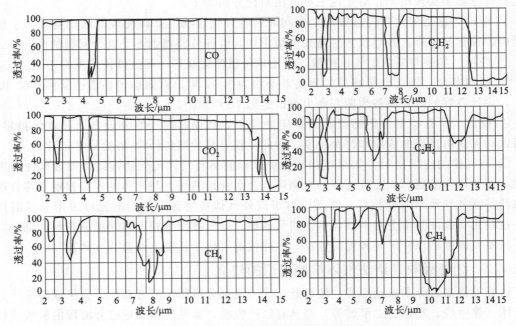

图 3.67　几种气体对红外线的透射光谱

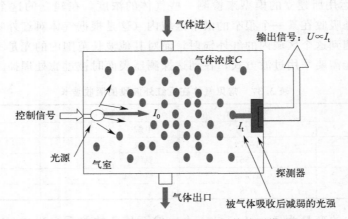

图 3.68　基于红外吸收方法的气体检测模型

强度即为入射气室中的 I_0。

　　通过该模型与假设，这个问题可以被解决，上述的模型被定义为双波长红外吸收检测方法。对所建立的模型的各参量更进一步描述：入射气室之间的光强其相应的探测器输出信号设为 U_0，该路信号定义为参考信号（参考通道用 Ref. 表示）；被气体吸收之后的光强，其相应的探测器输出信号设为 U_t，该路信号定义为响应信号（响应通道用 Act. 表示）。因此上述模型可以得出如下关系式：

$$\begin{cases} \text{Act.} & U_t \propto I_t \\ \text{Ref.} & U_o \propto I_o \\ \text{吸收定律：} C \propto (I_0, I_t) \end{cases}$$

　　因此，可以根据上述模型设计合适的探测器及气室结构，实现红外气体浓度的检测，对于要求的检测精度不同，对于所设计的检测系统复杂程度也不一样，包括对于运用上述模型来计算实际气体浓度的修正方法也不一样。

3.3.5　可调谐半导体激光吸收光谱

3.3.5.1　基本原理

TDLAS 技术是可调谐半导体激光吸收光谱技术的简称。其基本原理就是光通过待测气体时会有所吸收，且激光的衰减程度与待测气体的浓度大小成正比，因此通过对气体分子的吸收光谱进行研究，就可以得到气体的浓度等相关信息。目前，国内外科研学者已对气体测量方法进行了诸多研究，为了提高检测的灵敏度，常采用光学差分（OH）、数字信号处理（DSP）和长光程吸收池等方法来改善，但这些方法都容易受到背景噪声的干扰，TDLAS 技术其光源为二极管激光器，具有很好的调谐特性，可以使得激光的波长在很小的范围内调谐，能够精确地选择出在特定波长的气体的特征吸收线，从而实现高精度的测量。

激光通过待测气体被吸收后所产生的能量衰减可以用前面所描述的朗伯·比尔定律来表示：

$$I_t(v) = I_0(v)\exp[-S(T)g(v-v_0)PcL] \tag{3.30}$$

式中，$S(T)$ 为温度为 T 时，气体分子的线强；$g(v-v_0)$ 为该谱线的线型函数；P 为工作压强；c 为待测气体浓度；L 为光程，即激光吸收路径的长度。将上式变形得出浓度 c 的表达式如下：

$$c = \frac{-\ln\left(\dfrac{I_t}{I_0}\right)}{S(T)g(v-v_0)PL} \tag{3.31}$$

在运用二极管激光器进行调谐时，即使得激光器的波长在一定范围内进行调谐时，我们可以测得一条完整的吸收线，而 $\int_{-\infty}^{+\infty} g(v-v_0)dv = 1$，因此，保持二极管激光器在整个吸收谱线范围内不间断地扫描，能够有效抑制线型对检测结果的干扰。由此，对式（3.31）进行积分可得下式：

$$c = \frac{\int_{-\infty}^{+\infty} -\ln\left(\dfrac{I_t}{I_0}\right)dv}{PS(T)L} = \frac{\mathrm{T}}{PS(T)L} \tag{3.32}$$

式中，T 为透射率的积分，因此在知道工作压强 P，光程 L 和线强 $S(T)$ 的情况下，即可计算出气体的浓度 c。

3.3.5.2　直接吸收光谱技术

直接吸收光谱技术较为简单，实际测量系统也容易搭建，只要测出气体的吸收谱线，就可以直接得到待测气体的浓度。在用 TDLAS 检测系统测量直接吸收时，半导体激光器输出波长的中心波长应和待测气体吸收线的中心波长一致，才会保证有最大吸收，但在实际的测量过程中，一是由于很多分子的吸收谱线在某一波长附近会有所重叠；二是实际吸收的信号强度远远小于激光本身的强度，尤其是对于痕量气体的测量，微弱信号很难检测得到，因此测量结果受到光源噪声、探测器噪声等背景噪声干扰较大，检测结果较差，难以满足气体检测快速、高精度、高灵敏度的要求。

3.3.5.3　波长调制光谱技术

直接吸收技术具有在大信号上检测小变化以及抗低频噪声能力差等问题，与之相比，调制光谱技术有两个优点：一是它会产生一个与气体浓度成正比的信号（零基线技术），二是允许信号在激光器噪声较小的频率上进行探测。调制光谱技术在 20 世纪 70 年代开始应用，最早的 TDLAS 系统的调制频率较低，目前常见的调制频率为 50kHz，探测频率 100kHz，而传统的 TDLAS 技术中 100kHz 可认为是极限值。对于带有离散谱吸收特征的目标气体（如小分子或原子），在小谱窗上的吸收是波长相关的，激光器波长被正弦信号调制，不均匀的吸收使探测器上的信号会产生正弦信号频率的谐波信号。这个谐波信号可用锁相放大器选择出来，通过滤除谐波信号以外的探测信号成分，可以减少激光器和电子学噪声。

调制光谱分为两类，一类是频率调制光谱技术（frequency modulation spectroscopy，FMS），调制频率要远大于目标吸收谱线的线宽（100MHz 至几兆赫兹）。第二类是波长调制光谱技术（wavelength modulation spectroscopy，WMS），调制频率要远小于目标吸收谱线的线宽（kHz 至几兆赫兹）。

3.3.5.4　基于可调谐激光二极管吸收光谱在气体分析中的应用

乙炔是一种无色、易燃气体，它燃烧时产生的氧炔焰可用来切割或焊接金属，它还是一种重要的有机原料，被广泛应用于工业生产中。然而，当空气中乙炔含量达到 2.3%～72.3% 时，接触明火就会发生爆炸。因此，准确、实时地检测工业现场中乙炔气体的浓度对于保证生产安全非常重要。采用基于 TDLAS 技术的近红外乙炔气体检测系统对其浓度进行监测。

乙炔气体分子在中红外波段和近红外波段都有吸收峰，虽然乙炔分子在中红外波段吸收比近红外波段强数十倍，但是乙炔在中红外波段的吸收峰与很多气体吸收峰重叠，且中红外激光器价格昂贵、易损坏、难以接入光纤；另一方面，近红外 1.5μm 波段的 DFB 激光器设计成熟、价格便宜，已经广泛应用于通信及气体检测领域。因此，试验选择了乙炔在近红外波段（1.5μm）的特征吸收谱线来检测乙炔气体。由 HITRAN 数据库得到的乙炔分子在 1.5μm 附近的吸收谱线如图 3.69 所示，图中横坐标为波长（单位：μm），纵坐标为谱线吸收强度 S（单位：cm/mol）。

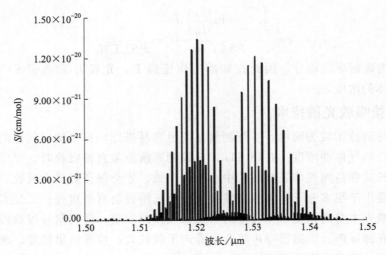

图 3.69　乙炔分子在 1.5μm 附近的吸收光谱

该系统采用型号为 QLM7 15-5350 的 DFB 激光器，其中心波长为 1533.456nm，通过调整激光器温度和注入电流使其输出光谱扫过在乙炔气体 1534.095nm 处的吸收峰，乙炔分子在该波长下谱线吸收强度数量级为 $10\sim20$cm/mol。

采用静态配气法，对浓度范围为 $0\sim1\%$ 的乙炔气体样品进行了测量，得到的二次谐波幅值与浓度的关系如图 3.70 所示。从图 3.70 可以看出，乙炔气体浓度（单位：%）与二次谐波幅值（单位：V）近似呈线性关系，拟合后得到下式：

$$c = 0.4719 \text{Amp}[S_2(t)] - 0.2473$$

其线性相关系数为 0.99854。

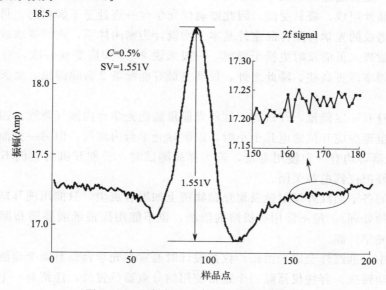

图 3.70 浓度为 0.5% 时的二次谐波波形

浓度为 0.5% 的乙炔标准气通入气室，运行检测系统，通过数字锁相放大器提取其二次谐波波形，如图 3.70 所示。从图 3.70 中可以看出，在乙炔浓度为 0.5% 时二次谐波幅值（SV）为 1.511V，0% 时噪声幅值（SD）为 0.064V（见图 3.71），信噪比（SNR）为 24.234。

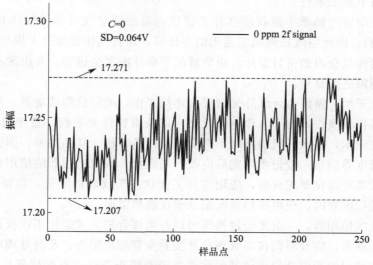

图 3.71 浓度为 0 时的二次谐波波形

3.3.6 红外光谱仪的保养和维护

虽然红外光谱仪是比较娇贵的仪器，但只要按照保养要求进行细心的日常维护，就能最大限度延长仪器的使用寿命，否则，仪器的元器件如检测器、分束器受损后，只能更换，不但影响正常工作，而且造成较大的经济损失。因此对红外光谱仪的维护保养非常重要。

目前在用的红外光谱主要是傅里叶变换光谱仪，其最主要部分是光学台，光学台由光源、光阑、干涉仪、检测器、各种红外反射镜、氦-氖激光器及相关控制电路等组成，这些元器件均需在一定温度范围以及干燥环境下工作，特别是干涉仪、检测器的一些材料由溴化钾、碘化铯等晶片组成，极易受潮，因此要确保光学台一直处于干燥状态。目前生产的傅里叶变换红外光谱仪的光学台除样品室外基本上均设计为密闭体系，内部要求放置干燥剂以除湿，因此仪器管理人员应及时更换干燥剂，一般来说2～3周应更换一次，对于南方和沿海地区，更换的频率应更高些，除此之外，仪器室最好能配备2台除湿机，每天24h轮换开机除湿。

红外光本身有一定能量，开机时，红外光能量能把光学台内潮气驱除。因此，即使无样品检测，每周也至少应开机通电几个小时，以驱除光学台内潮气。但另一方面，由于红外光源、氦-氖激光器等均有一定使用寿命，若无样品测试时，长期开机对它们不利，因此仪器不使用时，最好把仪器电源关闭。

光学台中的各平面红外反射镜及聚焦抛物镜上如附有灰尘，只能用洗耳球将其吹掉（最后请维修工程师处理），绝不能用有机溶剂清洗，也不能用擦镜纸或擦镜布擦洗，否则会损坏镜面，降低光学性能。

对于近、中、远红外全谱光谱仪，仪器设计时通常在光学台留有两个检测器位置，并可通过计算机自动转换。有些仪器除一个正常使用的分束器位置外，还留有一个存放不用的分束器的位置。如果仪器只有2个检测器和2个分束器，应将它们置于相应的位置，超过2个的检测器或分束器，不能置于仪器内部的，应将它们包装好并置于干燥器内，保持干净、干燥。更换分束器时应轻拿轻放，避免碰撞或较大的振动。

对于仪器的一些配件或元器件，如MCT/A检测器、红外显微镜（防尘）等的维护保养，应根据说明书要求进行。

对于一些采用空气轴承干涉仪的红外光谱仪，对推动空气轴承的气体有较高要求（干燥、无尘、无油），因此空气压缩机应是无油空压机，而且气体要经过干燥处理。

应定期观察样品仓内的密封窗片。正常情况下窗片应完全透明。若出现不透明、有白点等异常现象，则需更换窗片。

从安装调试开始，做好每台红外光谱仪的建档工作，编写仪器档案册，并将相关资料收入档案盒；编写仪器操作说明书（作业指导书）以及维护保养规程，置于仪器旁方便查阅；建立仪器使用登记本，每次开机检测时，都应记录样品名称、样品编号、测试日期、使用时间、环境的温湿度等信息，登记本用完后应收入档案盒，同时启用新的使用登记本；改变仪器的测试条件或者更换仪器配件时，应记录其工作状态于仪器档案册，以备将来查对比较；仪器发生故障进行维修时，应将维修情况记录于仪器档案册。

红外光谱仪的使用者，一定要经过操作培训并考核合格后才能使用该仪器。如果在使用过程中发现异常现象，应及时向仪器管理员及实验室管理层报告，及时处理或排查。

有些仪器的使用说明书会给出仪器的常见故障及排查方法，有些仪器还有自诊断功能，当红外光谱仪不能正常工作时，可先启动仪器自诊断功能，检查仪器某些器件工作状况，或者根据仪器的异常现象，参照仪器使用说明书进行排查。若发现是仪器硬件损坏，应请专业维修工程师来现场处理，若无法查出故障原因，也应及早与维修工程师沟通，及时传递仪器的故障信息，以便工程师来现场维修之前能大概判定故障原因并准备好所需的备品备件。如果故障原因不是硬件问题，可通过调整、重新设置仪器参数等技术操作解决的，可自行处理。

3.3.7　常见故障及排查方法

下面为一些常见故障及排查方法，供参考。

3.3.7.1　干涉图能量低，导致信噪比不理想

（1）可能原因

① 光路准直未调节好或非智能红外附件位置未调整到正确位置；

② 红外光源已损坏或能量已衰竭；

③ 检测器已损坏或 MCT 检测器无液氮；

④ 分束器损坏；

⑤ 各种红外反射镜或红外附件的镜面太脏；

⑥ 光阑孔径太小或信号增益倍数太小；

⑦ 光路中有衰减器。

（2）排除方法

① 启动光路自动准直程序，如果正在使用非智能红外附件，则还需进行人工准直；

② 更换红外光源；

③ 请维修工程师检查，必要时更换检测器（检测器损坏很有可能是由于受潮引起，因此更换后应注意保持仪器室的干燥），对于 MCT 检测器可添加液氮再重新检查；

④ 请维修工程师检查，必要时更换分束器（分束器损坏很可能是由于受潮引起或更换时碰撞产生裂痕引起，因此更换后应注意保持仪器室的干燥，从仪器上取出或装入时一定要非常小心）；

⑤ 请维修工程师清洗；

⑥ 重新设置光阑孔径或信号增益倍数，使之处于适当值；

⑦ 取下光路中的衰减器。

3.3.7.2　光学台未能工作，不能产生干涉图

（1）可能原因

① 分束器未固定好或已损坏；

② 计算机与光学台未能连接；

③ 控制电路板损坏；

④ 仪器输出电压不正常；

⑤ 操作软件有问题；

⑥ 仪器室温度过高或过低；

⑦ 检测器已完全损坏；

⑧ He-Ne 激光器不工作或能量已较大衰减。

（2）排除方法

① 重新固定分束器，如分束器已损坏，请维修工程师检查，必要时更换分束器；

② 检查计算机与光学台连接口，锁紧接口，重新启动光学台和计算机；

③ 与维修工程师联系，或请维修工程师检查，必要时更换控制电路板（更换后，要再次检查稳压电源工作效率和仪器室电源有无问题）；

④ 检查仪器面板上指示灯，有自诊断程序可启动诊断，检查输出电源是否正常，排查故障原因，并与维修工程师联系处理方法；

⑤ 重新安装操作软件；

⑥ 通过空调调控室温；

⑦ 更换检测器；

⑧ 检查 He-Ne 激光器工作是否正常，及时请维修工程师维修。

3.3.7.3　干涉图能量过高，导致溢出

（1）可能原因

① 光阑孔径太大或信号增益倍数太高；

② 动镜移动速度太慢。

（2）排除方法

① 重新设置光阑孔径或信号增益倍数，使之处于适当值；

② 重新设置动镜移动速度。

3.3.7.4　干涉图不稳定

（1）可能原因

① 控制电路板损伤或疲劳；

② 所使用的 MCT 检测器真空度降低或窗口有冷凝水；

③ 测量远红外区时样品室气流不稳定。

（2）排除方法

① 请维修工程师检查维修；

② 对 MCT 检测器重新抽真空；

③ 待样品室气流稳定后再测试。

3.3.7.5　空气背景有杂峰

（1）可能原因

① 光学台的样品室混有其他污染气体；

② 各种红外反射镜或红外附件的镜面有污染物；

③ 液体池盐片未清洗干净。

（2）排除方法

① 用干净氮气吹扫光学台的样品室；

② 请维修工程师清洗；

③ 清洗干净液体池盐片。

3.3.7.6　100%透过基线产生漂移

（1）可能原因

仪器尚未稳定。

（2）排除方法

等稳定后再测试。

3.4　紫外-可见光谱法

3.4.1　紫外-可见光谱法的基本原理

3.4.1.1　紫外-可见光谱的产生

紫外-可见光谱是光谱分析中较简单的一种，它以分子在紫外-可见光区的吸收与其结构的关系为依据。

紫外-可见光区是由三部分组成的。波长在 $13.6 \sim 200nm$ 的区域称为远紫外区，由于这个区内空气有吸收，所以又称为真空紫外区，波长在 $200 \sim 380nm$ 的称为近紫外区，波长在 $380 \sim 780nm$ 的称为可见光区。一般紫外-可见光谱只包括后面两个区域。高分子只有在降解等少数情况才着色而能在可见光区测定，所以本节的讨论重点是近紫外区。

当紫外光照射分子时，分子吸收光子能量后受激发而从一个能级跃迁到另一个能级。由于分子的能量是量子化的，所以只能吸收等于分子内两个能级差的光子。

$$E = E_2 - E_1 = h\nu = hc/\lambda \tag{3.33}$$

式中　E_1、E_2——始态和终态的能量，eV；

　　　　h——普朗克常数，$6.62 \times 10^{-34} J/s$；

　　　　ν——频率，Hz；

　　　　c——光速，$3 \times 10^8 m/s$；

　　　　λ——波长，nm。

紫外光的波长以 300nm 代入上式，可求出紫外光的能量为：

$$E = 6.62 \times 10^{-34} \times 3 \times 10^8 / (3 \times 10^{-7}) = 4(eV)$$

这个能量能引起分子运动状态的什么变化呢？一个分子的能量是电子能量、分子振动能量和转动能量三部分的总和。电子能级为 $1 \sim 20eV$、振动能级为 $0.05 \sim 1eV$、转动能级为 $0.05eV$，可见紫外光能引起电子的跃迁。由于内层电子的能级很低，一般不易激发，故电子能级的跃迁主要是指价电子的跃迁。紫外吸收光谱是由于分子吸收光能后，价电子由基态能级激发到能量更高的激发态而产生的，所以紫外光谱也称电子光谱。

紫外光的能量较高，在引起价电子跃迁的同时，也会引起只需要低能量的分子振动和转动。结果是紫外吸收光谱不是一条条谱线，而是较宽的谱带。

让不同波长的紫外光连续通过样品，以样品的吸光度 A 对波长 λ 作图，就得到紫外吸收光谱（图 3.72）。

当一束单色光（I_0）射入溶液时，一部分光（I）透过溶液，一部光被溶液所吸收。溶液对单色光的吸收程度遵守朗伯-比尔定律，即：溶液的吸光度与溶液中物质的浓度及液层的厚度成正比。这个定律可用数学公式表示如下

$$A = \lg \frac{I_0}{I} = \varepsilon l c \tag{3.34}$$

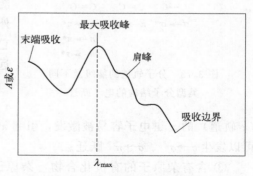

图 3.72　紫外吸收光谱示意图

式中　　A——吸光度；

I_0、I——入射光和透射光强度；

　　　　ε——摩尔消光系数，L/(mol·cm)；

　　　　l——试样的光程长，cm；

　　　　c-溶质浓度，mol/L。

紫外-可见吸收峰遵循朗伯-比耳定律，这是紫外光谱定量分析的基础。在实际定量分析过程中一般采用最大吸收峰的吸光度，因此参数 λ_{max} 和 ε_{max} 很重要。

① λ_{max} 表示最大吸收峰的位置。

② ε_{max} 表示最大吸收的摩尔消光系数。因为 ε 与 A 成正比，谱图可以用 ε 为纵坐标，因而 ε 也可表示吸收峰的强度。一般地，$\varepsilon > 10^4$ 为强吸收（ε 不超过 10^5）；$\varepsilon = 10^3 \sim 10^4$ 为中等吸收；$\varepsilon < 10^3$ 为弱吸收，由于这种跃迁的概率很小，称为禁戒跃迁。

3.4.1.2　电子跃迁类型和吸收带

（1）跃迁类型

分子轨道理论认为，分子中的价电子不只是定域在两原子之间，而是属于整个分子，并按照能量最低原理、泡利不相容原理、洪德规则来处理分子中电子排布。对双原子分子来说，两个原子的原子轨道可以组合产生分子轨道。分子轨道有成键轨道、非键轨道和反键轨道，它们是根据分子中的价电子发生电子能级跃迁占据分子轨道时，所需的能量和成键形式不同来划分的。最可能的电子跃迁方式是把一个电子从分子的最高占有轨道推移到可采用的最低未充满轨道，更一般地说即可以从占有轨道向邻近的更高级轨道激发。

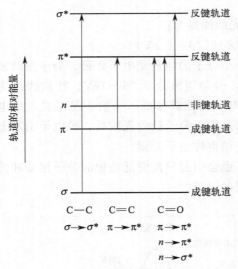

图 3.73　分子轨道的能级及不同
类型分子结构的电子跃迁

价电子主要包括三种电子：形成单键的 σ 键电子，形成不饱和的 π 键电子和未共有的电子或称为非键的 n 电子。通常将能量较低的分子轨道称为成键轨道，能量较高的称为反键轨道。一般来说，所需能量的次序是：反键轨道＞非键轨道＞成键轨道，所以电子总是先填充能量低的成键轨道。三种电子形成的五种轨道的能级示意于图 3.73。

① 饱和烃类化合物　饱和烃类分子只含有 σ 键电子，因此只能产生 $\sigma \to \sigma^*$ 跃迁，即 σ 键电子从成键轨道（σ）跃迁到反成键轨道（σ^*）。$\sigma \to \sigma^*$ 所需能量高（约 7.7×10^5 J/mol），$\lambda_{max} < 200$nm 属远紫外区。聚烯烃含有 C—H 和 C—C 键，都是 σ 键，它们的吸收光谱在远紫外区。典型的情况如聚乙烯，远紫外光谱在 155nm 处有吸收。

② 不饱和烃类化合物　不饱和烃类分子既含有 σ 键电子，又有 π 键电子，处于占有轨道最高能级（π 轨道）的 π 键电子容易被激发，引起 $\pi \to \pi^*$ 及 $\pi \to \sigma^*$ 的跃迁。而处于 σ 轨道上的电子则可以发生 $\sigma \to \sigma^*$、$\sigma \to \pi^*$ 跃迁。

③ 含有杂原子的有机化合物　杂原子（O、N、S、Cl）上有未成键的电子（n 电子）容易被激发产生 $n \to \sigma^*$、$n \to \pi^*$ 跃迁，其中 $n \to \sigma^*$ 跃迁的 $\lambda_{max} = 150 \sim 250$nm，大部分低于

200nm，而且 $\varepsilon=100\sim3000$，大部分低于 200。该跃迁对紫外光谱不太重要，含杂原子饱和有机化合物的吸收属于这类跃迁。

部分 $n\rightarrow\sigma^*$ 跃迁的实例见表 3.38。

表 3.38　部分 $n\rightarrow\sigma^*$ 跃迁的实例

化合物	λ_{max}/nm	$\varepsilon_{max}/[L/(mol \cdot cm)]$	备注
H_2O	167	1480	水、醇、醚等
CH_3Cl	173	200	紫外-可见吸收光谱分析中可以作为溶剂
$(CH_3)_2O$	184	2520	
CH_3OH	184	150	
CH_3Br	204	200	$n\rightarrow\sigma^*$ 跃迁的摩尔吸光系数一般较小
CH_3NH_2	215	600	
$(CH_3)_2NH$	220	100	
$(CH_3)_3N$	227	900	
$(CH_3)_2S$	229	140	
CH_3I	258	365	

对紫外光谱最重要的跃迁是 $n\rightarrow\pi^*$ 和 $\pi\rightarrow\pi^*$。这两类跃迁都要求分子中含有共价键的不饱和基团，如 $C=C$、共轭双键、芳环、$C\equiv C$、$N=N$、$C=S$、NO_2、NO_3、$COOH$、$CONH_2$、$C=O$ 等，称为发色团。另一些基团本身虽然没有生色作用，但与发色团相连时，能通过分配未成键电子来扩展发色团的共轭性，从而增加吸收系数。这类基团称为助色团，它们是具有未成键电子的饱和基团，如 OH、OR、NH_2、NR_2、SH、SR、F、Cl 等。

(2) 吸收带

跃迁类型相同的吸收峰成为吸收带，化合物结构不同，跃迁类型也不同，因而有不同的吸收带。

① R 吸收带　由含杂原子的不饱和基团 $=C=O$、$-NO_2$、$-NO$、$-N=N-$ 等的 $n\rightarrow\pi^*$ 跃迁引起。特点是波长较长（$250\sim500nm$），但吸收较弱（$\varepsilon<100$），属禁戒跃迁。测定这种吸收带时需用浓溶液。

② K 吸收带　由共轭烯烃的 $\pi\rightarrow\pi^*$ 跃迁引起。特点是波长较短（$210\sim250nm$），但吸收较强（$\varepsilon>10000$）。跃迁概率大，一般摩尔吸光系数大于 1.0×10^4，K 吸收带的波长及强度与共轭体系数目、位置、取代基的种类等有关。随着共轭体系的增长，K 吸收带向长波方向移动，相当于 $200\sim700nm$，吸收强度增加。

K 吸收带是共轭分子的特征吸收带，用于判断化合物的共轭结构。这是紫外-可见吸收光谱中应用最多的吸收带。

③ B 吸收带　由苯环振动加 $\pi\rightarrow\pi^*$ 跃迁引起，是芳环、芳杂环的特征谱带，吸收强度中等（$\varepsilon=1000$）。特点是在 $230\sim270nm$，谱带较宽且含多重峰或精细结构，最强峰约在 255nm 处。精细结构是由于振动次能级的影响，当使用极性溶剂时，精细结构常常看不到。图 3.74 是苯的 B 吸收带。

④ E 吸收带　由苯环的 $\pi\rightarrow\pi^*$ 跃迁引起，与 B 吸收带一样，是芳香族的特征谱带，吸收强度大

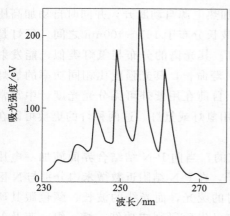

图 3.74　苯的 B 吸收带

（ε＝2000～14000），吸收波长偏向紫外的低波长部分，有的在远紫外区。如苯的 E_1 和 E_2 带分别在 184nm（ε＝47000）和 204nm（ε＝7000），苯上有助色团取代时，E_2 移向近紫外区。

3.4.2 紫外-可见光谱仪的结构

3.4.2.1 仪器的组成

紫外、可见、近红外分光光度计由光源、单色器、吸收池、检测器、读出装置五个部分构成，如图 3.75 所示。

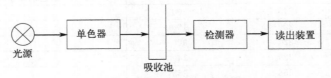

图 3.75 分光光度计结构示意图

当光源产生的复合光聚焦于单色器入射狭缝，经光栅或棱镜色散为单色光，经待测样品选择吸收后，未被吸收的光到达检测器系统，经光电转换后得到电信号，经数据处理系统放大和数据处理后，经读出装置显示测量结果。

（1）光源

在分光光度计中，光源提供适于测量的、具有足够强度的辐射能，激发样品分子从基态跃迁到激发态，理想的光源能提供连续辐射，即其光谱应包括测试光谱区内所有波长的光，光强须足够大且不随波长有明显变化。实际应用中主要以自发辐射光源（卤钨灯）、受激辐射（激光器）光源为主。

自发辐射光源指灯丝原子中处于高能级的电子不必经受外界的影响而自发地向低能级跃迁而发光，一般可分为热辐射光源、气体放电光源等。热辐射光源利用固体灯丝材料高温放热产生的辐射作为光源，如卤钨灯、氙灯等，钨灯和卤钨灯是通用的可见及近红外区热辐射光源，其适用的光谱范围一般为 320～2500nm。卤钨灯是在钨灯泡中充一定量的卤素或卤化物制成，比普通的钨灯有更大的发光强度，更长的寿命。气体放电光源是在灯泡内充满某种气体而制成的光源。常用的气体放电光源有氢弧灯和氘灯。氢弧灯的灯管用石英玻璃制成，管内充入高纯氢。工作时，阴极预热几分钟后，加热电源自动断开，并同时自动加高压于阳极，氢灯窗口便辐射出连续的紫外光谱，其辐射波长分布于 165～400nm 之间。氘灯是在石英灯管内充入氢的同位素氘而制成的紫外光源灯。其光谱的分布与氢灯类似，能发射 185～400nm 的连续光谱。但氘灯比氢灯的稳定性好、寿命长，其光强度比相同功率的氢灯高 3～5 倍，在紫外可见分光光度计中得到广泛应用。目前在用紫外可见分光光度计中常常采用两个光源：可见区使用钨灯或卤钨灯、紫外区采用氢灯或氘灯。这两种灯的更换可以在指定的波长处进行手动或自动切换。

发光二极管（LED）是由 P-N 结半导体薄膜制成的，当向 P-N 结结合界面施加一电压后，从 P 区注入 N 区的空穴和由 N 区注入 P 区的电子，在 P-N 结附近数微米内分别与 N 区的电子和 P 区的空穴复合，在结合界面产生自发辐射的荧光，而光线的波长、颜色跟其所采用的半导体材料种类与掺入的元素杂质有关，目前已先后研制成功红、橙、绿、蓝及红外、紫外 LED。近年来，通过发光材料化合物的合成方法，在高输出化取得成功的同时，多色化也取得进展，特别是高效率蓝色 LED 技术的突破，利用 LED 取得了白光，实现了可见光区的连续光谱，在便携式仪器的设计中得到良好的应用。

激光光源是利用受激辐射原理，在可见、红外及紫外区产生激光辐射的辐射源。由于激光的光放大性质，使激光光源比传统的光源具有更高的单色性、方向性和亮度。应用于分光光度计中可以起到光源和单色器的双重作用，从而简化了仪器结构，并会显著提高仪器的时间分辨率、波长分辨率及测量的精密度和灵敏度。

（2）单色器

单色器又称为波长选择器，从光源辐射的复合光中分离出所需要的单色光，通常由入射狭缝、准直装置、色散元件、聚焦装置和出射狭缝等组成。如图 3.76 所示：从光源系统辐射出的复合光成像在入射狭缝的刀口上，然后经准直镜变成平行光，再入射到色散元件上，色散元件把混合光色散成一系列相互平行的单色光，这一系列的单色光再被成像物镜聚焦在出射狭缝处，并在其狭缝的内侧壁上形成光谱带，当转动色散元件或出射狭缝时，出射狭缝上依次辐射出所需波长的单色光。

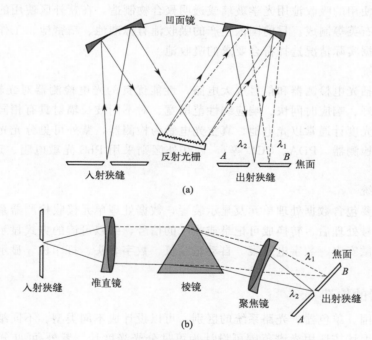

图 3.76 单色器结构示意图

单色器工作效果取决于色散元件的质量，常用的色散元件有棱镜和光栅。棱镜根据不同波长的光在同一介质中的传播速度不同而引起折射率发生变化，使复合光（白光）产生色散而得到单色光。光栅则根据光的衍射原理，使光发生色散而产生一系列波长的光谱。

棱镜的色散率一般比光栅高，但其色散不是线性的（如 751G 型分光光度计波长刻度盘上的波长分布是不均匀的，721 型分光光度计由于增加了一个特殊的凸轮，才使得波长刻度盘上的波长刻线比较均匀），这给仪器设计带来很多不便。而光栅的色散是均匀线性的，并且波长范围较宽，用光栅作色散元件可以简化仪器结构，尤其近年来刻制和复制技术的提高和全息光栅问世，使光栅的性能大大提高，现代分光光度计几乎都采用了光栅作为色散元件，只是在双单色器的仪器中才由棱镜-光栅组成双单色器以消除光栅重叠。

狭缝的作用是限制进入色散元件的光能量，对谱线的形状、谱带的有效带宽等起到限制作用。狭缝宽度有两种表示方法，一种是以狭缝两刀口的实际宽度表示，单位为 mm；另一种是以谱带的有效带宽表示，单位为 nm。

狭缝可以分为入射狭缝和出射狭缝，在仪器设计中，有的将入射狭缝与出射狭缝合二为一，有的是分别设计；而在双单色器的仪器中除有入射和出射狭缝外，往往在两个单色器之间还要增加一个狭缝以提高仪器的单色性。

（3）样品室

样品室专供放置各种类型不同、光程不同、形状各异的吸收池及样品。为了避免外来光线的干扰和不必要的反射等，样品室的内侧表面必须完全是黑色的。样品室内的吸收池支架也应该是黑色的，室盖应该十分严密且不漏光。

吸收池用来盛放待测试样（液体或气体）。制作吸收池应选用在使用的波长范围内不吸收光辐射的材料，但实际上，任何一种材料对光辐射均有不同程度的吸收，因此在选择材料时，只要材料具有 80% 以上的透射能力，并且对光辐射的吸收是恒定而均匀的即可。在可见区和近红外区使用的吸收池用光学玻璃或透明聚合物制造，在紫外区使用的吸收池则用氟化钙、氟化锂、石英等制成。目前国内生产的吸收池有标准池、精密池、工作池以及一般池等，用户可以根据实际情况选择符合要求的吸收池。

（4）检测系统

检测系统包括光电检测器和信号放大电路，性能优良的光电检测器对光辐射灵敏度高、噪声低、稳定性好、响应时间快、响应线性范围宽、对不同波长辐射具有相同的响应可靠性等。可见光分光光度计通常以光电池、真空光电管为检测器，紫外可见分光光度计通常以光电倍增管、阵列检测器（PDA、CCD 等），近红外区则采用 PbS 光敏电阻、InGaAs 等为检测器。

（5）显示系统

显示系统主要包含数据处理单元及显示装置，数据处理单元接收检测器系统放大后输出的电信号，经信号处理后，转换成可记录或指示的信号，并以可读的方式显示。通用的显示装置有检流计、微安表、数字电压表、自动记录仪、数字表头、打印机、显示仪、液晶显示器等。

3.4.2.2　仪器的构造

按照光谱范围、单色器、光路系统的区别，可以设计成不同类型、不同结构的分光光度计。通用分光光度计按适用光谱范围可设计为可见分光光度计、紫外-可见分光光度计、紫外-可见近红外分光光度计；根据单色器的不同，可设计为棱镜式、光栅式、棱镜-光栅式、光栅-光栅式分光光度计；根据光路结构不同，可设计为单光束、双光束分光光度计；根据检测器的类型可设计为单通道和多通道分光光度计；根据分析对象不同，可设计为专用分光光度计，如酶标分析仪、水红外分析仪等。对于不同的分光光度计，每个组成部分差别很大，有的可能是一个光学元件，有的可能是一个很复杂的系统。

（1）可见分光光度计

可见分光光度计是指仪器工作的光谱区为可见光区的分光光度计，一般为单光束光路、手动式仪器。典型仪器为上海第三分析仪器厂生产的 721 型分光光度计（图 3.77）。该仪器是我国第一台将光源、单色器、样品室、检测器和读出装置联结成一体的简易型可见分光光度计，其波长范围为 360～800nm。仪器采用钨灯为光源，以 30°利特罗玻璃棱镜作色散元件，用 GD-7 型光电管作检测器，光学部分采用单光束、自准式光路。

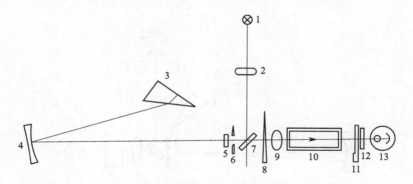

图 3.77　721 型分光光度计光路示意图
1—光源；2—聚光透镜；3—色散棱镜；4—准直镜；5—保护玻璃；6—狭缝；7—反射镜；8—光阑；
9—聚光透镜；10—吸收池；11—光闸；12—保护玻璃；13—光电管

　　由图 3.77 所示，钨灯光源的连续辐射经聚光透镜和平面镜转角 90°后，射至单色器的入射狭缝上（狭缝位于准直物镜的焦面上），入射光被准直镜转成平行光并以最小偏向角射向棱镜（棱镜背面镀铝），入射光在镀层上反射后依原路返回。从棱镜色散的光线再经准直镜反射并聚焦于出口狭缝上（出射狭缝与入射狭缝共轭）。为减少谱线通过棱镜后呈现弯曲形状而影响出射光的单色性，狭缝的二片刀口设计为弧形状，以便近似地与谱线的弯曲吻合，保证仪器有一定幅度的单色性。由单色器出射狭缝射出的单色光经吸收池吸收后射到光电管检测器（光电管）上，光电检测器把光转化为光电流，光电流经高阻形成电位差，经放大后可直接在微安表上显示样品的透射比或吸光度值。

　　（2）紫外-可见分光光度计

　　紫外-可见分光光度计通常指仪器工作的光谱区为 190～850nm 或以此为主要光谱区的仪器，按其光学系统而言，可以分为单光束紫外-可见分光光度计与双光束紫外-可见分光光度计，以及单波长紫外-可见分光光度计及双波长紫外-可见分光光度计等。

　　① 单光束紫外-可见分光光度计　单波长单光束分光光度计只有一条光路。通过变换参比池和样品池的位置，参比溶液和样品分别进入光路进行测定。首先用参比溶液调透光率至 100%，然后对样品溶液测量并读数。图 3.78 为其测量示意图。

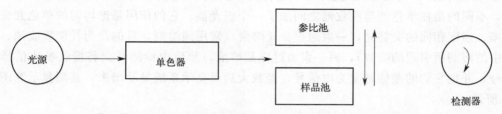

图 3.78　单波长单光束分光光度计测量示意图

　　751 型紫外-可见分光光度计为上海分析仪器厂生产（图 3.79），仪器采用自准式光路，波长范围为 200～1000nm，200～320nm 采用氢弧灯、320～1000nm 采用钨灯为光源，30°角的利特罗石英棱镜为色散元件，机械狭缝的调节范围为 0～20mm，采用 GD-5 型蓝敏光电管（200～625nm）、GD-6 红敏光电管（625～1000nm）为单色器，采用微安表为显示器，通过调节读数电位器使微安表指零。

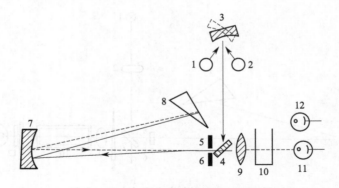

图 3.79 751 型分光光度计光路图

1—氢弧灯；2—钨灯；3—凹面反射镜；4—平面反射镜；5—入射狭缝；6—出射狭缝；7—准直镜；
8—石英棱镜；9—聚焦透镜；10—吸收池；11—蓝敏光电管；12—红敏光电管

如图 3.79 所示，751 型仪器采用单光束工作方式，通过调整凹面反光镜的角度，钨灯或氢弧灯的辐射被反射到平面反射镜，然后反射至入射狭缝（入射狭缝位于球面准直镜的焦面上），入射光在准直镜上被反射成为一束平行光并射向石英棱镜，入射光穿过石英棱镜时被棱镜底面反射（该棱镜背面镀铝），重又穿过棱镜，经过棱镜的色散作用被分开为一光谱带，这样从棱镜色散后出来的光线又经准直镜 L 反射，会聚在出射狭缝处，从出射狭缝出来的光经吸收池后，聚焦于紫敏光电管或红敏光电管，通过电位差计测量吸光度或透射比。

751 型紫外-可见分光光度计的出射狭缝和入射狭缝都安放在同一狭缝机构上，同时开闭，而且狭缝的二片刀口呈弯曲状，以便能近似地吻合谱线的弯曲，从而减少了因谱线通过棱镜后的弯曲而影响单色性，达到了提高仪器分辨本领的目的；仪器在出射狭缝处装有 365nn 及 580nm 短波截止滤光片各一块，以减少短波杂散光对测量结果的影响。

使用单波长单光束分光光度计时，每换一次波长，要用参比溶液校正透射率到 100%，才能对样品进行测定。若要做紫外-可见全谱区分析，则很麻烦，并且光源强度不稳定会引入误差，此时可改用双光束分光光度计。

② 双光束紫外-可见分光光度计 单波长双光束分光光度计的光路设计基本上与单光束相似，不同的是在单色器与吸收池之间加了一个斩光器。它的作用是把均匀的单色光变成一定频率、强度相同的交替光，一束通过参比溶液（常用纯溶剂，目的是为补偿吸收池、样品溶液中的溶剂所引起的吸收），另一束通过样品溶液，然后由检测器交替接收参比信号和样品信号，并把它们的差值转变为电信号，经放大后由显示系统显示出来，其测量示意图如图 3.80 所示。

光源发出的光，经过单色器和切光器（亦称斩光器）等的作用，将一束光分为两束光。其中一束光通过参比系统，另一束光通过样品系统，然后进入两个检测器或单个检测器，同时测量参比辐射能量和样品辐射能量，从而得到样品溶液的吸光度（或透射比）值。

在双光束分光光度计中，主要采用空间分隔、时间分隔的形式获得双光束，从而使该类仪器具有两种不同的结构形式。

① 空间分隔式 一般通过固定式光束分裂器将通过单色器的光分隔为二部分，如图

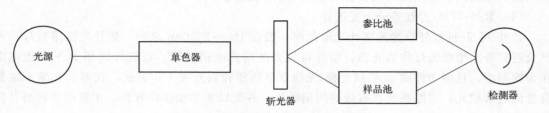

图 3.80　单波长双光束分光光度计测量示意图

3.81 所示：光源发出的光通过切光器、单色器、光束分裂器和反射镜的作用，将单色光分为两路光束。这两条光束分别通过样品池和参比池后，进入各自对应的检测器，通过测量两光束强度的比率，确定样品的吸光度值。

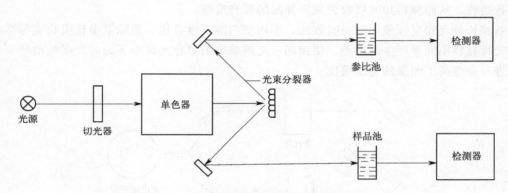

图 3.81　空间分隔式双光束分光光度计原理图

②　时间分隔式　通过高速旋转的切光器将单色器的出射光分隔为完全相同的二束光，如图 3.82 所示：

单色器和样品池之间安装一个切光器 A1，切光器以固定的频率转动，由单色器射出的单色光光束以同样的频率交替地分别通过参比池及样品池，然后会聚在切光器 A2 上，使参比光束与样品光束交替地照射到同一检测器上。此时两条光束所得信号的差值即为检测器输出的信号。再通过放大、读数系统即得出样品的透射比（或吸光度）值。

③　比例光束式　采用半透半反镜将单色器的出射光分为透射和反射二束光：一束光通过样品后聚焦于检测器用作样品光束，另

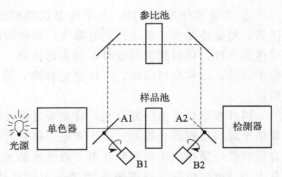

图 3.82　时间分隔式双光束分光
光度计的结构原理图

一束光则直接聚焦于另一检测器用作参比光束，由于半透半反镜的反射与透射光强差值较大，在检测器上形成一定比例的响应信号，即比例光束式分光光度计。

设计之初，由于难以得到完全匹配的检测器，空间分隔式仪器难以实现，随着电子技术的发展，将样品检测器及参比检测器的信号响应进行数字补偿，实现两个检测器的示值一致性；由于固定式光束分裂器特别是半透半反镜结构简单、成本低廉，仪器的结构进一步简

化，比例光束式、空间分隔式仪器的使用范围已逐步扩大。

（3）紫外-可见-近红外分光光度计

紫外-可见-近红外分光光度计光谱范围一般在 $190\sim2500nm$ 之间，紫外光区用氘灯、可见及近红外区用卤钨灯作为光源，紫外可见光区用光电倍增管、近红外区用 PbS 光敏电阻作为检测器，且多为棱镜-光栅或光栅-光栅双单色器和双光束工作方式，仪器的光学系统具有极低的杂散光、电路系统具有极高的信噪比，并配以多功能操作软件，主要用于科研及计量机构。

① 双波长分光光度计 由美国著名的博士布里顿·钱斯（Briton Chance）在 1951 年研究不透明溶液中的线粒体时首先提出。

如图 3.83，由光源发出的光经两个单色器分为两个具有不同波长的光束，然后通过切光器使二束不同波长的单色光以一定的时间间隔交替照射在同一个吸收池上，并被光电倍增管交替接收，从而测得扣除吸收背景后样品的吸光度值。

双波长分光光度计使用同一吸收池，不用空白溶液做参比，消除了参比吸收池与样品吸收池光程材料不同等产生的误差，使用同一光源获取的单色光减小了光源光强波动产生的误差，进一步提高了测量的重复精度。

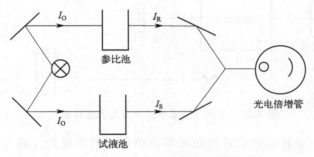

图 3.83　双波长分光光度计原理图

② 多通道分光光度计 与单通道仪器相比，多通道主要采用阵列式检测器，具有以下优势：测量速度快，多通道同时曝光，最短时间仅在毫秒级；可以积累光照，积分时间最长可达几十秒，可检测微弱信号，动态范围宽。另外，由于在一定的光谱范围内没有可移动的光学器件，结构相对简单、工作稳定性高，适用于现场和在线分析。仪器的结构如图 3.84 所示。

钨灯或氘灯发出的复合光，首先通过样品吸收池，再经光栅色散，色散后的单色光直接聚焦于阵列检测器光敏面。由于光电二极管与电容耦合，因此当光电二极管受光照射时，电容器的带电量正比于照射到光电二极管的总光量。光电二极管体积很小，每个阵列检测点含有多个光电二极管。目前覆盖的波长范围已达 $190\sim1100nm$，全部波长几乎同时被检测。由于光电二极管响应具有快速扫描吸收光谱的特点，一般在紫外、可见光谱区内，对全波段的光谱扫描一次，只需 $0.1\sim0.2s$ 就可完成，因此在生物化学、动力学研究等领域得到广泛的应用。

3.4.3　紫外-可见吸收光谱法定性定量分析

物质的紫外吸收光谱基本上是其分子中生色团及助色团的特征，而不是整个分子的特征。如果物质组成的变化不影响生色团和助色团，就不会显著地影响其吸收光谱，如甲苯和

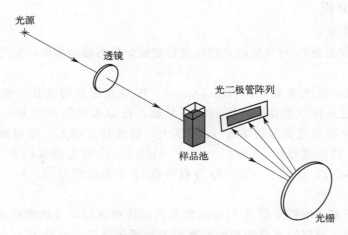

图 3.84　多通道分光光度计结构示意图

乙苯具有相同的紫外吸收光谱。另外，外界因素（如溶剂的改变）也会影响吸收光谱，在极性溶剂中某些化合物吸收光谱的精细结构会消失，成为一个宽带。所以，只根据紫外吸收光谱不能完全确定物质的分子结构，必须与红外吸收光谱、核磁共振波谱、质谱以及其他化学、物理方法共同配合才能得出可靠的结论。

3.4.3.1　定性分析

利用紫外-可见吸收光谱研究有机化合物，尤其是共轭体系很有用，通常根据吸收曲线可做如下判断：①在 $200\sim800nm$ 无吸收峰，该有机化合物可能是链状或环状的脂肪族化合物及其简单的衍生物，如胺、醇、氯代烷及不含双键的共轭体系；②在 $210\sim250nm$ 有强吸收带，$\varepsilon>1.0\times10^{4}$，可能含有两个共轭双键；③在 $210\sim300nm$ 有强吸收带，可能含有 $3\sim5$ 个共轭双键；④如果在 $270\sim350nm$ 产生两个很弱的吸收峰，并且在 $200\sim270nm$ 无任何吸收时，可能含有带孤对电子的未共轭生色团，如羰基等；⑤如果化合物的长波吸收峰在 $260nm$ 附近有中强吸收，可能具有芳香环结构，在 $230\sim270nm$ 有精细结构是芳香环的特征吸收，当芳香环被取代而使共轭体系延长时，精细结构消失，吸收峰红移，吸收强度增加；⑥如果出现多个吸收峰，可能含有长链共轭体系或稠环芳烃，若化合物有颜色，则至少有 $4\sim5$ 个发色团和助色团。

（1）比较法

在相同仪器、溶剂条件下对未知纯试样的紫外吸收光谱图与标准纯试样的紫外吸收光谱，或与标准紫外吸收光谱图比较进行定性分析，浓度相同时，若两紫外吸收光谱图的 λ_{max} 和 ε_{max} 相同，则此两物质可能为同一化合物，然后用其他方法进一步确定。

常用的工具书有《萨特勒标准图谱（紫外）》，该书收集了 4.6 万多种化合物的紫外光谱。

（2）最大吸收波长计算法

① Woodward-Fieser 计算法　Woodward 提出了计算共轭二烯、多烯烃和羟基化合物 $\pi\rightarrow\pi^{*}$ 跃迁最大吸收波长的经验规则，计算时以母体生色团的最大吸收波长 λ_{max} 为基数，再加上连接在母体 π 电子体系上的不同取代基助色团的修正值。

② Scott 经验规则　可以计算苯的衍生芳族化合物的 λ_{max}。

3.4.3.2　定量分析

（1）朗伯-比尔定律

朗伯-比尔定律是紫外-可见吸收光谱法进行定量分析的理论基础，它的数学表达式为

$$A = \varepsilon b c$$

式中，ε 为摩尔吸光系数，L/（mol·cm），仅与入射光的波长、被测组分的本性和温度有关，在一定条件下是被测物质的特征常数，可以表明物质对某一特定波长光的吸收程度，是定性分析的重要参数指标（ε 值越大，吸光程度越大，定量测定时的灵敏度越高，$\varepsilon > 1.0 \times 10^2$ 时为强吸收，$\varepsilon = 1.0 \times 10^3 \sim 1.0 \times 10^4$ 时为较强吸收，$\varepsilon = 1.0 \times 10^2 \sim 1.0 \times 10^3$ 为中强吸收，$\varepsilon < 1.0 \times 10^2$ 时为弱吸收）；b 为液层厚度，cm；c 为被测组分的浓度。

在一定条件下溶液的吸光度 A 与被测物质的浓度和液层厚度的乘积成正比。但必须满足入射光是单色光、被射物质是均匀的非散射型物质等条件。紫外-可见光谱法为微量、痕量分析技术，浓度大于 0.01mol/L 时会偏离朗伯-比尔定律。

（2）比较法

在相同条件下配制样品溶液和标准溶液，在最佳波长 $\lambda_{最佳}$ 处测得二者的吸光度 $A_{样}$ 和 $A_{标}$ 进行比较，计算样品溶液中被测组分的浓度 c_x。

使用比较法时，所选择标准溶液的浓度应尽量与样品溶液的浓度接近，以降低溶液本底差异所引起的误差。

（3）标准曲线法

配制一系列不同浓度的标准溶液，在 $\lambda_{最佳}$ 处分别测定标准溶液的吸光度 A，然后以浓度为横坐标、以相应的吸光度为纵坐标绘制出标准曲线，在完全相同的条件下测定试液的吸光度，并从标准曲线上求得试液的浓度。该法适用于大批量样品的测定。

（4）多组分物质的定量分析

对含有两个以上组分的混合物，根据吸收光谱相互干扰的具体情况和吸光度的加和性，不需分离而直接进行测定，下面分三种情况讨论。

① 吸收光谱不重叠这种情况最简单，因吸收光谱互相不重叠，可在各自处测定其含量，与单组分物质的测定完全相同。

② 吸收光谱的单向重叠如图 3.85 所示，在 X 组分的 λ_{max} 处（λ_1）Y 组分没有吸收，但在 λ_2 处测定 Y 组分时，X 组分也有吸收。此时，可列下面的联立方程式求解：

$$\begin{cases} A_{\lambda_1}^{总} = \varepsilon_{\lambda_1}^{X} b c_X \\ A_{\lambda_2}^{总} = \varepsilon_{\lambda_2}^{X} b c_X + \varepsilon_{\lambda_2}^{Y} b c_Y \end{cases} \tag{3.35}$$

③ 吸收光谱相互重叠如图 3.86 所示。根据吸光度的加和性，分别在 λ_1 和 λ_2 波长处测定混合液的总吸光度，并解以下联立方程：

$$\begin{cases} A_{\lambda_1}^{总} = \varepsilon_{\lambda_1}^{X} b c_X + \varepsilon_{\lambda_1}^{Y} b c_Y \\ A_{\lambda_2}^{总} = \varepsilon_{\lambda_2}^{X} b c_X + \varepsilon_{\lambda_2}^{Y} b c_Y \end{cases} \tag{3.36}$$

代入联立方程组即可求解。混合物中如果有更多的组分，可利用计算机技术设计适当的程序求解。

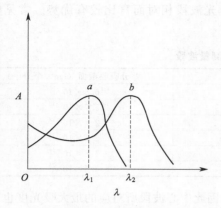

图 3.85 吸收光谱单向重叠

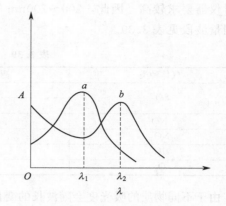

图 3.86 吸收光谱相互重叠

3.4.4 紫外差分吸收光谱技术

差分吸收光谱法（DOAS）是在前文提到的光谱吸收法的前提下进行改进的一种气体检测方法，可以比较准确地对气体浓度进行定量分析。DOAS 技术已经是欧美等国家在大气监测这一块的标准技术，应用广泛，前景也比较明朗。DOAS 技术具有以下优点：

① SO_2、NO_x 等气体具有较强的吸收特征，用紫外光谱可以快速通过气体的窄带吸收特性鉴别出气体的种类，并且能够较为准确地分析气体浓度。

② 可以排除待测物质的化学行为影响，并且具有非接触性。

③ 可以对多种气体同时进行测定，对波段的重叠吸收光谱分析，并且精度较高。维护便捷，能够实现实时监测。

在前文的叙述中，可以明确朗伯-比尔定律在测定气体浓度的时候必须要排除米氏散射和瑞利散射的影响。这两种散射不属于光吸收的过程，但是因为其也能够让散射光无法达到检测器以造成和吸收类似的效果，因此可以等价为吸收效果。在数学上，由光谱吸收导致的光强衰弱会随波长变化而快速变化，反之米氏散射和瑞利散射造成的光散射反应在吸收光谱上则是一个缓慢的变化过程。我们可以将这个吸收过程通过变化速度的区别分为两个部分，一方面是由于散射而导致的变化为低频部分，也就是光谱变化的"宽带"部分，而另一方面因为吸收而导致的光强减弱为高频部分，对应的是光谱变化中的"窄带"部分。差分吸收光谱法的基本思想就是利用一个高通滤波器将快速变化的那部分也就是散射造成的光损失部分分离出来，以达成消除瑞利散射和米氏散射等随波长变化缓慢的部分的效果，最终排除其他干扰以较为准确地测定气体浓度。

在一定条件下，只要得到差分吸收度和差分吸收截面数据，就可以计算得出光程 L 上的气体平均浓度值。差分吸收截面的获取是计算待测气体浓度的必要条件之一。通常情况下获取差分吸收截面的方式有两种：一种是通过实验的方式自行测量，之后根据公式计算得出，另一种为查询前人的已经建立好的数据库，例如 HITRAN 的数据库等。

紫外差分吸收光谱法的一个重要步骤是测量吸收光谱，而测量波段的选择至关重要，因为这将会直接影响最终反演算得到的待测气体浓度。因此，在选择测量波长的范围的时候必须要综合考虑。DOAS 法的主要使用波段在紫外和可见光区域，主要在 $200 \sim 700nm$ 波段。200nm 之下的波段，瑞利散射和氧气吸收对测量的影响较大，而在近红外端和红外光部分则对仪器要求较高。因此，200～700nm 的紫外可见光波段相对而言比较有优势。常见气体的测量波段见表 3.39。

表 3.39　常见气体的测量波段

气体种类	测量波段/nm	差分吸收截面/(cm²/个分子)
SO₂	200～230	6.5×10^{-18}
	280～320	5.7×10^{-19}
NO	200～230	2.4×10^{-18}
NO₂	330～500	2.5×10^{-19}
NH₃	200～230	1.8×10^{-19}
O₃	300～330	4.5×10^{-21}

由于不同物质的吸光度会随波长的变化而变化，因此中心波段所对应的最大吸光度也可以被称为该物质的最大吸收峰。这表明，在某段特定的波长的光照射下，被测物体对光子吸收现象最为明显。一般来说，在反演算浓度时，都应选择吸收峰附近一段波长内，特征吸收波段的光强度变化作定量分析。不同气体的吸收峰各不相同，并且出现单一成分气体具有多个吸收峰的情况（例如 SO₂、NO₂），同时某些不同气体的特征吸收波段发生重叠现象。为提高反演算准确度，通常情况下尽量选择光谱未出现重叠现象的特征吸收波段。

3.5　核磁共振波谱法

3.5.1　核磁共振波谱法基本原理

核磁共振技术是有机物结构测定的有力手段，不破坏样品，是一种无损检测技术。从连续波核磁共振波谱发展为脉冲傅里叶变换波谱，从传统一维谱到多维谱，技术不断发展，应用领域也越广泛。核磁共振技术在有机分子结构测定中扮演了非常重要的角色，核磁共振谱（NMR）与紫外光谱、红外光谱和质谱一起被有机化学家们称为"四大名谱"。核磁共振谱与红外、紫外光谱一样，实际上都是吸收光谱。只是 NMR 相应的波长位于比红外线更长的无线电波范围。物质吸收电磁波的能量较小，从而引起的只是电子及核在其自旋态能阶之间的跃迁。核磁共振谱常按测定的核分类，测定 ¹H 核的称为氢谱（¹H-NMR）；测定 ¹³C 核的称为碳谱（¹³C NMR）。

在定性鉴别方面，核磁共振谱比红外光谱能提供更多的信息。它不仅给出基团的种类，而且能提供基团在分子中的位置。在定量上 NMR 也相当可靠。高分辨 ¹H NMR 还能根据磁耦合规律确定核及电子所处环境的细小差别，是研究分子构型等结构问题的有力手段。而 ¹³C NMR 主要提供了分子碳-碳骨架的结构信息。在气体分析中，可以对原材料进行分析，或将气体进行吸收后采用核磁共振波谱法进行测试。

（1）原子核的磁矩

核磁共振的研究对象为具有磁矩的原子核。原子核是带正电荷的粒子，其自旋运动将产生磁矩，但并非所有同位素的原子核都有自旋运动，只有存在自旋运动的原子核才具有磁矩。

原子核的自旋运动与自旋量子数 I 相关。$I=0$ 的原子核没有自旋运动。$I \neq 0$ 的原子核有自旋运动。原子核可按 I 的数值分为以下三类：

① 中子数、质子数均为偶数，则 $I=0$，如 ¹²C，¹⁶O，³²S 等。

② 中子数与质子数其一为偶数，另一为奇数，则 I 为半整数，如下所示。

$I = 1/2$：^{1}H、^{13}C、^{15}N、^{19}F、^{31}P、^{77}Se、^{113}Cd、^{119}Sn、^{195}Pt、^{199}Hg 等；

$I = 3/2$：^{7}Li、^{9}Be、^{11}B、^{23}Na、^{33}S、^{35}Cl、^{37}Cl、^{39}K、^{63}Cu、^{65}Cu、^{79}Br、^{81}Br 等；

$I = 5/2$：^{17}O、^{25}Mg、^{27}Al、^{55}Mn、^{67}Zn 等；

$I = 7/2$、$9/2$ 等。

③ 中子数、质子数均为奇数，则 I 为整数，如 ^{2}H、^{6}Li、^{14}N 等，$I = 1$；^{58}Co，$I = 2$；^{10}B，$I = 3$。

由上述可知，只有②、③类原子核是核磁共振研究的对象。它们之中又分为两种情况：

① $I = 1/2$ 的原子核电荷均匀分布于原子核表面，这样的原子核不具有电四极矩，核磁共振的谱线窄，最宜于核磁共振检测。

② $I > 1/2$ 的原子核电荷在原子核表面呈非均匀分布，可用图 3.87 表示。对于图中所示的原子核，可考虑为在电荷均匀分布的基础上加一对电偶极矩。对图 3.87(a) 所示原子核来说，"两极"正电荷密度加大，表面电荷分布是不均匀的。若改变球体形状，使表面电荷密度相等，则圆球变为纵向延伸的椭球。

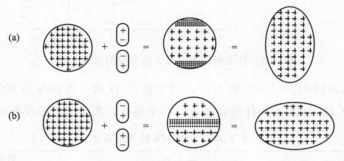

图 3.87　原子核的电四极矩

按照电四极矩公式：

$$Q = \frac{2}{5} Z (b^2 - a^2) \tag{3.37}$$

式中，b、a 分别为椭球纵向和横向半径；Z 为球体所带电荷。所以图 3.87(a) 所示的原子核具有正的电四极矩。同理可知图 3.87(b) 所示的原子核具有负的电四极矩。

凡具有电四极矩（不论是正值或负值）的原子核都具有特有的弛豫（relaxation）机制，常导致核磁共振的谱线加宽，这对于核磁共振信号的检测是不利的。

（2）核磁共振的产生

许多原子核的性质与旋转的带电物体相同。电荷的转动产生磁矩，其方向与旋转轴一致。从经典力学观点看，核自旋在磁场中的行为类似于重力场中的陀螺，除了自旋外还有进动。但是，核自旋在均匀磁场中的进动是不连续取向的。每个取向相应于一个能级，核自旋只能在相邻能级上跃迁。如相邻两能级间发生跃迁，就会有一个电磁辐射的量子放出或吸收。辐射量子的频率 ν 为：

$$\nu = \frac{\Delta E}{h} = \frac{\gamma H_0}{2\pi} \tag{3.38}$$

式中　ΔE——相邻能级的能量差；

h——普朗克常数；

H_0——外加磁场的强度；

γ ——一个核常数，称为旋磁比。

由上式可知，对应于某一特定的 H_0 值，一种核只有一个特征跃迁频率，也就是说，在磁场中，原子核只对这种频率的电磁波产生吸收即发生共振。由于在外磁场作用下，具有磁性的原子核自旋能级分裂产生能级差，原子核从低能级向高能级跃迁时就必须吸收 ΔE 的能量，如图3.88所示。

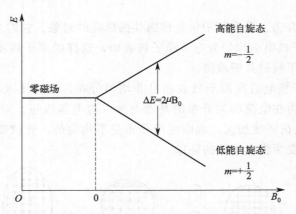

图 3-88　外磁场作用下核自旋能级的分裂示意图

例如，当外加磁场 $H_0 = 1.4 \times 10^4 G$ 时，对于质子 ^1H 的共振频率为60MHz，处于无线电频率范围，常用的 ^1H NMR 的条件见表3.40。频率越高，测定的灵敏度和谱图的分辨率越好。

表 3.40　^1H NMR 的共振条件

共振频率/MHz	波长/m	磁场强度/G
60	5	1.4×10^4
100	3	2.3×10^4
300	1	7.0×10^4

质子和中子数都是偶数的原子核（如 ^{12}C、^{16}O）的自旋量子数为零，磁矩为零，所以没有核磁共振现象。除此之外的大部分原子核，理论上都将在 $\nu = \gamma H_0/(2\pi)$ 的条件下产生核磁共振。但由于灵敏度所限，普通 NMR 谱仪只能测 ^1H 和 ^{19}F。只有在脉冲傅里叶变换 NMR 仪问世后才使 ^{13}C、^{15}N、^{29}Si 等的核磁共振得到广泛应用。表3.41列出了用于核磁共振的一些重要同位素的性质。

表 3.41　用于核磁共振的某些同位素的性质

同位素	自旋量子数	天然丰度/%	灵敏度（相当于 ^1H）
^1H	1/2	99.98	1
^{13}C	1/2	1.11	1.6×10^{-2}
^{14}N	1	99.64	10^{-3}
^{15}N	1/2	0.36	10^{-3}
^{17}O	5/2	3.7×10^{-2}	3×10^{-2}
^{19}F	1/2	100	0.83
^{29}Si	1/2	4.7	8×10^{-3}
^{31}P	1/2	100	0.07
^{23}S	3/2	0.74	2×10^{-3}
^{35}Cl	3/2	75.4	5×10^{-3}
^{37}Cl	3/2	24.6	3×10^{-3}

（3）化学位移

1950 年 W. G. Proctor 和当时旅美学者虞福春研究硝酸铵的 ^{14}N 核磁共振时，发现硝酸铵的共振谱线为两条。显然，这两条谱线分别对应硝酸铵中的铵离子和硝酸根离子，即核磁共振信号可反映同一种原子核的不同化学环境。

① 屏蔽常数 σ　设想在某磁感强度中，不同的原子核因有不同的磁旋比，共振频率是不同的；但对同一种同位素的原子核来说，由于核所处的化学环境不同，其共振频率亦会稍有变化。这是因为核外电子对原子核有一定的屏蔽作用，实际作用于原子核的磁感强度不是 H_0 而是 $H_0(1-\sigma)$。σ 称为屏蔽常数（shielding constant），它反映核外电子对核的屏蔽作用的大小，也就是反映了核所处的化学环境，表示如下：

$$\nu = \frac{\gamma H_0}{2\pi}(1-\sigma) \tag{3.39}$$

不同的同位素的 γ 差别很大，但任何同位素的 σ 均远远小于 1。

σ 和原子核所处化学环境有关，可用下式表示：

$$\sigma = \sigma_d + \sigma_p + \sigma_\alpha + \sigma_s \tag{3.40}$$

σ_d 反映抗磁（diamagnetic）屏蔽的大小。以氢原子为例，氢核外的 s 电子在外加磁场的感应下产生对抗磁场，使原子核实受磁场稍有降低，故此屏蔽称为抗磁屏蔽。设想以固定电磁波频率扫描磁感强度的方式作图，横坐标由左到右表示磁感强度增强的方向。若某一种官能团的氢核 σ_d 较大，相对别的官能团的氢核而言，核外电子抵销外磁场的作用较强，此时则应进一步增加磁感强度方能使该核发生共振，因此其谱线在其他官能团谱线的右方（即在相对高磁感强度的位置）。

σ_p 反映顺磁（paramagnetic）屏蔽的大小。分子中其他原子的存在（或原子周围化学键的存在），使原子核的核外电子运动受阻，即电子云呈非球形。这种非球形对称的电子云所产生的磁场抗磁效应的方向相反（即加强了外加磁场），故称为顺磁屏蔽。因 s 电子是球形对称的，所以它对顺磁屏蔽项无贡献，而 p、d 电子则对顺磁屏蔽有贡献。

σ_α 表示相邻基团磁各向异性（anisotropic）的影响。

σ_s 表示溶剂、介质的影响。

对所有的同位素，σ_d 和 σ_p 的作用大于 σ_α 和 σ_s。对于 ^{1}H，只有 σ_d，但对 ^{1}H 以外的所有同位素，σ_p 比 σ_d 重要得多。

② 化学位移 δ　某种同位素原子核因处于不同的化学环境（不同的官能团），核磁共振谱线位置是不同的。核所处的化学环境不同，即 σ 不同，出峰位置也就不同。在实验中采用某一标准物质作为基准，以基准物质的谱峰位置作为核磁谱图的坐标原点。不同官能团的原子核谱峰位置相对于原点的距离，反映了它们所处的化学环境，称为化学位移（chemical shift）。按下式计算：

$$\delta = \frac{H_{标准} - H_{试样}}{H_{标准}} \times 10^6 \tag{3.41}$$

式中　$H_{试样}$——试样的磁场强度。

　　　　$H_{标准}$——标准物质的磁场强度

化学位移与外加磁场 H_0 有正比关系。因为各种 NMR 谱仪所用的辐射频率和磁场强度有大有小，为了对化学位移取得共同标准，采用标准物质用无因次量 δ 表示相对位移的量，即化学位移。

化学位移是由于电子云的屏蔽作用而产生的，电子云越弱，化学位移 δ 越大。Si 由于其低电负性，吸电子能力比碳、氧和氯等都弱。所以 $Si(CH_3)_4$ 上质子的电子屏蔽比较大，出现在较高场强处，而大多数有机物的核磁共振信号都出现在它的低场一侧。因此常用四甲基硅烷（简称 TMS）为内标。将其 δ 值定为零。则大多数有机物峰的化学位移 δ 为正值。质子的 δ 值一般在 $0\sim10$ 范围内，因而也可采用 τ 表示化学位移，$Si(CH_3)_4$ 的 τ 定为 10.00。则未知样品的 τ 为：

$$\tau=10.00-\delta \tag{3.42}$$

使化学位移 δ 增大的主要结构因素有：取代基的电负性较大时，相邻碳上的质子周围的电子云密度降低，电子屏蔽小，δ 值大；在碳-氢键的成键轨道中，如果 s 成分较高（如烯的 sp^2 杂化和炔的 sp 杂化）时，键电子云较近碳原子核，δ 值较大；芳环上的质子由于 π 键电子云的流动性而受到屏蔽较小，δ 值较大。

人们已积累了一系列基团的化学位移的数据，因此可以利用化学位移鉴定化合物中有哪几种含氢原子的基团。图 3.89 是聚合物中常见基团质子的化学位移，可用作基团归属的快速指南。

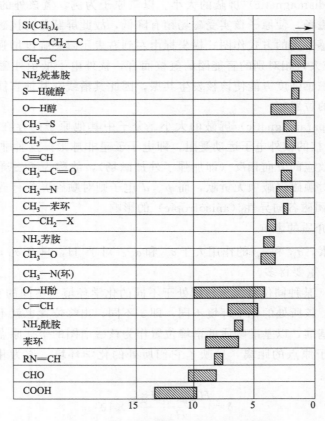

图 3.89　聚合物中常见基团的化学位移

（4）自旋-自旋偶合

在高分辨仪器上，还可观察到由化学位移分开的吸收峰的更精细的结构，这是因为相邻核自旋的相互作用而产生峰的劈裂。这种相互作用称为自旋-自旋偶合，作用的结果是峰的自旋-自旋劈裂。

以乙基（—CH_2CH_3）为例，—CH_2 中的两个质子，其磁量子数有四种组合态，即同为正向，同为负向，以及二者相反（有两种可能）。这四种组合态中每种的概率是相同的。它合成的总磁量子数对甲基的影响有三种情况：使甲基处的磁场强度增加、减小和不变。因此甲基劈裂为三个峰，且这三个峰的面积比为 $1:2:1$；同理由于—CH_3 的三个质子对次甲基的影响，使次甲基劈裂为四个峰，峰面积比为 $1:3:3:1$。总之，规律是当邻碳原子的氢数是 n 时，劈裂后的峰数为 $n+1$，峰的相对面积比等于二项展开式系数，即：

n	峰的相对面积比
0	1
1	1 1
2	1 2 1
3	1 3 3 1
4	1 4 6 4 1
5	1 5 10 10 5 1

峰劈裂后的峰间距离是量度自旋-自旋偶合的尺度，称为偶合常数 J（单位是 Hz）。自旋-自旋偶合与化学位移不难区别，在频率谱中如果化学位移不用 δ 表示，而用各吸收峰与 TMS 吸收峰之间共振频率的差 $\Delta\nu$ 表示，也以 Hz 为单位，则化学位移与偶合常数的区别是：前者随外加磁场强度的加大而增大，而后者与场强无关，只与化合物的结构有关。

偶合常数一般分为三类。即同碳偶合 H—C—H，用 ^2J 表示；邻碳偶合 H—C—C—H，用 ^3J 表示；远程偶合，主要存在于芳环体系中。

偶合常数提供了相邻氢原子关系的信息，这对于分子剖析是非常有用的。在 ^1H NMR 谱中，J 一般为 $1\sim20Hz$。

（5）去偶技术

在某些情况下由于劈裂现象使 NMR 谱图过于复杂，有必要采取措施消除自旋-自旋偶合的影响，称为去偶。这里主要介绍两类常用的去偶技术。

① 双照射去偶技术　用两束射频照射分子，一束是常用的射频，它的吸收可测量；另一束射频则是较强的固定射频场。若要观察分子内特定质子与哪些磁核偶合，就调整该固定射频场的频率，使之等于特定质子的共振频率。由于固定射频场较强，特定质子受其照射后迅速跃迁达到饱和，将不再与其他磁核偶合，得到的是消除该种质子的偶合的去偶谱。对照去偶前后的谱图，就能找出与该质子有偶合关系的全部质子。

② 氘代　氘（即 ^2H）比质子的磁矩小得多，它在很高的磁场吸收，因而在 NMR 谱中不出峰。此外它与质子的偶合是弱的，并且通常使质子的信号变宽而不劈裂。因此用一个氘取代一个质子后，其结果是使这个质子的峰及其他质子被它劈裂的信号从 NMR 谱图中消失，好像分子中那个位置上没氢一样，因此用氘标记可以简化谱图。例如

CH_3—CH_2—　　CH_2D—CH_2—　　CH_3—CHD—　　CH_3—CD_2—
三　四　　　　　三　三　　　　　二　四　　　　　单　无
重　重　　　　　重　重　　　　　重　重　　　　　峰　峰
峰　峰　　　　　峰　峰　　　　　峰　峰

实验中常用重水进行重氢交换。当在样品溶液中加入几滴重水（D_2O），振摇数次后，

分子中与杂原子连接的活泼氢与重氢发生交换。

3.5.2　核磁共振波谱仪的结构

　　按工作方式不同可将核磁共振波谱仪分为两大类：连续波核磁共振波谱仪及脉冲傅里叶变换核磁共振波谱仪。以下以连续波核磁共振波谱仪为例，简单介绍核磁共振波谱仪器基本结构。核磁共振仪通常由以下几个部分组成，如图 3.90 所示。

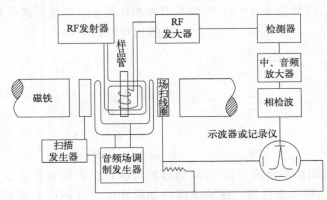

图 3.90　核磁共振波谱仪示意图

　　(1) 磁铁和样品支架

　　磁铁是核磁共振仪中最贵重的部件，能形成高的场强，同时要求磁场均匀性和稳定性好，其性能决定了仪器的灵敏度和分辨率。磁铁可以是永久磁铁、电磁铁，也可以是超导磁体，前者稳定性较好，但使用时间长了磁性要发生变化。由永久磁铁和电磁铁获得的磁场一般不超过 2.4T，相当于氢核的共振频率为 100MHz。为了得到更高的分辨率，应使用超导磁体，可获得高达 10T 以上的磁场，其相应的氢核共振频率为 400MHz 以上。但超导核磁共振仪的价格及日常维护费用都很高。

　　样品支架装在磁铁间的一个探头上，支架连同样品管用压缩空气使之旋转，目的是提高作用于其上的磁场的均匀性。

　　(2) 扫描发生器

　　沿着外磁场的方向绕上扫描线圈，它可以在小范围内精确、连续地调节外加磁场强度进行扫描，扫描速度不可太快，$3\sim10\text{mGs/min}$。

　　(3) 射频接收器和检测器

　　沿着样品管轴的方向绕上接收线圈，通过射频接收线圈接收共振信号，经放大记录下来，纵坐标是共振峰的强度，横坐标是磁场强度（或共振频率）。能量的吸收情况为射频接收器所检出，通过放大后记录下来。所以核磁共振仪测量的是共振吸收。处理器中有积分仪，能自动画出积分线，以确定各组共振吸收峰的面积。[1]H 核常用于 60MHz、90MHz、100MHz 的固定振荡频率的质子磁共振仪。

　　(4) 射频振荡器

　　在样品管外与扫描线圈和接受线圈相垂直的方向上绕上射频发射线圈，它可以发射频率与磁场强度相适应的无线电波。

　　核磁共振仪的扫描方式有两种：一种是保持磁场恒定，即固定 H_0，线性地改变频率，称为扫频，得到的波谱称为频率谱。另一种是保持频率不变，线性地改变磁场强度进行扫描，称为扫场。在磁场的某些强度上，质子能量跃迁所吸收的能量与辐射的能量相匹配而产生共振吸收，一般核磁共振谱是磁场强度谱。多数仪器同时具有这两种扫描方式。磁场强度谱和频率谱是可以互换的。

脉冲傅里叶变换 NMR 仪（pulsed fourier transform NMR，PFT-NMR）采用恒定的磁场，在整个频率范围内施加具有一定量的脉冲，使自旋取向发生改变并跃迁至高能态。高能态的核经一段时间后又重新返回低能态，通过收集这个过程产生的感应电流，即可获得时间域上的波谱图。一种化合物具有多种吸收频率时，所得图谱十分复杂，称为自由感应衰减（free induction decay，FID），自由感应衰减信号经快速傅里叶变换后即可获得频域上的波谱图，即常见的 NMR 谱图，如图 3.91 所示。

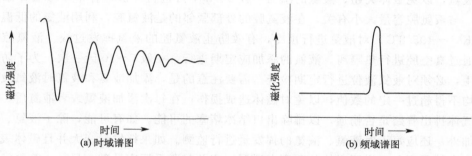

图 3.91　NMR 的时域和频域谱图

PFT-NMR 波谱仪是更先进的 NMR 波谱仪。它将核磁共振波谱仪中连续扫场或扫频改成强脉冲照射，当样品受到强脉冲照射后，接受线圈就会感应出样品的共振信号干涉图，即自由感应衰减（FID）信号，经计算机进行傅里叶变换后，即可得到一般的 NMR 谱图。连续晶体振荡器发出的频率为 ν_c 的脉冲波经脉冲开关及能量放大再经射频发射器后，被放大成可调振幅和相高的强脉冲波。样品受强脉冲照射后，产生一射频 ν_n 的共振信号，被射频接收器接受后，输送到检测器。检测器检测到共振信号 ν_n 与发射频率 ν_c 的差别，并将其转变成 FID 信号，FID 信号经傅里叶转换，即可记录出一般的 NMR 谱图。PFT-FID 波谱仪提高了仪器测定的灵敏度，并使测定速度大幅提高，可以较快地自动测定和分辨谱线及所对应的弛豫时间。

（5）试样管和探头

样品容器应由不吸收射频辐射的材料制成，用于研究 ^1H 核的试样管是外径约 5mm 的硼硅酸盐玻璃管。探头是整个仪器的心脏，固定在磁极间。试样管插在探头内，接收线圈、射频线圈也安装在探头内，以保证试样相对于这些部件的位置不变。试样管顶部装有高速气流使试样管绕其轴旋转，以消除磁场的非均匀性，提高谱峰的分辨率。

3.5.3　核磁共振波谱仪的保养和维护

核磁共振波谱仪主要包括超导磁体、谱仪、气路系统、探头及计算机工作站。UPS 蓄电池、空调、除湿机等是该仪器不可缺少的辅助设备。仪器管理者和操作者必须具有高度的责任、较高的技术水平，正确使用和维护保养核磁谱仪，降低故障率，以确保仪器高效运行。

（1）磁体的维护与保养

磁体是 NMR 波谱仪中最基本的部分，除了在磁体的高斯线内禁止铁磁性物体接近，最重要的是保证磁体的超导线圈始终浸泡在液氦、液氮中，否则一旦温度升高会导致线圈产生电阻发热，从而导致液氦液氮瞬间大量蒸发，磁体失超。因此定期及时添加液氦液氮非常重要，是保证仪器正常运行的关键环节。

对于磁体维护来讲，最重要的是液氦及液氮制冷剂的添加和液氦、液氮液位与挥发量的监测。磁体杜瓦的超导线圈必须保证始终浸泡在液氦中，否则当温度一旦升高会使超导线圈失去超导性质，产生电阻并发热，从而导致液氦、液氮瞬间大量蒸发，磁体失超。磁体失超可能会对磁体造成永久伤害，即使不造成永久伤害，重新升场也会耗费大量时间和金钱，因此任何情况下都要尽力避免此类意外的发生。仪器维护人员必须严格定期对液氦杜瓦里液氦液面进行监测，定期及时对液氦进行补充。通常应在高于磁体厂家规定液氦腔液面安全警戒线添加液氦，以免磁体失超。液氦的添加一般3～8个月进行一次，各个型号磁体添加的周期各异，与液氦腔容量大小有关。在液氦腔的外部紧邻的是液氮腔，利用液氮的低温（绝对温度77K，−195.8℃）对液氦进行预冷，有效防止液氦腔的液氦挥发过快。液氦腔和液氮腔之间通过真空腔进行热隔离。液氮的添加应定期进行，一般7～10天一次。为了防止意外情况发生，必须对液氮液位进行定期检查。需要注意的是，添加液氦和液氮时液氦及液氮杜瓦压力均不得超过一定的数值，以免对磁体造成损伤；在每次添加液氮或者液氦后，必须检查杜瓦气体排出管路是否畅通，以排除出口结冰堵塞的可能。如有可能，除了液氦、液氮的及时添加外，还应每天对液氦、液氮的挥发量进行监测。如果挥发量变大并且磁体表面或者腔体出口有结霜现象，说明磁体杜瓦真空泄漏，应及时联系厂家处理。另外，液氦、液氮的挥发量不能为零。如果液氦或者液氮挥发量降为零，要立即排除其杜瓦出口结冰堵塞的可能，以免杜瓦内部压力过大导致磁体爆炸失超。一个特殊的情况是，在添加液氮的过程中，液氦腔温度会急剧下降，液氦挥发量会降为零或者负值，当液氮添加结束后会恢复正常。

磁体维护另一个需要高度重视的安全问题是磁体的强磁场和工作时的射频场。磁体周围存在一个不可见的永久磁场，铁磁性物体离磁体太近时，磁体的吸引力会在很短的距离内由很难觉察增大到无法控制的程度，使物体以很大的速度飞向磁体，造成磁体损伤和失超，并有可能伤害它们之间的人员，因此绝对不允许在强磁场范围内放置或者移动任何铁磁性物体。在磁体上工作使用的任何梯子和补充液氦、液氮的杜瓦都必须由非磁性材料制成。不能把小的金属物品放在磁体附近的地面上，如果它们被吸进磁体的腔管内会导致严重的伤害，特别是当磁体没有安装探头时。另外，在磁场作用下，磁卡、磁盘、相机、机械手表等物品会遭到不可逆破坏，人体内的金属医疗器械会发生故障，仪器工作时的射频场也会对人体内的金属医疗器械产生影响。因此无论从仪器安全角度还是从个人人身安全角度考虑，都应该禁止非工作人员携带任何铁磁性物品进入实验室。

（2）谱仪的维护与保养

谱仪是核磁共振波谱仪的指挥中心，负责各通道射频的发射和信号的接收处理，控制和协调谱仪系统各部件有条不紊地工作，主要有射频发生器、梯度单元、温控单元、功率前置放大器等，几乎所有电子元件均集中于此。做好谱仪的维护与保养主要有以下几点。①确保环境温度、湿度适宜，房间内摆放温湿度计，安装空调和除湿机，控制室内温度在25℃左右，湿度在30％～50％左右。②尽量避免房间内灰尘，及时清除累积在过滤网上及谱仪门边缘上的灰尘，过滤网清洗完毕完全干燥后重新装回，避免带入水分。当灰尘较多不易清理时，可用吸尘器小心吸除。③谱仪后面有散热扇，要定期检查散热扇马达是否正常运作，如有异常声音，及时进行故障部件的更换，以免热量散发不出引起局部温度过高，电路元件被烧毁。④定期检查电子电路及供应电压是否在正常范围值，谱仪前面的各个指示灯是否正常等。

（3）探头的维护与保养

探头是整个仪器系统的核心部件。探头安装于磁体中心的室温腔，探头的中心为样品管支架，样品管一般位于探头线圈的中心位置。探头线圈通常包括发射线圈、接收线圈、锁场发射和接收线圈等，样品在探头中的升降通过控制升降气流大小实现。在实验过程中，首先应注意使用合格的核磁管，以免发生核磁管断裂、污染或损坏探头。核磁管不能过短，否则无法使样品位于探头接收线圈中心。在样品升降时，一定要首先确保空压机处于工作状态，管路中有足够压力的气流，并且转子处于关闭状态，以免造成核磁管碎裂。应定期检查转子上的 O 圈，发现老化时及时更换。

^{1}H、^{19}F、^{13}C、^{31}P 四核探头虽然具有自动切换频率和自动调谐的功能，但要获得高质量的谱图最好手动调谐，尤其是进行二维实验时。因四核探头两个通道各自分别同时对两个核进行调谐，而且一个通道的两个核之间相互影响，四核探头调谐时一定要预先掌握相关原理和技巧，如果不预先熟知相关原理，很容易导致调偏而找不到信号，使实验无法进行。实验过程中要避免使用长而强的射频脉冲，以免对探头造成损伤。涉及去偶的实验应注意采用的去偶模式和仪器允许的最大去偶功率，去偶功率不能超过仪器最大允许值，以免对仪器造成损伤。

定期对探头进行清洗，探头清洗应由资深工程师完成。

（4）气路系统维护与保养

气路系统是核磁共振波谱仪的重要组成部分之一，主要由气动单元和空压机组成，主要用于样品的升降旋转、磁体的托起以及温度控制等。如果气路系统出现故障，轻则会因为气流压力过小导致无法测试样品，重则会因为空气过滤不完全，导致潮湿的空气进入磁体结冰阻塞气路进而引起爆炸。可见气路系统的维护保养也尤为重要。

每天检查进气滤清器的滤水滤油装置是否正常、履带是否老化、除水杯有无积水、压力表指针是否正常，做到及时发现及时维修。定期对空压机进行排水，避免水对储气罐的腐蚀。定期更换空压机干燥剂，干燥剂寿命一般为 2～3 年，与环境湿度有关。维持空压机房内适宜的温度和湿度，夏天潮湿季节开启除湿机。定期清洗和更换空压机的汽水分离器滤芯，按照实际情况应该三个月或者半年清洗一次。

3.6　露点法

3.6.1　测量原理及方法

露点法是通过测量气体露点的方法来测定气体中微量水分的。当一定体积的气体在恒定的压力下均匀降温时，气体和气体中水分的分压保持不变，直至气体中的水分达到饱和状态，该状态下的温度就是气体的露点。通常是在气体流经的测定室中安装镜面及其附件，通过测定在单位时间内离开和返回镜面的水分子数达到动态平衡时的镜面温度来确定气体的露点。一定的气体水分含量对应一个露点温度；同时一个露点温度对应一定的气体水分含量。因此测定气体的露点温度就可以测定气体的水分含量。由露点值可以计算出气体中微量水分含量，由露点和所测气体的温度可以得到气体的相对水分含量。

　　用冷凝露点法制作的露点仪，仪器结构目前最常用的有多种形式，但其均由制冷系统、露（霜）点检测系统和温度测量与跟踪系统三个部分组成。作为标准使用的高精度露点仪采用热电制冷，用微差光学系统检测露（霜）的形成，用四线铂电阻元件测温，镜面由具有良好的光学性能和耐腐蚀的铑合金制成。冷凝露点法露点仪测量灵敏度可达 0.05℃，高精密露点计的准确高达 0.1℃露点温度，仅次于重量法，是以一种普遍采用的标准仪器，也有些国家当作基准使用；其操作简单、携带方便，测量范围可达 −80～95℃露点温度，是湿度量值传递的重要工具。

　　制冷技术通常有乙醚蒸发法、采用小型冷冻机的机械制冷法、液化气体或干冰制冷法、高压空气节流膨胀制冷法、半导体制冷法等。半导体制冷法原理是利用帕尔帖效应，它不仅使露点仪得以实现小型化，而且大大提高了测量准确度。为了获得不同程度的低温可采用多级叠加的办法，如二级冷堆温度可达 −40～−45℃，三级可达 −70～−80℃。制冷元件热端的散热方式通常采用水冷、强迫通风和自然通风等。

　　简单的露点仪通过手动调节制冷量来控制镜面降温速度，用目视法确定露的生成，这种露点仪很大程度上依靠经验来进行，人为因素比较大。现代露点仪绝大部分采用光电系统来确定露的生成，光电检测系统主要包括一个稳定的光源和反射光的接收系统，来自光源的平行光照到镜面上被镜面反射，反射光用光电管或光敏元件接收，在镜面结露之前，入射和反射的光通量基本上是稳定的，当镜面上出现露时，入射光发生散射，光接收系统接收的光量减小，光的散射量大致和露层厚度成正比，利用光敏元件作为惠斯顿电桥一臂，可根据电桥变化来判断露点。在检测露点的过程中，处于不平衡状态的电桥信号输出直接控制半导体制冷器制冷电流，当露出现时，电桥达到平衡，半导体制冷器停止制冷或反向加热，使镜面温度自动保持在露点附近，即所谓露点自动跟踪。

　　现代露点仪绝大部分采用热电偶、热敏电阻或铂电阻测温。测量露点温度有两个基本要求，一是露点温度测量与结露时间的一致性，否则无论是提前或推后，都会使测量值与真实露点温度发生偏差；二是空间的要求，即测温元件安放点的温度应该与镜面温度一致，或力求两处的温度梯度尽可能小。

　　典型自动光电露点仪原理如图 3.92 所示。

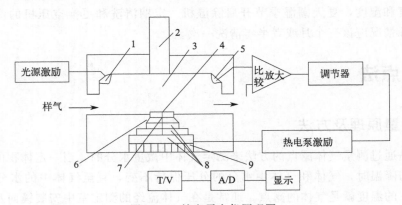

图 3.92　精密露点仪原理图

1—发光二极管（LED）；2—镜面状态观察镜；3—露点测量室；
4—冷镜面；5—光电传感器；6—镜面支架；7—温度传感器；8—热电泵；9—散热器

　　典型的取样系统如图 3.93 所示。

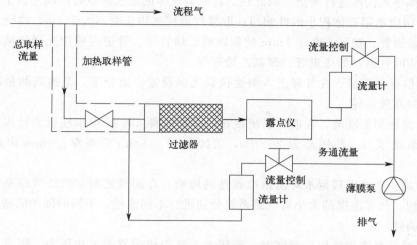

图 3.93　露点仪典型取样系统图

整个系统连接完后，应进行系统气密性检查，可使用 U 形水柱压力计接于仪器的排气口，调节系统压力，使压力差为 2000Pa±100Pa，关闭气样，0.5min 后观察，1min 内压差降应不超过 5Pa。在测量前，应根据取样系统的结构、气样湿度的大小对气路系统分别进行不同流量、不同时间的吹洗，以保证测量结果的准确性。

但在露点测量中，镜面污染是一个较为突出的问题，其影响主要表现在两个方面：一是拉乌尔效应，二是改变镜面本底散射水平。拉乌尔效应是由水溶性物质造成的，如果被测气体中携带这种物质（一般是可溶性盐类）则镜面提前结露，使测量结果产生偏差。若污染物是不溶于水的微粒，如灰尘等，则会增加本底的散射水平，从而使光电露点仪发生零点漂移。一些沸点比水低的容易冷凝的物质如有机物等的蒸气，也会对露点测量产生干扰。一些高精度的露点仪在开机或固定时间间断可自动执行仪器内部去污程序，有效保证了测量的准确性。

被测气体的温度通常都是室温，当气流通过露点室时必然要影响体系的传热和传质过程，当其他条件固定不变时，加大气体流速将有利于气流和镜面之间的传质，以加快露层形成速度，但流速也不能太大，否则会造成过热问题，还会导致露点室压力降低而流速的改变又将影响体系的热平衡。流速的选择应视制冷方法和露点室的结构而定，一般流速范围在 0.4~1L/min 之间。

另外，冷却、测量系统内部吸着水分的放出及相互变换易引起灵敏度下降；并且需要区别金属镜面形成的是露还是霜，否则将引入较大误差。一些高精度的露点仪具有自动识别露霜点的功能。

在低含水量测量的情况下，霜层很薄，变化也慢，增加了检霜的困难，如霜点低于 −65℃时，镜面上水分子移动性减小，结晶速度相应下降，从霜层的出现到相对稳定需要一定时间，低霜点测量过程中需保持足够的平衡时间。

露点法是建立在可靠的理论基础之上，具有准确度高，测量范围宽的特点，是测量气体中水分的主要方法。

3.6.2　露点法测量中应注意的问题

在测量瓶装气体的湿度时，由于瓶装气体的湿度一般都在 1000μmol/mol 以下，通常采用导管把气样导入仪器进行测量。因此在进行瓶装气体的湿度测量时应满足以下要求：

① 取样阀应选用死体积小的针阀门；取样管道应选用长度不大于 2m，内径 2~4mm 的不锈钢管、紫铜管、壁厚不小于 1mm 的聚四氟乙烯管等。管道内壁应光滑清洁。不允许使用高弹性材质的管道，如橡皮管、聚氯乙烯管等。

② 增大取样总流量，在气样进入测量仪器之前设置旁通分道，是提高测量准确度和缩短测量时间的有效途径。

③ 为了保证测量准确，在取样系统接好后进行试漏。将 U 形水柱压力计接于仪器的排气口，调节系统压力，使压差为 2000Pa，关闭气样 0.5min 后观察：1min 内压差降不超过 5Pa。

④ 为了减少系统内残留水对测量准确性的影响，在测量之前应吹洗气路系统。根据取样系统的结构、气样湿度的大小对气路系统分别进行不同流量、不同时间的吹洗，以保证测量结果的准确性。

⑤ 在测量管路流程气体的湿度时，若压力不高于传感器的工作压力，则可以把传感器安放在管路中或用取样管把气样导入仪器进行测量。

在测量高温气体的湿度时，应将气体温度降至仪器或传感器工作范围内进行取样。但是，环境温度应高于气体露点至少 3℃，否则要对整个取样系统以及仪器测量室之前的歧路系统采取升温措施，以免因冷壁效应而改变气样的湿度。

在测量高压气体的湿度时，应将气体压力降至仪器或传感器工作压力范围内进行。

第4章 气体包装容器及内壁处理技术

4.1 气体包装容器——气瓶

4.1.1 气瓶的定义

气瓶属于移动式的可重复充装的压力容器，除了符合压力容器的一般要求外，还需要有一些特殊要求。一般把在正常环境温度（-40~60℃）下使用，公称工作压力为 0.2~35MPa（表压，下同），公称容积为 0.4~3000L 且压力与容积乘积大于或等于 1.0MPa·L，用于储存和运输永久气体、液化气体、吸附气体、混合气体等和标准沸点不大于 60℃ 的液体的瓶式金属或非金属移动式压力容器称为气瓶。不作储存和运输上述气体而用作压力容器的瓶式容器都不算是气瓶。

4.1.2 气瓶的分类

气瓶的分类方法有多种。一般按结构、承受压力、容积、主体材料、所装气体介质以及安全管理等方面进行分类。

（1）按结构分类

按气瓶结构，可分为无缝气瓶、焊接气瓶、溶解乙炔气瓶、吸附气瓶和玻璃钢气瓶。

① 无缝气瓶　无缝气瓶的瓶体上没有焊缝，不是用焊接方法制造的，可以承受较高的充装压力。瓶装气体（O_2、N_2、H_2）的公称工作压力为 15MPa。

通用的无缝气瓶筒体呈圆柱形，一端为凸形、凹形或 H 形的瓶底，而另一端为带颈的球形瓶肩。在瓶颈上面有一个带锥形螺纹的瓶口，用来装配瓶阀。常用的瓶体形式有凹形底、凸形带底座、凸形底、H 形底、无底双口形。对于凸形底、容积大于或等于 12L 的气瓶，为了使其能直立于地面上，通常装有一个筒状或四角状的底座。底座是在赤热状态下套装在气瓶上的，其接地平面与瓶底凸面的最高点间的距离不应小于 10mm。在容积等于或大于 5L 的盛装永久气体和液化气体的气瓶上，为安装保护瓶阀用的瓶帽或保护罩，在瓶颈的外侧套有一个带外螺纹的颈圈。瓶帽分为固定式和可卸式两种。

大直径、大容积、高压的气瓶一般为两端开口形，安装有安全装置、装卸系统和排污系统。目前大容积（80L 以上）的高压无缝气瓶尚无专门的国家标准和行业标准。

② 焊接气瓶　用焊接方法制造的气瓶，可以承受的压力较低。瓶装气体（液化石油气）的公称工作压力为 2.1MPa。

焊接气瓶有两块结构式和三块结构式两种。两块结构式是用两个直边很长的封头焊制成的，有的有筒体，有的无筒体。三块结构式的焊接气瓶，其圆筒形筒体是用钢板冷卷经焊接成型，两端分别焊有热旋压成型的椭圆形封头。

③ 溶解乙炔气瓶　溶解乙炔气瓶的外形与上述无缝气瓶和焊接气瓶基本相同，不同的

是溶解乙炔气瓶的内部不是中空的，而是装有溶解和分散乙炔用的溶剂和多孔性填料，阻止乙炔发生分解作用，以保障溶解乙炔气瓶安全运输。

我国常用和常见的溶解乙炔气瓶，大都是采用无缝结构的，瓶体上不装易熔合金塞。美国、日本、澳大利亚、韩国等国制造的溶解乙炔气瓶，都是采用焊接结构的。在焊接结构的溶解乙炔气瓶上，都装有易熔合金塞。

④ 吸附气瓶　又称固态高纯储氢气瓶，主要由外壳、填料（吸附剂）、热交换器和瓶阀组件组成。

通常情况下，氢气是以压缩状态或深冷液化状态储运的。固态储运氢气在压力、重量、体积、节能和安全性方面，都优于压缩状态和深冷液化状态储运氢气。吸附气瓶的公称工作压力为 4MPa；压缩氢气瓶的公称工作压力为 15MPa、20MPa、30MPa。

⑤ 玻璃钢气瓶　是以无碱玻璃纤维为增强材料，环氧-酚醛树脂为黏合剂，采用铝内衬机械缠绕成型的气瓶。玻璃钢集中了玻璃纤维和合成树脂的优点，具有重量轻、强度高、耐腐蚀和成型工艺简单等优异特性。玻璃钢气瓶的重量较同容积同压力的钢质无缝气瓶轻50%左右。

（2）按公称工作压力分类

气瓶和常规压力容器不同，取消了"设计压力"的概念，而采用"公称工作压力"的概念。对于永久气瓶公称工作压力是指在基准温度（一般为20℃）时所盛装气体的限定充装压力。对于液化气体气瓶公称工作压力是指在最高使用温度（60℃）时瓶内压力的限定值。

气瓶的工作压力与公称工作压力的含义是不同的。国家气瓶标准是依据气瓶试验压力设计。如试验压力 $P_h = 1.5 P_{20}$（P_{20} 为20℃时的工作压力），其最高工作压力（即允许达到的最高压力）为 $0.8 P_h$。此压力即为公称工作压力。

根据公称工作压力，可分为高压气瓶和低压气瓶。公称工作压力大于或等于10MPa的为高压气瓶，小于10MPa的为低压气瓶。

常用气体气瓶的公称工作压力见表 4.1。

表 4.1　常用气体气瓶的公称工作压力

气体类别		公称工作压力/MPa	常用气体
永久气体（$T_c < -10℃$）		30	空气、氧、氢、氮、氩、氦、氖、氪、甲烷、煤气、天然气、氟等
		20	
		15	空气、氧、氢、氮、氩、氦、氖、甲烷、煤气、三氟化硼、四氟甲烷（R-14）、一氧化碳、一氧化氮、重氢、氙等
液化气体（$T_c \geq -10℃$）	高压液化气体 $-10℃ \leq T_c \leq 70℃$	20	二氧化碳、一氧化二氮（氧化亚氮）、乙烷、乙烯、硅烷、磷烷、乙硼烷等
		15	
		12.5	氯化氢、乙烷、乙烯等
		8	三氟氯甲烷（R-13）等
		5	溴化氢、硫化氢等
	低压液化气体 $T_c > 70℃$	3	氨、二氟氯甲烷（R-22）、1,1,1-三氟氯乙烷（R-143a）等
		2	氯、二氧化硫、氯甲烷等
		1	甲胺、二甲胺、三甲胺等

（3）按容积分类

根据气瓶公称容积，可分为大容积气瓶、中容积气瓶和小容积气瓶。容积大于150L的为大容积气瓶；容积大于12L、小于或等于150L的为中容积气瓶；容积小于12L的为小容积气瓶。

盛装永久气体或高压液化气体的钢质无缝气瓶的容积范围为 0.4～80L，并在气瓶类别上也作了规定。容积为 0.4～12L 的气瓶定为小容积气瓶（分为 15 个容积等级），容积 20～80L 的气瓶定为中容积气瓶（分为 11 个容积等级）。

盛装低压液化气体或溶解乙炔的钢质焊接气瓶的容积范围为 10～1000L，分为 14 个容积级，即 10L、16L、25L、40L、50L、60L、80L、100L、150L、200L、400L、600L、800L、1000L。

目前我国制造的溶解乙炔气瓶都是焊接结构，其公称容积定为 10～60L，分为 10L、16L、25L、40L、60L 五个容积级。

液化石油气气瓶的容积分为 23.5L、35.5L、118L 三个级别，对应上述容积级别分别为 10kg、15kg、50kg 三个重量等级。

铝合金无缝气瓶的容积范围定为 0.4～50L，并分为小容积气瓶和中容积气瓶两类。容积级别分为 23 级。

（4）按主体材料分类

① 钢质气瓶　包括碳钢气瓶、锰钢气瓶、铬钼钢气瓶、不锈钢气瓶等。

② 铝合金气瓶　这种气瓶具有低温冲击性优良、瓶重较轻（比碳钢气瓶、锰钢气瓶轻）和耐腐蚀性好等优点。

③ 复合气瓶　所谓复合气瓶是指气瓶瓶体由两种或两种以上材料制成的气瓶。

④ 其他材料　在国外，还有使用镍、铜等材料制造的气瓶，以满足特殊的需要。

（5）按所装气体介质分类

气瓶按所装气体介质可分为永久气体气瓶、液化气体气瓶和低温液化气体气瓶三种。

（6）按安全管理分类

根据安全管理需要，在安全技术法规中气瓶分为无缝气瓶、焊接气瓶、缠绕气瓶和低温绝缘气瓶。缠绕气瓶又分为金属内胆缠绕气瓶、金属内胆全缠绕气瓶和塑料内胆全缠绕气瓶三种形式。

4.1.3　气瓶的命名

为便于全国统一安全管理气瓶，国家标准 GB 15384—94《气瓶型号命名方法》规定了气瓶型号命名规则，气瓶设计、制造，使用和管理单位必须遵照执行。气瓶型号由气瓶代号和气瓶规格组成，必要时加改型序号。气瓶型号的表示方法如图 4.1 所示。

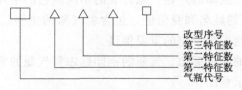

改型序号
第三特征数
第二特征数
第一特征数
气瓶代号

图 4.1　气瓶型号的表示方法

气瓶代号由气瓶的类（表示气瓶名称）、型（表示气瓶结构形状）两部分按顺序组成，各部分用有代表性的大写汉语拼音字母表示，两个字母连续书写，字母间不留间隔。气瓶类的代表字母见表 4.2，型的代表字母见表 4.3。

表 4.2 气瓶类代表字母

类	钢质焊接气瓶	消解乙炔气	液化石油气瓶	铝合金气瓶	潜水气瓶	吸附贮氢气瓶	钢质无缝气瓶		
							Mn 正火	Mn 淬火	CrMo
代表字母	HJ	RY	YS	LW	QS	XQ	WM	WZ	WG

表 4.3 气瓶型代表字母

型	无缝凹形底	无缝凸形底	无缝 H 形底	无缝双头	有缝卧式	缠绕式	立式双环缝	立式单环缝
代表字母	A	T	H	S	W	C	L	P

气瓶规格由第一特征数（表示气瓶公称直径）、第二特征数（表示气瓶公称容积、充液质量或贮气量）、第三特征数（表示气瓶公称工作压力）三部分组成，各种特征数按顺序用阿拉伯数字表示，并用短横线隔开，第一特征数紧接着气瓶代号书写。各特征数的含义和单位见表 4.4。

表 4.4 气瓶特征数

类别	第一特征数	第二特征数	第三特征数
钢质无缝气瓶	表示气瓶公称直径（外径），以 mm 为单位	表示气瓶公称容积（外径），以 L 为单位	表示气瓶公称工作压力，以 MPa 为单位
钢质焊接气瓶	表示气瓶公称直径（内径），以 mm 为单位	表示气瓶公称容积（外径），以 L 为单位	表示气瓶公称工作压力，以 MPa 为单位
溶解乙炔气瓶	表示气瓶公称直径（内径），以 mm 为单位	表示气瓶公称容积（外径），以 L 为单位	表示气瓶在基准温度 15℃ 时的限定压力，以 MPa 为单位
液化石油气瓶	表示气瓶公称直径（内径），以 mm 为单位（可以省略）	表示气瓶充液质量（不包括瓶重），以 kg 为单位	表示气瓶公称工作压力，以 MPa 为单位
铝合金气瓶	表示气瓶公称直径（外径），以 mm 为单位	表示气瓶公称容积（外径），以 L 为单位	表示气瓶公称工作压力，以 MPa 为单位
潜水气瓶	表示气瓶公称直径（外径），以 mm 为单位	表示气瓶公称容积（外径），以 L 为单位	表示气瓶公称工作压力，以 MPa 为单位
吸附贮氢气瓶	表示气瓶公称直径（外径），以 mm 为单位	表示气瓶贮氢量，以 m^3 为单位	表示气瓶公称工作压力，以 MPa 为单位

改型序号用来表示一个序列中某一规格气瓶的设计改型，是指气瓶材料牌号、热处理方式的改变，用罗马字母Ⅰ、Ⅱ、Ⅲ等表示，按改型先后依次采用，在第三特征数后一字母间隔书写。改型序号的含义应在产品目录和样本中说明。

4.1.4 气瓶的标志

气瓶的标志是指喷涂（或印制）在气瓶外表的不同颜色的字样、色环和图案（包括粘贴的）。气瓶的标志相当于人的姓名和身份证，包含着气瓶的主要信息，是判定气瓶身份和使用注册登记的根据，是气瓶安全使用的重要保证。

气瓶的标志包括气瓶的颜色标志、气瓶的钢印标志和气瓶的警示标签。图 4.2 为以无缝气瓶为例的气瓶标志位置示意图。

（1）气瓶的颜色标志

气瓶的颜色标志是指喷涂（或印制）在气瓶外表面的不同颜色。气瓶喷涂颜色标志的主要目的是识别瓶装气体，防止错装、错用、避免发生事故；保护瓶体，防止腐蚀；反射阳光等热源的辐射和防止过快升温；识别气瓶所受伤害程度，如火烧、电弧、磕划等，便于及时处理。气瓶的颜色标志包括气瓶外表面漆色（瓶色）、字样、色环和检验色标。

① 字样　是指气瓶充装气体名称、气瓶所属单位名称等内容。瓶装气体名称一般用汉字表示；液化气体的名称应冠以"液"或"液化"字样；对于小容积气瓶，可用化学式表示。汉字字样采用仿宋体。公称容积为 40L 的气瓶，字体高度为 $80\sim100\text{mm}$；其他规格的气瓶，字体大小宜适当调整，字样应突出、视觉舒适。字样排列（立式气瓶）应沿瓶的环向横列于瓶高的 3/4 处；单位名称应沿瓶的轴向竖列于气体名称居中的下方或者转向 180° 的平面处。气瓶的字样、色环应避免叠合，并不被防震圈、警示标签、充气标签等遮挡。

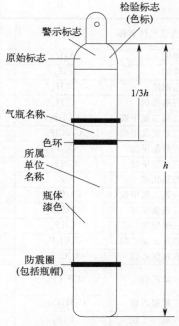

图 4.2　无缝气瓶标志位置示意图

② 色环　是识别充装同一介质，但具有不同公称工作压力或充装系数的识别标志，表示公称工作压力不同的气瓶。色环数目是指公称工作压力比规定起始级高一级的气瓶涂一道色环（简称单环）；高二级的涂二道色环（简称双环），依次类推。公称工作压力为起始级的不涂色环。

色环的宽度，对于公称容积为 40L 的气瓶，单环宽度为 40mm，多环中单环宽度为 30mm，其他规格的气瓶，色环宽度自行适当调整。多环中的环间距等于环宽。

色环的喷涂位置，对于立式气瓶，应喷涂于瓶高 2/3 处，且介于介质名称和单位名称之间。对于卧式气瓶应喷涂于距瓶阀端 1/4 瓶长处。色环应沿气瓶环向涂覆一圈、边缘整齐且等宽，双环应平行，不准出现螺旋、锯齿、波形状。

色卡是表示一定颜色的标准样品卡，颜色名称、编号和色卡与 GSB G51001—1994《漆膜颜色标准样卡》[●] 一一对应。例如氧气瓶的气瓶颜色为淡（酞）蓝，色卡编号为 PB06。

③ 检验色标　气瓶检验色标每 10 年为一个循环周期。打铣检验色标的工作应放在检验色标漆膜干燥之后进行，然后再涂上清漆防锈。

常用气体的气瓶颜色标志见表 4.5。气瓶检验色标的颜色、编号和形状见表 4.6。

表 4.5　气瓶的颜色标志

充装气体名称	化学式	瓶色	字样	字色	色环	充装系数 /(kg/L)
氢气	H_2	淡绿	氢	大红	$p=20\text{MPa}$,淡黄色单环; $p=30\text{MPa}$,双环	
氧气	O_2	淡(酞)蓝	氧	黑		
氮气	N_2	黑	氮	淡黄	$p=20\text{MPa}$,白色单环; $p=30\text{MPa}$,白色双环	
空气		黑	空气	白		
氨气	NH_3	淡黄	液氨	黑		≤0.53
氯气	Cl_2	深绿	液氯	白		≤1.25
二氧化碳	CO_2	铝白	液化二氧化碳	黑	$p=20\text{MPa}$,黑色单环	
一氧化氮	NO	白	一氧化氮	黑		
二氧化氮	NO_2	白	液化二氧化氮	黑		
一氧化二氮	N_2O	银灰	液化氧化亚氮	黑		
四氧化二氮	N_2O_4	银灰	液化四氧化二氮	黑		≤1.30
氟气	F_2	白	氟	黑		
碳酰二氯	$COCl_2$	白	液化光气	黑		≤1.25

● 已被 GSB 05-1426—2001 代替。

续表

充装气体名称	化学式	瓶色	字样	字色	色环	充装系数/(kg/L)
砷烷	AsH_3	白	液化砷化氢	大红		
磷烷	PH_3	白	液化磷化氢	大红		
乙硼烷	B_2H_6	白	液化乙硼烷	大红		
溶解乙炔	C_2H_2	白	乙炔不可近火	大红		
二氟二氯甲烷	CCl_2F_2	铝白	液化氟氯烷-12	黑		≤1.14
二氟溴氯甲烷	$CBrClF_2$	铝白	液化氟氯烷-12B₁	黑		≤1.62
三氟氯甲烷	$CClF_3$	铝白	液化氟氯烷-13	黑	$p=12.5MPa$，深绿色单环	
三氟溴甲烷	$CBrF_3$	铝白	液化氟氯烷-13B₁	黑		
四氟化碳	CF_4	铝白	氟氯烷-14	黑		
一氟二氯甲烷	$CHCl_2F$	铝白	液化氟氯烷-21	黑		
二氟氯甲烷	$CHClF_2$	铝白	液化氟氯烷-22	黑		≤1.02
三氟甲烷	CHF_3	铝白	液化氟氯烷-23	黑		
四氟二氯乙烷	$C_2Cl_2F_4$	铝白	液化氟氯烷-114	黑		
五氟氯乙烷	C_2ClF_5	铝白	液化氟氯烷-115	黑		
六氟乙烷	CF_3CF_3	铝白	液化氟氯烷-116	黑	$p=12.5MPa$，深绿色单环	
三氟氯乙烷	$C_2H_2ClF_3$	铝白	液化氟氯烷-133a	黑		
八氟环丁烷	C_4F_8	铝白	液化氟氯烷-C318	黑		
二氟氯甲烷	$CHClF_2$	铝白	液化氟氯烷-142	大红		
二氟氯乙烷	CH_3CClF_2	铝白	液化氟氯烷-142b	大红		
三氟乙烷	CH_3CF_3	铝白	液化氟氯烷-143a	大红		
偏二氟乙烷	CH_3CHF_2	铝白	液化氟氯烷-152a	大红		
甲烷	CH_4	棕	甲烷	白	$p=20MPa$，淡黄色单环	
乙烷	CH_3CH_3	棕	液化乙烷	白		
丙烷	$CH_3CH_2CH_3$	棕	液化丙烷	白		≤0.41
环丙烷	$\begin{matrix}CH_2\\CH_2—CH_2\end{matrix}$	棕	液化环丙烷	白		≤0.53
正丁烷	$CH_3CH_2CH_2CH_3$	棕	液化正丁烷	白		≤0.51
异丁烷	$(CH_3)_3CH$	棕	液化异丁烷	白		≤0.49
乙烯	$CH_2=CH_2$	棕	液化乙烯	淡黄	$p=20MPa$，淡黄色单环	
丙烯	$CH_3CH=CH_2$	棕	液化丙烯	淡黄		≤0.42
1-丁烯	$CH_3CH_2CH=CH_2$	棕	液化丁烯	淡黄		≤0.53
异丁烯	$(CH_3)_2C=CH_2$	棕	液化异丁烯	淡黄		≤0.53
1,3-丁二烯	$CH_2=(CH)_2=CH_2$	棕	液化丁二烯	淡黄		≤0.55
氩	Ar	银灰	氩	深绿	$p=20MPa$，白色单环	
氦	He	银灰	氦	深绿		
氖	Ne	银灰	氖	深绿		
氪	Ke	银灰	氪	深绿		
氙	Xe	银灰	液氙	深绿		
六氟化硫	SF_6	银灰	液化六氟化硫	黑		
三氟化硼	BH_3	银灰	氟化硼	黑		
三氯化硼	BCl_3	银灰	液化氯化硼	黑		
氟化氢	HF	银灰	液化氟化氢	黑		≤0.83
氯化氢	HCl	银灰	液化氯化氢	黑		
溴化氢	HBr	银灰	液化溴化氢	黑		
二氧化硫	SO_2	银灰	液化二氧化硫	黑		
六氟丙烯	$CF_3CF=CF_2$	银灰	液化六氟丙烯	黑		≤1.06

续表

充装气体名称	化学式	瓶色	字样	字色	色环	充装系数 /(kg/L)
溴乙烯	$CH_2=CHBr$	银灰	液化溴乙烯	黑		
一氧化碳	CO	银灰	一氧化碳	大红		
甲硅烷	SiH_4	银灰	液化甲硅烷	大红		
氯甲烷	CH_3Cl	银灰	液化氯甲烷	大红		≤0.81
溴甲烷	CH_3Br	银灰	液化溴甲烷	大红		≤1.57
氯乙烷	CH_3CH_2Cl	银灰	液化氯乙烷	大红		≤0.80
氯乙烯	$CH_2=CHCl$	银灰	液化氯乙烯	大红		≤0.82
三氟氯乙烯	$CClF=CF_2$	银灰	液化三氟氯乙烯	大红		
硫化氢	H_2S	银灰	液化硫化氢	大红		≤0.66
液化石油气		银灰	液化石油气	大红		≤0.42
甲基乙烯基醚	$CH_2=CHOCH_3$	银灰	液化乙基甲醚	大红		≤0.67
氟乙烯	$CH_2=CHF$	银灰	液化氟乙烯	大红		≤1.37
偏二氟乙烯	$CH_2=CF_2$	银灰	液化偏二氟乙烯	大红		
甲胺	CH_3NH_2	银灰	液化甲胺	大红		≤0.6
二甲胺	$(CH_3)_2NH$	银灰	液化二甲胺	大红		≤0.58
三甲胺	$(CH_3)_3N$	银灰	液化三甲胺	大红		
乙胺	$C_2H_5NH_2$	银灰	液化乙胺	大红		≤0.62
甲醚	$(CH_3)_2O$	银灰	液化甲醚	大红		≤0.58
环氧乙烷	CH_2OCH_2	银灰	液化环氧乙烷	大红		≤0.79

表 4.6　气瓶检验色标的颜色、编号和形状

颜色	编号	形状
粉红色	RP01	椭圆形（长 80mm，短 40mm）
铁红色	R01	椭圆形
铁黄色	Y09	椭圆形
淡紫色	P01	椭圆形
深绿色	G05	椭圆形
粉红色	RP01	矩形（80mm×40mm）
铁红色	R01	矩形
铁黄色	Y09	矩形
淡紫色	P01	矩形
深绿色	G05	矩形

（2）气瓶的钢印标志

气瓶的钢印标志是识别气瓶的重要依据。气瓶的钢印标志包括制造钢瓶标志和检验钢瓶标志。制造钢瓶标志是气瓶制造厂刻印在气瓶上的原始标记；检验钢瓶标志是气瓶定期检验单位在气瓶定期检验合格后打上的标记，并且在检验钢印标记区，按规定涂上规定形状的检验色标。钢印标记应排列整齐、清晰。钢印字体高度应为 5～10mm，深度为 0.5mm。检验钢印标记上，还应按检验年份涂检验色标。

检验钢瓶标志是气瓶原始的永久性标志，任何单位和个人都无权更改。擅自更改气瓶钢印标记的行为是违反气瓶安全法规的行为。

4.2　气瓶附件

气瓶附件主要包括气瓶阀、安全泄压装置、瓶帽和防震圈。

4.2.1 气瓶阀

容器阀门是气瓶的重要组成部件，又叫瓶阀，它控制着气体的开关和气流的大小。根据高压气体管理法规定，容器阀门有压缩气体阀、液化气容器阀、超低温和低温阀、液化石油气容器阀和压缩乙炔气容器阀。

4.2.1.1 气瓶阀的功能和种类

① 气瓶阀的功能 充装气体时向瓶内充入气体，储存气体时堵住瓶内气体，使用气体时向瓶外放出气体。

② 气瓶阀的种类 根据气瓶阀启闭结构来区分，大致可分为销片式、钩轴式、套筒式、轴联式、针形式和隔膜式等多种方式。其中销片式主要用于高压气瓶，该阀的公称工作压力有 15MPa、20MPa、30MPa，在 −40～60℃下使用；钩轴式适用于稀有（贵重）气体。

4.2.1.2 气瓶阀的性能要求

① 在公称工作压力下，针形结构阀启闭力矩不超过 12N·m，采用其他结构时，启闭力矩最大不超过 7N·m。

② 气密性。在公称工作压力或 1.1 倍公称工作压力下，阀处于关闭和任意开启状态时，不得有泄漏。

③ 耐震性。公称工作压力下，阀应能承受频率为 33.3Hz、振幅为 2mm 的振动，阀所有连接处均不得有松动和泄漏。

④ 耐温性。公称工作压力下，阀在 −40～60℃温度范围内应无泄漏。

⑤ 耐压性。在 1.5 倍的公称工作压力下，阀处于开启状态时，不得有泄漏。

⑥ 耐用性。在公称工作压力下，按规定力矩，全行程启闭阀耐用次数应满足隔膜阀 1000 次、针阀和其他形式的阀 4000 次无泄漏和其他异常现象。

⑦ 安全装置。用于毒性和高度危害气体阀门上，禁止装配非规定形式的安全装置。易熔合金塞不可与瓶内气体发生反应，也不影响气体质量。装于阀上的安全装置有如下要求：爆破片安全装置应在 1.2～1.5 倍公称工作压力范围动作；真空度不得低于 0.980×10^{-6} MPa；配置有高灵敏度气敏传感器。

4.2.1.3 气瓶阀安全使用应注意的问题

① 要根据气体的性质选用合适材质的瓶阀。瓶阀所用材料既不与盛装的气体发生化学反应，也不影响气体的质量。对强腐蚀性或有毒气体如 H_2S、HCl、NO_2 等，需要使用优质不锈钢瓶阀以保证使用及储存的安全。

② 瓶阀上与气瓶连接的螺纹必须与瓶口内的螺纹匹配，与瓶阀相连接的设备螺纹结构必须与瓶阀出气口的结构相吻合。

③ 瓶阀出气口的结构，应能有效地防止气体错装、错用。可燃性气体的出口螺纹为左旋（逆时针方向）反牙，非可燃性气体的出口螺纹为右旋（顺时针方向）正牙。

④ 氧气和强氧化性气体气瓶的瓶阀材料，必须采用无油的阻燃材料；与其接触的工具和相连的设备严禁带有油脂。

⑤ 瓶阀的手轮材料，应具有阻燃性能，一般采用铝合金材料如 ZL102 铝合金，禁用塑料。

⑥ 阀体必须锻压成型，然后机械加工，禁用铸件。

⑦ 阀体外观不得有裂缝、夹杂物、过烧等缺陷，手轮不应有锐边、毛刺。

⑧ 瓶阀严禁使用硬质工具敲打、撞击。

⑨ 贮存和运输工程中，必须安装好瓶帽，以防倾倒、撞击损伤瓶阀。

⑩ 开启瓶阀前，必须先确定与其相连的设备各接口的紧固情况，确保设备的良好状态。

⑪ 注意缓慢开启瓶阀，往逆时针方向打开瓶阀，顺时针方向关闭瓶阀；通常先旋紧瓶阀，然后返回 2/3 打开状态。

⑫ 关闭瓶阀时，不得过于用力拧紧瓶阀，轻轻关至瓶阀不出气即可，否则会损坏瓶阀的内部结构。

⑬ 强腐蚀性气体气瓶用完后，必须要关紧瓶阀，以防外界空气倒入，腐蚀瓶阀。

⑭ 开启瓶阀时，瓶阀的出气口不准对着人；同时操作者必须站在瓶阀的侧面，不能站在正面和后面。

⑮ 瓶阀出现异常，应立即停止用气；并退回供应厂商处理。

4.2.1.4　在排除气瓶阀故障的操作中应注意的问题

① 排除瓶阀故障的工作，必须由熟悉各类瓶阀构造和启闭原理并具有一定实际操作经验的人员承担。

② 在排除瓶阀故障时，务必牢记宁肯把"空瓶"当成"满瓶"对待、切勿把"满瓶"当"空瓶"对待的安全警语。

③ 操作人员务必时刻保持正确的操作姿势，即操作时应立于瓶阀侧接嘴的侧面，距气瓶一臂位置上，双臂向前伸出，左手握住气瓶颈圈下部，右手握住洗耳球、金属针、小锤、扳手或镊子，吸动、吹动、挑动震动阀芯升起，或拆卸封严帽、堵帽、泄压帽，或从阀内取阀件、硬物。

④ 在拆卸瓶阀封严帽、侧接嘴堵帽、泄压帽或瓶阀时，除做好安全准备工作和自身防护外，还应注意封严帽、堵帽、泄压帽或气瓶两端对面，不准有人逗留或通行，也不准朝向门窗、通行道或有人活动的场所，以防不测。

⑤ 在排除氧气瓶或氧化性气瓶的瓶阀故障时，事先必须将双手、面部沾染的油脂洗净，不准穿戴沾染油脂的工作服和手套。瓶阀及其附近倘有油脂亦需用溶剂擦净。

⑥ 对于结构特殊的瓶阀，在未弄清其结构和操作方法前，不准盲目开启瓶阀。

⑦ 对于连轴式、螺纹式、皱襞管式、无芯隔膜式以及阀芯无导套的隔膜式和珠压隔膜式等六种型式的瓶阀，在确认瓶内无气体之前，绝对不能去松动或拆卸封严帽，以防在瓶内有气体时把阀件打出酿成事故。

⑧ 在排除瓶阀故障之前，必须弄清瓶内气体的性质，否则不准触动瓶阀，以防不测。

⑨ 松动封严帽、堵帽、泄压帽或锥形尾部时，务必要缓慢进行，每次不超过 1/4 圈，并停留片刻倾听有无气体卸出。无气体卸出时，方可继续拧动 1/4 圈；听到气体卸出声，立即停止拧动，待气体缓慢泄尽后，方可小心将其取下。

⑩ 对于盛装可燃气体和毒性气体的气瓶，在排除其瓶阀故障之前，务必采取专用装置将瓶内气体收回、稀释、中和、燃烧、吸收或用其他适应瓶内气体性质的方法排尽，严禁直接排放到大气中。

⑪ 在排放瓶内气体时，若发生火焰，则必须立即关闭瓶阀切断气源。对有蔓延趋势的火焰，应发出报警信号，并采取相应办法进行灭火。

4.2.2　安全泄压装置

4.2.2.1　泄压装置的定义与类型

所谓气瓶安全泄压装置，是为使气瓶在意外高温的环境状态下能够迅速自动排气泄压，以保护瓶体不致爆破而装设在气瓶上的泄压装置的总称。气瓶安全泄压装置分为易熔合金塞、安全阀、爆破片、爆破片-易熔合金塞复合装置、爆破片-安全阀复合装置等类型。

易熔合金塞是一种在温度驱动下，通过装在塞孔内的易熔合金的流动或熔化而进行动作，不能重复再闭合、可拆卸式的压力泄放装置。在正常情况下，塞孔处于关闭状态；在给定温度下塞孔流动或熔化，而使气瓶内压力泄放，防止因升温超压发生事故。

安全阀是一种自动阀门，利用瓶内自身的压力来泄放一定量的气体，使瓶内压力排放到安全的压力范围。

爆破片是压力敏感元件，压力超过爆破压力时，爆破片迅速动作发生破裂脱落，使瓶内气体释放。

4.2.2.2　安全泄压装置的设置原则

① 车用、工业用可燃气体气瓶、呼吸器用气瓶、消防灭火器用气瓶、溶解乙炔气瓶、盛装低温液化气体的焊接绝热气瓶、盛装液化气体的集束气瓶组、长管拖车及管束式集装箱用大容积气瓶，应当装设安全泄压装置。

② 盛装剧毒气体、自然气体的气瓶，禁止装设安全泄压装置。

③ 液氯钢瓶，可不装安全泄压装置。

④ 非工业用液化石油气钢瓶，不宜装设安全泄压装置。

4.2.2.3　安全泄压装置的选用原则

① 盛装有毒气体的气瓶，不应单独装设安全阀：盛装低压有毒气体的气瓶，可装设易熔合金塞装置；盛装高压有毒气体的气瓶，不宜单独装设易熔合金塞装置，应选用爆破片-易熔合金塞复合装置。

② 盛装易燃和可燃气体的气瓶，宜装设安全阀或带安全阀的复合装置。

③ 盛装易于分解或者聚合的可燃气体的气瓶，宜装设易熔合金塞装置。

④ 盛装溶解乙炔的气瓶，应当装设易熔合金塞装置。

⑤ 盛装液化天然气及其他可燃性气体的焊接绝热气瓶，应当装设两级安全阀。盛装其他低温液化气体的焊接绝热气瓶，应装设爆破片和安全阀两个泄压装置，其中爆破片用于防止气瓶在火灾环境下因高温而升压所造成瓶体（内胆）的爆破；而安全阀用于防止气瓶绝热性能完全失效时而导致的升压爆破。

⑥ 机动车用液化石油气瓶，应当装设带安全阀的组合阀或者分立的安全阀；车用压缩天然气气瓶应当装设爆破片-易熔合金塞串联复合装置。

⑦ 工业用非重复充装焊接钢瓶，应当装设爆破片装置。

⑧ 长管拖车、管束式集装箱用大容积气瓶，一般需要装设爆破片或者爆破片-易熔合金塞串联复合装置。

⑨ 爆破片-易熔合金复合装置或者爆破片-安全阀复合装置中的爆破片应当置于瓶内介质接触的一侧。安全泄压装置的气体泄放出口不得对气瓶本体安全性能造成影响。

4.2.3　瓶帽

瓶帽是气瓶的一个重要附件，人们称之为安全帽，是为了防止气瓶瓶阀被破坏的一种保护装置。由于钢瓶的瓶阀大都是用铜合金制成的，比较脆弱，尽管有的是用钢材来制造，但由于它的结构比瓶体细小，旋在瓶体上面使瓶颈与瓶阀接头间形成一个直角，它既是瓶体的脆弱点，又是瓶体的突出点，最易受到机械损伤或外来的冲击。如果在搬运、贮存、使用过程中，气瓶跌倒、坠落、滚动或受到其他硬物的撞击，易出现瓶阀接头与瓶颈连接处齐根断裂的情况。当氧气瓶阀折断时，瓶内的高压气体（15MPa）失去控制喷出，其反作用力使气瓶向反方向猛冲，会导致机器设备、建筑物损坏，甚至造成人员伤亡；当乙炔气瓶阀折断时，易燃气体冲出，与空气形成爆炸性气体混合气，遇到明火发生爆炸。瓶内高速喷出的气体所造成的二次事故（如火灾、爆炸、中毒等）的严重程度由气瓶内气体的性质决定。如瓶内充装的是可燃气体，由于高速喷射的激烈摩擦而产生的静电或遇其他火源便可引起燃烧爆炸。另外，瓶阀暴露在外面，在搬运、贮存过程中，易侵入灰尘或油脂类物质，从而带来危险。而戴上安全帽就可防止灰尘或油脂类物质的沾染和侵入。为了消除上述的危险性，所以要求制瓶单位在钢瓶出厂时都要配有安全帽。用气时把安全帽旋下放到固定地点，用毕后及时把瓶帽戴上旋紧，切勿乱扔。在搬运装卸时切忌忘戴安全帽。

常见的气瓶瓶帽有封闭式瓶帽和开放式瓶帽。封闭式瓶帽在使用的时候需要拆卸下来，这样钢瓶总会有一段时间失去瓶帽的保护。并且拆下的瓶帽容易丢失，放置不到位的话又有可能跌落砸伤人员，还涉及现场的 5S 管理问题。而开放式瓶帽在使用时无需拆卸，非常方便，并且可以有效解决封闭式瓶帽的问题。

气瓶瓶帽应满足下列要求：

① 为防止由于瓶阀泄漏，或者由于安全泄压装置动作，造成瓶帽爆炸，在瓶帽上要开设排气孔。

② 有良好的抗撞击性，不得用灰口铸铁制造。

③ 无特殊要求的，应配固定式瓶帽，同一工厂制造的同一规格的固定式瓶帽，质量允差不超过 5%。

④ 容积大于或等于 5L 的钢制无缝气瓶，应当配有螺纹连接的快装式瓶帽或固定保护罩（可重复使用可拆卸）；容积大于或等于 10L 的钢制焊接气瓶，应配不可拆卸保护罩或固定式瓶帽（一次性的）。

4.2.4　防震圈

防震圈是为了防止气瓶瓶体受撞击的一种保护附件，一般是套装在气瓶瓶体上的橡胶圈。防震圈主要作用是在气瓶受到冲击时，吸收能量，减轻震动；保持钢瓶间距，在一定程度上保护气瓶标志和漆色不被磨损。为保证弹性，防震圈的厚度一般不应小于 25mm，其套装位置也必须符合要求，即与气瓶上下端部距离各为 200～250mm。由于装配了两个防震圈，在运输环节上就不容易出现抛、滑、滚、碰等装卸方法，否则会使气瓶壁产生伤痕或变形，而且还会爆炸。

4.3 气体包装容器材质

4.3.1 气瓶基体材质

气瓶的基体材质决定了气瓶的机械强度和与化学气体的兼容性。从材质上看，气瓶可分为钢质气瓶、复合材料气瓶和铝合金气瓶。钢制气瓶常使用的材质包括碳钢、锰钢和不锈钢，其中具有优良抗腐蚀性能的不锈钢气瓶按照材质又可分为 304 和 316L 等种类。碳钢气瓶质量重，但价格便宜，一般应用于高压 Ar、O_2、CO_2、N_2 等永久气体和混合气体的包装，而不锈钢常用于小型取样钢瓶或低压采样容器钢瓶的制备，极少用于高压容器。复合材料气瓶，如缠绕气瓶由金属内衬和缠绕纤维组成，内衬气胆多为铝制，复合纤维包括玻璃纤维、高强度碳纤维等，可在金属内衬和纤维材料间加入环氧树脂基体作为连接层，减小金属内衬和含碳纤维的电化学腐蚀并增强二者的结合力。纤维缠绕气瓶具有质量轻、工作压力高等优点，但同时其铸造成本也较高，现主要应用于车用天然气燃料气瓶、医疗潜水便携氧气瓶和航空航天领域。铝合金气瓶的材质来源广泛，质量轻且易于加工，其基体材质本身对众多气体组分显出优良的稳定性。根据化学组成差异可将铝合金材料分为不同牌号，它们的性能和应用领域也有所差别，其中，常用于气瓶制造的铝合金材料为铝合金 6061，是一种典型 Al-Mg-Si 系合金。

理想的气瓶材质应满足便于运输、易于加工、耐腐蚀、不与气体组分反应等众多条件。标准气体稳定性考察实验表明，多数情况下，采用铝合金钢瓶贮存标准气体比其他材质要好。同时，铝合金气瓶也适用于氮气、氧气、氩气、二氧化碳等高纯气体的贮存，因此铝合金在标准气体行业具有最为广泛的应用。

4.3.2 对气瓶主体材料的基本要求

合理地选用材料是保证气瓶质量的先决条件。对气瓶主体材料的基本要求如下：

① 具有足够的强度，尤其是高压气瓶应有较高的强度及合适的屈强化，以降低气瓶重量，并充分发挥材料潜力。

② 有一定的塑性、韧性，并有较好的低温性能，以适应气瓶流动性大和使用环境复杂的特点。

③ 材质比较稳定、均匀，有较好的抗疲劳性能，能保证整个使用期内的疲劳寿命。

④ 有较好的耐腐蚀性能。

⑤ 便于制造加工，高压气瓶应有较好的可锻性，低压焊接气瓶应有良好的可焊性。

⑥ 符合我国资源及供货情况，价格比较便宜。

⑦ 符合国标中对材料提出的要求。

a. 气瓶主体材料必须采用镇静钢 无缝气瓶的瓶体，焊接气瓶的筒体和封头，都是直接承受内压的零部件，要求选用含硫、磷等杂质较少的镇静钢，不允许使用沸腾钢。

b. 低温性能 当温度低于某一临界值时，钢材的冲击韧性显著降低。使冲击韧性急剧降低的温度范围，就是钢材的冷脆临界温度。钢材的冷脆临界温度愈低，表明钢材抗脆断能力愈强。不同成分的钢材在低温时的冲击韧性相差很大，普通低合金高强度钢（简称普低钢）的低温冲击韧性优于碳钢，在碳钢中影响钢材低温冲击韧性的最重要因素是含碳量。含碳量增加将大大降低冲击韧性值，并影响冷脆临界温度，故对碳含量应有所限制。能提高钢材的冲击韧性及降低冷脆临界温度的元素有铝、钛、钒、锰、镍等。在我国寒冷地区温度为 $-50\sim60℃$，应使用铬钼钢或其他合金钢制造的气瓶。

c. 耐腐蚀性　从我国目前的使用情况来看，在气瓶瓶体选材方面，除盛装个别腐蚀性极大的气体应采取相应对策外，一般标准都只作原则规定。钢中各元素对耐腐蚀性的影响如下。

碳：一般是含碳量越低，受氧的腐蚀性越小。

锰：含锰量为 $0.4\%\sim1.5\%$（质量分数，下同）时，在含硫量高的场合，会有硫化锰存在，对腐蚀性有影响；但在含硫量低的场合，锰和铁形成固溶体，对腐蚀性无影响。

磷：含磷量在 0.04% 以下，可以提高钢在大气中的抗腐蚀性，特别是当钢中含有铜时，耐腐蚀作用更加显著。

硫：作为硫化铁，硫化锰存在时，可构成局部电池，但在中性溶液里几乎没有影响。

铜：气瓶用钢的含铜量在 0.5% 以下是固溶性，具耐蚀性好，与磷并用，效果更好。

铬：钼与铬并存时，抗氧化性强，有较高的耐腐蚀性。

4.3.3　焊接气瓶主体材料的基本要求

焊接气瓶用钢板要求具有良好的塑性及焊接性。以利于加工变形和焊接，钢板含碳量应小于 0.22%，为了防止焊接时产生裂缝，硫、磷含量应控制在 0.040% 以下，且硫、磷含量之和不大于 0.07%。

（1）硫的影响

硫是有害杂质，对钢的焊接性和塑性都有不良影响，硫以硫化铁（FeS）或硫化锰（MnS）的形式存在，硫化铁与铁能形成低熔点的共晶体，其熔点为 $985℃$，该温度低于钢材的热加工开始温度，易导致热加工时开裂。硫化锰在热加工过程中，沿着轧制方向伸长，形成所谓纤维组织，使平行于纤维组织方向截取的试样，和垂直于纤维方向的试样表现出悬殊的机械性能。纤维组织还影响钢材轧制后的带状组织。同样，焊缝在熔化区的热裂，也主要与焊缝金属中硫的含量有关。

（2）磷的影响

磷在钢中能全部溶于铁素体内，而使铁素体在室温下的强度提高，而塑性和韧性下降，即产生所谓"冷脆性"。使钢的冷加工性能和焊接性变差。当钢中含碳量愈高时，这种脆化作用就愈大，因此含磷量应严格控制。

（3）焊接性能

低碳钢的焊接性能均较好，普低钢由于合金元素的存在降低了焊接性，钢材的含碳量愈高，含有能够提高淬透性的合金元素愈多，其焊接性愈差，焊裂倾向愈大。为了获得较好的焊接性能，普低钢含碳量控制在不大于 $0.18\%\sim0.20\%$，碳钢含碳量则应小于 0.22%。

4.3.4　无缝气瓶主体材料的基本要求

（1）选材因素

无缝气瓶早期使用碳钢，高压气瓶使用高碳钢，低压气瓶使用低碳钢。碳钢材料的耐冲击性一般较低，特别在锰、碳占比较小的钢材中，气瓶破裂事故较多，从气瓶轻量化角度出发，目前我国无缝气瓶多使用锰钢。一般高压气瓶使用锰钢，锰钢气瓶在日本也占重要地位。西欧、美国等调质气瓶多使用铬钼钢或铬镍钼钢。为了与国际先进水平接近，有利于国产气瓶进入国际市场，我国也开始生产锰钒钢、铬钼钢和锰钼钢的无缝气瓶。

制作无缝气瓶的材料，除了满足选材的基本要求外，还必须在强度高的同时，具有较高的断裂伸长率；具有较好的热处理性能（淬火性能好；脆裂倾向小；回火脆性小）；常温和低温冲击韧性值高。可用添加 C、Mn、Cr 等合金元素和调质处理等方法提高气瓶用钢材的强度，但有时会使断裂伸长率和冲击韧性降低，因此对强度和断裂伸长率的调整，将对气瓶选材有很大影响。总之，在选择气瓶材料时，化学成分、热处理性能和机械性能要统一考虑。

（2）化学元素

各合金元素对无缝气瓶机械性能的作用如下。

碳：增加钢的强度和硬度，降低塑性和韧性。正火的碳钢含碳量从 0.15% 增加到 0.8%，每增加 0.01%，抗拉强度将提高 $7.8N/mm^2$。GB/T 5099.1—2017、GB/T 5099.3—2017、GB/T 5099.4—2017 作出了相关规定。

硫：硫对钢的常温强度没有明显影响，但硫化物夹杂会降低钢的疲劳强度、塑性以及韧性。含硫量在 0.04% 以下时，对气瓶冲击韧性无显著影响。我国优质钢规定了含硫量不超过 0.035%，GB/T 5099 也作出相应规定。某些气瓶水压爆破后的断口经电子显微镜分析，断裂源正是在沿气瓶径向分布的条状硫化锰夹杂处。

磷：磷明显地降低钢的冲击韧性，而且容易偏析，所以磷应尽可能地低。

铜：铜在钢材加热过程中，于晶界析出网络状的富铜相，由于铜的熔点低于钢的锻压温度，热加工时易造成热裂，国内各有关标准都规定用于热加工的钢材含铜量不能超过 0.2%。国外也有不能超过 0.3% 的规定。作为无缝气瓶材料，含有上述 C、S、P、Cu 四种成分就能满足要求，至于其他元素的增添，将进一步改善钢的性能。

锰：锰能强化固溶体，因而能提高钢的屈服强度、抗拉强度和布氏硬度；能细化晶粒，提高淬透性；锰也能提高钢的过热敏感性及回火脆性。

铬：铬能改善钢的抗拉强度并提高断裂伸长率、淬透性和耐腐蚀性，气瓶用钢中铬的含量一般为 0.8%～1.2%。

镍：提高钢的强度，而不降低其塑性，改善钢的低温韧性；降低钢的临界冷却速度，提高钢的淬透性；本身具有一定耐蚀性，对一些还原性酸类有良好的耐蚀能力。

钼：提高钢的淬透性和热强性，改善回火脆性，提高剩磁和矫顽力，提高在某些介质（如硫化氢、氨、一氧化碳、水等）中的抗蚀性与防止点蚀倾向等；对铁素体有固溶强化作用，同时也提高碳化物的稳定性，从而提高钢的强度；改善钢的延展性和韧性。

（3）力学性能

对一般无缝气瓶的要求是通过壁厚公式中的许用应力，即从安全系数方面来保证的。在塑性和韧性方面，GB/T 5099 作了下限规定，对气瓶材料来说，比抗静态耐压强度更重要的是富于延伸性、韧性，抗冲击能力强，塑性变形性能大，能抑制裂纹的扩展等。气瓶很少是在静态下由于常规强度不够而破坏的，因此必须从正确选用材料和热处理方面，来增加塑性和韧性。

缺口韧性是材料具有缺口时，塑性变形和断裂全过程吸收能量的能力，它是强度和塑性的综合表现，一般用冲击韧性进行比较。影响钢材冲击韧性的因素是含碳量、合金元素含量、气体含量、杂质含量、硬度、显微组织、试验温度及试样尺寸。将细晶粒、低碳、完全脱氧的合金钢做完全淬火、回火处理后，可获得较大的缺口韧性。冲击试验的方法，各国不同，目前我国气瓶国标中对试样尺寸及开槽方位均作了具体规定，−20℃时用 U 形缺口，−50℃时用 V 形缺口，两者冲击韧性值无对应关系。

（4）热处理

热处理是高压无缝气瓶制造中的关键环节，国内外钢瓶标准针对钢瓶热处理操作的各个环节即热处理准备环节、热处理过程控制、热处理记录等十分明确地提出了一系列要求。ISO 4705：1983 对冷却剂和最低回火温度作了规定。在 GB/T 5099 中对热处理方法以及冷却剂均作了规定。

4.3.5　标准气体气瓶材质选择

标准气体的有效期一般为一年，要保证标准气体的稳定性，必须考虑气瓶材质对所配气体的影响，不能对气体产生吸附、氧化等，在有效期限内量值必须稳定可靠。

大多数常量标准气体可采用钢质气瓶充装。

普通的碳钢气瓶经磷化处理后可以充装含量较高的 O_2、N_2、CH_4 等标准气体。

CO、CO_2、NO、SO_2 等微量标准气体要使用铝合金气瓶充装。

对同时含有 CO、CO_2 的标准气体和含有 HF、HCl、$CHCl_3$ 等卤代烃的标准气体也要使用铝合金气瓶充装。

对于含有 SO_2、H_2S、NO、NO_2、Cl_2、NH_3、PH_3 等腐蚀性成分且含量低于 10×10^{-6} 的标准气体，要用内壁经过特殊处理的钢瓶充装且有效期为 3～6 个月。

气瓶规格通常为 2L、4L、8L、40L 高压无缝气瓶，材质为钢质、铝合金、内涂层碳钢三种；对于含有腐蚀性和反应活性气体组分的标准混合气，比如 NO_2、Cl_2、NH_3、H_2S 等标准气、混合气的气瓶阀门要选用不锈钢阀。

4.3.6　液化气钢瓶材质选择

化工分析行业使用的液化气采样钢瓶，其材质一般有 304 和 316L 不锈钢，目前 304 材质的使用逐年减少，因为新型的 316L 材质比 304 不锈钢的抗晶间腐蚀能力更强，使用寿命更长，同时根据分析项目，可对钢瓶内部进行工艺处理，常规的酸洗处理、内涂 PTFE 处理可用于 10^{-6} 级分析。如果进行低硫、有机硫分析，需要硅烷化或硫烷化处理，可以用于 10^{-9} 级分析。民用液化气瓶其材质大多为碳钢材质。

4.3.7　复合材料储氢气瓶材质选择

高压储氢气瓶所用材料的要求是安全、可靠、具有成本效益以及与氢气无任何强相互作用或反应。复合材料储氢气瓶由内至外包括内衬材料、过渡层、纤维缠绕层、外保护层、缓冲层。

（1）内衬材料

储氢气瓶进行充气的周期可能较长，而氢气在高压下又具有很强的渗透性，所以气瓶内衬材料要有良好的阻隔功能，以保证大部分的气体能够储存于容器中，因此气瓶内胆多选用铝合金材料。这是由于铝合金材料与氢气良好的相容性和抗腐蚀性能；铝合金材料的低密度、高比强度能够在保障强度的前提下使气瓶更加轻便；铝合金材料还拥有很好的导热性能，在遇到意外事故发生燃烧时通过将热量传递到阀门的易熔合金塞处，在高热条件下使其熔化安全泄压防止爆炸。

(2) 纤维缠绕层

高性能纤维是复合材料储氢气瓶的主要增强体。通过对高性能纤维的含量、张力、缠绕轨迹等进行设计和控制，可充分发挥高性能纤维的性能，确保复合材料储氢气瓶性能均一、稳定。玻璃纤维、碳化硅纤维、氧化铝纤维、硼纤维、碳纤维、芳纶和PBO纤维等纤维均被用于制造复合材料缠绕气瓶，其中碳纤维以其出色的性能逐渐成为主流增强材料。高强度、高模量的碳纤维材料通过缠绕成型技术而制备的复合材料气瓶不仅结构合理、质量轻，而且其良好的工艺性和可设计性在储氢气瓶制备中具有广阔的应用空间。

气瓶长期在充气、放气条件下使用，内胆会产生疲劳裂纹，随着气瓶的使用裂纹会不断扩大，导致气瓶的失效形式表现为"未爆先漏"。耐疲劳性好的铝内胆碳纤维缠绕气瓶能够很好地应对这一问题，提高气瓶使用的安全性。

4.4 包装容器对气体质量影响

包装容器对气体质量影响的原因很复杂，如气体组分与气瓶内壁材质发生反应、气体组分被气瓶内表面吸附、气体组分与气瓶内残留的水汽发生反应或被水分溶解吸收、随压力波动，气体在容器内表面产生吸、脱附效应等。

4.4.1 气瓶内壁界面的状态

气瓶内壁界面是气瓶内壁与气体接触的微表面区域。在自然状态下，铝合金气瓶内壁会生成一层纳米级厚度的 Al_2O_3 膜。这种天然结构的 Al_2O_3 结构较疏松、多孔，表面分布着较多数量的羟基，为气体分子的吸附提供了位点，导致气体组分在气瓶内壁发生明显吸附。吸附行为的发生不仅会破坏气瓶内标准气体组成和浓度的稳定性，而且会在自然环境下加快腐蚀速率，影响容器的使用寿命。

气瓶的加工和使用过程均会改变气瓶的原始界面状态，从而影响标准气体的稳定性。铝锭经挤压、拉伸、收口、水压测试等一系列加工得到成品气瓶。在气瓶的挤压成型和水压测试结束后，气瓶内壁可能会附着残留的脱模润滑油、空压机油、碳酸盐、硫酸盐等有机和无机盐杂质组分。这些残留的有机和无机杂质会污染气瓶内壁，对其存储的痕量气体物质的稳定性能造成影响，因此气瓶的质量首先应该从加工工艺过程进行控制。

气瓶内壁的粗糙程度也是影响气体稳定性的重要因素之一。气瓶界面上分布着许多细小气孔、颗粒和毛刺，如果不对其进行充分的清洗和打磨，气体注入气瓶时会在气瓶内壁产生巨大的冲刷力，可能将内壁表面的灰尘和杂质吹入标准气体并影响其准确度和精密度。在半导体等精密制造行业，这些细小颗粒物包含的金属杂质，不仅影响气体质量，而且会对精密元件造成严重污染。同时颗粒物表面也为多种化学反应提供了反应位点。因此，气瓶的后续研磨或化学抛光处理，以及气瓶内壁的清洁与保护措施非常重要。

4.4.2 气体的凝结

气体组分凝结是常见的影响标准气体稳定性的原因。在气瓶的运输、贮存和使用过程中，气瓶温度降低可能会引起高沸点、低饱和蒸气压气体组分的凝结，从而导致气相中组分浓度降低。此外，当气体压力迅速降低时，气瓶减压阀处往往会因焦耳-汤姆森效应（焦汤效应）而使温度迅速降低至冰点以下，引起气瓶目标组分的凝结。当气瓶温度升高时，这些凝结的组分可能再次气化。凝结和气化的发生都会破坏标准气体的稳定性，甚至造成安全隐患。要充分考虑气瓶内气体的压力变化，在合适的温度和填充压力下保存运输气体。

气瓶中水蒸气的凝结是常见的影响标准气体稳定性的原因。高压下气瓶内壁凝结的液态水不仅会溶解气体中的亲水性组分，而且会导致离子反应，对气瓶内壁造成腐蚀。例如，气瓶中的 NO_2 组分溶于内壁水会生成 HNO_3 和 NO，不仅降低了组分中 NO_2 的浓度，而且引入了新杂质气体，影响了标准气体品质。酸性亲水气体 HCl，在无水情况下以共价键气体分子形式存在，不与瓶壁发生反应。但在液态水的存在下，与铝瓶内壁发生如下平衡反应：

$$Al_2O_3 + 3H_2O \rightleftharpoons Al_2O_3 \cdot 3H_2O \rightleftharpoons 2Al(OH)_3 \rightleftharpoons 2Al^{3+} + 6OH^-$$

SO_2、HCl 和 H_2S 等酸性气体溶解在水中后会电离出 H^+，H^+ 与 Al_2O_3 反应消耗 OH^-，促进平衡向右进行，表面氧化膜溶解，内层铝暴露出来并与 H^+ 反应生成氢气，加速气瓶内壁的腐蚀。长期包装酸性气体的气瓶内壁通常可观察到锈蚀的斑点，不仅影响标准气体量值，而且对气瓶的安全性也有重要影响。

除去气瓶内壁的水分，通常采用加热、长时间分子泵抽真空的方式。这些处理方法可以除去气瓶中的大部分水蒸气及其他气体。

不同纯度的气体对气瓶内水分的含量要求不同，高纯气体（99.999％以上）要求气瓶内水分含量不得高于 $3 \times 10^{-6} mol/mol$，普通气瓶（99.99％以上）要求气瓶内水分含量不得高于 $10 \times 10^{-6} mol/mol$。可利用露点法、傅里叶红外变换光谱法、光腔衰荡光谱法等对气瓶内的痕量水分进行检验。

4.4.3　气体与气瓶基材的反应

在选择气瓶时，首先需要考虑气瓶基材与气体组分之间发生氧化、腐蚀等化学反应的可能性。在考虑二者相容性的基础上，选用恰当材质的气瓶和阀门，以减少标准气体在气瓶、阀门之间的损耗。如果气瓶内不慎装入能与气瓶材质发生反应的组分，不仅会污染标准气体，还有可能引发安全事故。

典型的案例是，单卤代烃在铝合金气瓶中会缓慢形成金属有机卤化物。例如氯甲烷与铝会反应生成三氯化三甲基二铝（$C_3H_9Al_2Cl_3$），该产物在空气和二氧化碳中极易自燃，因此高含量的氯甲烷、氯乙烷等使用铝合金气瓶会导致严重的安全事故。不能储存在铝合金气瓶中的典型气体见表 4.7。

表 4.7　不能储存在铝合金气瓶中的气体

气体名称	分子式	气体名称	分子式
乙炔	C_2H_2	溴甲烷	CH_3Br
氯气	Cl_2	氯甲烷	CH_3Cl
氟	F_2	三氟化硼	BF_3
氯化氢	HCl	三氟化氯	ClF_3
氟化氢	HF	碳酰氯	$COCl_2$
溴化氢	HBr	亚硝酰氯	$NOCl$
氯化氰	$CNCl$	三氟溴乙烯	$CF_2=CFBr$

4.4.4 气体被气瓶内壁吸附

气体在气瓶内壁会发生物理吸附和化学吸附。物理吸附是指分子通过范德华力与瓶壁分子结合，在气瓶内壁表面形成单层吸附或多层吸附。物理吸附是没有选择性的，大多数气体都能与瓶壁发生物理吸附。在化学吸附的过程中，气体分子与 Al_2O_3 发生电子的转移、交换或共用，生成新的化学键，从而吸附在瓶壁上，化学吸附为单层吸附。氧化铝表面的氧离子和铝离子都可能成为气体化学吸附的位点。

根据气体在固体表面吸附行为的不同，人们设计了多种吸附模型对固体表面的气体吸附行为进行拟合。最常见的吸附模型包括 Langmuir 吸附模型、Temkin 吸附模型、Freundlich 吸附模型、BET 多层吸附模型 4 种。Langmuir 吸附是一种理想的吸附行为，其前提是①气体在固体表面发生的是单分子层吸附；②吸附剂表面是均匀的；③吸附的分子之间无相互作用。Temkin 吸附模型和 Freundlich 吸附模型是非理想的吸附，它们认为吸附热会随覆盖度的增加分别呈线性关系和对数关系下降。而 BET 模型是对 Langmuir 模型的修正，在假设②、③成立的同时，认为气体分子在吸附剂表面发生的是多层吸附，且第一层吸附与以后多层不同。但不同气体在不同表面的吸附行为有所差异，难以通过单一的吸附模型对其进行准确描述。目前气瓶内壁吸附的原理尚未可知，但瓶内气体的吸附浓度的下降存在着两种模式，一种是饱和后，气体浓度不再下降；另一种是持续下降，前者可能是单层吸附模型，后者吸附可能为多层吸附模型。

4.5 气体包装容器内壁处理技术

气瓶作为气体物质运输、储存的容器，其内壁与气体组分直接接触，二者之间可能发生多种物理或化学相互作用。气瓶内壁的材质和表面特征会对标准气体的稳定性产生显著影响。为了保持标准气体、混合气体中的组分含量在有效期内稳定不变，气瓶的材质选择和内壁处理显得尤为重要。

4.5.1 内壁抛光

抛光是指利用机械、化学或电化学的作用，使工件表面粗糙度降低，以获得光亮、平整表面的加工方法。

（1）机械抛光

研磨和机械抛光是对金属制品表面进行整平处理的机械加工过程。其目的是提高表面的平整度而降低粗糙度。机械抛光工艺是传统的抛光方法，即钳工用锉刀、砂纸、油石、帆布、毛毡或皮带等工具手工操作所进行的修磨抛光过程，或者用电动工具等借助机械动力（钢丝轮或弹性抛光盘等）所进行的手工打磨、机械研磨。抛光磨料可以用氧化铬、氧化铁等，也可以按照一定的化学成分比例配制而成的研磨膏。

（2）化学抛光

化学抛光是靠化学试剂的化学浸蚀作用对样品表面凹凸不平区域的选择性溶解作用消除磨痕、浸蚀整平的一种方法。一般使用硝酸或磷酸等氧化剂溶液，在一定的条件下，使工件表面氧化，此氧化层又能逐渐溶入溶液，表面微凸起处氧化较快且较多，而微凹处则被氧化慢而少。同样凸起处的氧化层又比四处更多、更快地扩散，溶解于酸性溶液中，因此使加工表面逐渐被整平，达到改善工件表面粗糙度或使表面平滑化和光泽化的目的。化学抛光可作为电镀预处理工序，也可在抛光后辅助以必要的防护措施直接使用。

（3）电化学抛光

电化学抛光也称电解抛光，是金属制品表面的阴极电化学浸蚀过程。电化学抛光时，被抛的工件作为阳极，惰性金属作为阴极，两极同时浸入电解槽中，通以直流电而产生有选择性的阳极溶解，从而达到工件表面光亮度增大的效果。电化学抛光可用于金属工件化学镀前的表面准备，也可用作化学镀层的精加工，还可以单独作为一种金属加工方法。

气瓶的内壁抛光通常采用机械抛光进行粗抛，然后用化学、电化学方法进行精抛，以提高抛光效率和抛光质量。

4.5.2　金属镀覆

金属镀覆是合金表面常用的化学处理方法，是指通过电化学方法在合金表面镀上金属或合金镀层，进而提高合金的耐腐蚀性、导电性、美观度。在气瓶内壁镀上金属或合金镀层的目的是增强包装容器的耐蚀性，减少容器内壁化学活性。常见的金属镀层包括镍、铜、铬 3 种。Ni 的钝化能力很强，能在镀件表面形成钝化膜，具有优异的耐蚀性能且表面光滑、孔隙率低，是应用最广泛的镀层金属。Cu 镀层稳定性差，多用于镀件防护装饰电镀的中间层。Cr 镀层硬度高、装饰性好，但其成本较高，对人体和环境伤害大，已经逐渐减少使用。

气体包装容器内表面金属镀覆的主要工艺过程如图 4.3 所示。

金属镀覆的缺点在于镀层与基材的结合力较差，铝的膨胀系数大，镀层易脱落，操作较复杂，而且电镀液中重金属含量高，对环境污染较大。同时，铝的化学性质活泼，易被氧化成膜，电镀前的处理工艺显得尤为重要，通常可通过除油、抛光、浸锌等工艺去除铝合金表面的油污和氧化膜。

图 4.3　气体包装容器内表面金属镀覆的主要工艺过程

图 4.4　气体包装容器内表面有机物涂覆技术的工艺路线

4.5.3　有机涂覆

采用有机涂层的目的是利用有机涂层使容器内壁与气体介质隔离。氟树脂是分子主链中含有氟原子的高分子化合物。分子中 C—F 键的键能高达 $500kJ/mol$，而分子的化学键能越高，分子就越稳定，因此氟树脂涂层具有优异的化学稳定性。氟原子半径约为 $0.71Å$，氟原子排列起来可以把碳原子包围起来，遮蔽了碳原子上的正电荷，而相邻分子中氟原子的负电荷又具相斥作用，导致链节间的内聚力极小。由于分子间极低的内聚力以及氟原子高电负性和屏蔽效应，使氟树脂涂层具有优异的耐高、低温性能和化学惰性，并具有很好的不粘性和疏水性，因此非常适合制备防止气体吸附的涂层材料。

气体包装容器内表面有机物涂覆技术的工艺路线如图 4.4 所示。

除油、除水及喷砂除锈（氧化皮）的目的是使容器内表面洁净，增加涂层的附着力，这两步很重要，直接影响涂层的质量。磷化或涂底料的目的是在基体上形成一层多孔薄膜，有利于提高基体与涂层的结合力。有机涂覆以喷涂和浇涂为主。塑化是将涂有涂料的容器加热到一定温度，使颗粒堆积状态的树脂熔融为连续的非晶整体，塑化温度以钢制容器不超过 300℃、铝合金容器不超过 200℃为宜。最后对涂层进行检查，不能有针孔等缺陷。

在涂料及涂覆工艺的选择上主要考虑如下因素：

① 针对不同气体采用不同的涂料及涂覆工艺，这取决于气体的性质，如腐蚀性、吸附性以及浓度要求等。

② 涂料的塑化温度不应对容器基体产生影响。

③ 涂层的结构孔隙和成膜过程形成的针孔状况。

容器内表面采用有机物涂覆的优点：

① 在金属表面形成了连续的附着薄膜，使介质不能和金属接触，避免了金属腐蚀。

② 有效地减少了金属和非金属微粒对气体的污染。

③ 涂层多采用憎水涂层，可避免水汽给所充气体带来的麻烦。

④ 反复充装时不必进行内表面除锈处理，只需进行一般的加热抽真空以除去残余杂质气体。

在气体包装容器内表面进行有机物涂覆和金属镀覆，目前仍是国外各大特气公司处理容器内表面的主要方法，在高纯电子气、混合气及标准气的充装方面起着重要作用。

4.5.4 磷化处理

磷化是常用的金属前处理技术，是指把金属放入含有锰、铁、锌的磷酸盐溶液中进行化学处理，使金属表面生成一层难溶于水的磷酸盐保护膜的方法，主要应用于钢铁表面磷化，有色金属（如铝、锌）件也可应用磷化。磷化的目的主要是给基体金属提供保护，在一定程度上防止金属被腐蚀；用于涂漆前打底，提高漆膜层的附着力与防腐蚀能力；在金属冷加工工艺中起减摩润滑作用。

根据不同分类方法，磷化处理的类型有多种。

(1) 按磷化处理温度分类

① 高温型 80～90℃，处理时间为 10～20min，形成磷化膜厚达 $10～30g/m^2$，溶液游离酸度与总酸度的比值为 1：(7～8)。

优点：膜抗蚀力强，结合力好。

缺点：加温时间长，溶液挥发量大，能耗大，磷化沉积多，游离酸度不稳定，结晶粗细不均匀，已较少应用。

② 中温型 50～75℃，处理时间 5～15min，磷化膜厚度为 $1～7g/m^2$，溶液游离酸度与总酸度的比值为 1：(10～15)。

优点：游离酸度稳定，易掌握，磷化时间短，生产效率高，耐蚀性与高温磷化膜基本相同，应用较多。

③ 低温型 30～50℃，除加氧化剂外，还加促进剂，节省能源，使用方便。

④ 常温型 10～40℃，除加氧化剂外，还加促进剂，时间为 10～40min，溶液游离酸度与总酸度比值为 1：(20～30)，膜厚为 $0.2～7g/m^2$。

优点：不需加热，药品消耗少，溶液稳定。

缺点：处理时间长，溶液配制较繁。

（2）按磷化液成分分类

按磷化液成分可分为锌系磷化、锌钙系磷化、铁系磷化、锰系磷化、复合磷化（磷化液由锌、铁、钙、镍、锰等元素组成）。

（3）按磷化处理方法分类

① 化学磷化　将工件浸入磷化液中，依靠化学反应来实现磷化，应用广泛。

② 电化学磷化　在磷化液中，工件接正极，钢铁接负极进行磷化。

（4）按磷化膜质量分类

① 重量级（厚膜磷化）　膜重 $7.5g/m^2$ 以上。

② 次重量级（中膜磷化）　膜重 $4.6\sim7.5g/m^2$。

③ 轻量级（薄膜磷化）　膜重 $1.1\sim4.5g/m^2$。

④ 次轻量级（特薄膜磷化）　膜重 $0.2\sim1.0g/m^2$。

（5）按施工方法分类

① 浸渍磷化　适用于高、中、低温磷化。其特点为设备简单，仅需加热槽和相应加热设备，最好用不锈钢或橡胶衬里的槽子，不锈钢加热管道应放在槽两侧。

② 喷淋磷化　适用于中、低温磷化工艺，可处理大面积工件，如汽车、冰箱、洗衣机壳体。其特点为处理时间短，成膜反应速度快，生产效率高，且这种方法获得的磷化膜结晶致密、均匀、膜薄、耐蚀性好。

③ 刷涂磷化　上述两种方法无法实施时，采用本法，在常温下操作，易涂刷，可除锈蚀，磷化后工件自然干燥，防锈性能好，但磷化效果不如前两种。

4.5.5　硅烷化处理

硅烷化处理是一种环境友好型合金表面处理工艺，因其操作简便、耗时短、成本低廉受到人们广泛关注。硅烷化处理是利用有机硅烷与金属反应形成共价键反应原理，在金属表面形成一层硅烷膜，硅烷本身状态不发生改变，在成膜后金属表面无明显膜层物质生成，保持金属原有色泽。根据化学键合理论，硅烷首先经过水解得到单体含有 3 个醇羟基的硅醇溶液，硅醇溶液与合金加热固化的过程中，硅醇的一个羟基（SiOH）与合金表面的羟基（MeOH，其中 Me 表示金属）以氢键形式结合并吸附于金属表面，在随后的晾干过程中，SiOH 基团和 MeOH 基团进一步凝聚，在界面上生成 Si—O—Me 共价键。剩余两个醇羟基与其他硅醇分子的醇羟基缩合，在金属表面形成具有 Si—O—Si 三维网状或链状的紧密结构从而起到保护作用。

4.5.6　化学转化

化学转化成膜是指通过喷涂、刷镀或者浸渍等方式使处理液与金属表面充分接触，经过一系列化学和电化学反应，最终在金属表面形成一层难溶化合物。化学转换法易操作、难度低、普遍适用。传统的化学转化法曾以铬酸盐转化为主，经铬酸盐转化的合金耐腐蚀性能明显提升，具有一定的自修复能力、流程简单且成本低廉，但 Cr^{6+} 对人体和环境的危害大，铬酸盐转化法已经逐渐被包括稀土化学转化、锆/钛系转化、有机钝化在内的多种无铬转化技术所取代。无铬化学转化膜的抗腐蚀能力以及和基材的结合力均得到了显著提升，但无铬化学转化膜的发展较晚，工艺尚未成熟，其在均匀性、耐蚀性和附着力等性能方面还有更多的提升空间。

4.5.7 阳极氧化

阳极氧化是目前应用最广泛、研究最成熟的铝合金表面处理技术。在外加电压的作用下，铝或铝合金作为阳极，惰性材料为阴极，二者在电解质溶液中发生电池反应。以硫酸阳极氧化为例，阳极上 Al 失电子发生氧化反应，在铝及铝合金基材表面形成 Al_2O_3 薄膜，同时薄膜又与电解液中 H^+ 作用发生溶解。其反应式如下：

阴极：

$$2H_2O+2e^- \Longrightarrow H_2\uparrow +2OH^-$$

阳极：

$$2Al+3H_2O \Longrightarrow Al_2O_3+6H^++6e^-$$

$$Al_2O_3+6H^+ \Longrightarrow 2Al^{3+}+3H_2O$$

铝和铝合金阳极氧化膜的结构与电解质溶液性质有关。在中性电解质溶液中，阳极氧化得到致密无孔的壁垒型薄膜，在酸性电解质溶液中得到的氧化膜呈双层结构。酸性电解质环境下形成的阳极氧化膜的结构可细分为两部分，即靠近基材、薄而致密的阻挡层和靠近电解质溶液、较厚且疏松的多孔层。在实际使用过程中，铝合金表面微孔和缺陷具备良好的吸附性能，会造成腐蚀性物质的堆积，影响器件质量、缩短器件使用寿命。由此人们设计利用水、无机离子、有机物等多种物质对阳极氧化膜进行封孔处理，降低阳极氧化膜的孔隙率和吸附能力，以增强其抗腐蚀性能，延长使用寿命。

阳极氧化技术易于操作、应用广泛，但阳极氧化后常需要进行封孔处理，增加了处理工序，而且酸性电解废液的处理成本高，对环境不够友好。

4.5.8 微弧氧化

微弧氧化法是将铝、镁等金属及其合金作为阳极置于电解质溶液中，在高电压、高电流环境下在其表面剧烈放电，进而原位生成多孔陶瓷涂层的技术。微弧氧化是近年来新兴的铝合金表面处理技术之一，得到了人们的广泛研究和应用。微弧氧化技术生成的陶瓷涂层结合力强、硬度高、耐磨性好，对基体金属保护性能极佳，但其所需电压高，能量消耗大，需要复杂的冷却装置，成本较高，不适用于大面积工件的加工或大规模生产。

第5章 气体的安全使用

5.1 气体的危险性

气体的危险性主要有燃烧性、毒害性、窒息性、腐蚀性、爆炸性以及可能发生氧化、分解、聚合等产生的危险特性。由于工业气体用气瓶属于移动式压力容器,流动范围广,使用条件复杂,无专人监督其日常使用,因此工业气体的危险特性导致事故的可能性及危害性会很大,必须引起足够重视。熟悉掌握工业气体的各种危险特性,对于预防事故和减少灾害,具有十分重要的作用。

5.1.1 气体的燃烧性

可燃气体的燃烧往往同时伴有发光、发热的激烈反应,对周围环境的破坏很大,危险性十分明显。根据燃烧条件,燃烧必须同时具备可燃物、助燃物和点火源。而对易燃气体而言,一旦泄漏,与空气接触,就已存在两个条件,如若存在点火源,就可能发生火灾。处于爆炸极限范围内的易燃气体,遇到点火源时,即可能发生爆炸。一些可燃液体的蒸气也属于易燃气体的范畴,在周边环境温度较高时,也可能达到爆炸的条件。由此可知,要消除易燃气体的燃烧危险性,就必须严防易燃气体泄漏到空气中,同时阻止点火源引入其中;或在易燃气体容易泄漏的场所,严格控制点火源的出现。能导致易燃气体燃烧的点火源种类很多,主要有撞击、摩擦、绝热压缩、冲击波、明火、加热、高温、热辐射、电火花、电弧、静电、雷击、紫外线、红外线、放射线辐射、化学反应热、催化作用等,必须处处注意、时刻防备。在国家标准 GB/T 16163—2012 中,列出的可燃气体的纯气体品种多达四十余种,其中,以可燃性液化气体居多。液化气体的特点是沸点低,极易气化,泄压时闪蒸且扩散,与空气混合形成易燃、易爆气体,火灾危险性极大。实验室内常用的易燃气体有氢气、一氧化碳、小分子烷烃、小分子烯烃、乙炔等。易燃气体酿成火灾的严重后果不堪设想,人员受到直接辐射热或黏附可燃性液化气体,就会烧伤或死亡,其他可燃物会受到大量辐射热,形成大面积火灾,而且灭火以后极有可能会发生二次燃爆危险。部分可燃气体的自燃温度见表 5.1。

表 5.1 部分可燃气体的自燃温度

气体名称	化学式	自燃温度/℃
氢气	H_2	585
二硫化碳	CS_2	100
硫化氢	H_2S	260
氰化氢	HCN	538
氨	NH_3	651
一氧化碳	CO	651
甲烷	CH_4	537
乙烷	C_2H_6	510

气体名称	化学式	自燃温度/℃
丙烷	C_3H_8	467
丁烷	C_4H_{10}	430
乙烯	C_2H_4	450
丙烯	C_3H_6	498
乙炔	C_2H_2	335

5.1.2 气体的毒害性

气体的毒害性通过吸入途径侵入人体，与人体组织发生化学或物理化学作用，从而造成对人体器官的损害，并破坏人体的正常生理机能，引起功能或器质性病变，导致暂时性或持久性病理损害，甚至危及生命。瓶装气体中有一部分属于有毒气体。实验室内有毒气体一般指容许浓度在 200mg/m³（空气中）以下的气体或气溶胶，大体上分为气体、蒸气、雾、烟和气溶胶尘等。根据 HG 20660—2017《压力容器中化学介质毒性危害和爆炸危险程度分类》标准，压力容器介质的毒性程度分为 Ⅰ～Ⅳ 级：

① Ⅰ级（极度危害）。如光气、氰化氢、氯甲醚等化学物质，其最高容许浓度小于 0.1mg/m³。

② Ⅱ级（高度危害）。如甲醛、苯胺、氟化氢、环氧乙烷、氯等化学物质，其最高容许浓度为 0.1～1.0mg/m³。

③ Ⅲ级（中度危害）。如二氧化硫、硫化氢、硫酸、氨、乙炔等化学物质，其最高容许浓度为 1.0～10mg/m³。

④ Ⅳ级（轻度危害）。无明显急、慢性中毒和致癌性，其最高容许浓度大于 10mg/m³。

有毒气体的毒性影响，与有毒气体的本身性质、侵入人体的途径及侵入数量、暴露接触时间长短、作业人员防护设施用品及身体素质等各种因素有关。有毒气体易散发于作业场所的空气中，对作业人员的影响最大。有毒气体的气瓶在充装、储运、使用过程中，其主要危害是由于有毒气体泄漏造成人体慢性中毒或由于气瓶（包括瓶阀）破损导致有毒气体外溢所引起的人体急性中毒。高毒气体发生泄漏时，如不能及时发现或处置，则会造成人员中毒甚至死亡，如有毒气体大面积扩散，则可能导致事故后果更加严重，甚至发生群死群伤。国家对有毒物质在作业场所空气中的最高容许浓度有明确规定，可参见国家标准《工作场所有害因素职业接触限值第 1 部分 化学有害因素》（GBZ 2.1—2017）。但这一规定只能作为慢性吸入中毒的卫生标准，不能用作预防急性中毒的衡量尺度。要避免工业气体的中毒伤害，必须严格防止有毒气体的泄漏散发，同时加强对气瓶在充装前的检查。

部分有毒有害气体危害特性与标准限值（职业接触限值）见表 5.2。

表 5.2 部分有毒有害气体危害特性与标准限值（职业接触限值）

气体种类	危害特性	标准限值/(mg/m³)
硫化氢	剧毒，低浓度时有明显臭鸡蛋气味，浓度增高时，人会产生嗅觉疲劳或嗅神经麻痹而闻不到臭味；浓度超过 1000mg/m³ 时，数秒内即可致人闪电型死亡	10
一氧化碳	俗称"煤气"，极易与血红蛋白结合，造成组织缺氧，从而引发中毒	30
苯	苯是确认的人类致癌物，甲苯、二甲苯具有一定毒性。短时间内吸入较高浓度苯、甲苯和二甲苯，会出现头晕、头痛、恶心、呕吐、胸闷、四肢无力、步态蹒跚和意识模糊，严重者出现烦躁、抽搐、昏迷症状	10
甲苯		100
二甲苯		100

气体种类	危害特性	标准限值/(mg/m³)
氰化氢	剧毒,短时间内吸入高浓度氰化氢气体可导致立即呼吸停止而死亡	1
磷化氢	剧毒,10mg/m³ 接触 6h,有中毒症状	0.3

5.1.3　气体的窒息性

在气体生产、储存、使用过程中,因惰性气体存在而造成窒息危害的现象经常出现。惰性气体是指反应活性较低、化学性质惰性的气体。实验室常用的惰性气体既包括氦、氖、氩、氪、氙等稀有气体,也包括氮气、二氧化碳等化学性质比较稳定的气体。由于惰性气体无色无味,难于发觉,且化学性质稳定不易分解,窒息危害性很大。压力容器泄漏,大量窒息性气体扩散未及时,造成局部区域氧气含量下降;密闭容器经窒息性气体置换及吹扫后,未放入空气,作业人员立即进入其内部进行检修作业;在狭小空间或有限场所,进行长时间窒息性气体保护焊接作业;在受限空间使用氮气置换空气用于灭火或防止爆炸时,如事后未用空气置换完全;低温容器局部保温失效,大量低温液体气化升压自动泄放或低温液化气体外泄等情况,均会发生窒息危害。要预防工业气体窒息危害,必须严密防止容器破损而大量气体泄漏。一旦容器破损气体泄漏,必须加强局部强制排风和整体通风,加强作业场所氧含量检测,并有专人监护作业。按国家标准《缺氧危险作业安全规程》（GB 8958—2006）采取安全防护措施,配备安全防护用品。

5.1.4　气体的腐蚀性

腐蚀性气体是指具有腐蚀作用的气体,此类气体一般也具有呼吸毒性。化学实验室常用的腐蚀性气体有氟、氟化氢、氯气等。此类气体一旦扩散到空气中,被吸入时可以破坏呼吸道等呼吸系统,与皮肤接触时,也会造成皮肤伤害。其中氟化氢气体危害极大,如不慎与皮肤接触,即可腐蚀皮肤,甚至伤及骨骼。

纯品工业气体大多属于非腐蚀性介质,但若工业气体不纯,就会产生腐蚀性介质。在工业气体中,水分对介质影响很大,极易产生具有腐蚀性的化学物质。因此,在工业气体充装前,必须进行干燥处理,避免对钢瓶的腐蚀。对含水产生腐蚀性的工业气体,必须选用耐腐蚀材料制造气瓶,或气瓶设计时适当加大腐蚀裕度(但对应力腐蚀无效),瓶阀等附件亦应采用相应的耐腐材料,同时严格控制气体中的含水量,气瓶定检后应彻底干燥除水,消除隐患。

5.1.5　气体的爆炸性

爆炸是指一个物系从一种状态转化为另一种状态,并在瞬间以机械功的形式放出大量能量的过程。爆炸有物理性爆炸和化学性爆炸两种。物理性爆炸是物质因状态和压力发生突变等物理变化而形成的,压缩气体及液化气体超压引起的爆炸就属于物理性爆炸。物理性爆炸前后的物质化学成分及性质均无变化。化学性爆炸是指由于物质发生极其激烈的化学反应,产生高温、高压并释放出大量的热量而引起的爆炸。化学性爆炸以后的物质性质和成分均发生变化。在工业气体生产中,可燃气体混合物爆炸、分解爆炸就属于化学爆炸。鉴于工业气体的爆炸危险性极大,在工业气体生产过程中必须加强防爆技术措施。

工业气体的爆炸危险特性主要指化学性爆炸,即由于气体发生极迅速的化学反应而产生高温、高压所引起的爆炸。对于化学性质非常活泼（主要指容易氧化、分解或聚合）的工业气体，需要特别予以注意。

（1）氧化爆炸

实验室内常见的氧化性气体有氧气、氯气、三氧化硫、氟气等，其中以氧气最为常见。氧化性气体具有助燃性，可以作为氧化剂参与燃烧和爆炸。可燃物处于氧化性气体中时，其爆炸极限范围会大幅扩大，如氢气在氧气中的爆炸极限范围为 4.7%～94.0%，远远大于其在空气中的爆炸极限（4.0%～75.0%）。对于氧气瓶禁油，就是最常见的预防工业气体爆炸的一项技术措施。但工业气体的氧化特性，不应仅仅理解为氧气与其他物质的化合，应从更广义的氧化性去认识。对于氯气，同样具有氧化性，它可氧化活泼金属和氢气，生成氯化物，同时发热燃烧。含过氧基的氧化剂比氧气的氧化性更强（如环氧乙烷），遇胺、醇等多种有机物会发生强烈的氧化反应。部分易燃气体在空气中的爆炸极限见表 5.3。

表 5.3　部分易燃气体在空气中的爆炸极限

气体名称	化学式	在空气中的爆炸极限(体积分数)/%
氢气	H_2	4.0～75.0
二硫化碳	CS_2	25～44
硫化氢	H_2S	4.3～45
氰化氢	HCN	6.0～41
氨	NH_3	15～28
一氧化碳	CO	12.5～72.2
甲烷	CH_4	5.3～14
乙烷	C_2H_6	3.0～12.5
丙烷	C_3H_8	2.2～9.5
丁烷	C_4H_{10}	1.9～8.5
乙烯	C_2H_4	3.1～32
丙烯	C_3H_6	2.4～10.3
乙炔	C_2H_2	2.5～81

（2）分解爆炸

在工业气体中，分解爆炸的可能性比氧化爆炸小得多。发生分解反应，需要高温条件。没有高温，工业气体就不会分解。但乙炔分解时是放热的，在一定温度和压力条件下，即使没有氧的参与，也会导致爆炸。另外，不可忽视的是由于局部过热使少量气体产生分解的现象。分解反应速度很快，一旦出现分解反应，便会放出大量热量而使温度急剧升高，加快分解速度，直至发生强烈的爆炸。

（3）聚合爆炸

对于容易发生聚合或有聚合倾向的工业气体，必须绝对避免与过氧化物接触，因为氧和过氧化物都是良好的引聚剂。聚合是一种放热反应过程，气体聚合时放热会使气体压力异常升高，温度越高，聚合速度越快，热量的积聚会进一步加速聚合，同时发生聚合物分解，其结果会引起爆炸，造成极大的危险。参与聚合反应的气体质量越大，反应越猛烈，危险性就越大。

5.2　气体容器的危险性

化学类实验室气体根据其来源可以分为气瓶气体、其他压力容器气体等。除了气体本身的危险性以外，气体容器也具有一定的危险性，对此实验人员应有清醒的认识。

5.2.1　气瓶的危险性

化学类实验室中气瓶各种各样，从结构形式上说，有无缝钢瓶，也有焊接及其他钢瓶；从瓶体材质上分，有钢质气瓶，也有锰合金气瓶或其他复合材料气瓶；从工作压力来分，有高压气瓶，也有低压气瓶；从气瓶容积来分，普通化学实验室中较常见的是小容积气瓶（不大于 12L）和中容积气瓶（12~100L）。气瓶受到损坏或腐蚀时，承压能力下降，可能会发生爆炸。阀门受损或故障时，也可能发生漏气，漏气后则可能发生火灾、爆炸、中毒及窒息等事故。

5.2.2　其他压力容器及管道的危险性

除气瓶外，化学类实验室内经常使用的压力容器有反应釜、反应器等，另外还经常使用压力管道。压力容器及管道维护不到位或受到损害，容易发生火灾爆炸及漏气事故。压力管道若发生漏气，又可能导致火灾、爆炸、中毒及窒息等事故。

5.3　气体灾害

根据国内外资料报道，由气体引起的灾害众多，造成的人身伤亡及经济损失也很大。随着工业的迅速发展，气体的应用品种和数量不断增加，对高压技术的应用，将更加广泛。因此，此类灾害也必然随之有所增加。

5.3.1　气体灾害的分类

根据气体的性质或发生事故的种类，气体造成的灾害可分为以下几种：

① 高压气体引起的灾害　如气体容器破裂，高压气体喷出等，主要是由容器充气体压力过高或超过允许值，或材质结构不良引起的。

② 可燃或助燃气体引起的灾害　如爆炸性混合气体的爆炸、喷出气体的着火等造成的气体火灾等。

③ 搬运或装卸气体容器过程中引起的灾害　如由于容器歪倒或与人体相撞而造成人员受伤等。

④ 低温气体引起的灾害　如深冷液化气——液氧、液氮等造成的冻伤。

⑤ 高温气体引起的灾害　如高温燃烧气体而导致烧伤等。

⑥ 有毒或窒息性气体引起的灾害　如有毒气体（如砷烷、磷烷、硅烷、硼烷等）引起的人身中毒、因氧气不足而发生的窒息等。

⑦ 腐蚀性气体引起的灾害　如腐蚀性气体氯气、氯化氢、硫化氢、氟化硼等导致的人体腐蚀受伤。

5.3.2　高压气体泄漏

高压气体发生泄漏和喷射的事故很多。例如，氢气瓶在使用或贮存中，因某种原因引起氢气泄漏于空气中或喷出时，会自燃着火。气体发生泄漏和喷射的原因可归纳为以下 4 个方面。

（1）容器阀门漏气

① 容器阀门螺栓被腐蚀；

② 容器阀门因长期使用而有磨损；

③ 安全阀破裂；

④ 有机物吸附在氧气瓶或氯气瓶的阀门上，导致容器阀门损坏等。

（2）容器阀门从主体脱出

① 容器阀门受到强烈冲击；

② 拆卸作业时，容器阀门松动或不慎脱出；

③ 阀门螺栓结构不牢固；

④ 容器从高处落下或歪倒，导致容器阀门因受冲击而损坏。

发生容器阀门从主体脱出的事故较多。由于喷射出的气体具有强烈的反作用力，使容器本身发生向后移动等事故，从而引起室内装置或设备遭到破坏，甚至造成操作人员的伤亡。

（3）安全阀动作

① 由于高压气体容器内部压力或温度异常上升而引起安全阀的动作；

② 安全阀在长期使用中，由于疲劳而破裂，导致在正常使用中自行动作，造成气体喷出，或引起气体火灾事故。

（4）压力表损坏

① 压力表质量问题　合格的压力表一般选材为不锈钢材质、铝材压铸件以及强度更大的材料。这样部件具有更强硬、不易变形、耐腐蚀强度大等优点。部分厂家为了节省成本，选用的不锈钢等材料较薄，或用成本更低的材料进行代替，造成压力表强度降低，在受到稍微大一点的外力，或接触腐蚀性介质时，就会出现外壳变形、压力表玻璃破碎、外壳腐蚀严重等情况。

② 压力表使用中的问题　在压力表使用中，压力波动比较大，造成压力表波纹管容易出现变形和断裂等情况。另外，压力表在运行中根部阀门处易出现杂质，杂质的存在造成压力表内部腐蚀、根部出现裂纹等现象。

③ 安装拆卸中的问题　为了压力表日常计量准确，按照要求每半年对压力表进行检定一次。在检定时要对压力表进行拆卸和安装。在拆卸中，压力表比较紧固，拆卸人员易用蛮力进行拆卸造成压力表连接处螺纹损坏。安装过程中，由于冲压比较快，易使压力表波纹管受到很大的冲击造成损坏等问题。

5.3.3　气体容器破裂

在气体容器的破裂而引起的灾害中，氧气瓶和氯气瓶的破裂比较常见。这是由于氧气瓶使用的数量最多、氯气对容器的腐蚀最严重的缘故。就每次容器破裂事故造成的灾害程度（如伤亡人数）来讲，仍为氯气瓶或氧气瓶最多，这是因为氯气瓶发生破裂后，导致在很大范围内的氯气中毒，而氧气瓶是因为氧气与氢气混合易引起强烈的爆炸。

溶解乙炔瓶，由于其内部高压乙炔的分解爆炸而造成容器破裂事故也比较多。尽管不与空气混合，但乙炔单独存在时，若被压缩至1.5atm（151987.5Pa）以上，乙炔就变得不稳定，分解为碳和氢，引起爆炸。而且这种爆炸随着乙炔初始压力的增大而变得激烈，能够形成爆炸压力达到初始压力100倍的爆轰。

发生高压气体容器破裂事故的原因，可归纳为以下3个方面。

（1）容器的耐压强度不够

① 制备容器的材料厚薄不均匀，不符合要求；

② 存在制造缺陷，如焊接不良，存有微小细缝等；

③ 容器内壁被腐蚀，容器壁减薄，耐压强度下降；

④ 使用私制容器，容器中存有缺陷；

⑤ 充有高压气体的容器，从高处落下或歪倒，受到强烈振动或碰撞等冲击；

⑥ 对充有高压气体的容器进行切割、钻孔等加工；

⑦ 容器超过使用期限，其残余变形率超过 10％，已属于报废容器。

（2）容器内部的压力过高

① 容器充装气体过量，压力过高，超过规定的允许压力；

② 容器充至规定压力后受热，如靠近高温加热设备或火焰；

③ 容器放置室外，受到日光暴晒；

④ 发生火灾时，容器温度升高；

⑤ 容器内气体发生聚合反应或分解反应。

（3）容器内爆炸性混合物气体被点燃

容器内爆炸性混合气体的形成，主要是由于混合充气所造成的，大致有以下 4 种情况：

① 水电解槽发生故障时，使氧和氢发生混合；

② 在容器内存在残余氧气时充入氢气；

③ 在残留天然气的容器中充入氧气；

④ 在混有有机液体的容器中充入氯气等。

5.3.4　气体着火爆炸

从容器中喷射出或泄漏可燃气体时，很有可能导致第二次事故，即气体着火、爆炸事故。从容器中喷出的可燃气体直接被点燃，产生强烈的火焰，并蔓延至附近的可燃物，邻近的其他高压容器因受到加热，而有发生爆炸的危险。若喷出的气体停留在车间，与空气混合形成的爆炸性混合气体被点燃，会引起爆炸着火事故，导致附近建筑物爆炸，造成严重的破坏。若喷出或泄漏的是毒性气体，如氯、一氧化碳、硫化氢等，还会导致人体中毒。

5.4　气体的安全使用

5.4.1　气瓶安全充气

容器充装高压气体时，有可能存在两种安全隐患，即过量充气和混合充气。

（1）过量充气

容器过量充气是造成容器破裂的重要原因，因此容器中的充气量不要过高，应留有余地，以防周围环境温度升高而造成气瓶爆裂危险。尤其在充液化气时，压缩系数远远小于压缩气体，一旦充气过量，导致容器破裂的危险性更大。因此，在充液化气时，要限制液化气的充填量，气瓶的最高温度（背阳光）不得超过 45℃，让容器内的液体膨胀留有余地。

（2）混合充气

所谓混合充气，是指在充可燃气体的容器中存有一部分残留可燃气体，如在气瓶中残留有氢、甲烷、乙烷等情况下，又充入了氧气的现象。虽然在充装过程中没有发生事故，但在使用（如焊接等）过程中若被点燃，则有可能引起激烈爆炸而将容器炸裂。为防止混合充气危险的发生，在气体管理法规上有明确规定，可燃气体的高压容器阀门和其他气体高压容器阀门，在充气口螺杆的旋转方向上有明显区别。如氢、甲烷和丙烷等可燃气体，容器阀门的充气口螺杆为左旋，而对氧、氮、氯、氩等非可燃气体，容器阀门的充气口螺杆为右旋。

在充入不纯的原料气体时，如果可燃气体和助燃气体混合成爆炸范围之内的浓度，也同样存在混合充气的危险。所以，在充气过程中，要求可燃气体和助燃气体的含量不准超过爆炸极限（下限）的四分之一。

（3）充气注意事项

① 当容器内气体接近用完时，必须留有余气。如果不留余气或让余气漏掉，空气或其他气体就有可能侵入容器内，不仅造成容器污染和影响气体纯度，若侵入性质相抵触的气体，还可能导致用气事故。

② 根据充装气体性质的不同，容器内剩余残压也有所不同。通常气瓶剩余残压应在0.05MPa 以上，氧气瓶内应留 0.1～0.2MPa（表压）的压力。如已用到规定的剩余残压时，应停止使用，并立即将气瓶阀门关紧，以防余气漏掉。

③ 需要充气的钢瓶，卸下减压器，戴上安全帽，写上标记，如"待充气"或"空""用完"，放在适当地方，待充装气体。

④ 气瓶超过使用期限或气瓶报废、有缺陷不能保证安全使用、安全附件不全、外表涂漆大部脱落、失去标志，均不可充装气体。只有经检查合格的气瓶，方能允许充气。

⑤ 在钢瓶充气之前，应先对钢瓶进行余气检查。凡是没有余气的容器，必须进行严格的清洗处理，达到要求后方能继续充气，否则，若充入性质相抵触的气体，可能导致用气事故。

⑥ 钢瓶充气时，千万注意不要过量，应留有余地。

⑦ 要避免混合充气。

5.4.2 气体安全贮存

充有高压气体的容器，在存放或临时保管过程中所发生的事故，主要原因有：容器受到外伤；容器温度上升；气体泄漏；容器存放不当等。因此存放充气钢瓶时应注意以下几点：

① 贮存 300m³ 以上高压气体（液化气体为 3000kg 以上）时，必须经上级主管部门批准，方可在指定场所贮存。

② 应选择平坦的安全场所，将容器立放（氨气瓶要求横放）固牢，以免摔落、滚倒、受到撞击等。为防止容器及阀门受到损伤，一定要戴好安全帽。

③ 为避免气瓶遭受腐蚀，气瓶不准与腐蚀性物质相接触，也不要放置于有水、雪或潮湿的地方。

④ 为防止在低温下气瓶材质变脆，在寒冷地方（-50℃以下）存放时，要做好保温。

⑤ 为预防气瓶的温度升高，气体容器要避免在太阳光下暴晒，存放处及周围无高温热源，周围不准堆积可燃物，并禁止出现明火。

⑥ 在存放高压、有毒气体场所的进出口及醒目的地方，应设有"高压容器重地""剧毒"和"易燃"字样的警告牌，以引起人们的注意。

⑦ 在存放可燃性气体的场所，绝对不准接近明火，并在明显之处悬挂"严禁烟火""危险""禁止入内"等标牌，以示警告。

⑧ 可燃性气体、助燃性气体和有毒气体的容器，不要存放在一起，应分别贮存和管理。

⑨ 存放可燃性气体的地方，应准备有效和可靠的消防器材，如粉末灭火器、二氧化碳灭火器等。

⑩ 在贮存毒性气体的场所，应常备吸收剂、中和剂，以及适合各种毒性气体的防毒面具、送风罩或空气呼吸器等。

⑪ 在气瓶存放过程中，由于种种原因，可能有漏气现象，滞留于贮存室内的可燃气体或毒性气体，有可能发生燃烧爆炸或中毒的危险，因此，要求充气容器的贮存处，要保持良好的通风。

⑫ 贮存大量高压气体时，贮存场所的建筑物，应是防火结构和采用轻质屋顶，而且与其他设施留有 20m 以上的安全距离，并要求在贮存场所的周围，设置高 2.5m 以上、厚 12cm 以上的钢筋混凝土隔墙。

⑬ 充气容器存放前，应认真检查，确认无漏气后，方可入库存放；存放期较长时，每月至少要检漏一次，并做好记录。

⑭ 对于"空"气瓶（待充气气瓶），在确认关好阀门的同时，要挂上有"空"字的标牌，并与充有气体的容器分别存放、保管。

⑮ 已报废的钢瓶要及时处理，不得与充气气瓶和待充气气瓶存在一起，以防发生意外。

5.4.3　气体安全运输

充气容器的装卸、搬动及运输，也是气体安全使用的一个重要环节，如果忽视这项工作也会发生事故。在装卸、搬动及运输充气容器时应注意以下事项。

① 高压气体容器的搬运，有水平移动和上下移动两种方式，无论采用哪种搬运方式均要关好容器阀门，戴好安全帽，操作细心。

② 如果沿地面短距离移动小型气瓶，可以使其倾斜一定角度，用一只手托住安全帽部位，另一只手推动瓶体，滚转气瓶底边的方法进行移动。有条件的话，应该使用专用小车进行搬运，这样比较稳妥。

③ 在搬运钢瓶时，要求不仅要精力集中，还应戴手套、穿工作靴，做好防护工作，以防钢瓶碰伤手脚。

④ 充气容器在运输前，要认真检查阀门接头配帽和容器安全帽是否按要求戴好，瓶体防震胶圈是否齐全。

⑤ 充气容器在装、卸车时，注意严禁冲击碰撞。

⑥ 在运输时，容器的温度应控制在 40℃ 以下。尤其是在炎热的夏季，应盖上罩布，以防容器温度上升。

⑦ 充装有互相接触后可能导致事故的气瓶（如氧气、氯气、氢气等），不要同车运输，以防因漏气、喷气而引起燃烧爆炸事故。

⑧ 在运输充装压缩气体的容器时，为防止容器跌倒和阀门受损伤，应卧放，并用物体固定牢固，避免气瓶的强烈碰撞和滚落。

⑨ 在运输充装乙炔或液化气的容器时，原则上要立放，并固定牢固。

⑩ 负责气瓶运输及装卸的人员，工作期间严禁吸烟或出现明火。

⑪ 在运输可燃性气体的容器时，应携带灭火器材及应急处理所必需的资料和工具。在运输毒性气体时，除上述物品外，还要携带防毒面具和药剂（如吸收剂、中和剂）等。

⑫ 运输已充气容器的车辆，应在明显处悬挂警戒标旗。

⑬ 运输充气容器的车辆，在行驶时，应严格遵守交通规则。在运输行程为 200km 以上时，应配两名司机驾驶，并按运输计划书规定执行。

⑭ 在运输充气容器，尤其是可燃气体容器的途中，若遇失火现场，要绕道而行，切勿在失火处旁边驶过，更不准许在失火现场停留。否则，可能造成严重的后果。

⑮ 运输 $300m^3$ 以上的氧气或可燃气体（液化气 3t 以上），或毒性气体 $100m^3$ 以上（液化气 1t 以上）时，需要有一定经验的人员（运输监督人）跟车，对运输的高压气体进行安全监督。

⑯ 运输过程中若发生气体泄漏等事故，应及时停车，并采取适当措施进行处理。停车地点不得靠近机关、学校、厂矿、桥梁、仓库和人员稠密的地方，停车位置应通风良好，停车点附近不能有明火。估计有可能发生大事故时，应迅速与公安、消防部门取得联系。

5.4.4　高压气体的安全使用

高压气体的使用要引起高度重视，千万不可麻痹大意，应严格执行容器及气体的使用操作规程，以防发生事故。使用高压气体时，一般要注意以下事项。

① 只能在用气工艺室或专用场所使用高压气体。气瓶要直立固定，以防气瓶歪倒，最好将气瓶固定在专用的铁架内。

② 移动气瓶时，不要手持阀门手柄，以防阀门被打开，导致气流喷出伤人或损坏设备。高压气瓶要避免强烈振动，严禁敲打。

③ 检查容器内有无气体时，应先将检测用的压力表内部空气用惰性气体（如 N_2、Ar 等）置换，或者抽空之后，方能进行检查。

④ 使用高压气体时，可先打开气瓶阀门（开 1/4 圈），对出口处进行"吹尘"，然后立即关闭阀门，以免阀门里面的灰尘进入减压器。装上专用的减压器，并将减压器上的阀门关闭，再次打开气瓶总阀门，以检查安装部位是否漏气。

⑤ 与气体直接接触的减压器、压力表和流量计等部件，要求专用，不允许同其他气体兼用。

⑥ 开启高压气瓶前，应认真检查阀门、配管、减压器、压力表等连接处有无漏气现象，确认为无问题时，方能进行操作使用。

⑦ 开启高压气瓶时，操作者要站在气阀接管的侧面，以免高压气流喷出伤人。同时要求开关阀门时要缓慢进行。

⑧ 操作者应具有气体方面的知识，掌握高压气体操作规程，能熟练操作，并具有事故处理方面的经验。

⑨ 在更换气瓶，或者急用某种气体时，操作要细心、精力要集中，要反复检查和核对，以防误用或错用气瓶。

⑩ 气瓶要远离热源，距离高温扩散炉、氧化炉、外延炉等高温设备不小于 3m。气瓶的温度要低于 40℃。

⑪ 氧气瓶和专用工具严禁与油类物质接触，操作者不准穿戴沾有油脂或油污的工作服

和手套，以防引起燃烧。

⑫ 氧气瓶、可燃性气体瓶与明火的距离应不小于 10m，确实难以达到时，只有在采取可靠的防护措施后，方可缩短距离。但为确保用气安全，气瓶周围不要出现明火。

⑬ 用气过程中，如果气瓶阀门或设备系统等发生漏气，应迅速查找漏气原因，排除故障后，方可继续用气。

⑭ 用气过程中，特别是使用可燃性气体或有毒气体时，操作者不准离开工作岗位，要认真操作，细心观察，严格检查，以防器具和设备系统漏气，或用气过程中出现异常现象。

⑮ 容器内的气体不准全部用完，应留有一定的剩余气体，至少有 0.05MPa 的剩余压力。

⑯ 用气工作结束后，要及时关闭气瓶阀门，使压力表指针回到零，然后再关闭减压器的阀门。不要只关气瓶阀门而不关减压器阀门，或只关减压器阀门而不关气瓶阀门，否则均可能发生意外事故。无论是气瓶阀门，还是减压器阀门，都不要关得太紧，否则有可能损伤阀门，或下次使用时难以打开。

5.4.5　可燃气体和毒性气体的安全使用

根据可燃气体和毒性气体的特殊性质，使用时除遵守高压气瓶的操作规程和注意事项之外，还要注意以下几点。

① 使用可燃气体的工作室或气瓶存放室，应备有灭火器材和气体检漏仪，并且操作者能熟练地掌握气体检漏方法。

② 使用可燃性气体的房间，不准存放、更不能使用氧气瓶、氯气瓶等危险气体，也不要存放易燃易爆物品。

③ 使用可燃气体和毒性气体的房间应装有排气装置，保证通风良好，工作前最好做到先排气，将室内残留气体排净后，再开始工作。

④ 使用毒性气体的工作室或操作现场，应备有防毒面具，有条件的单位可备有送风面罩、空气呼吸器等。

⑤ 存放毒性气体容器的地方和操作现场的毒气浓度，应在允许浓度以下，并经常用仪器监督其浓度大小。

⑥ 使用可燃气体时，在减压器与操作设备之间，要装有防止回火的装置。

⑦ 氢气单独存在时是比较稳定的，但在一定条件下，是易燃易爆的危险性气体，使用时要特别注意安全。氢的密度小，易从微孔泄漏；氢的扩散速度很快，易与其他气体混合；氢与空气或其他某些气体混合而达到一定比例时会发生爆炸。例如，H_2 与 Cl_2 混合遇光就爆炸；H_2 与 O_2 混合在有火星或在 700℃ 以上高温时即可发生爆炸；H_2 与 F 化合时有爆炸危险，甚至在阴暗处也会引起爆炸。

⑧ 凡使用氢气的设备，必须做到经常检查系统的各个接点处是否漏气。同样，其他可燃性气体也要进行检漏工作。

⑨ 用氢设备及系统中的减压器、压力表、流量计及纯化装置等，一定要专用。对于其他可燃性气体和毒性气体，也应有如此要求。

⑩ 用氢设备在通氢气之前，应先用惰性气体（如 N_2 等）将设备系统中的空气赶净，且系统无漏气现象时，才能通氢气进行工作。在用氢工作结束前，先通惰性气体，然后关闭氢

气，当设备中残留氢气安全排净后，方能关闭保护气体。同样，其他用可燃气体的设备也应这样做。

⑪ 如果发现氢等可燃气体已泄漏在室内，根据泄漏情况，要采取紧急措施，禁止出现明火，并迅速地将漏氢排出室外。经检查符合安全要求后，才能恢复正常工作。

⑫ 对于烷类气体（如 AsH_3、PH_3、B_2H_6、SiH_4 等），要注意防火、防毒、防爆、防腐，应按特殊气体要求进行操作和管理。

⑬ 除专职气体管理和操作人员之外，其他人员不得进入可燃性气体和毒性气体的房间。

5.4.6 液态气体的安全使用

常用的液态气体有液氧、液氮、液氢、液氩等，大多作为制冷剂等。使用时应注意以下几点：

① 要选用耐低温材料的容器盛装液态气体，并将其存放在比较安全的地方。

② 操作液态气体时，要十分小心，不要溅在手上、脸部或身体其他裸露部分，以防引起烧伤或严重冻伤。操作时应戴口罩和手套、穿胶靴。

③ 液态氧具有剧烈的氧化性能，在处理液氧或使用液氧的地点，不要放置棉、麻一类碎屑，因为当这些物质浸上液氧时，易引起着火爆炸。

④ 在液氧、液氢的周围，严禁有明火出现，或有燃烧物质的存在。

⑤ 使用液态氢时，对已气化的氢气必须谨慎地将其燃烧掉或放入高空，当空气中含有少量氢气（约 5%）时也会引起强烈爆炸。

⑥ 二氧化碳在钢瓶中是液态，使用时先在钢瓶出口处接一个既保温又透气的棉布袋，将二氧化碳迅速地大量放出，因压力降低使二氧化碳在棉布袋中结成干冰。干冰与某些液体混合使用，能快速达到持续稳定的低温效果。如干冰与乙醇混合能达到 $-72℃$ 的低温，与乙醚混合达到 $-77℃$，与丙酮混合达到 $-78.5℃$。

5.4.7 输气管道的防灾措施

输气管道一般采用钢管，在耐压方面虽然没有气瓶要求高，但对钢材要求也很严格，材质要均匀、无裂缝、无锈蚀现象；对管道接头、阀门等处要保证密封性好，不能渗漏气。如果钢材质量差、管道内壁不清洁、安装不合理、管理不当等，也会发生管道的燃烧或爆炸事故。现以输氧管道为例，介绍输气管道的防灾措施。

为防止氧气管道发生燃烧或爆炸事故，应采取以下措施：

① 管道材料（如衬垫、填料等）应避免使用可燃物，严禁使用纤维物质。

② 在管道的内壁、阀门、接头、螺栓等所有接触氧气的表面，要尽量加工成平滑、无突起部位，并使管道内的气流不会形成死角。

③ 管道内不要存有固态粒子，如锈垢、干燥材料的粒子等固体物，以防由于固态颗粒强烈摩擦而产生赤热粒子。

④ 固态颗粒在管道内摩擦、磨损所产生的赤热粒子的冲撞，有可能导致起火的危险，因此要求管道内的氧气通路尽量采用直线，并减少急转弯，即避免管道内有突起物和 T 形管分支点等。

⑤ 管道采用不锈钢材料，这是抑制产生氧化的锈垢粒子及其摩擦生成的铁粒子的关键措施。

⑥ 若管道内存在油脂物质，必须用洗涤剂进行清洗处理，然后用气体检测器进行检测，不允许在管道内有残留的洗涤剂蒸气。

⑦ 管道内要保持干燥，氧气中的水分与管道作用易生成锈垢，因此要定期排除管道内的废水，并要求进入管道的氧气要十分干燥。

⑧ 在高压氧气管道中，阀门的开启和关闭的操作要缓慢，不要激烈进行。

⑨ 管道内氧气的压强一般限制在 30atm（约 3MPa）内，流速在 8m/s 以下。如对管道的设计、施工、操作等方面有特殊的考虑，气压和流速可适当增加。

⑩ 避免在输氧管道的周围堆放易燃易爆物品，严禁靠近热源和火源。

氯气管道使用注意事项基本与输氧管道相同。此外，还要经常测定氯气中的氢气浓度，要控制氢气浓度在爆炸下限之下，以免形成爆炸性混合气体。

5.4.8 废气处理

废气的处理主要是指钢瓶中残留的气体和工艺生产中废气的处理。在工业生产中，对于可燃性气体、毒性气体和助燃气体的废气处理，同泄漏气的处理一样，要谨慎、细心、认真。要掌握这些气体的性质和危害性，采取适当的方法进行处理。

（1）废气处理的基本原则和要求

废气处理的基本原则是，先将废气变成无毒、不燃烧的安全状态，然后再进行废物处理。一般要求是，废气处理应把灾害降低至最低限度，尽量减少或避免对环境的污染。对于有条件的厂家，尤其是大中型生产厂家，由于生产需用大量气体，因此排放出的废气也相对较多，应建立废气处理装置或废气处理系统，按环境保护部门要求，进行废气处理。

大多数气态氧化物是活性气体；砷烷、磷烷、硼烷和硅烷等有毒、易燃；氢气具有较强的燃烧爆炸性；氯气、氯化氢和氟化氢具有较强腐蚀性等。对这些气体不仅要注意防止环境污染，而且还要注意排放周围的安全。

（2）废气处理的步骤

为了毁除来自生产车间、设备、分析实验室和活性气体混合装置中的废气及气瓶中残留的危险气体等，可采取以下 4 个步骤：

① 在危险性废气中混入氮气，使废气中活性气体含量小于 0.1%（体积分数），氢气含量小于 1%（体积分数），使残余气体为惰性，以避免引起火灾或爆炸。

② 混合后的气体，在空气/丙烷或空气/甲烷燃烧器中烧掉。

③ 烟雾过滤、除粉尘。

④ 对于非危险性的气体，可选择适当地方，直接排放到大气中。

（3）钢瓶中废气的排放

钢瓶中废气的排放，大致有以下几种情况：

① 气体的纯度太低，影响到器件质量和成品率。

② 气瓶内还有一些剩余气体，但不再使用。

③ 发现气瓶有严重损伤，或气瓶阀门失调漏气，采取某些措施后，仍不能保证安全使用。

④ 由于改换工艺或产品，库存的充气钢瓶不再使用。

⑤ 由于厂房改建或扩建，或发生重大事故，长期无法恢复生产，现存的充气钢瓶无条

件长期保存，或长期保存可能发生危险等。

⑥ 因使用有毒气体或可燃气体，给环境造成严重污染或可能给周围带来危险，在没有采取措施前，有关部门通令禁止继续使用。

（4）可燃气性废气的处理

在处理可燃性废气时，应注意以下事项：

① 可燃性气体的排放，应选择偏僻的地方，或在人员稀少的适当场所进行，并注意周围无火源、无易燃易爆物品。如果排放量较大，为确保安全，周围应设岗哨。废气排放完并在空气中充分扩散后，确认不会再发生危险时，人员方能全部撤离。

② 在排放可燃气体时，使气体浓度达到爆炸极限的 1/4 以下之后，方可进行排放。

③ 排放口的位置在高处较好。为确保周围环境的安全，应注意缓慢地少量排放，使气体浓度低于危险浓度。

④ 若发生着火时，使用相应的灭火器、沙子或水进行灭火。

⑤ 严禁带有火柴或明火的人接近排放区。

⑥ 如果排放气中带有毒性，处理时应戴防毒面具。

⑦ 排放钢瓶中的气体时，处理者应站在出气口的侧面进行操作，以防气体喷出伤人。

⑧ 开始排气时，容器阀门不要开到最大，待气体压力减小后，逐渐开大阀门。对于待用的气瓶还应留有气体的剩余残压。

⑨ 采用燃烧法处理废气时，应安装适当的调节阀门，控制可燃性气体慢慢放出，使之在燃烧装置内充分燃烧。

⑩ 容器内废气排放完毕后，关闭容器阀门，戴好安全帽。同时采取措施，防止容器跌倒和摔坏阀门。

（5）毒性气体的处理

在处理毒性废气时，应注意以下事项：

① 了解所处理的毒气对环境的污染和产生的危害，以及对处理者的伤害。

② 在处理毒性气体时，工作人员要戴防毒面具、手套等劳保护具。

③ 与处理工作无关人员，禁止进入毒气处理区。

④ 若直接向大气中排放少量毒性气体，经有关部门同意后，可选择偏僻无人处、下风方向进行，或选择一个危险性小、危害面小的安全地方进行排放。同时要控制排出口附近的浓度，应稀释到允许浓度以下。

⑤ 在处理毒性气体时，要特别注意毒气的排放不能在饮水源附近和对农作物有损害的地方进行。

⑥ 在处理毒性气体时，即使是非可燃性气体，也要远离火源，尽量做到在处理区周围无明火，无易燃易爆物品。

⑦ 在处理毒性气体时，尽量采用中和剂或吸收剂，在充分确保中和剂和吸收剂有效、可靠后，方可使用。

⑧ 装有毒性气体的容器漏气时，可将容器放在密封的铁制贮存箱内或盖上防灾罩，然后从排出口导气进行吸收处理。

⑨ 容器内废气处理完后，关闭阀门，戴好安全帽。同时采取措施，防止容器歪倒、摔坏阀门或导致伤人。

（6）助燃气体的处理

在处理助燃气体时，应注意以下事项：

① 将黏附在容器阀门上或使用器具上的金属粉末、石油类、油脂类及可燃性物质，彻底清除干净后，方可进行助燃气体的处理。

② 可在室外适当的地方处理助燃气体，切记周围无火源、无燃烧物，无易爆物品。

③ 严禁助燃气体与可燃气体在同一地方或其附近进行处理，以防引起燃烧爆炸事故。

④ 若用配管或软管时，应使用专用件。

⑤ 废气处理完后，关闭容器阀门，戴好安全帽，防止容器跌倒、摔坏阀门。

（7）惰性气体的处理

虽然惰性气体没有危险性，但大量的惰性气体集聚，可能导致氧气含量降低，而引起窒息，所以惰性气体的处理也应引起重视。

① 惰性气体应在室外适当的地方排放。

② 若容器在室内，也可安装上排气导管，引至室外缓慢排放。

③ 控制排放流量，并且不要使容器处在低温状态下操作。

④ 废气排放结束后，关闭容器阀门，戴好安全帽。

（8）工艺生产中废气的处理

① 氮氧化物废气的处理　氮氧化物废气主要来源于化学腐蚀、清洗、镀锡工艺及使用氮化合物（NO、NO_2、N_2O 等）的工序等，其质量浓度一般为 $10mg/m^3$。常采用氢氧化钠作为吸收剂的填料洗涤塔进行处理。氢氧化钠浓度一般为 5%～10%（质量分数）。单级填料塔对氮氧化物的吸收率一般为 30%～70%（体积分数）；多级填料塔的吸收率可达 85%（体积分数）。

② 酸性气体的处理　一般采用单塔式洗涤塔对酸性气体进行处理。该设备可用于处理 SO_2、H_2S、HF、HCl、NH_3、CCl_4、H_2SO_4、NO 和 NO_2 等。洗涤效果依废气种类不同而在 75%～99% 之间。这种装置大多数沿厂房外墙布置，排气管伸至房顶以上，高度为 1～2m，出口处安装直通式风帽。

③ 有机废气的处理　有机废气主要来源于化学清洗、制版和光刻等工序，如甲苯、丙酮、甲醇、乙醇、四氯化碳、异丙醇和环己酮等有机溶剂的挥发气。一般设置有机溶剂挥发回收设备，废气质量浓度一般为 $500～600mg/m^3$。多数采用活性炭吸附等净化装置进行处理，净化效率可达 80%，活性炭吸附饱和后，应当及时更换。用过的活性炭可进行再生活化处理。

④ 烷类废气的处理　常用的烷类气体有硅烷、磷烷、砷烷和硼烷等。这类气体毒性较大，虽在生产工艺中设有处理装置，但仍然有少量尾气排出，还要采用洗涤塔淋洗或燃烧法处理，反应产物无毒后，方能排入大气。基本处理原理如下：

a. 洗涤塔淋洗法　硅烷（SiH_4）在中性或酸性水溶液中比较稳定，但在碱性水溶液中容易分解，硼烷（B_2H_6）水解时放出大量的热。

$$SiH_4 + (n+2)H_2O = Si_2O_2 \cdot nH_2O + 4H_2$$
$$SiH_4 + 2KOH + H_2O = K_2SiO_3 + 4H_2$$
$$B_2H_6 + 6H_2O = 2B(OH)_3 + 6H_2$$

b. 燃烧处理法　如磷烷（PH_3）、硼烷（B_2H_6）和硅烷（SiH_4）等，可与氧进行燃烧处理。

$$PH_3 + 2O_2 \Longrightarrow H_3PO_4$$
$$B_2H_6 + 3O_2 \Longrightarrow B_2O_3 + 3H_2O$$
$$SiH_4 + 2O_2 \Longrightarrow SiO_2 + 2H_2O$$

5.5 气体发生事故时的处理措施

5.5.1 泄漏时的处理措施

高压气体容器在搬运、贮存和使用过程中，由于种种原因，可能导致气体的泄漏，特别是可燃性气体和毒性气体的泄漏，具有很大的危险性。如果不及时处理，或处理方法不当，一旦遇到火种，就会引起燃烧爆炸或导致中毒，造成严重的灾害。因此，万一出现气体泄漏，应根据泄漏的气体种类、性质及所处的周围环境等，进行快速分析，并迅速地采取合理的处理措施，将灾害减小到最低程度。

① 操作者或技术人员，对气体泄漏部位、泄漏状况、漏气种类，应作出迅速而正确的判断。如果漏气严重，应向主管负责人报告。

② 进入危险气体泄漏区，必须佩戴防毒面具等劳保护具。

③ 在危险性气体泄漏严重的情况下，除组织有关人员进行紧急处理外，其他人员要迅速疏散，并发出警戒。

④ 在对泄漏气体进行处理时，处理者应站在泄漏部位的上风处进行操作。

⑤ 如果泄漏部位是容器阀出口，应站在上风处把阀门关闭。若阀门已关闭仍然漏气，将容器阀门的出口配帽戴好后，经主管负责人同意，迅速转移到安全地方，再进行泄漏处理。

⑥ 如果气体是从充气容器里泄漏的，可根据情况，盖上防灾罩，或收集在密闭的铁箱内，转移到安全地方处理。为防止气体扩散，可通过防灾罩或密闭铁箱，用吸收剂等吸收除去。

⑦ 如果气体泄漏发生在设备或配管系统，可以再紧固一下泄漏处的连接部件，或根据具体情况停止操作，采用氮气等惰性气体，将设备及配管系统内的气体彻底置换干净后，再进行泄漏处理。

⑧ 如果工艺室发生气体泄漏，对于非危险性气体（如 N_2、O_2、Ar 等）的泄漏，可在不影响工作的情况下查漏排除故障；但对于危险性气体的泄漏，如果漏气量大，且在短时间内故障无法排除，应迅速关闭阀门，查找原因，并禁止室内出现明火，及时将泄漏气体排出到室外。

⑨ 出现大量气体泄漏时，为了把灾害降到最低限度，应采取以下处理措施：a. 迅速向有关部门报告。b. 迅速到上风地方，警告周围人不要靠近，或让人员快速疏散。c. 处理人员穿戴好防护用具，按主管负责人的指示，采取机动灵活的方法进行处理。d. 如果是可燃、易爆气体的泄漏，应迅速切断周围的火源或高温热源，并严禁出现明火、电火花。e. 在泄漏现场拉上绳索或其他标志，禁止无关人员靠近现场。f. 若估计其危害可能扩大，应迅速与消防部门联系处理。

⑩ 毒性气体（如 Cl_2、HCl、NH_3 等）和剧毒气体（如 AsH_3、$AsCl_3$、AsF_3、PH_3、H_2Se 等）溅出、漏出、流出、渗出或渗入地下，对人身和环境构成威胁时，应立即向公

安、消防、卫生保健部门报告，同时也要积极采取必要的应急措施进行处理。

5.5.2　火灾时的处理措施

（1）气体火灾特点

气体火灾具有以下特点：

① 发展速度快、面积大、温度高、破坏力强，易造成人员伤亡，易发生爆炸。

② 气体火灾不容易灭火、容易引发二次爆炸、造成更大的损失、对人员的伤害加大。

③ 具有突然性，危害大。气体火灾能瞬间引起大火，没有防备性。

④ 对人呼吸道损伤较大，可瞬间灼伤呼吸道，危害人的身体健康。

（2）现场紧急处理

一旦发生火灾，不要手忙脚乱，高度紧张。首先要迅速查明情况，分析火灾可能导致的危害程度，如可燃性气体燃烧引起的爆炸；毒性气体引起的中毒；容器安全阀损坏、气体容器破裂引起的爆炸等。

查明情况后，迅速向有关部门或负责人报告。

① 将发生火灾的情况，迅速通知附近人员和主管负责人。

② 迅速向消防部门报警。

③ 如果发生毒性气体中毒或有向周围扩散的危险时，应立即向卫生保健部门、公安和消防部门报告。

④ 将危险气体种类和容器所处的状态，详细地报告给消防人员，以便采取相应的处理措施。

（3）火灾周围的处理

一旦发生火灾，对火灾区域及周围的物品应做以下迅速处理，以免引起二次火灾。

① 尽快把盛装气体的容器转移到安全地带。

② 对危险性的可燃气体和毒性气体的容器要首先转移。

③ 若容器无法转移，要用大量的水连续不断地对容器进行冷却。

④ 对于能引起燃烧的物品均要转移到其他安全地方。

⑤ 无关人员应迅速疏散到安全地区。

（4）火灾时容器的处理

发生火灾时，应对可燃气体和毒性气体的容器采取紧急处理措施，以防发生重大灾害。

① 为防止可能再次发生火灾，灭火和容器转移应该同时进行。

② 处理者应戴好防护用具，以免受伤或中毒。

③ 处理者应站在上风处进行操作处理。

④ 在确保安全的前提下，将火场内容器转移至安全地带。

⑤ 容器破裂之前，一般是安全阀先破裂，从容器内喷射出气体，因此对可燃性气体和毒性气体要特别引起注意。

⑥ 虽然大量的水对灭火有效，但也应按不同情况，使用其他灭火剂或灭火器。

⑦ 在处理过程中，应认真听取和尊重熟知危险容器情况人的意见或判断。

5.5.3　中毒时的处理措施

在工业生产中，要使用或接触一些毒性气体、腐蚀性气体等有毒物质，可能引起慢性中毒或急性中毒。

5.5.3.1 现场应急处理

（1）吸入毒气时的应急处理

立即让患者脱离现场，转移到空气新鲜环境，保持患者安静，并立即松解患者衣领和腰带，以维持呼吸道畅通，并注意保暖，必要时可输入氧气。同时，严密观察患者情况，尤其是神志、呼吸和循环系统功能等。严重时立即送医院，并将何种毒物引起的中毒告诉医生，由医生诊断急救。

（2）眼睛内进入有毒物时的应急处理

如果中毒者的眼睛内进入有毒物，千万不要揉眼，应该立即用水连续冲洗眼睛，约冲洗15min，然后请医生治疗。

（3）触及皮肤时的应急处理

若毒性气体或腐蚀性气体触及人身引起中毒，应迅速脱去污染衣服，用清水洗净皮肤，再用肥皂仔细清洗。中毒重者，除上述现场处理外，立即送医院治疗。

5.5.3.2 常见有毒有害气体中毒现场急救措施

（1）一氧化碳中毒

中毒途径：CO经呼吸道进入血液循环，与血红蛋白结合成碳氧血红蛋白后分布于全身。它与血红蛋白的亲和力要比氧的亲和力大约300倍，而离解却要比氧合血红蛋白慢3600倍，因此一旦吸入CO，即与氧争夺血红蛋白，造成缺氧血症。

主要症状：中毒时全身皮肤常呈鲜洋红色，时间长者也可发绀（皮肤带有一点红的黑色）。①轻度中毒。头痛、眩晕、恶心、呕吐、疲乏无力、精神不振。②中度中毒。除上述症状外，迅速发生意识障碍，全身软弱无力，甚至有肢体瘫痪现象，意识不清，症状逐渐加重而致死。③重度中毒。迅速陷入昏迷，很快因呼吸停止而死亡。有时还出现中枢神经系统损害症状，如各种瘫痪及肌肉控制力消失、失语症、癫痫等。

急救措施：立即让病人脱离有毒环境，呼吸新鲜空气或吸氧，输氧时可渗入5%～7%的二氧化碳，以兴奋呼吸中枢，促进恢复呼吸机能。对呼吸、心跳停止者应立即进行人工呼吸和胸外心脏按压。人工呼吸通常采用口对口呼气法，即让病人平躺在空气流通处，使其口部张开，术者一手捏闭伤员鼻孔，然后向伤员口内吹气，直至使伤员胸部上抬，吹气频率为每分钟16～18次。如伤员心跳停止应同时做胸外心脏按压，即术者掌贴伤员胸骨中下段，稳健用力向下按，使胸骨下陷约4cm，每分钟60～80次。昏迷者可针刺人中、少商、十宣、涌泉等穴位，有条件者可现场注射尼可刹米等中枢神经兴奋剂及能量合剂（细胞色素C、ATP、辅酶A、维生素C）后迅速送往医疗单位抢救。

（2）氯气中毒

中毒途径：氯气对人体的主要危害表现在对人体眼、上呼吸道黏膜、肺组织的强烈刺激，可引起呼吸道烧伤。

主要症状：剧烈的流泪、喷嚏、咳嗽、咳痰、咽部疼痛、呼吸困难甚至窒息等。

急救措施：立即将伤员运离现场，移至通风良好处，脱下中毒时所着衣服，并用湿毛巾擦拭身体，但应注意保暖。氯气中毒出现呼吸困难时不宜采用压胸等人工呼吸方法，因为这种呼吸方式会使伤员肺水肿加重，有害无益。治疗上以西地兰等为根本，有条件可现场鼻滴1%～2%麻黄素并吸入稀碱性溶液（如2%～3%温湿小苏打液）后送医院处理。

注意事项：消防人员到达氯气扩散现场时必须加强个人防护，对泄漏扩散的氯气用雾状水稀释中和，不要对漏气的氯气瓶直接射水，以免生成次氯酸和盐酸，继续危害人体。

（3）氨气中毒

中毒途径：通过呼吸道、消化道及皮肤黏膜侵入人体。氨气对呼吸中枢具有强抑制作用，可使伤员出现中枢性呼吸停止，危及生命。

主要症状：①吸入中毒。口、眼、鼻有辛辣感觉，咳嗽、流涕、流泪、胸痛、胸闷、呼吸急促，甚至皮肤糜烂、水肿、坏死，肺水肿，喉痉挛，呼吸困难等。②皮肤接触。可见皮肤红肿、水疱、角膜炎等。液氨甚至可对人体造成严重冻伤。

急救措施：迅速将伤员撤离现场，脱去衣服，以免加重中毒症状，但亦应注意保暖，给予吸氧、注射尼可刹米等呼吸中枢兴奋剂及强心利尿剂。眼睛、皮肤烧伤时可用清水或 2% 硼酸溶液彻底冲洗。点抗生素眼药水。

注意事项：进入灾区前应佩戴防毒面具及防毒衣、扎紧袖口、裤脚。进入氨气泄漏区可用喷雾水枪掩护，这样可避免空气中氨气浓度达到爆炸极限。

（4）二氧化硫中毒

中毒途径：对眼、上呼吸道、支气管黏膜强烈刺激，可引起肺水肿、气道被闭塞而产生机械性窒息。

主要症状：①黏膜损害。有强烈的刺激作用，结膜炎、流泪、流涕、咽干、咽疼等。②呼吸道损害。气管、支气管炎症。③重度中毒。喉哑、压迫感及胸痛、吞咽困难、急性支气管炎，发绀，肺浮肿甚至死亡。

急救措施：立即离开中毒环境，呼吸新鲜空气，必要时给予吸氧治疗。严重时可能灼伤呼吸道，除了施行人工呼吸或苏生器输氧外，应给中毒伤员服牛奶、蜂蜜或用苏打溶液漱口，以减轻刺激。如果患者的皮肤表面沾有二氧化硫，则应当使用清水将其冲洗干净。眼受刺激时，应充分用 2% 苏打水洗眼。对于中毒症状严重的患者，可在医生的指导下，使用 2%～5% 的碳酸氢钠或是糖皮质激素等药物治疗。出现肺水肿的症状时，应当足量、短程地使用激素药物，这样可以维持呼吸道的通畅，还可以改善受损的肺功能。

（5）二氧化氮中毒

中毒途径：对上呼吸道黏膜刺激作用弱，主要进入下呼吸道及肺泡，逐渐与水起作用，形成硝酸和亚硝酸，对肺组织产生刺激和腐蚀作用，严重者导致肺水肿。亚硝酸在肺组织内与碱性物质结合生成亚硝酸盐，可使血红蛋白变成高铁血红蛋白；扩张血管，降低血压。

主要症状：急性二氧化氮中毒少有结膜和口咽部黏膜的刺激症状，肺损伤程度取决于气体浓度和吸入的时间。接触 $150mg/m^3$ 以上的二氧化氮 3～24h 后，可出现咳嗽、痰中带血丝、气急、发热、虚弱、恶心和头痛等。严重者出现极度呼吸困难、发绀明显、咳白色或血性泡沫痰、意识障碍、躁动、抽搐、昏迷，血压降低、休克，常危及生命，并发生严重气胸、纵隔气肿或严重心肌损害等。

急救措施：迅速离开中毒地点，呼吸新鲜空气，保持呼吸道通畅，必要时吸氧，并保持安静。出现支气管痉挛时，可将异丙肾上腺素、地塞米松用注射用水稀释后雾化吸入，有条件的可以静脉滴注氨茶碱。由于二氧化氮中毒时，会使伤员发生肺浮肿，因而不能采用人工呼吸，若必须用苏生器苏生时，在纯氧中不能掺二氧化碳，避免刺激伤员肺脏。最好是在苏生器供氧的情况下，使伤员能进行自主呼吸。

（6）一氧化二氮（笑气）中毒

中毒途径：经由呼吸道侵入，对人体呼吸道黏膜具有强烈的刺激作用，可引起支气管、肺脏的炎症，肺毛细血管渗透性增强可致肺水肿。对神经中枢系统起兴奋麻醉作用。吸收入血后，呈现亚硝酸样作用，可引起血管扩张，血压下降；使血红蛋白形成变性血红蛋白，失去带氧能力。

主要症状：吸入一氧化二氮毒气后，先出现局部刺激症状，如咽喉发热发辣、刺激性咳嗽等，继之出现头晕、恶心、呕吐、胸疼；严重时，因变性血红蛋白缘故，致使机体青紫、缺氧、喘息、血压下降，最后昏迷、死亡。

急救措施：迅速将患者抬离中毒现场，移至通风良好处吸氧，输氧时可渗入5％的二氧化碳。若有明显青紫，呼吸困难，可给予亚甲蓝静脉注射。

（7）硫化氢（H_2S）中毒

中毒途径：经由呼吸道侵入，呼吸酶中的铁质结合使酶活动性减弱，并引起中枢神经系统中毒。低浓度接触仅有呼吸道及眼的局部刺激作用，高浓度时全身作用较明显，表现为中枢神经系统症状和窒息症状。

主要症状：①轻度中毒。主要是刺激症状，表现为流泪、眼刺痛、流涕、咽喉部灼热感，或伴有头痛、头晕、乏力、恶心等症状。②中度中毒。出现头痛、头晕、易激动、步态蹒跚、烦躁、意识模糊、谵妄、癫痫样抽搐呈全身性强直阵挛发作、昏迷、呼吸困难或呼吸停止后心跳停止。③重度中毒。呕吐、冷汗、肠绞痛、腹泻、小便困难、呼吸短促、心悸，并可使意识突然丧失、昏迷、窒息而死亡。

急救措施：首先应让中毒者尽快脱离中毒现场，将其移离到空气新鲜之处。其次，救助者要做好防护措施，如戴上防毒面具、毛巾、防护眼镜等，确保自身安全。对于轻度中毒的病人，如果出现眼部刺激，可以用清水或者小苏打水清洗双眼，并且滴用眼药水进行治疗。对有呼吸困难或者出现昏迷的病人，在有条件的情况下进行给氧治疗，同时可将浸以氯水溶液的棉花团、手帕等放入口腔内，氯是硫化氢的良好解毒物。对于出现呼吸心搏骤停的病人，要立即在现场给予心肺复苏，并且呼叫120，等待专业人员的下一步的救治，以减少中毒的死亡率。

（8）磷化氢中毒

中毒途径：通过呼吸道侵入人体。

主要症状：磷化氢不仅有刺激性而且是系统毒剂。症状包括流泪、刺激肺、气短、咳嗽、肺积水、头痛、青紫、头晕、疲劳、恶心、呕吐，严重的上腹疼痛、麻木、颤抖、痉挛、黄疸、肝脏及心脏功能紊乱、肾发炎及死亡。

急救措施：迅速将中毒人员移到空气清新处，若已停止呼吸，采用人工呼吸，若呼吸困难，则吸氧，并迅速进行医务处理，在等待期间继续吸氧。如果呼吸道阻塞，需要紧急建立人工呼吸道。

（9）乙炔中毒

中毒途径：通过呼吸道侵入人体。

主要症状：吸入一定浓度后有轻度头痛、头昏。吸入高浓度时先兴奋、多语、哭笑不安，继而头痛、眩晕、恶心、呕吐、步态不稳、嗜睡。严重者昏迷。纯乙炔属微毒类，具有弱麻醉和阻止细胞氧化的作用，乙炔急性毒性主要是因为高浓度时置换了空气中的氧，引起单纯性窒息作用，缺氧是主要致死原因。乙炔中常混有磷化氢、硫化氢等气体，故常伴有此类毒物的毒作用。

急救措施：迅速脱离现场至空气新鲜处。保持呼吸道通畅。如呼吸困难，给予输氧。如呼吸停止，立即进行人工呼吸，就医。

（10）光气中毒

中毒途径：主要由呼吸道入侵。光气反应极慢，往往数小时后症状突然加重，所以很危险。

主要症状：主要表现为呼吸道刺激症状，初期仅为轻微的气管、支气管刺激症状，如干咳，数小时后加重，轻者出现咳嗽、胸闷、气促、眼结膜刺激和头痛、恶心等；重者可发展为肺水肿、呼吸困难，甚至出现休克。

急救措施：迅速脱离现场到空气新鲜处，立即脱去污染的衣物，体表沾有液态光气的部位用水彻底冲洗净。保持安静，绝对卧床休息，注意保暖。不可施行人工呼吸，应使立即吸入氧气或含 5％二氧化碳的氧气。若患者出现呼吸骤停应立即对患者进行救治，要去专业医院进行就诊。

（11）三氯甲烷中毒

中毒途径：通过呼吸道、消化道和皮肤黏膜侵入机体。

主要症状：初期症状表现为头晕、头痛、呕吐、恶心、激动，皮肤湿热，黏膜受刺激，继而出现精神障碍、嗜睡、精神状态不佳、呼吸表浅、神志不清、反射消失、昏迷等。严重者可出现呼吸麻痹，心率过快，出现室颤甚至死亡等。

急救措施：①吸入中毒。迅速脱离现场至空气新鲜处。保持呼吸道通畅。如呼吸困难，给输含 5％二氧化碳的氧气。如呼吸停止，立即进行人工呼吸。然后前往医院进行进一步治疗。②皮肤接触。立即脱去被污染的衣服，用大量流动清水冲洗，至少冲洗 5 分钟。然后立即到最近的医院就医。③眼睛接触。立即提起眼睑，用大量流动清水或生理盐水彻底冲洗至少 15 分钟。15 分钟后尽快就医。④误食中毒。饮足量温水，催吐，然后尽快就医。

（12）四氯化碳中毒

中毒途径：主要通过呼吸道吸入中毒。

主要症状：以中枢性麻醉症状及肝、肾损害为主要特征。吸入高浓度 CCl_4 蒸气后，可迅速出现昏迷、抽搐等急性中毒症状，并可发生肺水肿、呼吸麻痹。稍高浓度吸入，有精神抑制、神志模糊、恶心、呕吐、腹痛、腹泻。中毒第 2～4 天呈现肝、肾损害征象。严重时出现腹水、急性肝坏死和肾功能衰竭。少数可有心肌损害、心房颤动、心室早搏。经口中毒，肝脏症状明显。

急救措施：①四氯化碳蒸气中毒者，应立即移离现场并给予吸氧。有呼吸麻痹现象应给呼吸兴奋剂，必要时进行人工呼吸。②皮肤及眼中毒者，可用 2％碳酸氢钠或大量温水清洗，至少 15 分钟。③口服中毒者，可立即用 1：2000 高锰酸钾或 2％碳酸氢钠的溶液洗胃。洗胃前可先用液体石蜡或植物油溶解毒剂，洗胃时须小心谨慎，严防误吸入呕吐物。

总之，有毒气体中毒临床表现均较为严重，如处理不及时常可造成伤员死亡或留下后遗症等。这就要求处在抢险救灾第一线的战斗员必须具备必要的现场抢救知识。到达毒气泄漏现场后，应首先观察了解灾情，抢占上风向位置，佩戴好防毒面具，进入泄漏区应着防毒衣，并在雾状水枪掩护下前进。出现中毒伤员应边抢救、边运送，切忌盲目转送而忽略现场救护。

5.6 气体灾害事故的预防

5.6.1 压力容器及管道安全管理

实验室内的压力容器及管道一般属于特种设备，对其应实行全流程安全管理，落实好购买、验收、保存、使用、维护等各个环节的安全措施。

(1) 压力容器购买及验收

压力容器购买及验收的目的是保证进入实验室的相关容器为合格产品。压力容器购买时要选择有资质、信誉好的供货单位，当产品有多种规格时，要选择适合自己实验需求的规格。验收时主要进行符合性检查及合规性检查。符合性检查主要是看产品供货单位、规格、气体组分等与所订货产品是否一致，防止供货单位发错货等情况发生。合规性检查主要检查容器尤其是气瓶的检验周期、颜色、受腐蚀情况、受损情况等是否符合标准，严把所购产品的质量关。

(2) 压力容器和管道使用及保存

气瓶等压力容器在使用及保存过程中，要特别注意预防倾倒、受损和泄漏。在实验室内使用气瓶时，一般应放在气瓶柜内或采取其他防倾倒措施。采取固定措施时，一般固定在钢瓶的中部附近，不能仅仅固定在下部，更不能直接固定阀门。气瓶等应放在干燥、通风处，杜绝潮湿、雨淋及接触腐蚀性物质，防止慢性受损；气瓶等应远离非固定物体，以免遭受机械性损伤；气瓶等应远离明火、高温物体、日光照射处、易燃易爆处等，以免受到高温及火灾等事故的影响。高压管道可能较长，其沿途经过处应注意防止因日晒、雨淋、机械力等受到损害。

(3) 带压反应系统使用及维护

对于带压的反应釜、反应器等，在使用时应注意控制反应压力在设计压力范围内，根据理想气体状态方程（$pV=nRT$），造成反应压力增大的原因可能有温度升高、体积减少、物质的量增多。因此应该从以下方面采取预防措施：严格控制反应温度，防止飞温；注意观察及选择合适反应容器及相关器具，防止堵塞造成体积变小；合理控制反应物数量或反应速度，防止气态物质超过设计的数量。除此之外，还应关注预防压力表头堵塞。当反应系统不使用时，应按照标准定期进行维护，确保其承压能力达到要求。

5.6.2 气体泄漏预防及检查措施

在气体使用过程中，尤其是易燃、易爆、有毒、有害气体使用过程中，泄漏非常危险。气体泄漏后既可能造成火灾、爆炸，又可能造成中毒及窒息等事故。而气体泄漏的预防工作，一是要做好仪器设备的维护保养工作，确保其性能完好；二是要做好气体泄漏的预警及应急处理工作，即使泄漏也能够及时发现、有效处理。因此，安装气体泄漏报警系统并进行全面有效的安全检查，发现泄漏后及时处理尤为重要。

(1) 气体泄漏报警系统

在气体使用及保存处，安装对应种类的气体泄漏报警探头可以及时发现泄漏的气体，为在苗头阶段进行应急处置提供了条件。气体泄漏报警系统检测到气体泄漏时应在房间内及室外报警，同时应连接到单位消防控制中心或应急中心，以便发生泄漏时及时处置。偶尔使用气体处，可以使用独立的气体探测器进行监控。将气体泄漏报警系统与处置系统对接，检测到气体泄漏到一定浓度时，即采取联锁措施，切断气路及系统电源，打开通风设施等，有助于及时应急处置，预防事故发生。

（2）安全检查表法系统检查

安全检查表法是安全检查最常用的方法之一。将气体使用、保存及容器、管道维护等方面的安全事项分门别类列成表格，定期进行检查并填写，可以切实推动气体使用方面安全工作，将相关工作规范化。如气瓶安全检查表主要针对气瓶接受、存放、使用安全方面的定期检查；气瓶使用记录表主要供日常使用及检漏时采用。

（3）气体常用检漏方法

除上述气体泄漏检测系统外，实验室中常用的反应系统及气瓶检漏方法还有以下几种方法。

① 使用肥皂水检漏　将肥皂水涂抹在阀门、气路等处，如有气泡发生，则说明有漏气现象。但是氧气等其他与水及有机物剧烈反应的气体不能用此方法；管线长、阀门多、位置特殊等的复杂反应系统也不适合用此法。

② 使用密封法检漏　特别适用于管道长、管线复杂、漏气疑点多的反应系统检漏。先将管道充满一定压力的气体，关闭进气阀门（包括减压表头的减压阀）和出口阀门，保压一段时间，观察反应系统压力表是否降低。此法适合和日常操作过程有机结合起来，如本次反应结束后，将未放空的气体密封起来，下次反应时观察其压力是否发生变化，即可知保压阶段是否漏气。

③ 使用移动式气体检测器进行实时探测　移动式气体检测仪是一种介于便携式和固定式气体检测仪两者之间的气体检测仪，一般称之为移动式或者班组式气体检测仪器，主要利用气体传感器来检测环境中存在的气体种类、成分和含量。移动式结合了便携式和固定式两种气体的特点，便携式气体检测仪可以随意移动检测，但却无法进行长时间监控（一次工作最长 20h）；固定式仪器可长时间监控，但一次安装定位，无法根据实际情况改变监控场所，而移动式气体检测仪具有以下特点。

a. 防爆设计，可以放置在任何危险场所。

b. 体积和重量较大，但同便携式仪器一样具有可移动性，适合于较长时间（以天或周计算）安放在一个固定的需要监控的地点，高分贝和高闪亮声光报警提示浓度超标，可提供大空间的报警信号。

c. 可配备多种气体传感器，实现多气体同时监测。

d. 配备采样泵，可连续监控密闭空间等人员无法直接接近的场所。

e. 具有大容量电池，可供仪器运行一周甚至更长时间（一般为 180h，并可直接连接220V 电源更长期工作），实现固定式气体检测仪连续监测的优点。

f. 具有数据传输功能，即可将几个移动式气体检测仪之间用有线的方式连接构成一个区域报警系统，还具有无线数据传输功能，更适合于建立临时的应急事故的监测区域。

参考文献

[1] 沈光林. 膜法富氧在国内应用新进展 [J]. 深冷技术, 2006 (1): 3-5.

[2] 徐南平, 时均. 我国膜领域的重大需求与关键问题 [J]. 中国有色金属学报, 2004 (5): 329-330.

[3] 徐海全, 刘家棋, 姜忠义. 炭分子筛膜的研究进展 [J]. 综述与进展, 200 (4): 17.

[4] 郭杨龙, 邓志勇, 卢冠忠. 分子筛膜的研究进展 [J]. 石油与化工, 2008 (9): 865-866.

[5] 李文辉, 蔡日新. 蒸馏过程热力学效率的分析 [J]. 化工设计通讯, 1996, 22 (2): 60-64.

[6] 蒋旭, 厉彦忠. 高纯氮装置的有效能分析与计算 [J]. 化学工程, 2014, 42 (11): 20-24

[7] A Arkharov, I Marfenina, Y Mikulin. Theory and Design of Cryogenic systcms [M]. Moscow: MIR Publishers, 1981.

[8] 夏山林, 刘禹含, 李俊伟, 等. 一氧化氮的性质与制备方法 [J]. 低温与特气, 2021, 39 (5) 4-7.

[9] W. 弗罗斯特. 低温传热学 [M]. 北京: 科学出版社 1982.

[10] 吴世功, 张善森, 等. 低温工程学基础 [M]. 上海: 上海交通大学出版社, 1991.

[11] 高坚, 等. 空气除尘设备及技术的进展 [J]. 现代化工, 2003, 10: 49-53.

[12] 刘会雪, 等. 高温气体除尘技术及其研究进展 [J]. 煤化工, 2008, 2: 14-17.

[13] 孙国刚, 等. 提高旋风分离器捕集细粉效率的技术研究进展 [J]. 现代化工, 2008, 7: 64-68.

[14] 凌长杰. 气体膜分离 [J]. 化学工业 2012 (1): 119.

[15] E H Daughtrey, A W Fitchett, P Mushak, Anal Chim Acta, 1975, 75: 199.

[16] J A semlycn, C s G Phillips. J Chromatogr, 1965, 18: 1.

[17] G N Bormikov et al. Chromatographia, 1971414.

[18] R Belcher et a1. Chromatographia, 1976, 9: 201,

[19] J A Roriguez-Vazquez. Talanta, 1978, 25: 299.

[20] R C Reid, T K Sherwood. Thermophysical Properties of Liquids and Gases [M]. 2nd a) Ed. Hoboken: Wiley & sons Inc. , 1975.

[21] J. Wilke, A Losse, L Sackmann. J Chromatogr, 1965, 18: 482.

[22] 郑德馨, 袁秀玲, 低温工质热物理性质表和图 [M]. 北京: 机械工业出版社, 1982.

[23] 张祉祐, 石秉三. 低温技术原理与装置 [M]. 北京: 机械工业出版社, 1987.

[24] 舒泉声, 等. 低温技术与应用 [M]. 北京: 科学出版社, 1983.

[25] 李化治. 制氧新工艺及新设备 [M]. 北京: 冶金工业出版社, 2005.

[26] 吴彦敏. 气体纯化 [M]. 北京: 国防工业出版社, 1983.

[27] 陈伟民. 提取五种稀有气体的空分流程 [J]. 深冷技术, 1987, (2): 3-7.

[28] 陈长青. 多股流板翅式换热器的传热计算 [J]. 制冷学报, 1982, (1): 30-41.

[29] N Ives, L Guiffrida. J Assoc offic Anal Chem, 1967, 50: 1.

[30] G Schwedz, H A Russcl, Chromatographia, 1972, 5: 242.

[31] E J Sowinski, I H suffet. Anal Chem, 1972, 44: 2237.

[32] R F Addison, R G Ackman, J Chromatogr, 1970, 47: 421.

[33] U A Th Brinkman, G D HeVriesand, H R Leenc. J Chromatogr, 1972, 69: 181

[34] B J Gudzinowicz, J L Driscll. J Gas Chromatgr, 1963, 1 (5): 25,

[35] 徐烈, 朱卫东, 汤晓英, 等. 低温绝热与贮运技术 [M]. 北京: 机械工业出版社, 1999.

[36] 陈国邦. 低温工程材料 [M]. 杭州: 浙江大学出版社, 1998.

[37] 陈国邦, 张鹏. 低温绝热与传热技术 [M]. 北京: 科学出版社, 2004.

[38] 袁一, 胡德生. 化工过程热力学分析法 [M]. 北京: 化学工业出版社, 1985.

[39] 李玉刚, 李晓明, 强光明, 等. 甲苯二胺精制过程节能改造的有效能分析 [J]. 过程工程学报, 2004, 94 (5): 406-409.

[40] 郭方中. 低温传热学 [M]. 北京: 机械工业出版社, 1989.

[41] 侯炳林, 朱学武. 高温超导储能应用研究的新进展 [J]. 低温与超导, 2005, 43 (3): 46-50.

[42] 马卫星. 气体分离膜分离技术的应用及发展前景 [J]. 中国石油和化工标准与质量, 2013 (3): 84.

[43] A Baiker, H Geisser, W Richarz. J Chromatogr, 1978, 147: 453.

[44] F Bruner, Piccion, P D Narao, Anal Chem, 1975, 47: 141.

[45] A G Hamlin, G Ivcson, T R Phillips. Anal Chem, 1963, 35: 2037.

[46] G Michael, U Danne, G Fischer. J Chromatogr, 1976, l18: 104.

[47] G Parissakis，D Vranit-Piscon，J Kkhtoyannakos. z Anal Chctn，1971，254：188.

[48] Kays W M，London A L. Compact Heat Exchangers［M］.3rd ed. New York：McGraw-Hill，1984.

[49] 王学松. 气体膜技术［M］. 北京：化学工业出版社，2009.

[50] 谭婷婷，展侠，冯旭东，等. 高分子基气体分离膜材料研究进展［J］. 化工进展，2012（10）：4-5.

[51] 徐仁贤. 气体分离膜应用的现状和未来［J］. 膜科学与技术，2003（4）：126.

[52] 曹湘. 气体膜分离技术及应用［J］. 广州化工，2011（11）：31.

[53] 张菀乔，张雷，廖礼，等. 气体膜分离技术的应用［J］. 天津化工，2008（3）：21-22.

[54] 谈萍，葛渊，汤慧萍，等. 国外氢分离及净化用薄膜的研究进展［J］. 稀有金属材料与工程，2007（9）：569.

[55] 王从厚，陈勇，吴鸣. 新世纪膜分离技术市场展望［J］. 膜科学与技术，2003（4）：57-59.

[56] 薛刚，等. 聚四氟乙烯微孔潜膜的制作及其在袋式除尘领域中的应用［J］. 产业用纺织品，2001，19（140）：26-30.

[57] 许国旺，等. 实用气相色谱法［M］. 北京：化学工业出版社，2004.

[58] 梁汉昌. 气相色谱法在气体分析中的应用［M］. 化学工业出版社，2007.

[59] 孙传经. 气相色谱分析原理与技术［M］.2 版. 北京：化学工业出版社，1985.

[60] 李浩春. 分析化学手册：气相色谱分析［M］. 北京：化学工业出版社，1999.

[61] 伦国瑞. 气相色谱分析［M］. 北京：中国电力出版社，2008.

[62] 汪正范. 色谱定性与定量［M］. 北京：化学工业出版社.2000.

[63] 周良模. 气相色谱新技术［M］. 北京：科学出版社，1994.

[64] 吴烈钧. 气相色谱检测方法［M］. 北京：化学工业出版社.2000.

[65] 傅若农，刘虎威. 高分辨气相色谱及高分辨裂解气相色谱［M］. 北京：北京理工大学出版社，1992.

[66] 陈耀祖，涂亚平. 有机质谱原理及应用［M］. 北京：科学出版社，2001.

[67] 气相色谱-质谱分析技术标准汇编［M］. 北京：中国标准出版社，2008.

[68] 宁永成. 有机化合物结构鉴定与有机波谱学［M］.2 版. 北京：科学出版社，2002.

[69] 盛龙生. 有机质谱法及应用［M］. 北京：化学工业出版社，2018.

[70] 汪聪慧. 有机质谱技术与方法［M］. 北京：中国轻工业版社，2011.

[71] 于亚琴，吴光红. 气相色谱-质谱联用仪的维护及保养［J］. 分析实验室，2008，27（增刊）：410-412.

[72] 金美兰，赵建南. 标准气及其应用［M］. 北京：化学工业出版社，2003.

[73] 张建奇，方小平. 红外物理［M］. 西安：西安电子科技大学出版社，2004.

[74] 陈扬骎，杨晓华. 激光光谱测量技术［M］. 上海：华东师范大学出版社，2005.

[75] 喻洪波，廖延彪，靳伟，等. 光纤化的气体传感技术［J］. 激光与红外，2002，32（3）：193-196.

[76] 高明亮. 基于傅里叶变换红外光谱技术的多组分气体定量分析研究［D］. 中国科学技术大学，2010.

[77] 毛卫鸿，韩双来. 烟气在线监测系统应用经验探讨［J］. 中国仪器仪表，2009，（10）：50-52.

[78] 邓勃. 原子吸收光谱分析的原理、技术和应用［M］. 北京：清华大学出版社，2004.

[79] 黄中华，王俊德. 傅里叶变换红外光谱在大气遥感监测中的应用［J］. 光谱学与光谱分析，2002，22（2）：235-238.

[80] 徐亮，刘建国，高闽光，等. 开放式长光程傅里叶变换红外光谱系统在环境气体分析中的应用［J］. 光谱学与光谱分析，2007，27（3）：448-451.

[81] 杜建华，张认成，黄湘莹，等. CO 和 CO_2 气体红外光谱技术在火灾早期探测中的应用研究［J］. 光谱学与光谱分析，2007，27（5）：900-903.

[82] 王明宗，何欣翔，孙殿卿. 实用红外光谱学［M］.2 版. 北京：石油工业出版社，1990.

[83] 徐志超. 应用光谱学［M］. 上海：华东师范大学出版社，1989.

[84] 陆维敏，陈芳. 谱学基础与结构分析［M］. 北京：高等教育出版社，2005

[85] 柯以侃，董慧茹. 分析化学手册：第三分册 光谱分析［M］.2 版. 北京：化学工业出版社，1998.

[86] 卢涌泉，邓振华. 实用红外光谱解析［M］. 北京：电子工业出版社，1989.

[87] 翁诗甫. 傅里叶变换红外光谱仪［M］. 北京：化学工业出版社，2005.

[88] 宋雪梅，刘建国，张玉钧，等. 可调谐半导体激光吸收光谱法检测二氧化碳的通量［J］. 光谱学与光谱分析，2011，31（1）：184-187.

[89] 张春晓. 基于可调谐半导体激光吸收光谱技术的 O_2 和 CO 气体测量［D］. 浙江：浙江大学，2010.

[90] 付华，蔺圣杰，杨欣. 光纤 CO 气体检测系统的研究［J］. 传感器与微系统，2009，28（1）：13-15.

[91] Sun Do Lim. In situ gas sensing using a remotely detectable probe with replaceable insert［J］. OPTICS EXPRESS,

2012, 20 (2): 1727-1732.

[92] 陈国珍. 紫外-可见光分光光度法 [M]. 北京: 中国原子能出版社, 1983.

[93] 霍瑞岗. 朗伯-比尔定律在化学分析中的应用及局限性 [J]. 学周刊, 2013, (33): 14-15.

[94] 黄君礼, 鲍治宇. 紫外吸收光谱法及其应用 [M]. 北京: 中国科学技术出版社, 1992.

[95] 梅魏鹏. 基于紫外差分光谱的 SO_2、NO_x 混合气体的检测算法研究 [D]. 重庆: 重庆大学, 2014.

[96] 邵理堂. 差分吸收光谱法在线测量烟气浓度的理论与系统研究 [D]. 南京: 东南大学, 2008.

[97] 邵理堂, 汤光华, 许传龙, 等. 差分吸收光谱法在线测量 SO_2 气体浓度的温度补偿研究 [J]. 2007.

[98] 周洁, 张时良, 陈晓虎. 高温环境下 NO 气体紫外吸收截面的温变特性研究 [J]. 光谱学与光谱分析, 2007, (07): 1259-1262.

[99] 马戎, 周王民, 陈明. 气体传感器的研究及发展方向 [J]. 航空计测技术, 2004, 24 (4): 1-4.

[100] 郭铁梁. 光纤气体传感技术及其应用 [J]. 煤矿机械, 2004, 4: 122-124.

[101] 李瑛, 杨集, 冯士维. 光纤气体传感器研究进展 [J]. 传感器世界, 2005, 1: 6-10.

[102] 靳伟, 廖延彪, 张志鹏, 等. 导波光学传感器: 原理与技术 [M]. 北京: 科学出版社, 1998, 254-285.

[103] 张景超, 刘瑾, 王玉田, 等. 新型光纤 CO 气体传感器的研究 [J]. 光电子·激光, 2004, 15 (4): 428-431.

[104] 王玉田, 郑龙江, 候培国, 等. 光电子学与光纤传感器技术 [M]. 北京: 国防工业出版社, 2003.

[105] 斯蒂芬. 勃格. 核磁共振实验 200 例-实用教程 [M]. 陈家洵, 李勇, 杨海军, 等, 译. 北京: 化学工业出版社, 2007.

[106] 王聪, 宋妮, 任素梅, 等. Agilent500 MHz 核磁共振波谱仪的维护及常见故障排除 [J]. 现代科学仪器, 2016, (4): 111-115.

[107] 余磊, 王璐, 舒婕. 核磁共振波谱仪维护及测试常见问题探讨 [J]. 现代科学仪器, 2014, (5): 161-164.

[108] 吕玉光. 大型仪器核磁共振仪和电子自旋共振仪使用中常见问题 [J]. 现代仪器, 2003, (5): 54-55.

[109] 刘秀喜, 林明喜, 薛成山. 高纯气体的性质、制造和应用 [M]. 北京: 电子工业出版社, 1997.

[110] 黄建彬. 工业气体手册 [M]. 北京: 化学工业出版社, 2003.

[111] 卡尔 L. 约斯. Matheson 气体数据手册 [M]. 陶鹏万, 黄建彬, 朱大方, 译. 北京: 化学工业出版社, 2001.

[112] 陈允恺. 小型空气分离设备基本知识 [M]. 北京: 机械工业出版社, 1993.

[113] 杭州大学化学系分析化学教研室. 分析化学手册: 第二分册 [M]. 北京: 化学工业出版社, 1997.

[114] J. 法尔贝. 一氧化碳化学 [M]. 王杰等, 译. 北京: 化学工业出版社, 1985.

[115] 尹恩华. 现代高纯气体制取、分析与安全使用 [M]. 北京: 科学出版社, 2015.

[116] 孙福楠. 一氧化碳生产方法的研究现状 [J]. 低温与特气, 1997 (1): 12-16.

[117] 张肇富. 生产氯气的新方法 [J]. 低温与特气. 1996 (1): 70.

[118] 冯光熙, 黄祥玉. 稀有气体化学 [M]. 北京: 科学出版社, 1981.

[119] 李志华, 邱晨超, 贺继高, 等. 化学类实验室气体安全管理 [J]. 安全与健康 (上半月版), 2020 (7): 41-45.

[120] 毕兴. 实验室危险化学品的安全管理 [J]. 化工设计通讯, 2022, 48 (9): 100-102.

[121] 杨明. 常见气瓶隐患 [J]. 劳动保护, 2015 (8): 74-75.

[122] 冯刚, 徐开杰, 周才根. 复合材料气瓶的结构、性能和应用研究 [J]. 工程塑料应用, 2011, 39 (7): 50-52.

[123] 费川, 董鹏. 复合材料气瓶的特点及其应用 [J]. 纤维复合材料, 2014 (2): 53-55.

[124] 骆辉, 薄柯, 李桐, 等. 高纯气体包装气瓶及定期检验技术 [J]. 低温与特气, 2016, 34 (3): 50-54.

[125] 张洁. 国内复合材料气瓶发展及气瓶标准概况 [J]. 纤维复合材料, 2007, 24 (3): 38-42.

[126] 吴粤燊. 论气瓶的安全泄压装置 [J]. 中国锅炉压力容器安全, 1994, 10 (1): 13-17.

[127] 孙萍辉. 气瓶安全与检验问答 (三) [J]. 低温与特气, 2000, 18 (1): 37-40.

[128] 胡志雄. 气瓶充装前检查的重要作用 [J]. 低温与特气, 1995 (4): 61-64.

[129] 黄崧, 陈杰, 王泉生, 等. 我国气瓶安全状况分析与讨论 [J]. 中国特种设备安全, 2022, 38 (3): 6-12.

[130] 吴红. 气瓶用易熔合金塞 [J]. 中国锅炉压力容器安全, 1992, 8 (1): 27-30.

[131] 金花子, 吴杰, 熊天英. 材料表面特性与气体包装容器内壁处理技术 [C]. //2009 全国特种气体第十三次年会论文集. 2009: 25-27.

[132] 赵鑫蕊, 毕哲, 贡鸣, 等. 铝合金气瓶表面处理方法概述 [J]. 化学试剂, 2020, 42 (5): 514-521.

[133] 熊天英, 金花子, 陶杰. 气体包装容器特殊处理技术及应用 [J]. 低温与特气, 1999, (1): 34-37.